高等学校风景园林教材

Textbooks for Landscape Architecture

风景园林树木学

Landscape Dendrology

邓莉兰 等◎编著

中国林业出版社

图书在版编目（CIP）数据

风景园林树木学／邓莉兰等编著. —北京：中国林业出版社，2009.11（2016.12重印）
（高等学校风景园林教材）

ISBN 978-7-5038-5462-0

I. 风…　II. 邓…　III. 园林树木－高等学校－教材　IV. S68

中国版本图书馆CIP数据核字（2009）第200872号

文字：邓莉兰　尹五元　牟凤娟　李双智
摄影：王红兵　邓莉兰

中国林业出版社·科技出版分社

策划、责任编辑：于界芬　吴金友
电话：83143542

出　　版：中国林业出版社（100009　北京西城区德内大街刘海胡同7号）
网　　址：http://lycb.forestry.gov.cn
发　　行：中国林业出版社
印　　刷：北京中科印刷有限公司
版　　次：2010年3月第1版
印　　次：2016年12月第2次
开　　本：787mm×1092mm　1／16
印　　张：25.5
字　　数：586千字
印　　数：3001～6000册
定　　价：120.00元

前　言

　　《风景园林树木学》一书由总论和各论两个部分组成。总论讨论了风景园林树木的概念及风景园林树木的分类、应用等内容。各论包括裸子植物和被子植物两大类群，共计81科，270属，近500种、变种及品种；裸子植物参照郑万均系统排列，被子植物参照哈钦松系统排列。

　　本书选取教学内容的原则是：科的覆盖面尽量广，属、种则注重各地区的代表性，力求既包括表现良好的我国重要的特有或乡土风景园林树种，也包括近年来新引进的国外树种；从地域分布上尽量涵盖北方及高山寒温带树种至南方热带雨林、亚热带常绿阔叶林、沟谷季雨林、干热河谷地区树种，以及西部的沙漠、典型喀斯特地区至东部滨海、河滩湿生树种等，重点介绍园林中常用的种类的同时，也兼顾了具有潜在开发应用价值和乡土特色的种类。

　　本书尽量做到图文并茂，所选树种的彩色照片中尽量选用花果等明显形态识别特征和景观效果好的图片，一改过去树木学类教材只用黑白线图的体例、识别树木更具有直观感。以栩栩如生的实物照片深化了枯燥的文字描述，使之更适宜广大读者的阅读。在树种分布的编排上采用了从西南→华南→华中→华中→华北→西北的顺序，便于读者了解植物分布相对比较丰富的区域。

　　编者经过大量的野外植物考察和图片收集，并结合标本平台建设项目查证了标本馆大量的腊叶标本，集自己20余年的教学经验和教学成果及所收集的第一手相关资料于本书中，从决定出版此书进入草稿阶段至正式出稿历经5年的时间，对所选取的每个科、属、种的主要特征都认真查阅了相关资料及考证了树木活体标本，力求做到精简准确突出，以便于掌握。同时，结合近年来风景园林学科的发展，进一步扩展了风景园林树种的应用范围，从室内寸盆之景到城乡的大地景观，从城市的居住小区、广场到农业观光园、风景名胜区，从河滨绿带到城市面山，风景园林树种的应用范围都有所涉及。

　　本书具有较广泛的适应性，可供风景园林专业及其相关专业的本、专科生作教材使用，也是园林绿化工作者及广大植物爱好者的参考用书。对自学者，可结合《园林植物识别与应用实习教程（西南地区）》一书使用。

　　由于个人水平所限，书中存在不妥之处在所难免，敬请广大读者提出宝贵意见和建议，以臻更加完善。

编者

2009年11月

目　录

总 论

第一章　风景园林树木学概述

自从人类产生以来，植物就在人类的生活中起着非常重要的作用，特别是光合作用被发现以来，人类依赖植物的重要性更加被普遍认识。随着人类对美好生活的不断追求，对绿色植物在发挥生态和景观效益，维持生态平衡等方面的认识也不断加深。风景园林就是在这样一个过程中产生的，从过去城中有绿地、有花园，向着"城在林中，林在城中，屋在景中，天人合一"的建设目标发展。

第一节　风景园林树木学概念

风景园林建设是在生态学理论，特别是景观生态学理论的指导下，根据各地的自然条件与各种景观布局，合理地应用树木，创造更加优美、舒适、和谐的绿色空间。这也成为目前城乡建设追求的主要目标。因此，风景园林树木学的研究与学习显得越来越重要了。

树木是木本植物的总称，包括乔木、灌木和木质藤本；而风景园林树木是适合城乡各类型风景园林景观、风景名胜区、休疗养胜地、森林公园等应用，以美化、改善和保护环境为目的的木本植物。风景园林树木学是研究风景园林树木的识别特征、分类、地理分布及其在风景园林中应用等的科学。

风景园林树木学是园林专业的基础课之一，在风景园林规划设计、施工和养护管理中能否对树木应用自如、达到预期效果是衡量本门课程学习和研究水平的标准。虽然不少风景园林工作者在实践中反映出扎实的园林设计基础，也具备表达委托单位设计意图的技巧和手段，却苦于找不到合适的树种去实现这种意图，或者不能预见设计作品的预期效果和景观动态。这主要是因为他们掌握的树种太少或者不了解树种的特性。因此，风景园林树木学的学习与研究的目的就是要把已知的树种种在自己的脑海中，把未知的树木运用科学的方法找出来加以利用，使树种的形态特征、生物学和生态学特性、观赏特点及所能表达的园林效果都能在头脑中灵活调动，呼之即出。

第二节　中国风景园林树木种质资源的特点

我国树木种类和资源丰富，在各国风景园林景观应用中具有重要地位，有"世界园林之母"的美誉。我国是多种名花与风景园林树木的起源中心，如牡丹*Paeonia suffruticosa*、梅花*Armeniaca mume*、月季*Rosa chinensis*、桂花*Osmanthus fragrans*、山茶*Camellia japonica*、蜡梅*Chimonanthus praecox*、杜鹃*Rhododendron simsii*、栀子*Gardenia jasminoides*、芙蓉花*Hibiscus mutabilis*、桃*Amygdalus persica*、李*Prunus salicina*、杏*Armeniaca vulgaris*、西府海棠*Malus micromalus*、含笑*Michelia figo*、白玉兰*Magnolia denudata*、珙桐*Davidia involucrata*、银杏*Ginkgo biloba*、水杉*Metasequoia glyptostroboides*、银杉*Cathaya argyrophylla*、樟树*Cinnamomum camphora*等。它们在我

国栽培历史悠久，几百年来，这些观赏花卉和风景园林树木不断地传到西方，对世界园林事业和园艺植物育种工作起了重大的作用，因此在西方发达国家人民心中有"无中国花卉便不成花园"之说。目前，世界的每一个角落几乎都有原产于我国的风景园林树木，种类和品种都十分丰富，其中不乏众多精品，如被誉为活化石的银杏*Ginkgo biloba*、水杉*Metasequoia glyptostroboides*、水松*Glyptostrobus pensilis*等都是我国特有种。我国特有的金钱松*Pseudolarix amabilis*，1853年被引至英国，次年又引入美国，备受人们的喜爱，被列为世界五大园景树之一。

我国风景园林树木资源在应用过程中形成了7大特点。

1. 种类丰富

我国从南到北的多纬度变化，从东到西的多经度变化和从低海拔到高海拔的多阶梯变化，造就了我国复杂多样的自然地理与气候条件，在气候带上包括了寒温带、温带、暖温带、北亚热带、亚热带和南亚热带及热带；在湿度上表现为自东到西海洋性湿润森林地带至大陆性干旱半荒漠和荒漠地带；在地形上地势从东北向西南由低至高，海拔高度变化特大，特别在我国西南地区尤其明显，形成了东部地区大部为平原和丘陵，西部为高原、山地和盆地，海拔高差大，气候、土壤差异悬殊的生境，各种不同生态要求的树木均能找到自己的生态位，因此植物种类极其丰富。此外，由于我国受地史变迁的影响较小，特别是没有遭受北方大陆第四纪冰期冰盖的破坏，使很多第三纪植物以前的孑遗植物得以保留下来，这也是保存物种丰富性的另一重要原因。据统计，我国种子植物中的木本植物有8000种以上，约占全国种子植物总数的1/3，其中乔木3000种左右，这些乔灌木经过引种驯化，均能在各种景观中加以应用。以上事实说明我国园林树木种类是非常丰富的。为进一步说明我国园林树木种类丰富这一特点，以在园林中占有极其重要地位的裸子植物为例，全世界共有15科80属约800种，我国原产的有10科33属约185种，分别占世界总数的83.3%、46.5%及23.1%。在园林景观中广泛应用的有苏铁属*Cycas*和松属*Pinus*的多数种类，以及银杏*Ginkgo biloba*、水杉*Metasequoia glyptostroboides*、落羽杉*Taxodium distichum*、水松*Glyptostrobus pensilis*、池杉*Taxodium ascendens*、柳杉*Cryptomeria fortunei*、翠柏*Calocedrus macrolepis*、侧柏*Platycladus orientalis*、圆柏*Sabina chinensis*、刺柏*Juniperus formosana*、金钱松*Pseudolarix amabilis*、罗汉松*Podocarpus macrophyllus*等。

2. 地位重要，影响力广

虽然我国风景园林树木资源十分丰富，但由于19世纪末20世纪初，我国国力薄弱，外国列强加强了对中国各种资源的掠夺，当然也包括树木资源，从而导致我国大量树木资源外流。如英国派遣的人员来华以传教为名，在中国大量采集植物标本，先后有罗伯特·福琼（Robert Fortune）、亨利·威尔逊（Ernest Henry Wilson）、法·金·瓦特（K.K.Word）、乔治·福莱斯（George Forrest）及德那威（Delavay）等多人。这些人有的在中国长达数十年，通过各种途径，带走了我国数千种植物和树木资源，分布地遍及我国各地。绚丽多彩的中国风景园林树木就这样大大丰富了英国植物园乃至世界各国的风景园林树木种类。以英国为例，爱丁堡植物园中的杜鹃花属（*Rhododendron*，306种）、报春属（*Primula*，40种）和木兰属（*Magnolia*，15种）植物多引种于我国。同时在英国、美国、意大利、法国等国家，还充分利用了我国的树木资源建立了各种植物专类园，如英国丘园的牡丹园有11种及变种源于我国。意大利、法国、德国、日本引栽了大量的我国园林树木。在园林植物育种方面，这些资源也发挥了重要作用，如月季*Rosa chinensis*、杜鹃*Rhododendron simsii*、山茶*Camellia japonica*的优良品种及金黄色的牡丹*Paeonia suffruticosa*，都是用中国种源作为选育材料而获得成功的。

以上事实足以说明我国风景园林树木资源的重要地位和对世界各地产生的极大影响。

3. 分布集中

我国是许多植物科、属的世界分布中心，其中有些科、属又在国内一定的区域内集中分布，形成中国分布中心。木本植物类群中的杜鹃属*Rhododendron*、槭属*Acer*、蜡梅属*Chimonanthus*、含笑属*Michelia*、油杉属*Keteleeria*、木犀属*Osmanthus*、泡桐属*Paulownia*、四照花属*Dendrobenthamia*、蜡瓣花属*Corylopsis*、李属*Prunus*、椴树属*Tilia*等均以我国为分布中心。以我国为分布中心的风景园林树木类群有利于形成具有我国不同区域或地方特色的风景园林景观。

4. 特有资源多

由于我国地形地貌复杂多样，气候带变化明显，在地质历史演变中形成了特殊的植物生境，使得我国特有植物科、属、种较多，如银杏科Ginkgoaceae、珙桐科Davidiaceae、杜仲科Eucommiaceae、马尾树科Rhoipteleaceae，金钱松属*Pseudolarix*、水杉属*Glyptostrobus*、银杉属*Cathaya*、福建柏属*Fokienia*、金钱槭属*Dipteronia*，梅花*Armeniaca mume*、桂花*Osmanthus fragrans*、牡丹*Paeonia suffruticosa*等，表现出了明显的特有现象，并培育出了较多的品种，广泛应用于风景园林中。

5. 观赏性多样而特殊

地质地貌的影响和生态环境的巨大差异使植物在长期的演化过程中产生变异与进化，形成了多样的观赏性状，如杜鹃属*Rhododendron*的常绿杜鹃亚属*Subgen. Hymenanthes*，变异幅度极大，体型从5cm至高可达25m的大树杜鹃*Rhododendron protistum*；在花序类型、花型、花色、花香、叶形、叶质等方面差异也很大，形成了千姿百态、万紫千红、四季花香的丰富多彩的特点。而樱属*Cerasus*的樱花类树木开花从每年的10月下旬至第二年的5、6月均有花开，花色从白色、粉红至红色都有。山茶属*Camellia*植物的花色有白色、粉红、红色的茶花及少见的开黄花的金花茶*Camellia chrysantha*，形成了多彩的茶花花色系列。这些多样的变化，为四季造景提供了众多良好的素材。同时，我国是世界风景园林树木类群重要的起源中心，除一般所具有的树种以外，还为园林景观建设提供具有特殊意义的观赏树木种质资源，如四季开花的花卉资源'四季'桂、'四季'金银花、'四季'杜鹃，月月开花的月季花品种'月月红'、'月月粉'、'月月紫'，香水月季等。树形奇特的观赏树木资源有蓑衣油杉*Keteleeria evelyniana* var. *pendula*、龙爪槐*Sophora japonica* var. *pendula*、龙爪柳*Salix matsudana* f. *tortuosa*、龙桑*Morus alba* 'Tortuosa'等，香花树种有含笑*Michelia figo*、依兰*Cananga odorata*、茉莉*Jasminum sambac*、玫瑰*Rosa rugosa*及香木莲*Manglietia aromatica*等。

以上事实说明，我国风景园林树木观赏性多样而特殊，为营造丰富多彩的风景园林景观奠定了基础。

6.园林树木栽培历史悠久，品种培育潜力巨大

我国是一个花木栽培历史悠久的国家，如桃*Amygdalus persica*、梅花*Armeniaca mume*的栽培历史已有3000多年，牡丹*Paeonia suffruticosa*也有1400多年的栽培历史。悠久的栽培历史与实践，培育了众多的风景园林树木品种，远在宋代时牡丹*Paeonia suffruticosa*的品种就达600～700个之多，梅花品种300多个，茶花品种300多个。为世界风景园林树木品种资源的培育作出了重要贡献。

7.外来园林树木进一步丰富我国园林树木资源

早在200多年前，我国就引种南洋杉*Araucaria heterophylla*作为风景园林树木。我国改革开放以来，引进种类更加丰富多彩了，如：金叶女贞*Ligustrum vicaryi*、加拿利海枣*Phoenix canariensis*、澳洲瓶子树*Brachychiton rupestris*等。仅棕榈科Palmaceae树木就引进了200多种。树木种质资源的引进，更加丰富了我国风景园林树木种质资源，使得风景园林景观更加多样化，同时也为下一步选种、育种提供了良好而丰富的亲本材料。

第二章 风景园林树木种质资源的保护

第一节 风景园林树市种质资源保护的重要性

风景园林树木种质资源的丰富度直接影响着风景园林景观的多样性。风景园林景观水平的高低、变化程度直接与树木资源应用密切相关。相对成形的几何图形约有100多种，而树木资源有8000多种，单纯依靠几何图形来形成风景园林景观的变化，与直接利用树木资源来形成风景园林景观的变化其优势显而易见，每次从100多种几何图形中抽出10种来组成一个景观，与每次从8000种树种中抽出80种树木来组成一个景观，这两者所出现的变化在数量上是不可比拟的，这充分说明树木资源在风景园林景观中的重要性。

1. 保护风景园林树木资源是历史经验教训的总结

历史经验教训告诉我们，随着环境的不断恶化，许多树木种类由于对环境的不适应，正在走向灭绝，一些种类在人未识时就被人们无意识的行为所灭绝，为我们今后开发这一类风景园林树木资源留下遗憾，甚至造成无法挽回的损失。如在自然状态下，已经找不到或很少见到多年前还能见得到的榉木 *Zelkova schneideriana*、野沙梨（马蛋果）*Gynocardia odorata*等，以上事实说明，加强风景园林树木资源的保护，对风景园林树木资源可持续利用是一个极其重要的事业，园林工作者应该将其放在重要位置。正如国际观赏园艺界总结的："谁掌握了种质资源，谁就掌握了未来!"这一句流行语充分说明了资源保护的重要性。

2. 新品种培育对风景园林树木资源的依赖

风景园林树木资源是携带各种不同种质的树木的总称，包括众多的野生类型及栽培品种。没有丰富的树木资源，就没有优良的风景园林树木品种。虽然，风景园林树木资源通过引种驯化可直接用于风景园林建设，但是通过引种驯化并进一步培育新品种对充分利用风景园林树木资源，更好发挥树木资源在风景园林建设中的作用更显得重要，如果缺少这些优良资源，风景园林树木的育种将无法进行，由此可见树木种质资源保护的迫切性和重要性。

3. 可持续利用风景园林树木资源的需要

树木是能自行繁衍的植物体，因而有人认为风景园林树木是取之不尽、用之不竭的资源，从而产生了一些错误的认识，其实风景园林树木资源具有两面性，即可解体性和再生性。当某一种树木资源受到各种不利因素的扰动，就会导致生殖障碍与进化交替混乱，从而威胁到这类资源的生存和繁衍，最终导致种群的解体与灭绝。因此，树木种质资源也是有限的。所以，扬长避短，尽量发挥再生性的优点，在保护的基础上充分发挥风景园林树木资源的可持续利用是十分必要的。

第二节　园林树木种质资源保护的内容

1. 园林树木种质资源及生态环境保护

任何一种树木资源均生长在一定的环境中，离开了环境就不存在园林树木资源，因此保护园林树木资源的前提就是要保存好园林树木资源生长的生态环境。

我国建立了大量的自然保护区，据统计，目前我国已建立了2200多个各类保护区，国家级自然保护区300多个，省级自然保护区700多个，省级以下自然保护区1000多个，这些自然保护区无疑成为了我国植物资源保护的基因库，也必将为我国风景园林树木资源的生态环境保护和树木种质资源保护发挥重要的作用。

2. 珍稀濒危园林树种资源保护

珍稀濒危树种通过引种驯化与繁育而被应用于风景园林景观中，成为风景园林树木资源，已有很多成功范例，比如：珙桐 *Davidia involucrata*、水杉 *Metasequoia glyptostroboides*、水松 *Glyptostrobus pensilis* 等。这些树种既是国家级的珍稀濒危保护植物，又是良好的风景园林树木资源，如不合理开发利用这类植物资源极有可能破坏野生资源，而有效利用好这类资源则有利于保护和发展这一类植物资源。因此，在保护的基础上利用这些资源才符合可持续发展的原则。

对于这类风景园林树木资源的保护，首先要建立繁育研究基地，在人工繁殖取得突破后，建立苗圃基地，从幼苗培育开始到风景园林景观应用，同时禁止直接开发野生珍稀濒危植物作为风景园林景观树种。

3. 古树资源保护、培育与再生

古树是长期适应原产地生态环境而保存下来的优秀树木个体，是经过百年以来人们喜好并筛选而保存下来的有纪念意义和有较强生态适应性的树木，在各地的风景园林景观建设中起着重要作用。在实际应用中可以根据这些存活的树木个体的各种信息寻找和开发风景园林树木资源，因此古树在各地绿化建设中具有重要意义。

对于古树的保护，主要制定保护规定，技术措施，加强保护宣传。在上述基础上进行繁育技术研究，培育苗木，以达到在风景园林建设中广泛应用的目的。

4. 已广泛应用的风景园林树木的野生资源的保护

风景园林树木的野生资源的保护是树木可持续利用的主要内容，树木经过长期栽培，在人工生境中有很多优良的遗传基因逐渐缺失，当遭到致命病虫害危害时将导致树木大片死亡。如欧洲城市绿化中广泛栽培的榆树属 *Ulmus* 树木就因为遭遇了致命的病害而造成了严重的损失。现在一些科学研究小组正在从中国等其他国家生长的野生榆树资源中寻找这种抗病基因来抵抗病害的侵染与传播，这一事件提醒我们保护风景园林树木野生资源具有重要意义。

在这一类资源的保护中，我们要选择风景园林树木资源较集中的野生生境，有针对性地建立风景园林树木野生资源保护区。但这一工作在我国及世界各地还没有针对性的开展，是今后风景园林树木资源保护与研究的重要内容。

第三节　风景园林树市种质资源保护及保存的方法

树木资源的保护及保存方法一般分为就地保护与迁地保护两种方式。就地保护主要是通过自然保护区、森林公园、国家公园来达到保护树木资源的目的；迁地保护就是把树木种质资源从目前濒危地区迁移到适合其生长的地区，建立树木园、植物园及种质资源圃等，同时通过其他途径保存其遗传材料，如：种子、组织、花粉等达到保存种质资源的目的。迁地保护需耗费大量的土地及人力物力，而且易受气候、土壤等自然因素的影响。在迁地保护中，我国正在实施种质资源保存库工程，投入了巨额资金建立迁地保护基地，随着低温技术的发展，种子库及离体保存方法倍受重视，种子库保存是将收集的种子保存于较低的温度下，并根据物种不同定期繁种更新保存的种子。离体保存是把植物的活体器官或组织、细胞、花粉、胚体等离体材料保存在超低温条件下，需要的时候，通过一定的手段，恢复并培养成植株。

第四节　风景园林树市种质资源的开发与利用

风景园林树种资源利用的历史悠久，现存古树上千年树龄的比比皆是，如：银杏 *Ginkgo biloba*、柳杉 *Cryptomeria fortunei*、翠柏 *Calocedrus macrolepis* 等。在长期的利用过程中，形成了一些很好的保护和利用并重的典型事例，如滇润楠 *Machilus yunnanensis*、石楠 *Photinia serrulata*、樟树 *Cinnamomum camphora* 等的利用；但也有很多教训，如银杏 *Ginkgo biloba* 虽然现在栽培植株随处可见，但野生植株不见了，实际上利用与保护是矛盾统一的，保护是为了保护树木资源及其生态环境，因此保护也是为了利用，对于开发利用风景园林树木资源，主要有以下一些工作：

1. 风景园林树木种质资源的调查与搜集

资源开发利用前，必须查清资源的种类、数量和分布规律，并搜集种子及活体材料，为开发利用风景园林树木资源奠定基础。

风景园林树木资源调查主要采取典型取样法和重点地区开展调查，调查的树种是第一印象能够作为园林树木的植株和种类。在调查过程中，要特别注意调查树种的生长情况、开花结实情况、主要观赏特性等的观察和记载，同时还要采集树木标本和拍照，搜集种子及少量的小苗，在所有基础资料搜集完整的基础上再进行内业整理。

通过调查应提供下列成果：

（1）树种资源名录。根据所属的科属进行系统排列或园林应用价值按种的中文与拉丁字母等顺序排列，记载树种中名、学名、俗名、科、属、生境、分布规律及观赏特性等。

（2）树种的生物学特性及生态学习性、生长状况、蕴藏量等，同时记载株数、株高、地径（或胸径）及开花结实情况等。

（3）树种资源分布与生态适应性。根据野外调查资料，记载分布地点，并对调查资料进行分析，结合前人相关资料，如各地区植物志等有关资料绘制分布图，结合生态条件分析各树种的生态适应性及潜在分布区，更详细的还可以明确标出主要观赏树种的分布位置及规律、分布面积及数量等。

2.风景园林树木资源评价

要合理有效地利用园林树木资源，还必须对树种资源进行景观价值评价。主要包括树形、花色、花期、常绿性与落叶性、叶色等，同时对其特性进行鉴定，主要包括形态性状、生物学特性、观赏品质性状以及抗逆性、抗病性、抗虫性等的鉴定。为了准确评价和鉴定，必要时还需选择有代表性的地区或创造模拟环境进行栽培，进一步验证评价与鉴定的结果。

3.风景园林树木种质资源的利用途径

（1）引种驯化。树木引种驯化是风景园林树木资源利用的重要途径，也是保护和利用的重要手段，实现这一途径，可以从附近自然保护区丰富的树木中选出风景园林树木资源，迁地进入试验区，通过一定时间的驯化试验，并对其进行评价，为推广应用创造条件。在引种驯化的基础上，批量生产，这实际上也是区域试验的继续，是引种试验得出结果后的补充和验证，仍属于引种试验阶段。经过引种试验、评价和批量生产后，认为达到或基本达到引种成功的标准，进而在各相应的风景园林景观中加以应用。

树木引种驯化是一项长期的工作，从开始到结束都应有详细而完整的观察记载资料，并建立完整的技术档案。

（2）育种应用。把引种驯化的树木种质资源作为亲本材料，进行实生选种、化学诱变育种、辐射诱变育种、杂交育种、细胞工程与基因工程育种等，改良现有的园林树木特性，如杂种马褂木、美国芳香山茶和抗寒山茶的育成，都是利用我国特殊的种质资源作亲本，通过几十年的各种育种手段选育而成。

第三章　风景园林树木的分类

地球上的植物约有50万种，而高等植物达35万种以上，其中已经被利用于风景景观园林建设的种类仅为一小部分。如何去调查发掘新的风景园林树木并使之服务于风景园林景观建设是一项繁重而艰巨的任务。对已栽培的树木种类，如何科学合理地利用并发挥它们最大的综合效益，在生产中也显得非常重要。而对植物进行科学系统的分类则是风景园林树木研究和学习的基础或前提。

第一节　植物分类及其意义

1. 植物分类学

植物分类学（Plant Taxonomy 或 Taxonomy）是研究植物"分类群"（taxon，taxa）以及由它们所构成的等级系统（hierachy）的科学。其目的意义在于正确认识植物种类和揭示植物类群之间的亲缘关系。它的内容主要是对各种植物进行描述、鉴定、命名、分布区记载以及亲缘关系研究等。

2. 植物分类学的研究内容

植物分类学主要是对植物分类群使用科学的术语进行描述，按照检索系统进行鉴定，依据植物命名法规进行命名和分类乃至系统学的研究。在上述基础上进行系统排列。而在实际工作中，就要涉及植物标本的采集与制作，植物标本室的建设与标本的保存与使用，文献资料查阅、整理与应用，野外调查和各种实验研究等。所有上述研究内容，其核心问题就是如何保证植物类群的分类和鉴定的准确性、可靠性以及更加快捷地完成分类工作，同时进一步揭示各种植物的亲缘谱系关系。

3. 植物分类学发展过程

（1）萌芽时期。这一时期从史前先民开始认识周围植物并加以利用到公元300年左右，将植物区分为乔木、灌木、草本等。

（2）本草学时期。公元300年左右至公元1700年（即显微镜发明）以前，这一时期从研究民间医药，发展到形成"本草学"，即按照植物的一般生活习性、外表形态、药用价值等将植物进行粗略的分类。其标志性著作《神农本草经》就出现于公元300年左右。在这一时期，人们逐步建立起了植物分类群的概念，提出了一些植物形态描述的术语。相继出版了李时珍的《本草纲目》(1578)和Caspar Bauhin的 *Pinax*（1623年），植物名称多达数千个，C. Bauhin还创立了双名法，成为林奈双名法的先驱。

（3）人为分类时期。公元1700～1860年左右，即达尔文《物种起源》(1859)发表以前的时期，由于显微镜的发明与应用，形态观察发展到显微水平，发现了生物的细胞结构和高等植物的细胞特点和生活史的意义，取得了大量的解剖学、胚胎学、孢粉学等方面的知识，进一步充实并改进了植物类群的划分。大量植物分类群的划分，促使人们考虑按照某种规则把它们——安排到统一的系统中去，产生了很多人为分类系统。如 John Ray（1703）的人为分类系统（methodus plantarum）记载了 18000 种植物；Linnaerous（1703）在他的《高地植物园目系》（*Hartous Uplandicus*）中按生殖器官（花的雄蕊数目）进行分类，并于 1735 年在他的《自然系统》（*Systema Naturae*）中发表，把植物分为 24 纲。

（4）自然分类时期。从 1860~1900 年（即达尔文的《物种起源》发表至孟德尔的遗传学论文被重新发现），这一阶段最重大的进展是生物进化论被普遍接受，成为生物学研究的指导思想，大量运用古植物学和植物地理学资料，形态—地理学方法成为研究植物类群及其演化发展的主要手段。在两种理论——真花学说和假花学说下建立起了初步的自然分类系统。

（5）实验分类学时期。公元 1900~1960 年左右，是细胞遗传学和群体遗传学、种群与群落学、系统学、生态学以及其他植物学分支蓬勃发展的时期，关于生物遗传变异的机制和遗传物质的研究取得重大进展，在属、种和种以下水平上广泛应用群体遗传学和统计学资料，逐步弄清了遗传变异规律。植物分类学开始利用实验方法和定量方法来探讨分类学问题，并深入研究了种系发生。各生物学的分支学科相互渗透，利用生物学的各分支学科证据来进行综合的分类学。

（6）分子生物学时期。1950 年开始，生物化学家利用色谱分析技术建立各植物类群的"生化剖面"，特别是近年来分子生物学和生物信息学建立和不断完善，得到了大量的与生物分类学相关的证据，在解决分类学问题中发挥了重要作用。在分子生物学理论支持下，通过基因克隆来研究单个基因的作用和在表现型上的表达方式，利用计算机信息技术与分子生物学相结合，在基因水平上来研究物种基因结构，从而逐步弄清各种基因组图谱，揭示种间、类型间的差异，从分子水平的角度来进行分类学研究。

4. 分类系统上的等级

（1）植物分类学等级。在国际植物命名法规中，任何等级的分类学上的诸类群，称为分类群（等级或阶层），每一植物个体要作为属于一系列依次从属的等级的诸分类群的归属来处理，其中种一级是基层等级。

表1　以香樟为例的植物分类的主要等级排列表

等级名	等级拉丁名	等级英文名	植物类群等级名	植物类群拉丁名
界	regnum	kingdom	植物界	Regnum vgetabile
门	divisio	division	被子植物门	Angiospermae
纲	classis	class	双子叶植物纲	Dicotyledoneae
目	ordo	order	樟目	Laurales
科	familia	family	樟科	Lauraceae
属	genus	genus	樟属	*Cinnamomum*
种	species	species	樟树	*Cinnamomum camphora*

分类群的主要等级自下而上是：种（species），属（genus），科（familia），目（ordo），纲（classis），门（divisio）。因此每个种必须隶属于属，每个属隶属于科等依此类推，现以樟树为例（表 1）说明植物分类的主要等级。

（2）种的概念。植物的种或物种是植物最基本的分类单位。种的概念及定种的标准一直是令植物学家难于取得共识的难题。关于种的概念大致有两种观点：一是形态学种，强调物种形态方面的差别；另一种是生物学种，强调的是物种间的生殖隔离。这两个观点就目前知识所能达到的目标来看，还难于统一，但作为植物分类学习者来说，应掌握以下几点：一是物种是客观存在的，二是物种既有变的一面，又有不变的一面；种可代代遗传，也正因为某些形态特征相对稳定，才可区分不同的物种，决定其分类归属；但物种的变化又是必然的，没有变异，就不会有进化，新种也不会产生。综合以上两种对种的概念的认识，一个完整的种的概念应该是：物种是由很多形态类似的群体所组成，来源于共同的祖先并能正常地繁育后代，不同的种具有明显的形态上的间断或生殖上的隔离（杂交不育或能育性降低）。但按照这个概念来对种进行划分，很多植物分类学工作者就会感觉到很多困惑，因此，植物分类学家所认定的种更多是形态学种的概念。

（3）种下等级。种类群体往往具不同的分布区，由于分布区不同及生境条件的差异会导致种群分化为不同的生态型、生物型和地理宗。形态分类学家根据其表现型差异划分出下列的等级。

亚种（subspecies）是那些形态上已有比较大的变异，且具不同分布区的变异类型。如四蕊朴*Celtis tetranda* subsp. *sinensis*。

变种（variety）为使用最广泛的种下等级，一般是指具有不同形态特征的变异居群，常用于已分化的不同的生态群。

变型（form）多是在群体内形态上发生变异的一类个体。

此外，在园林园艺及农业生产实践中，还存在着一类由人工培育而成的植物，它们在形态、生理、生化等方面具有相同的特征，这些特征可通过无性繁殖得以保持，当这类植物达到一定数量而成为生产资料时，则可以称为该种植物的"品种"（cultivar）。如圆柏 *Sabina chinensis* 的栽培品种'龙柏' *Sabina chinensis* （L.） Ant. 'Kaizuka'。由于品种是人工培育出来的，植物分类学家均不把它作为自然分类的对象。

综上所述，在植物分类等级系统上，种为最基本的分类单位。由许多形态相似、亲缘关系较近的种集合为属，一个属的不同种有的可进行杂交，这也是育种上培育新品种的一个重要方法。许多重要特征、亲缘关系相近的若干属归属于一个科。对于初学分类的人来说，掌握属和科的形态特征是很重要的，而这些能力的获得必须通过在野外的实践中逐渐积累。依上述类推，相近的科归属为"目"，若干相近的目集合为高一级"纲"，相近的纲归属为"门"。

5. 植物的命名

（1）普通名。通常又分为中名和俗名，中名常出现于我国的各种专门性著作与研究资料中，而且常常是民间用的名称，中名多数也来源于俗名，一般只有一个，由于树种分布在不同的地区，因此会有多个俗名。

（2）科学名称的命名（拉丁学名的命名）。Bauhin 在他的 *Panax* 一书中创立了双名，但并没有被人们引起重视。后来林奈（Linn.）于 1751 年讨论了植物命名的问题，并于 1753 年在其《植物种志》（*Species Plantarum*）中普遍采用双名法，即用一属名和一种加词构成任何一种植物名称，属名和种加词用拉丁字或拉丁化的字，属名第一个字母应大写，一般为名词，用名词单数第一格；种加词多为形容词，与属名名词性、数、格一致，也可采用名词第二格，书写时均为小写。此外还要求在种加词之后加上该植物命名人姓氏的缩写。若命名人为两人，则在两人名间用"et"相连，如银杉 *Cathaya argyrophylla* Chun et Kuang；若由一人命名，另一人发表，则前一人为命名人，后一人为发表该种的作者，中间用"ex"相连，"ex"是后者根据前者的意思，如白皮松 *Pinus bungeana* Zucc. ex Endl.。杂交种命名，将"×"加在种加词前面，或在属名后，在母本或父本的两个种加词用"×"相连，作为杂种名，如二乔玉兰 *Magnolia × soulangeana* (Lindl.) Soul. -Bod.。种下等级单位中，亚种名是在种名之后加亚种拉丁词 subspecies 缩写"subsp."或"ssp."，再加上亚种加词，最后写亚种命名人缩写。如凹叶厚朴 *Magnolia officinalis* Rehd. et Wils. ssp. *biloba* (Rehd. et Wils.) Law。变种名是在种名之后加变种拉丁词 varietas 的缩写"var."，再加上变种加词，最后写变种命名人缩写，如红花檵木 *Loropetalum chinense* (R. Br.) Oliv. var. *rubrum* Yieh.。变型名是在种名之后加变型拉丁词 forma 的缩写"f."，再加上变型加词，最后写变型命名人缩写，如苍叶红豆 *Osmosia semicastrata* Hance f. *pallida* How。关于栽培品种，写法是种名或直接写品种名称,需加上单引号。不附命名人的姓名。如垂枝雪松 *Cedrus deodara* (Roxb.) G. Don 'Pendula'。

学名产生以后，使植物类群有统一的名称，而种的学名皆为双名，因而避免了重复和混乱，有利于国际交流。

6. 检索表

在植物分类学研究中，检索表是一个不可缺少的工具，也可以说是一种方法，它更是分类学鉴定植物类群的钥匙。检索表的编制是与植物分类比较分析的方法密切相关的，是在所要区分的一群植物中，同中找异、异中求同的一个过程，将一群植物一分为二，一直到把两个种或两个基本类群区别开来。因此检索表就是一个用来鉴定植物种类（类群）的索引。检索表按编写格式又可分为3种常见类型：定距（二歧）检索表、平行检索表和齐头定距检索表。

定距（二歧）检索表

1.蓇葖果或蒴果；心皮1～5（12），离生或基部合生，常无托叶；子房上位 ……………
……………………………………………………… 1.绣线菊亚科Spiraeoideae
1.梨果、瘦果或核果；有托叶。
  2.子房下位、半下位、稀上位；心皮2～5；梨果或浆果状 ……… 2.梨亚科Pomoideae
  2.子房上位。
    3.心皮多数，离生，常形成聚合果 …………………………… 3.蔷薇亚科Rosoideae
    3.心皮1，核果 ……………………………………………… 4.李亚科Prunoideae

平行检索表

1.蓇葖果或蒴果；心皮1~5（12），离生或基部合生，常无托叶；子房上位 ……………
………………………………………………………………… 1.绣线菊亚科Spiraeoideae

1.梨果、瘦果或核果；有托叶
2.子房下位、半下位、稀上位；心皮2~5，梨果或浆果状 ………… 2.梨亚科Pomoideae
2.子房上位
3.心皮多数，离生，常形成聚合果 ………………………………… 3.蔷薇亚科Rosoideae
3.心皮1，核果 ……………………………………………………… 4.李亚科Prunoideae

齐头定距检索表

1（2）蓇葖果或蒴果；心皮1~5（12），离生或基部合生，常无托叶；子房上位 ………
………………………………………………………………… 1.绣线菊亚科Spiraeoideae
2（1）梨果、瘦果或核果；有托叶。
3（4）子房下位、半下位、稀上位；心皮2~5，梨果或浆果状 ………2.梨亚科Pomoideae
4（3）子房上位。
5（6）心皮多数，离生，常形成聚合果 …………………………… 3.蔷薇亚科Rosoideae
6（5）心皮1，核果 ………………………………………………… 4.李亚科Prunoidea

在编制和使用检索表时，应注意以下几点：使用的特征必须明确，而且真正对立；要用正确的形态术语进行描述；编检索表时，必须用实物标本与检索表反复对照，以便所选的特征真实可靠。

7. 被子植物的分类系统

（1）恩格勒系统。这一系统由德国植物学家恩格勒（A. Engler）和普兰特（K A. E. Prantl）于1892年创立，这是在艾希勒（A. E. Eichler，1839~1887）系统基础上改进而成的。这一系统以假花学说为其理论基础。所谓的假花学说（Pseudoanthium）或柔荑派（Amentiferae）认为被子植物起源于裸子植物的麻黄类植物，现代被子植物中最原始植物类群为从柔荑花序类植物（如木麻黄目、杨柳目、杨梅目等）发展到单花被的柔荑花序类（如胡桃目、山毛榉目），由此演进到两层花被的离瓣花类（如毛茛目、蔷薇目等），最后发展到花瓣连合的合瓣花类（如柿目、杜鹃花目等）。他们将无被花、单被花和离瓣花类归入"原始花被亚纲"，而合瓣花类为"后生花被亚纲"。恩格勒系统认为单子叶植物单独起源于假想的原始被子植物，因而起初把单子叶植物放于双子叶植物之前。但以后经过多次修订，已于1964年在《植物科志纲要》（第12版）中将单子叶植物移到双子叶植物的后面。

这一系统在20世纪居于统治地位，世界上许多国家的标本馆和植物志采用了此系统。

（2）哈钦松系统。此系统于 1926 年和 1934 年由英国植物分类学家哈钦松（J. Hutchinson）发表于《有花植物科志》上，后经不断修订。它是以边沁－虎克的分类系统及美国贝西（C.E.Bessey）的系统为基础发展而成，是真花学说的代表。真花学说认为被子植物起源于已经灭绝的具两性孢子叶球的本内苏铁类植物，木兰科的花与之很相似，因而木兰目被放于原始地位。主要观点有：①离瓣花比合瓣花原始，花各部螺旋状排列比轮状排列原始，两性花比单性花原始，故认为木兰目 Magnoliales 和毛茛目 Ranundales 为被子植物中最原始类型；②被子植物演化分为木本与草本两个分支，木本支起源于木兰目，草本支起源于毛茛目；③单被花及无被花种类为后来演化过程中退化而成；④单子叶植物起源于毛茛目。

此系统为大多数植物学家所承认和引用，哈钦松的该著作被奉为经典著作，在英、法及我国南方的标本馆及植物志中多采用这一系统，但又一致认为将木本和草本分开作为分类主干是错误的。

（3）其他系统。由于近代其他学科的高速发展，如孢粉学、分子生物学等，给植物分类研究注入了更多活力。20 世纪 60 年代后，出现了一些新的系统，下面简要介绍三个。

塔赫他间（A. Takhtajan）系统　1954年发表，多次修订，1997年的系统将被子植物分为木兰纲和百合纲，下分17个亚纲。基本观点是：①被子植物为单元起源；②草本植物由木本植物演化而来；③木兰目为现存有花植物中最原始的类群，由木兰目演化出毛茛目及睡莲目；④单子叶植物起源于原始的水生双子叶植物睡莲目；⑤柔荑花序类起源于金缕梅目。打破了双子叶植物纲分成离瓣花亚纲和合瓣花亚纲的观念。

克郎奎斯特（A. Cronquist）系统　这一系统在1968年出版的《有花植物的进化和分类》中发表，后经多次修订。该系统与塔赫他间系统有许多相似之处。主要观点是：①将被子植物分为木兰纲与百合纲，下分11个亚纲；②认为被子植物起源于一类已灭绝的种子蕨；③木兰亚纲最原始，为有花植物的基础复合群，木兰目最原始；④柔荑花序类由金缕梅目发展而来；⑤单子叶植物中，泽泻亚纲最原始，与其他各纲共同起源于原生被子植物。

吴征镒（Wu zheng-yi）系统　这一系统设立木兰植物门（被子植物），门下分为8纲，40亚纲，202目572科，并对每个科所包含的属、种数和地理分布作了说明。从总的内容看，这一系统秉承了真花学说的观点，但从发生上提出了"多系、多期、多域"的新的发生观点。

其他比较有名的分类系统还有瑞典的达格瑞（R. Dahgren）系统（1975, 1980, 1983）等。

第二节 风景园林树市分类

风景园林树木的分类在科学上是与植物分类学的原理相一致的，但是风景园林树木还要按风景园林建设的要求，以风景园林树木在园林中的应用或利用为目的进行分类。

1. 依树木的生长习性分类

（1）乔木类。树体高大，具明显主干者，一般树木高 5m 以上。可分为伟乔（>30m）、大乔（20～30m）、中乔（10～20m）及小乔（6～10m）等，树木的高度在应用植物造景时起着重要作用。此外，依据树木的生长速度分为速生树、中速树、慢生树等，还可分为常绿乔木、落叶乔木，针乔、阔乔等。

（2）灌木类。通常有两种类型：一类是树体矮小（<5m），主干低矮；另一类树体矮小，无明显主干，呈丛生状，又称为丛木类，如麻叶绣线菊 *Spiraea cantoniensis*、溲疏 *Deutzia scabra*、千头柏 *Platycladus orientalis* 'Sieboldii' 等。

（3）铺地类。实际属于灌木，但其枝干均铺地生长，与地面接触部分生出不定根，如矮生栒子 *Cotoneaster dammerii*、匍地龙柏 *Sabina chinensis* 'Kaizuca-procumbens' 等。

（4）藤蔓类。地上部分不能直立生长，须攀附于其他支持物向上生长。如紫藤 *Wisteria sinensis*、常春油麻藤 *Mucuna sempervirens* 等。

2. 依树木对环境因子的适应能力分类

（1）依据气温因子分类。主要是依据树木最适应的气温带分类，可分为热带树种、亚热带树种、温带树种及寒带树种等。在进行树木引种时，分清树种属于什么类型是非常重要的，如不能把凤凰木 *Delonix regia*、木棉 *Bombax malabaricum* 等热带、亚热带树种引到温带的华北地区栽培。当然，每种树木对温度的适应能力是不一样的，有的适应能力很强，这类植物称为广温植物，如银杏 *Ginkgo biloba*、爬山虎 *Parthenocissus tricuspidata* 等；有的则对温度较敏感，适应能力弱，称为狭温植物。在生产实践中，各地还依据树木的耐寒性分为耐寒树种、半耐寒树种、不耐寒树种等，不同地域的划分标准是不一样的。

（2）依据水分因子分类。树木对水分的要求是不一样的，据此可分为湿生、中生和旱生树种。①湿生树种：这类树种耐水湿，根系不发达，有些种类树干基部膨大，长出呼吸根、膝状根、支柱根等，如池杉 *Taxodium ascendens*、水松 *Glyptostrobus pensilis*、垂柳 *Salix babylonica*；②旱生树种：此类树种耐旱，为了适应干旱与长期缺乏水分，植物常具发达的根系，植物表层具发达角质层、栓皮、茸毛或肉茎等，如马尾松 *Pinus massoniana*、侧柏 *Platycladus orientalis*、木麻黄 *Casuarina equisetifolia*、砂生槐 *Sophora moorcroftiana* 等；③中生树种：介于两者之间的大多数树种。

（3）依据光照因子分类。可分为喜光树种、耐阴树种、中性树种。喜光树种如杨属 *Populus*、泡桐属 *Paulownia*、落叶松属 *Larix*、云南松 *Pinus yunnanensis* 等；耐阴树种如红豆杉属 *Taxus*、八角属 *Illicium*、桃叶珊瑚属 *Aucuba* 等。

(4) 依据空气因子分类。可分成多类。①抗风树种：如蓝桉 *Eucalyptus globulus*、高山松 *Pinus densata*、川滇高山栎 *Quercus aquifolioides* 等。②抗污染类树种：如抗二氧化硫树种有银杏 *Ginkgo biloba*、白皮松 *Pinus bungeana*、圆柏 *Sabina chinensis*、垂柳 *Salix babylonica* 等；抗氟化物树种有云杉 *Picea asperata*、侧柏 *Platycladus orientalis*、圆柏 *Sabina chinensis*、朴树 *celtis sinensis*、悬铃木 *Platanus orientalis* 等；还有抗氯化物、抗氢化物树种等。③防尘类树种：一般叶面粗糙、多毛，分泌油脂，总叶面积大，如松属 *Pinus* 植物、构树 *Broussonetia papyrifera*、柳杉 *Cryptomeria fortunei* 等。④卫生保健类树种：能分泌杀菌素或其他分泌物，净化空气，有一些分泌物对人体具保健作用，如松柏类常分泌芳香物质，还有樟树 *Cinnamomum camphora*、厚皮香 *Ternstroemia gymnanthera*、臭椿 *Ailanthus altissma* 等。

(5) 依据土壤因子分类。依据树木对土壤酸碱度的适应，可分为：①喜酸性土树种，如杜鹃花科 Ericaceae、山茶科 Theacea 的许多植物。②耐碱性土树种，如怪柳 *Tamarix chinensis*、红树 *Rhizophora apiculata*、椰子 *Cocos nucifera* 等。依据对土壤肥力的适应力可划分出耐瘠土树种，如马尾松 *Pinus massoniana*、油杉 *Keteleeria fortunei*、刺槐 *Robinia pseudoacacia*、台湾相思 *Acacia confusa* 等，很多种类具根瘤与菌根。还有水土保持类树种，常根系发达，耐旱瘠，固土力强，如刺槐 *Robinia pseudoacacia*、沙棘 *Hippophae rhamnoides* 等。

3. 依树木的观赏特性分类

(1) 观形树木。指形体及姿态有较高观赏价值的一类树木，如雪松 *Cedrus deodara*、龙柏 *Sabina chinensis* 'Kaizuca'、榕树 *Ficus microcarpa*、龙爪槐 *Sophora japonica* var. *pendula*、灯台树 *Swida controversa* 等。

(2) 观花树木。指花色、花香、花型等有较高观赏价值的一类树木，如梅花 *Armeniaca mume*、蜡梅 *Chimonanthus praecox*、月季 *Rosa chinensis*、牡丹 *Paeonia suffruticosa*、白玉兰 *Magnolia denudata* 等。

(3) 观叶树木。这类树木的叶的色彩、形态、大小等有独特之处，可供观赏，如鹅掌柴 *Schefflera octophylla*、鸡爪槭 *Acer palmatum*、黄栌 *Cotinus coggygria* var. *cinerea*、七叶树 *Aesculus chinensis*、椰子 *Cocos nucifera* 等。

(4) 观果树木。果实具较高观赏价值的一类树木，或果形奇特，或色彩艳丽，或果实巨大等，如柚子 *Citrus maxima*、金钱槭 *Dipteronia sinensis*、复羽叶栾树 *Koelreuteria bipinata*、青钱柳 *Cyclocarya paliurus* 等。

(5) 观枝干树木。这类树木的枝干具有独特的风姿，或具奇特的色彩，或具奇异的附属物等，如白皮松 *Pinus bungeana*、梧桐 *Firmiana platanifolia*、青榨槭 *Acer davidii*、紫薇 *Lagerstroemia indica* 等。

(6) 观根树木。这类树木裸露的根具观赏价值，如榕树 *Ficus microcarpa*、露兜树 *Pandanus tectorius* 等。

4. 依树木在园林中的用途分类

根据树木在园林中的主要用途可分为行道树、独赏树、庭荫树、防护树、花木类、藤本类、植篱类、地被类、盆栽与造型类、室内装饰类、基础种植类等。

5.依树木的主要经济用途分类

风景园林中有一类树木除观赏、防护等功能外，还具有经济价值，依据其主要经济用途可分为果树类、淀粉类、油料类、菜用类、药用类、香料类、纤维类、饲料类、薪炭材类、树胶类、蜜源类等。

第四章 风景园林树木的观赏特性及功能

第一节 风景园林树市的观赏特性

风景园林树木的观赏特性主要表现在形态、色彩、芳香、质地及感应等方面，以个体美或群体美的形式构成园林美景的主体，给人以现实客观的直接美感。加之我国自古即重视观赏树木之韵味，赋予不同种类以不同"性格"，再和诗、词、绘画、故事等文学艺术作品多方渲染联系，便产生了风景园林树木的"人格化"，如松之忠贞、竹之虚心、梅之坚韧、牡丹之富丽、山茶之娇艳、碧桃之妩媚等，并进而发展成为民族的特点与共同的爱好。由此可见，风景园林树木不仅有千姿百态、变化多端的形式美，并且有丰富多彩、寓意深长的意境美。

一、风景园林树木的树形及其观赏特性

一般所说的树形是指在正常的生长环境下，成年树木整体形态的外部轮廓。不同树种具有不同的树冠类型，同一树种在不同的发育阶段树形也会发生变化。下面介绍几种常见的树形及观赏特性。

1. 塔形

这类树形的顶端优势明显，主干生长势旺盛，树冠剖面基本以树干为中心，左右对称，整个形体从底部向上逐渐收缩，整体树形呈金字塔形，如雪松 *Cedrus deodara*、水杉 *Metasequoia glyptostroboides* 等。塔形树冠主要由斜线和垂线构成，具由静而趋于动的意向，整体造型静中有动、动中有静，有将人的视线或情感从地面导向高处或天空的作用。

2. 圆柱形

顶端优势仍然明显，主干生长旺盛，但树冠基部与顶部均不开展，树冠上、下部直径相差不大，树冠紧抱，冠长远超过冠径，整体形态细窄而长，如台湾桧 *Juniperus formosana*。圆柱形树冠构成以垂直线为主，给人以雄健、庄严与安稳的感觉。

3. 圆球形

包括球形、卵圆形、圆头形、扁球形、半球形等，树种众多，应用广泛。这类树木的树形构成以弧线为主，给人以优美、圆润、柔和、生动的感受。

4. 棕榈形

主干不分枝，大型叶聚生在树干的顶端。这类树形除具有南国热带风光情调外，还能给人以挺拔、秀丽、活泼的感受，既可孤植观赏，也宜在草坪、林中空地散植，创造疏林草地景色，如棕榈 *Trachycarpus fortunei*、蒲葵 *Livistona chinensis*、槟榔 *Areca catechu* 等。

5. 下垂形

伞形外形多种多样，基本特征为有明显悬垂或下弯的细长枝条，如垂柳 *Salix babylonica*、龙爪槐 *Sophora japonica* var. *pendula*、柽柳 *Tamarix chinensis* 等。由于枝

条细长下垂，随风拂动，常形成柔和、飘逸、优雅的观赏特色，能与水体产生很好的协调。

6. 雕琢形

人们模仿人物、动物、建筑及其他物体形态，对树木进行人工修剪、蟠扎、雕琢而形成的各种复杂的几何或非几何图形，如门框、树屏、绿柱、绿塔、绿亭、熊猫、孔雀等。雕琢由多种线条组合而成，其观赏情趣具有雕琢物体自身的特性与意味。在园林中根据特定的环境恰当应用，可获得别具特色的观赏效果，但用量要适当，应少而精。

7. 倒卵形

树冠顶部宽阔，呈一弧线，基部变狭窄。如千头柏*Platycladus orientalis* 'Sieboldii'、刺槐*Robinia pseudoacacia*等。

8. 平顶形

树冠宽阔，顶端呈一平面。如合欢*Albizzia julibrissin*等。

各种树形的美化效果并非机械不变，常依配植的方式及周围景物的影响而有不同程度的变化。不同的树冠类型所产生的园林效果不同。如尖塔形树冠多有严肃端庄的效果；具有柱状狭窄树冠者，多有高耸静谧的效果；而一些垂枝类型者，常形成优雅和平的气氛。园林树木的树形在植物造景中起着重要作用。

二、风景园林树木的叶及其观赏特性

叶的观赏特性主要表现在叶的色泽、形状、大小和质地。

1. 叶形的观赏特性

按照叶的大小和形态，将叶形划分为以下三类：

（1）小型叶类。叶片狭窄，细小或细长，叶片长度大大超过宽度。包括常见的鳞形、针形、钻形、条形以及披针形等。具有细碎、紧实、坚硬、强劲等视觉特征。

（2）中型叶类。叶片宽阔，大小介于小型叶与大型叶之间，形状多种多样，有圆形、卵形椭圆形、心脏形、菱形、肾形、三角形、扇形、马褂形、匙形等类别，多数阔叶树属此类型。给人以丰富、圆润、素朴、适度等感觉。

（3）大型叶类。叶片巨大，但整个树上叶片数量不多。大型叶树的种类不多，其中又以具大中型羽状或掌状开裂叶片的树木为多，如苏铁、棕榈科的许多树种。它们原产于热带湿润气候地区，有秀丽、洒脱、清疏的观赏特征。

此外，叶缘锯齿、缺刻以及叶片上的茸刺等附属物的特征，有时也起到丰富观赏内容的作用。有些树种叶片分裂的形状很美，具很高的观赏价值，如马褂木*Liriodendron chinensis*、琴叶榕*Ficus pandurata*、八角金盘*Fatsia japonica*等。叶的质地不同，观赏效果也不同，如革质叶片反光力强，叶色深，故有光影闪烁的效果。

2. 叶色的观赏特性

在叶的观赏特性中，叶色的观赏价值最高，因其呈现的时间长，能起到突出树形的作用，叶色与花色、果色相比，群体观赏效果显著，叶色被认为是园林色彩的主要创造者。树木叶色可分为以下两类：

（1）基本叶色。树木的基本叶色为绿色，由于受树种及受光度的影响，叶的绿色有墨绿、深绿、浅绿、黄绿、亮绿、蓝绿等差异，且随季节变化而变化。各类树木叶的绿色由深至浅的顺序大致为常绿针叶树、常绿阔叶树、落叶树。

（2）特殊叶色。树木除绿色外而呈现的其他叶色，丰富了园林景观，给观赏者以新奇感。根据变化情况。特殊叶色又可分为常色叶类和季节叶色类。常色叶类树木所表现的特殊叶色受树种遗传特性支配，不会因环境条件的影响或时间推移而改变。常色叶类有单色与复色两种。前者叶片表现为某种单一的色彩，以红、紫色和黄色为主；后者是同一叶片上有两种以上不同的色彩，有些种类叶片的背腹面颜色显著不同，也有些种类在绿色叶片上有其他颜色的斑点或条纹。季节叶色类树木的叶片在绿色的基础上，随着季节的变化而出现的有显著差异的特殊颜色。季节叶色多出现在春、秋两季。春季新叶叶色发生显著变化者称为春色叶树种，在秋季落叶前叶色发生显著变化者称为秋色叶树种。

除了叶子的形状、色泽之外，叶还可形成声响的效果。如针叶的响声自古就有听松涛之说，"雨打芭蕉"亦可成为自然的音乐。

三、风景园林树木的花及其观赏特性

风景园林树木的花是最引人注目的特征之一，其观赏效果体现在两个方面。一是由本身的遗传特性决定的形态(包括花色、花形、花序类型、花香等)特征，二是花或花序着生在树冠上表现出的整体状貌，叶簇的陪衬关系以及着花枝条的生长习性。

1. 花相的概念

花相是指花或花序着生在树冠上表现出的整体状貌。风景园林树木的花相分为纯式和衬式两种。纯式花相是指先叶开放的花形成的花相(在开花时叶片尚未展开，全树只见花不见叶)。衬式花相是指后叶开放的花形成的花相(展叶后开花，全树花叶相衬)。

2. 花相类型

风景园林树木的花相分为以下几种类型：

（1）干生花相。花生于茎干之上，也有的称之为"老茎生花"，种类不多，主产于热带湿润地区。

（2）线条花相。花排列于小枝上，形成长形的花枝，由于枝条的生长习性不同，花枝表现的形式各异，有的呈拱状花枝，有的呈直立剑状花枝。纯式线条花相的有连翘*Forsythia suspense*、迎春*Jasminum nudiflorum*，衬式线条花相的有三裂绣线菊*Spiraea trilobata*等。

（3）星散花相。花朵或花序数量较少，且散布于全树冠各部。衬式星散花相的外貌是在绿色树冠的底色上，零星散布着一些花朵，有丽而不艳、秀而不媚的效果。纯式星散花相种类较多，花数少而分布稀疏，花感不强烈。

（4）团簇花相。花朵或花序形大而多，花感较强烈，每朵花或花序的花簇仍能充分表达其特色。

（5）覆被花相。花或花序着生于树冠表层，形成覆伞状。纯式的有泡桐，衬式的有广玉兰*Magnolia grandiflora*、合欢*Albizzia julibrissin*、高丛珍珠梅*Sorbaria arborea*等。

（6）密满花相。花或花序密生全树各小枝上，使树冠形成一个整体大花团，花感最为强烈。

（7）独生花相。本类较少，形态奇特，如苏铁类。

此外，花期的长短、开放期内花色的变化，都有不同的观赏意义，如金银花 *Lonicera japonica*、木芙蓉 *Hibiscus mutabilis*。

3. 花色的观赏特性

花色是主要的观赏要素，在众多的花色中，白、黄、红为花色的三大主色，具这三种颜色的种类最多。现将几种基本花色的树种列举如下：

（1）白色系花。茉莉 *Jasminum sambac*、山梅花 *Philadelphus incanus*、女贞 *Ligustrum lucidum*、玉兰 *Magnolia denudata*、白兰花 *Michelia alba*、栀子花 *Gardenia jasminoides*、白鹃梅 *Exochorda racemosa* 等。

（2）黄色系花（黄、浅黄、金黄）。迎春 *Jasminum nudiflorum*、连翘 *Forsythia suspense*、云南黄素馨 *Jasminum mesnyi*、黄刺玫 *Rosa xanthina*、棣棠 *Kerria japonica*、黄牡丹 *Paeonia delavayi*、金丝桃 *Hypericum chinense*、蜡梅 *Chimonanthus praecox*、黄花夹竹桃 *Thevetia peruviana*、金花茶 *Camellia chrysantha* 等。

（3）红色系花（红色、粉色、水粉）。木棉 *Bombax malabaricum*、凤凰木 *Delonix regia*、桃 *Amygdalus persica*、梅 *Armeniaca mume*、玫瑰 *Rosa rugosa*、贴梗海棠 *Chaenomeles speciosa*、石榴 *Punica granatum*、山茶 *Camellia japonica*、杜鹃 *Rhododendron simsii* 等。

（4）蓝色系花。紫藤 *Wisteria sinensis*、紫丁香 *Syringa oblata*、紫玉兰 *Magnolia liliflora*、毛泡桐 *Paulownia tomentosa*、蓝雪花 *Ceratostigma plumbaginoides* 等。

4. 花香的园林意义

花的芳香情况十分复杂，目前虽无评价、归类的统一标准，但仍可分为清香（如茉莉 *Jasminum sambac*）、甜香（如桂花 *Osmanthus fragrans*）、浓香（如栀子 *Gardenia jasminoides*）、淡香（如玉兰 *Magnolia denudata*）等。不同的芳香会引起人不同的反应，有的起兴奋作用，有的起镇静作用，有的却会引起反感。由于芳香不受视线的限制，使芳香树木常成为"芳香园""夜花园"的主题，起到引人入胜的效果。

四、风景园林树木的果实及其观赏特性

自然界树木的果实多是在景色单调的秋季成熟，此时累累硕果挂满枝头，给人以美满丰盛的感觉。许多树木的果实不仅具有很高的经济价值，为人们生活所必需，而且有突出的美化作用为风景园林景观增色添彩。果实的观赏特性主要表现在形状与色泽两方面。

1. 果形的观赏特性

果实形状的观赏体现在"奇、巨、丰"三个方面。"奇"指形状奇异，特别有趣，如象耳豆 *Enterolobium cyclocarpum*、腊肠树 *Cassia fistula*、佛手 *Citrus medica var. sarcodactylis* 等。"巨"指单体果形较大，如柚 *Citrus grandis*、木菠萝 *Artocarpus heterophyllus* 等；"丰"就全树而言，无论单果或果序均应有一定的丰盛数量，果虽小，但数量多或果序大，以量取胜，可收到引人注目的效果，如聚果榕 *Ficus racemo-*

sa、接骨木*Sambucus williamsii*等。还有些树木的种子富于诗意的美感，如王维"红豆生南国，春来发几枝，愿君多采撷，此物最相思"的描写，赋予果实以深刻的内涵，产生意境美的效果。

2. 果色的观赏特性

果实的颜色丰富多彩，变化多端，有的艳丽夺目，有的平淡清秀，有的玲珑剔透，更具观赏意义。

现将各种果色的树种列下：

（1）果实呈红色。山楂*Crataegus pinnatifida*、冬青*Ilex chinensis*、金银忍冬*Lonicera maackii*、南天竹*Nandina domestica*、紫金牛*Ardisia japonica*、石榴*Punica granatum*等。

（2）果实呈黄色。银杏*Ginkgo biloba*、梅*Armeniaca mume*、柚子*Citrus grandis*、金橘*Fortunella margarita*、番木瓜*Carica papaya*等。

（3）果实呈紫色。葡萄*Vitis vinifera*、密叶十大功劳*Mahonia conferta*、李*Prunus salicina*、蓝靛果忍冬*Lonicera caerulea* var. *edulis*等。

（4）果实呈黑色。小叶女贞*Ligustrum quihoui*、刺五加*Acanthopanax senticosus*、刺楸*Kalopanax septemlobus*等。

（5）果实呈白色。红瑞木*Cornus alba*、少齿花楸*Sorbusoligodonta*等。

五、风景园林树木的树皮、枝、干、刺毛等及其观赏特性

树木的枝条、树皮、树干以及刺毛的颜色、类型都具一定的观赏性，尤其在落叶后，枝干的颜色更为醒目，那些枝条具有美丽色彩的园林树木特称为观枝树种；一些乔木树种既可赏枝也可赏干。

树皮的开裂方式不同也具一定的观赏价值，下面介绍几种：

（1）光滑树皮。表面平滑无裂，多数幼年期树皮均无裂，也有老年树皮不裂的，如梧桐*Firmiana simplex*、直干桉 *Eucalyptus maideni*。

（2）横纹树皮。表面呈浅而细的横纹，如桃*Amygdalus persica*、白桦*Betula platyphylla*。

（3）片裂树皮。表面呈不规则的片状剥落，斑驳状如白皮松*Pinus bungeana*、悬铃木*Platanaceae hispanica*。

（4）丝裂树皮。表面呈纵而薄的丝状脱落，如青年期的柏类。

（5）纵裂树皮。表面呈不规则的纵条状或近于人字状的浅裂，多数树种均属本类。

（6）纵沟树皮。表面纵裂较深，呈纵条或近于人字状的深沟，如老年期的核桃*Juglans regia*、板栗*Castanea mollissima*等。

（7）长方块裂纹树皮。表面呈长方形裂纹，如柿树*Diospyros kaki*、黄连木*Pistacia chinensis*等。

（8）疣突树皮。表面具不规则的疣突，如木棉*Bombax malabaricum*、刺楸*Kalopanax septemlobus*表面具刺。

树干的皮色对美化配植也起着很大的作用，如在街道上用白色树干的树种，可产生道路变宽的视觉效果。

第二节　风景园林树木的功能

一、风景园林树木改善环境的功能

1. 改善空气质量

（1）吸收二氧化碳放出氧气。二氧化碳作为温室在室外是全球变暖的元凶之一，在室内对人体健康影响更是不容忽视的。而绿色植物是降低空气中的二氧化碳浓度、补充氧气的消耗、维持碳氧平衡的主要途径之一，植物通过光合作用吸收二氧化碳放出氧气。据统计，全球植物年吸收二氧化碳约9.36×10^{10}t，放出氧气约6.83×10^{10}t。

正常情况下1个体重75kg的成年人，每天可消耗氧气0.75kg，排出二氧化碳0.9kg，据此，各地常根据当地的实际情况确定满足城市居民呼吸的最小绿地面积。如日本确定为人均$10m^2$森林，德国、美国确定为人均$40m^2$绿地，杨士弘为中国广州确定为人均$18.1m^2$绿地。

（2）分泌杀菌素。空气中飘浮的有害菌是疾病传播的主要途径之一。园林树木可通过分泌挥发性杀菌素、滞尘、减弱风速等作用直接或间接灭杀空气中的有害菌或阻止其传播。在可比条件下，绿化较好的公园、校园较植物稀少的道路、闹市区空气中含菌量显著降低，以具有乔－草或乔－灌－草结构的绿地中含菌量最低，闹市区较之高40倍以上。因此，可通过绿化来降低空气中的含菌量尤其是病原菌的含量，以减少疾病，有利健康。

（3）吸收有害气体。城市尤其是化工城市空气中常充斥着各类有毒物质，如二氧化硫、氯、氟化物、臭氧、氮化物、碳氢化物等，严重威胁着城乡居民的身心健康。其中化工城市多以二氧化硫、氯、氟化物为主；车辆较多的城市一氧化碳、氮化物、碳氢化物、臭氧浓度较高。园林树木具有一定的抵御有害气体污染的能力，在一定浓度范围内能够吸收、转化或富集这些有害气体，起到净化空气的作用。但是，当空气中有害气体超过一定浓度范围时将对植物产生毒害作用。因此，在一定范围内大气污染可通过绿化植物进行生物调节。

（4）阻滞尘埃。尘埃包括粉尘、飘尘等，是城市空气的主要固体污染物，常以微粒形式悬浮或漂浮于空气中，易引起呼吸类疾病或因此导致其他疾病的发生，对人体危害极大。近几年频繁发生的沙尘暴更使许多城市饱受其害。

园林树木一方面可以通过本身庞大的叶面系统吸附空气中的尘埃，又可通过覆盖与防护作用阻滞空气中尘埃的流动和地面重复扬尘。树木枝、叶吸附积聚的尘埃经雨水洗刷后回到植被覆盖的地面，从而由流动态变为固定态，达到减尘的目的。其中，树木是绿地减尘的最活跃分子，减尘率可达22%～90%。

园林树木的减尘能力与配植参数如树种组成、空间结构、绿地面积或绿带宽度等密切相关。其中，树种组成、空间结构主要影响单位面积绿地的叶面积，决定单位面积绿地的减尘强度；绿地面积与绿带宽度影响总叶面积，决定减尘的总量。

2. 调节温度

城市热源集中，温室气体浓度较高。在平面图上等温线常以人口密集、建筑密度大、工商业发达的地域为高温中心向城郊呈同心环状分布，许多学者将周围温度相对较低的郊区、乡村比做海洋，城市高温区则变成了孤立于这一海洋中的岛屿，并将这种城市气温高于四周郊区气温的现象称为城市热岛效应。城市热岛效应已严重干扰了城市居民的正常生活。

"大树底下好乘凉"，这是人们自古即知的树木对环境的改善作用，恐怕也是人们最初在城市中栽植树木的主要原因。树木可有效地降低夏季空气的温度，尤其在配植成一定结构并占有一定面积时。即使是一单株树，在炎热的夏季其遮荫处也能感觉到明显的凉爽。树木降温主要通过树木的遮荫和蒸腾作用。枝叶茂盛的树木能够遮挡大部分射入的太阳辐射，同时也阻止了绿带内和地面向外射出的长波辐射。蒸腾吸热是树木降温作用的主要贡献者。据测定，1株成年树1天可蒸散400kg水。树木蒸腾过程中要消耗大量热量，这部分热量取自周围环境，导致气温下降。

3. 净化水质，增加湿度

树木对城市水分方面的改善作用主要体现在两个方面，即对水质的净化作用和对空气的增湿作用。

（1）对水质的净化作用。树木具有庞大的根系，其整个地下部分所覆盖的空间至少是地上部分所覆盖空间的1.5倍。树木根系本身对水中杂质和重金属等污染物质即具有一定的吸收、吸附作用，与之密切结合的土壤构成的自然沉降系统是最好的污水处理器。含有毒物质的污水经过各种地被植物的层层过滤，吸附并转入深层土壤，再慢慢流出，成为良好的饮用水。同时，树木根系分泌的杀菌素又可杀灭水中所含菌。污水通过30～40m宽的绿带后，单位体积水中所含的细菌量比不经过绿带的对照值减少50%左右。从绿带中流出的水，大肠杆菌只有原来的1/10。

（2）对环境的增湿作用。树木对环境的增湿作用主要与树木蒸腾、覆盖和降低风速有关。树木蒸腾使空气中水蒸气增加，风速减弱、树木尤其林冠层覆盖阻滞了地面蒸发水蒸气和蒸腾水蒸气的及时散出，提高了瞬时小环境的空气湿度，当绿地覆盖率不断提高、布局合理直至接近森林结构时，其增湿效果显著提高、范围增大并趋于稳定。

4. 改善光照条件

阳光经过林冠后，经吸收、反射和过滤，对光照进行再分配，改变了光照强度和光波组成。经树木调整后散射光比例显著提高，避免强光照射，绿带中或绿带间(建筑区)绿色光比例增大，光照柔和，赏心悦目，有利于居民生活。除调整光照强度和光波组成外，绿地还可减弱阳光的有害影响，即阻隔放射性物质的辐射传播。据报道，每公顷森林1年可使阳光的有害影响减小10%～15%。

5. 降低噪音

噪声是城市主要公害之一，不仅妨碍人们正常工作与休息，严重者会影响居民的身体健康。一般认为40dB(A)以下为安全声音，40～80dB(A)尚不至对人的听力造成危害，85dB(A)将使10%的人听力受到损害，90dB(A)时增加到20%。片状或带状种植的园林树木具有显著的降低噪声作用，树干和茂密的枝叶对声波有很强的吸收能力，并能不定向地反射声波，减弱噪声。因此，可通过合理选择树种和配植结构、合理布局有效地阻滞噪声的传播、减弱噪声的量级、缩小噪声的影响范围。

二、风景园林树木保护环境的功能

1. 涵养水源、保持水土

（1）园林树木增加降水。园林树木可显著增加水平降水。夜晚，湿空气随着气温降低逐渐达到饱和状态，最后在冷的附着物上凝结成雾、露、霜、雾凇等。据测定，单位面积具乔、灌、草结构的城市森林景观，其降水量是同样面积裸露地表面积的50~60倍。有树区域水平降水占全年降水量的5%~7%。

群植或片植的园林树木还可增加垂直降水。林冠层不断向其上空蒸发大量水汽，使有林地上空湿度比空旷地显著提高，一方面在温度降低时本地水汽凝结形成降水，另一方面增加了过境水汽团形成降雨的机会。据测定，有林地较无林地降雨量可增加17.4%~27.6%。

（2）园林树木的蓄水功能。风景园林中地面常被地被植物所覆盖，雨水降落后，多数渗入地下，被植物根系吸附或继续慢慢下渗，渗入地下的雨水是裸地的5倍以上，只有少部分产生径流。林地尤如一天然水库，据测算，1000hm²林地约相当于一座蓄水22万m³的水库。

（3）园林树木使地表免于冲刷。园林树木可有效地保护土壤免于被雨水冲刷。雨水降落于树冠上以后，首先被树冠遮挡并部分截留。被树冠截留的部分缓慢落于林地或部分蒸发，透过树冠落于地下的雨水经树冠遮挡后动能损失，强度减弱，减小了对地面的冲击。

2. 防风固沙

（1）防风作用。树木尤其由树木构成的林带的防风作用是不容置疑的，我国"三北"防护林工程的辉煌成就已为世人瞩目，给防护区农业生产带来的巨大屏障作用已得到公认。目前，许多大中城市纷纷营造城市防护林，即是利用园林树木的防风作用。

防护林的防风效果主要是通过减弱风速和乱流作用来实现的。当风吹向林带时，气流受到林带阻挡，一部分穿过林带空隙，受到树木的阻挡、摩擦、碰撞并分割成小的涡旋，引起原有气流结构改变，整个过程中消耗了大量动能，导致风力减弱；另一部分从林带上空翻越而过，先在迎风面林缘附近堆集、变向、抬升，再与林带上空林冠摩擦、产生涡旋运动，越过林带后与穿过林带的气流会合、碰撞，逐级损失能量，风力减弱。

（2）固沙作用。有的城市被迫兴建于风沙地带，尤其是我国西北地区，大风可将沙堆刮走形成流动沙丘，给居民生活带来诸多不便甚至严重危害。林带可显著降低风速，从而阻止沙丘的流动，使其最终被固定在林网或林内。沙地树木成林后使水、肥等环境条件得到不断的改善，逐渐形成了具复层结构的森林植被，从而使沙丘永久固定。我国许多风沙地区已成功地应用了这一防护功能。因此，利用可供观赏或有一定经济价值的风景园林树木在城市周围营造固沙林，既可固沙，又能形成亮丽的景观。

3. 监测大气污染

有一些对大气污染反应敏感的园林树种可随时"记录"环境污染程度的变化，使人及时对大气污染程度有一个准确的判断。草本及低等植物较木本植物对大气污染的反应更加敏感，如苔藓植物在二氧化硫浓度$0.005\sim0.1\mu l/L$、紫花苜蓿在二氧化硫浓度$0.3\mu l/L$时即已受害，多数木本植物尚无明显表现。因此，树木可用作高浓度污染的指示植物，将指示不同污染程度的草本与木本植物共同植于同一环境下，形成梯度系列，即可同时判断出大气污染的程度。此外，风景园林树木又可用来研究某一地区环境污染历史。

三、园林树木美化环境的功能

植物是造园四大要素(山、水、建筑、植物)之一，而且是四要素中惟一具有生命活力的要素。杨鸿勋先生曾在《江南古典园林艺术》中总结出园林中植物材料的九个功能："隐蔽围墙，拓展空间"；"笼罩景象，成荫投影"；"分隔联系，含蓄景深"；"装点山水，衬托建筑"；"陈列鉴赏，景象点题"；"渲染色彩，突出季相"；"表现风雨，借听天籁"；"散布芬芳，招蜂引蝶"；"根叶花果，四时清供"。可见，造园可以无山、无水，但绝不能没有植物，正所谓"寻常一样窗前月，才有梅花便不同"。园林树木是植物造景中最基本、最重要的素材，绝大多数植物造景均需要树木的积极参与，各种建筑若无树木掩映，光秃秃的山，冷清清的水，则缺乏生气。

1. 造景

(1) 园林树木作为主景。园林树木可作为整个园林中的主景，也可作局部空间的主景，多见于各类植物园、公园、游园、自然风景区以及各专类园。利用树木的某一观赏特性或某一历史文化背景，单株或多株配植成某一特定景观或结构。如黄山的迎客松为自然形成的植物景观，是黄山主景之一；深圳仙湖植物园邓小平同志亲手所植树木为人工景观，借名人名木造景，成为仙湖一亮点；南京梅花山、北京香山红叶都是人工与自然配植成的主景，分别是两城市的主要旅游观光景点。

(2) 园林树木作为背景。园林树木作为背景可更加突出前景的主题思想，常用大背景使前景置于其中，烘托、渲染作用强烈。如烈士陵园、人民英雄纪念碑等以绿色树木为背景则显得更加庄严肃穆。

(3) 园林树木作为配景。园林树木作为配景可使主景更具观赏性，主景与配景融为一体，更加突出整体的自然、和谐、丰满，有时可起到画龙点睛的作用。如假山上的雅形松和南天竹、著名建筑前的风景树、寺庙内的古松和古柏等，均为提高主景的观赏价值或整体效果而配植。

2. 联系景物

由于使用功能不同，有些相邻的园林景物形成风格完全不同的部分，易造成一种不完整的感觉。为保持整体完整，常需要在有关的园林景物与空间之间安排一些联系的构件，园林树木是常用的素材之一。通过园林树木的应用，将景物与景物、景物与空间之间建立联系或过渡，使之浑然一体。

以树木作为联系构件的主要应用方式有四种，即连接、过渡、渗透与丰富。在一生活小区内的商店、餐馆、学校、民宅间以树木相连，整体感强烈，生活气息更浓；主路与支路、建筑物入口及门厅的树木景观可以起到自然过渡和延伸的作用，使人们从一个景观到另一个景观、从外部空间进入建筑内部空间有一种动态的不间断感；外部的树木景观通过落地玻璃窗渗透到室内的餐厅、客厅等大空间，可扩大室内空间感，使人如坐林中，给枯燥的室内空间带来生机；景物间仅以光秃的道路连接则显得单调、枯燥，若在道路旁配以适当的树木，则丰富了景物联系方式。

3. 组织空间

园林绿地空间组织的目的是在满足使用功能的基础上，巧妙地运用艺术构图规律和自然规律创造既突出主题、又富于变化的园林景观，同时根据人的视觉感受创造良好的景物观赏条件，获得良好的观赏效果。园林树木是组织空间的基本素材，其本身特性完全能够满足园林绿地空间组织的目的和要求。以树木组织空间具有自然、丰富、饱满、柔和、疏密得当、富有生机等特点，使空间井然有序、张弛适宜又具有大自然的韵味。

（1）分隔空间。园林绿地由若干功能使用要求不同的部分组成，有时因隶属关系不同或某些特殊的需要，如营造一些小的幽静的空间等，需要将两块或多块绿地分隔开来，若用墙来分隔则显得生硬，有时空间或使用功能上也不允许，常用树木来进行分隔。用树木分隔空间，也是园林布局中取得变化与统一的手段之一。用树木分隔空间，根据要求可分隔成紧密型的，也可分隔成疏透型的(似隔非隔)；可用定植的树木进行永久分隔，或用盆栽树木临时分隔；可水平分隔，也可立体分隔；分隔的空间可以是开敞空间、封闭空间、半封闭空间和纵深空间等。

（2）拓展空间。在日常生活中，人们通常认为墙是用来分隔空间的，是不可逾越的，看到墙体便感到空间到了尽头，但看见树墙就不会有这样的感觉，心理上认为只不过是排树而已。因此，每遇墙体以密植林带如一行桧柏遮挡或以常绿藤本类爬满墙面，或干脆以一排一定密度和高度的树墙取代墙体，既阻挡人流，又有一定的通视程度，均可起到拓展空间的效果。又如在游园的尽头若是一堵墙，空间一下变小；若设计成一个小的弯路，两侧密植略高的常绿密枝类树种，弯后顺墙而走，从远处看则给人以联想，走近后又给人幽深的感觉，从而拓展了视觉空间。

4. 增添季节特色

园林中经常追求静，并以静为美。但是，在造景上常更多地追求景色的动感，避免"四季一面"或"千城一面"的单调景观。此时，园林树木便成为造景中最具生命力的要素了。

园林树木随一年四季物候的变化，其叶、花、果、树形等在形态、色彩、结构、景象等方面表现各异，呈现明显的季相动态变化，季节特色鲜明。从而可在四维空间(加时间维)上营造出页心悦目的艺术效果，形成春花烂漫、夏荫浓郁、秋色绚丽、冬景苍翠的四季景色，丰富了环境景观，增加了环境的动感，带来了无限的情趣，使人们亲身感受到大自然的无穷魅力。如苏州冬观白雪寒梅，夏看荷花争艳，秋数漫山红叶，春季百花盛开；杭州苏堤春晓看桃柳，夏日曲院风荷，秋观桂花满觉陇，孤山踏雪赏梅等。

在园林实践中，按照园林树木的季节特色人为地创造园林时序景观，已成为园林设计师进行园林植物配植的一种基本手法。典型的如扬州个园，在咫尺庭院创造出四季分明的自然景观序列：春季梅花、翠竹，夏日国槐、广玉兰，秋有枫树、梧桐，冬配蜡梅、南天竹，达到了步移景异的动态景观效果。

5. 控制视线

在植物造景中，园林树木用以控制视线，使观瞻者产生良好的视觉效果，如作障景的树障，作隔景、夹景的屏障，作框景的树框，作漏景的疏林，作添景的素材等，所起的作用均为遮挡视线。以一定高度的林带、树墙、树篱部分或全部掩去次要景物，突出主要景物，使人视线集中。如为突出坐落于路侧建筑前的一尊雕塑，以树篱半掩去其他建筑，使雕塑成为主要景点，若不做处理，雕塑与路旁建筑难分主次，因而成为一般点缀了。在景区、景点或室内等均有一些有碍观瞻的部分可用结构适宜的树木来遮挡。

四、风景园林树木的生产功能

风景园林树木的生产功能是园林树木在满足其主要功能与作用的前提下，与生产相结合，发挥生产产品、创造经济价值的作用。如某些花卉在花后及时采集仍可食用、茶用或药用，淘汰的观赏或防护树木仍可材用或工艺用，观光果林在观光之余可供人们品尝大自然提供的美味等。风景园林树木几乎具备经济林树种所具备的各种用途，综合分类叙述如下：

1. 果品类

果实或种子富含多种营养，可直接食用或稍经加工后可食用的种类。果品类又可分为水果和干果两类，前者食用部分为肉质的果皮及其附属物、假种皮等；后者食用部分为种子(种仁)。

2. 油料类

果实或种子富含油脂，经提、榨取后应用的种类。油料类又可分为食用油料和工业用油料两种。

3. 香料类

植物体含挥发性芳香油(精油)，直接或经蒸馏、分离、提纯、调配后应用的种类。包括调味香料、食品用香料、芳香中草药等。

4. 淀粉类

果实、种子富含淀粉，经加工利用的种类。包括食用淀粉和工业用淀粉。

5. 饮料类

幼叶、果实、种子或树液经加工调配后供饮用的种类。

6. 纤维类

植物各部尤其嫩枝、树皮、根等纤维发达的种类。包括编织类、造纸类、纺织类、绳索类等。

7. 栓皮类

树皮木栓发达，可提取供工业用的种类。

8. 鞣料、染料类

植物体富含单宁、染料，浸提后可应用的种类。

9. 树液、树脂类

树木流出的树液、树胶、树脂经提制后可供利用的种类。包括胶料类、漆料类、树脂类、糖料类。

10. 药用类

植物体内含有某种药物的有效成分，经加工或提纯后可供利用的种类。包括医药类和农药类。

11. 寄主树类

为经济昆虫的寄主树种，获取昆虫的分泌物或虫瘿等的种类。

12. 野菜、饲料、肥料类

幼嫩植物体可作为食用野菜、牲畜饲料或绿肥原料等的种类。

13. 蜜源类

花为蜜蜂提供蜜源的种类。

14. 素类原料类

植物体内含有色素、维生素等，经提取后可供利用的种类。

第五章　风景园林树木的应用

第一节　风景园林树木的配植

风景园林树木的配植是利用树木塑造景观，充分利用和发挥树木本身形体、线条和色彩上的自然美，构成一幅动态的画面供人们欣赏。

一、风景园林树木配植的原则

1. 生态适应的原则

每种植物对生态环境都有特定的要求，要科学合理地配植树木，就应在了解树木生态习性的基础上，按照"师法自然，顺应自然，模拟自然"的要求，做到因地制宜，适地适树。应从树木的生态习性、观赏价值及与周围环境的协调性等方面考虑树木栽植的地点是否适宜。如由于树木对光的需求量不同，建筑物的南面和孤植树宜选用喜光树种，建筑物北面宜选用耐阴树种；由于树木对水分需求量的不同，在湖岸溪流两侧或土壤水分含量较多的低湿地可栽植喜湿耐涝树种，在灌溉条件较差的干旱地可栽植耐干旱树种等。

2. 美观的原则

园林树木的应用应注重形体、色彩、姿态和意境方面的美感，在配植时应充分发挥树木多方面的美学特点，运用艺术手段，符合园林艺术性造景定义的要求，创造充满诗情画意的园林植物景观。在配植时，可以利用植物的单体或不同的形态、色彩和质地等景观要素进行有节奏和韵律的搭配。"间株垂柳间株桃"就是有韵律配植的佳作。

3. 满足功能要求的原则

城乡有各种各样的园林绿地，设置目的各不相同，主要功能要求也不一样。如道路绿地中的行道树要求以提供绿荫为主，要选择冠大荫浓、生长快的树种按列植方式配植，在人行道两侧形成林阴路；要求以美化为主，就要选择树冠、叶、花或果实部分具有较高观赏价值的种类，丛植或列植在行道两侧形成带状花坛，同时还要注意季相的变化，尽量做到四季有绿、三季有花，必要时需要点缀草花来补充。在公园的娱乐区，树木配植以孤植树为主，使各类游乐设施半掩半映在绿荫中，供游人在良好的环境下游玩。在公园的安静休息区，应以配植有利于游人休息和野餐的自然式疏林草地、树丛和孤植树为主。以防护为目的的配植应选择抗性强的树种。

4. 经济的原则

园林树木的配植应在满足前面三个原则的前提下，注意以最经济的手段获得最佳的景观效果。在树木选用过程中要充分利用乡土树种，适当地选择园林结合生产的树种。要根据绿化投资的多少决定用多大量的大苗及珍贵树种，还要根据管理能力选用可粗放管理或需精细管理的树种，并注意景观建设的长短期效果结合问题，这些都有助于经济原则的实现。

二、风景园林树木配植的方式

配植方式是搭配园林树木的样式，一般分为规则式配置和自然式配置两大类。

1. 规则式配植

选用树形美观、规格一致的树种，按固定的株行距配植成整齐一致的几何图形，称规则式配植。

(1) 对植。在公园和广场的入口、建筑物前等处，左右各植一株或多株树木，使之对称呼应的配植。

(2) 列植。在工厂和居住区的建筑物前、规则式道路和广场边缘或围墙边缘，树木以固定的株行距呈单行或多行的行列式栽植，称列植。多见于行道树、绿篱、林带、水边等种植形式中。一般采用同一树种，也可间植搭配。

(3) 三角形种植。树木以固定的株行距按等边三角形或等腰三角形的形式种植。等边三角形的方式有利于树冠和根系对空间的充分利用。实际上大片的三角形种植仍形成变体的列植。

(4) 中心植。一般在广场、花坛的中心点种植单株或单丛树木的种植形式。常选用树形整齐、生长慢、四季常青、高大挺拔的树木。

(5) 环植。按一定的株距把树木栽为圆形的一种方式，包括环形、半圆形、弧形、双环、多环、多弧等富于变化的方式。

(6) 多边形。包括正方形栽植、长方形栽植和有固定株行距的带状栽植等。

2. 自然式配植

多选择树形美观的树种，以不规则的株行距配植成各种形式。

(1) 孤植(单植)。孤植即单株树孤立种植。可应用于大面积的草坪上、花坛中心、小庭院的一角等处。要求树种有突出的个体美。

(2) 丛植。丛植是指由三五株至八九株同种或异种树木以不等距离种植在一起成为一个整体的种植方式。所形成的群丛，可分为以庇荫为主的树丛和以观赏为主的树丛。可布置于草坪或建筑物前的某个中心或庭院绿化的路边等处。丛植需严格考虑好种间关系和株间关系；在混交时最好使阳性树与阴性树、快长树与慢长树、乔木与灌木有机地结合起来。

(3) 群植。以一两种乔木为主，与数种乔木和灌木搭配，组成20~30株或更多的较大面积的树木群体，这样的种植方式称为群植。群植体现的是群体美，可应用于较大面积的开阔场地上作为树丛的陪衬，也可种植在草坪或绿地的边缘作为背景。

(4) 林植。林植是指较大规模成带成片的树林状的种植方式。这种配植形式多出现于大型公园、林阴道、小型山体、水面的边缘等处，也可成为自然风景区中的风景林带、工矿厂区的防护林带和城市外围的绿化及防护林带。园林中的林植方式包括自然式林带、密林和疏林等形式。应用林植的方式配植时除应注意群体内，群体间及群体与环境间的生态关系外，还应注意林冠线及季相的变化。

(5) 散点植。以单株或双株、三株的丛植为一个点在一定面积上进行有节奏和韵律的散点种植，强调点与点之间的相呼应的动态联系，特点是既体现个体的特性又使其处于无形的联系中。

3.混合式配植

在一定的单元面积上采用规则式和自然式相结合的配植方式，这种方式常应用于面积较大的和风景区中。

第二节　风景园林中各种用途树种的选择与应用

一、行道树

栽植在道路如公路、园路、街道等两侧，以遮荫、美化为目的的乔木树种。

1.行道树的选择

行道树的选择应用对完善道路服务体系、提高道路服务质量、改善生态环境有着十分重要的作用。一般来说，行道树应树形高大、冠幅宽、枝叶茂密、枝下高适中，发芽早、落叶迟，生长迅速，寿命长，耐修剪，根系发达、不易倒伏，大苗栽植易成活等特点，这是由于地面行人的践踏、摇碰和损伤，地下管道的影响，空中电线电缆的障碍，烟尘、汽车尾气和有害气体的危害所致，因此行道树树种必须对不良条件有较强的抗性，要选择那些耐瘠薄、抗污染、耐损伤、抗病虫害、干皮不怕强光曝晒、对各种灾害性气候有较强的抗御能力的树种。同时还应考虑生态功能、遮荫功能和景观功能的要求。

行道树的应用要根据道路的建设标准和周边环境，以方便行人和车辆行驶为第一准则，选择乡土树种和已引栽成功的外来树种。城区道路多用主干通直、枝下高较高、树冠广茂、绿荫如盖、发芽早、落叶迟的树种，而郊区及一般等级公路则多选用生长快、抗污染、耐瘠薄、易养护管理的树种。近年来，随着城市建设的发展，人们的绿色环保意识增强，常绿阔叶树种和彩叶、香花树种有较大的发展，特别是城市主干道、高速干道、机场路、通港路、站前路和商业闹市区的步行街等，对行道树的规格、品种和品位要求更高。

2.行道树的配植

行道树在配植上一般采用规则式，其中又可分为对称式及非对称式。多数情况下道路两侧的立地条件相同，宜采用对称式；当两侧的条件不相同时，可采用非对称式，这种情况下一侧可采用林荫路的形式。行道树通常都是采用同一树种、同一规格、同一株行距、行列式栽植。

行道树的高度在同一条干道上应相对保持一致。每年应及时调整树冠的侧枝生长方向，以保持冠形的统一、规整。

3.常用的行道树

在风景园林景观建设实践中，完全符合要求的行道树种类并不多。我国常见的有银杏*Ginkgo biloba*、悬铃木*Platanus orientalis*、合欢*Albizia julibrissin*、梓树*Catalpa ovata*、梧桐*Firmiana platanifolia*、刺槐*Robinia pseudoacacia*、槐树*Sophora japonica*、榆树*Ulmus pumila*、栾树*Koelreuteria paniculata*、复叶槭*Acer negundo*、三角槭*Acer buergerianum*、白蜡树*Fraxinus chinensis*、毛泡桐*Paulownia tomentosa*、香

樟*Cinnamomum camphora*、臭椿*Ailanthus altissma*、小叶榕*Ficus concinna*、广玉兰*Magnolia grandiflora*、红花羊蹄甲*Bauhinia blakeana*、重阳木*Bischofia polycarpa*、女贞*Ligustrum lucidum*、鹅掌楸*Liriodendron chinense*、枫香*Liquidambar formosana*、杨梅*Myrica rubra*、黄槐*Cassia surattensis*、喜树*Camptotheca acuminate*、波罗蜜*Artocarpus heterophyllus*、芒果*Mangifera indica*、马蹄荷*Exbucklandia populnea*、油棕*Elaeis gunieensis*、大王椰子*Roystonea regia*、红椿*Toona ciliata*、椴树*Tilia tuan*等。

二、庭荫树

庭荫树是指栽植于庭院、绿地或公园等地能形成大片绿荫供人纳凉之用的树木，所以庭荫树又称遮荫树、绿荫树。

1.庭荫树的选择

庭荫树一般树体高大、树冠宽阔、枝叶茂盛、无污染物，常用的地点是庭院和各类休闲绿地，多植于路旁、池边、廊、亭前后或与山石建筑相配，所以选择时以遮荫为主，并兼顾观赏效果，许多观花、观果、观叶的乔木均可作为庭荫树。

2.庭荫树的配植

庭荫树在园林中所占比重较大，在配植上应细加考究，充分发挥各种庭荫树的观赏特性。主要的配植方法有：①在庭院或局部小景区景点中，三五株成丛散植，形成自然群落的景观效果；②在规整的有轴线布局的景区栽植，这时庭荫树的作用与行道树接近；③作为建筑小品的配景栽植，既丰富了立面景观效果，又能缓解建筑小品的硬线条和其他自然景观软线条之间的矛盾。

3.常用的庭荫树

常用的庭荫树种类丰富，如白皮松*Pinus bungeana*、合欢*Albizia julibrissin*、槐*Sophora japonica*、悬铃木*Platanus orientalis*、白蜡*Fraxinus chinensis*、梧桐*Firmiana platanifolia*、泡桐*Paulownia fortunei*、槭属*Acer*、杨属*Populus*、柳属*Salix*、榕属*Ficus*等。

三、独赏树

独赏树又称孤植树、标本树、孤形树或独植树，指为表现树木的形体美，可独立成为景观供人观赏的树种。

1.独赏树的选择

树体雄伟高大，树形美观，或具独特的风姿，或具特殊的观赏价值，且寿命较长。如马尾松*Pinus massoniana*赏其枝叶繁茂，树姿苍劲古雅；石楠*Photinia serrulata*赏其满树银花，红果累累，光彩夺目；槭树*Acer buergerianum*叶色富于变化，秋叶由黄变红，赏其叶色的美丽景色等。

2.独赏树的配植

独赏树在园林中通常有两种功能：一是作为风景园林景观空间的主景，展示树木的个体美；二是发挥遮荫功能。在孤赏树的周围应有开阔的空间，最佳的位置是以草坪为基底、以天空为背景的地段。配植时应偏于一端布置在构图的自然中心，而不要植于草坪的正中心；配植在开朗的水边，以明亮的水色作背景，还可以产生意想不到的倒影效果。配植于大型广场上，既创造观赏景点，又可为广场上的游人遮荫。为开阔空间选择的孤植树，应雄伟高大、冠形优美，注意色彩与周围环境相协调。在较小的空间选择孤赏树要小巧玲珑、外形优美潇洒、色彩艳丽，最好是观花或观叶树种，如鸡爪槭*Acer palmatum*、玉兰*Magnolia denudata*等。独赏树配植于山冈上或山脚下，既有良好的观赏效果，又能起到改造地形、丰富天际线的作用。

3.常用的独赏树

常用的独赏树主要有雪松*Cedrus deodara*、白皮松*Pinus bungerana*、青杆*Picea wilsonii*、白杆*Picea meyeri*、白桦*Betula platyphylla*、紫叶李*Prunus cerasifera* f. atropurpurea、核桃*Juglans regia*、柿子*Diospyros kaki*、君迁子*Diospyros lotus*、白蜡*Fraxinus chinensis*、槐*Sophora japonica*、皂荚*Gleditsia sinensis*、白榆*Ulmus pumila*、臭椿*Ailanthus altissma*、银杏*Ginkgo biloba*、朴树*Celtis sinensis*、云杉*Picea asperata*、无患子*Sapindus mukorossi*、乌桕*Sapium sebiferum*、合欢*Albizia julibrissin*、枫香*Liquidambar formosana*、鹅掌楸*Liriodendron chinense*、白玉兰*Magnolia denudata*、鸡爪槭*Acer palmatum*、七叶树*Aesculus chinensis*、金钱松*Pseudolarix amabilis*、榕树*Ficus microcarpa*、腊肠树*Cassia fistula*、杧果*Mangifera indica*、木棉*Bombax malabaricum*、凤凰木*Delonix regia*、大花紫薇*Lagerstroemia speciosa*、南洋杉*Araucaria cunninghamii*、蓝花楹*Jacaranda mimosifolia*、柠檬桉*Eucalyptus citriodora*、华山松*Pinus armandii*、冬樱花*Cerasus cerasoides*、日本樱花*Cerasus yedoensis*、龙爪槐*Sophora japonica* 'Pendula'、珙桐*Davidia involucrata*等。

四、群植树

群植体现的是群体美，可应用于较大面积的开阔场地上作为树丛的陪衬，也可种植在草坪或绿地的边缘作为背景。与丛植不同之处在于所用的树种株数增加、面积扩大，是人工组成的群体，必须多从整体上来探讨生物学与美观、适用等问题，是树木群落学知识在园林应用中的反映，是风景园林景观中树木造景提倡的种植方式。群植最有利于发挥效益。

1.群植树的选择

因群植树常用于面积较大的公园或是风景区中，尤其在风景区中占较大的比重，因此选择树木种类对于显示景观效果是非常重要的。群植在一起的树木称为树群，树群可以是由单一树种组成的单种树群，也可以是由多个树种组成的混交树群，混交树群是树群的主要形式。

2.群植树的配植

树群规模不宜太大，在构图上要四面空旷，最好采用郁闭式、成层的组合方式。由于树群的树种数量多，特别是对较大的树群来说，树木之间的相互影响、相互作用变得突出，因此在树群的配植和营造中要特别注意各种树木的生态习性，创造满足其生长的生态条件，在此基础上才能配植出理想的植物景观。配植中要注意耐阴种类的选择和应用。从景观营造角度考虑，要注意树群林冠线、林缘线的优美及色彩季相效果。一般常绿树在中央，可作背景，落叶树在外围，要注意配植画面的生动活泼。树群在风景园林中的观赏功能与树丛比较近似，在开朗宽阔的草坪及小山坡上都可作主景，尤其配植于滨水效果更佳。由于树群树种多样，树木数量较大，尤其是形成群落景观的大树群具有极高的观赏价值，同时对城市环境质量的改善又有巨大的生态作用，是今后园林景观营造的发展趋势。

五、观花树

凡具有美丽的花朵或花序、花形、花色或芳香等有观赏价值的树木均称为观花树或花木。

1.观花树的选择

观花树种类繁多，是园林绿化建设的主体材料，也是香化、美化、彩化的重要素材。由于有很高的观赏价值，所以在风景园林中应用极广，有些可作独赏树或庭荫树，有些可作行道树，有些可作花篱或地被植物。观花树可以是乔木，也可以是灌木，只要在花色、花形、花香等方面有特色就可作为观花树种应用。

2.观花树的配植

观花树在配植上也是多种多样的，可以孤植、对植、丛植、列植、修剪整形或用于棚架。观花树由于特色显著，常构成某一景区的主景，如植于路旁、坡面、道路转角、坐椅周围、岩石旁，或配植于湖边、岛边形成水中倒影。实际应用时，可以按花色的不同配植成具有各种色调的景区，也可以按开花季节的先后配植成各季花园。观花树也可以与其他园林要素相配合，从而产生烘托、对比、陪衬等作用，如与建筑相配作基础种植。某些种类的花由于栽培品种较多，可依其特色布置成各种专类花园，如牡丹园、丁香园、蔷薇园等，专类园的另一种形式是集各种香花于一堂，布置成芳香园。

3.常用的观花树种

常用的观花树种有连翘*Forsythia suspensa*、溲疏*Deutzia scabra*、山梅花*Philadelphus incanus*、锦带花*Weigela florida*、蔷薇属*Rosa*、荚蒾属*Viburnum*、忍冬属*Lonicera*、杜鹃花属*Rhododendron*、丁香属*Syringa*等。

六、垂直绿化树

垂直绿化是指利用攀缘或悬垂植物装饰建筑物墙面、栏杆、棚架、杆柱及陡直的山坡等立体空间的一种绿化形式。藤本植物本身不能直立生长，是靠卷须、吸盘或吸附根等器官缠绕或攀附于他物而生长的。在风景园林景观中，藤本植物可以起到遮蔽景观不佳的建筑物、防日晒、降低气温、吸附尘埃、增加绿视率的作用。垂直绿化占地少，能充分利用空间，在人口众多、建筑密度大、绿化用地不足的城市尤其重要。目前常用的垂直绿化主要归纳为以下几类：

1.庭院的垂直绿化

庭院的垂直绿化可应用于庭院的入口处，形成花门、拱门；或应用于庭院当中的假山石，增加山石的自然生气；或应用于庭院中的花架、棚架、亭、榭、廊等处，形成花廊或绿廊，如栽植花色丰富的紫藤*Wisteria sinensis*、炮仗花*Pyrostegia venusta*、多花蔷薇*Rosa multiflora*等形成花廊，栽植葡萄*Vitis vinifera*、常春油麻藤*Mu-*

*cuna sempervirens*等形成绿廊，创造幽静美丽的小环境。

2.墙面的垂直绿化

一般选用具有吸盘或吸附根容易攀附的植物，如常春藤*Hedera nepalensis* var. *sinensis*等。此外，墙面的绿化还受墙面材料、朝向和墙面色彩等因素的制约，如水泥砂浆和水刷石等粗糙墙面攀附效果比较好，而石灰粉墙和油漆涂料的光滑墙面攀附就比较困难。

3.栅栏、篱笆、矮花墙等的垂直绿化

这些低矮且具通透性的分隔物，通过使用攀缘植物划分空间地域，起到分隔庭院和防护的作用。选用开花、常绿的攀缘植物最好，如中华猕猴桃*Actinidia chinensis*、软枝黄蝉*Allemanda cathartica*。

4.护坡的垂直绿化

对具有一定落差的坡面进行垂直绿化，能起到护坡的作用。注意绿化材料的色彩及高度要与周围环境适宜。栽植于河、湖两岸坡地的垂直绿化树，应选择耐湿、抗风的种类。

5.道路、桥梁两侧坡地的垂直绿化

选择姿态优美、吸尘、防噪、抗污染的植物，如常春藤*Hedera nepalensis* var. *sinensis*、迎春花*Jasminum nudiflorum*等垂挂于高架立交桥、人行天桥等的边缘处，既充分利用了空间，又美化了环境，但要注意不得影响行人及车辆的安全。

6.立杆、立柱的垂直绿化

用爬山虎等垂直绿化材料，栽植于专设的支柱或墙柱旁，这些植物靠卷须沿立柱上的牵引铁丝生长，形成立体绿化景观效果。

七、绿篱及造型树

将树木密植成行，按照一定的规格修剪或不修剪，形成绿色的墙垣，称为绿篱。在园林中，绿篱(称为树篱或植篱)主要起分割空间、遮蔽视线、衬托景物、美化环境以及防护作用等。绿篱可做成装饰性图案、背景植物衬托、构成夹景和透景、突出水池或建筑物的外轮廓等。

绿篱按高矮可分为高篱(1.2m以上)、中篱(1～1.2m)和矮篱(0.4m左右)；按特点可分为花篱、果篱、彩叶篱、枝篱、刺篱等；按树种习性分为常绿绿篱和落叶绿篱。常绿树组成常绿绿篱，如侧柏 *Platycladus orientalis*、红豆杉*Taxus chinensis*、小叶女贞*Ligustrum quihoui*、假连翘*Duranta repens*等。落叶树组成落叶绿篱，如榆树*Ulmus pumila*、麻叶绣线菊*Spiraea cantoniensis*等。适于作绿篱雕塑的树种以常绿针叶树为主，还包括一些阔叶常绿树种，落叶树种较少应用。各种绿篱有不同的选择条件，但是总的要求是该树种应有较强的萌芽更新能力，以生长较缓慢、叶片较小、花小而密、果小而多、能大量繁殖的树种为好。

常用的绿篱树种有侧柏 *Platycladus orientalis*、冬青*Ilex purpurea*、榆树*Ulmus pumila*、卫矛*Euonymus alatus*、大叶黄杨*Euonymus japonicus*、雀舌黄杨*Buxus harlandii*、紫叶小檗*Berberis thunbergii* 'Atropurpurea'、花椒*Zanthoxylum bungeanum*、沙棘*Hippophae rhamnoides*、萼矩花*Cuphea hookeriana*等。

八、地被植物

地被植物是指株丛紧密低矮，用以覆盖园林地面、防止杂草滋生的植物。草坪植物本身也是地被植物，因其占有特殊重要的地位，所以专门另列为一类。除草本植物外，木本植物中的矮小丛木、半蔓性的灌木以及木质藤本均可用作园林地被植物。地被植物在改善环境、防止尘土飞扬、保持水土、涵养水源、抑制杂草生长、增加空气湿度、减少地面辐射热、美化环境等方面有良好作用。

地被植物和草坪植物一样，都可以覆盖地面，形成良好的视觉景观。但地被植物有其自身的特点：①种类繁多，枝、叶、花、果富于变化，色彩丰富，季相特征明显；②适应性强，可以在阴、阳、干、湿不同的环境条件下生长，形成不同的景观效果；③有高低、层次上的变化，易于修饰成各种图案；④繁殖简单，养护管理粗放，成本低，见效快。但地被植物不易形成平坦的平面，大多不耐践踏。

风景园林景观建设中可应用地被植物形成具有山野景象的自然景观，同时地被植物中有许多耐阴性强、可在密林下生长开花的种类，故与乔木、灌木配植能形成立体群落景观，既能增加城市的绿量，又能创造良好的自然景观。在地被植物应用中，要充分了解和掌握各种地被植物的生态习性、生长速度及长成后的覆盖效果，在种植中与乔、灌、草合理搭配，才能营造理想的景观。

根据地被植物在园林中的应用和观赏特点，可分为以下几类：常绿类地被植物、观叶类地被植物、观花类地被植物、防护类地被植物、草本地被植物、木本地被植物。选择不同环境地被植物的条件是很不相同的，主要应考虑植物生态习性需能适应环境条件，如全光、半阴、干旱、潮湿、土壤酸碱度、土层厚薄等条件。除生态习性外，在园林中还应注意其耐踩性的强弱以及观赏特性。在大面积应用时还应注意其在生产上的作用和经济价值。选择具有生活力强、容易形成群落、覆盖面积大、绿化效果好、管理粗放等特点的植物。适宜作地被的树种有常春藤*Hedera nepalensis* var. *sinensis*、地瓜榕*Ficus tikoua*等。

各　论

裸子植物Gymnospermae

　　裸子植物为多年生木本植物；次生木质部具管胞，稀具导管，韧皮部由筛胞组成，无伴胞及筛管。叶多为条（线）形、针形或鳞形，稀为羽状全裂、扇形、阔叶形、带状或鞘状等。球花单性，小孢子叶球（雄球花）具有多数小孢子叶（雄蕊），小孢子叶具2至多个小孢子囊（花药）；大孢子叶（珠鳞、珠托、珠领、套被）不形成封闭的子房，着生1至多枚裸露的胚珠。种子裸露。

　　裸子植物是原始的种子植物，胚珠裸露，胚乳在受精前形成，其发生发展与演化历史悠久，最初的裸子植物出现在古生代，在中生代至新生代遍布整个地球大陆。由于地史、气候发生过多次重大变化，裸子植物也随之发生多次演化，经历过不同的盛衰兴败的过程，尤其在白垩纪，被子植物逐渐兴起，植物界的面貌大为改观，而裸子植物则渐趋衰退，大多数种类已经灭绝，只有少数保存至今。现代生存的裸子植物种类虽然仅为被子植物的0.36%，但在自然界中仍占有重要地位，大多是组成森林的主要树种和优势树种，仅由松杉类植物组成的针叶林就占世界森林面积的一半多。

　　裸子植物共有15科79属800多种，分布于南北两半球，而以北半球为主。中国原产10科，35属，250多种，其中许多种如银杏*Ginkgo biloba*、银杉*Cathaya argyrophylla*、金钱松*Pseudolarix amabilis*、水松*Glyptostrobus pensilis*、水杉*Metasequoia glyptostroboides*、台湾杉*Taiwania cryptomerioides*、福建柏*Fokienia hodginsii*、侧柏*Platycladus orientalis*等，均为我国的特有珍稀濒危物种或驰名中外的活化石植物；另引入栽培5科，11属，约60种。

　　裸子植物是园林景观建设的重要树种，也是木材、纤维、树脂、单宁等林业资源树种；少数种类的枝叶、花粉、种子、根皮等可供药用。

一、苏铁科Cycadaceae

　　常为灌木，稀乔木；树干多不分枝，棕榈状。叶螺旋状排列，集生于树干顶部，有营养叶与鳞叶之分，营养叶大，深裂为羽状。雌雄异株，小孢子叶球（雄球花）生于树干顶端，直立，小孢子叶扁平，鳞状盾形，背面有多数小孢子囊，小孢子萌发时花粉管产生两个具多数纤毛能游动的精子；大孢子叶扁平，上部羽状分裂或几不分裂，胚珠2~10，生于大孢子叶柄的两侧。种子核果状，具三层种皮，外种皮肉质，中种皮骨质，内种皮膜质。

　　1属，约70种，分布于热带和亚热带地区。我国1属，约25种。

　　广义的苏铁科有11属约250种。L. A. S. John-son（1959）、D. W. Stevenson（1990，1992）将现存苏铁科植物分为苏铁科（1属）、托叶铁（蕨铁）科Stangeriaceae（2属）与泽米铁科Zamiaceae（8属）三个科，本书采用狭义科的概念。

苏铁属 *Cycas* L.

形态特征与地理分布同科的描述。

苏铁（凤尾蕉、凤尾松、凤尾树、避火蕉、金代、铁树）

Cycas revoluta Thunb.

茎干圆柱状，高达3（~8）m。营养叶一回羽裂状，基部两侧具有刺状尖头，裂片条形，长9~18cm，宽0.4~0.6cm，边缘显著向下反卷，上面中央具凹槽。雄球花圆柱形，长达70cm，小孢子叶窄楔形，被黄褐色长茸毛；大孢子叶宽卵形，长达22cm，先端羽状分裂，密生黄褐色茸毛，胚珠2~6，生于大孢子叶柄的两侧，被茸毛。种子红褐色或橘红色。

产于我国华南地区，台湾，长江以南及西南等地有栽培。日本及印度尼西亚有分布。

苏铁株形美丽，叶为羽状深裂，向四周伸展，如孔雀开屏，极富观赏性，常在适生区的园林景观中用作体现热带景观风貌的造景树种。本种栽培历史悠久，在各地栽培过程中，形成了较多的地理或生境类型，如：台湾苏铁（台铁）、福建苏铁（福铁）等，均为优良的园林树木类型。树干髓心含淀粉，可食用，又可作酿酒的原料。

苏铁在民间称为"铁树"：一是因其木质密度大，入水即沉，沉重如铁；另一原因是其生长需要大量铁元素而得名。

苏铁喜温暖湿润的气候条件，在华南、西南等温暖地区可正常完成生活周期，而在中亚热带和温带地区不能正常开花，故有用"铁树开花"来形容做某事的艰难之说。

本属常见的还有攀枝花苏铁 *C. panzhihuaensis* L. Zhou et S. Y. Yang、贵州苏铁 *C. guizhouensis* Lan et R. F. Zou、篦齿苏铁 *C. pectinata* Griff.、云南苏铁 *C. siamensis* Miq.、华南苏铁 *C. rumphii* Miq. 等，这些种的区别点见分种检索表。

苏铁

苏铁雄株

苏铁雌球花

分种检索表

1. 大孢子叶球紧密型，胚珠发育后大孢子叶仍直立或斜升。
　　2. 种子外层无海绵状的纤维层。
　　　　3. 种子鲜红色或红褐色，叶片较小。
　　　　　　4. 胚珠与种子被毛，种子鲜红色，外种皮不产生易于分离、破碎的薄层；叶片的小裂片边缘显著反卷 ·················· 1. 苏铁 *C. revoluta*
　　　　　　4. 胚珠与种子无毛，种子红褐色，外种皮产生易于分离、破碎的薄层；叶片的小裂片边缘不显著反卷 ·················· 2. 攀枝花苏铁 *C. panzhihuaensis*
　　　　3. 种子黄褐色 ·················· 3. 贵州苏铁 *C. guizhouensis*
　　2. 种子外层具海绵状的纤维层。
　　　　5. 树干高大可达5～15m，树干灰白色，树皮纵裂，光滑；大孢子叶侧裂片较长，通常大于2cm ·················· 4. 篦齿苏铁 *C. pectinata*
　　　　5. 树干通常低于1.5m，树干褐色，树皮块裂，粗糙；大孢子叶侧裂片较短，长通常小于1.5cm ·················· 5. 云南苏铁 *C. siamensis*
1. 大孢子叶球松散型，胚珠发育后大孢子叶通常下垂 ·················· 6. 华南苏铁 *C. rumphii*

贵州苏铁雄株

贵州苏铁大孢子叶

篦齿苏铁

攀枝花苏铁

二、泽米铁科Zamiaceae

主干不明显；具鳞叶和托叶或无托叶。叶1回羽状深裂，羽叶具平行脉，常无主脉。球花顶生或侧生；雄球花长筒形，小孢子叶盾状，具柄，具多数小孢子；雌球花球果状，具中轴，常聚生于枝顶，每个大孢子叶着生1～2胚珠；种子辐射对称，外种皮红色、橘黄色或黄色。

8属约163种，分布于非洲、南美洲、澳大利亚等。

泽米铁属Zamia L.

叶1回羽状深裂，羽片基部有关节，无中脉。球花的孢子叶外侧呈六棱形，具短柔毛。

约60种，分布于北美洲南部、中美洲、南美洲及加勒比海岛。我国常见栽培1种。

鳞秕泽米铁（南美苏铁、阔叶苏铁）

Zamia furfuracea L. f.

小灌木，高30～60cm，常多分枝。叶长20～100cm，叶柄基部膨大，被短柔毛，密生粗壮短刺，羽片10～20对，矩圆形或倒卵状矩圆形，厚革质，坚硬，先端钝尖，边缘具细齿。雄球花圆柱形，长9～12cm，被短柔毛，小孢子叶楔形，外侧六棱形；大孢子叶球长18～23cm，桶状，外侧六棱形，具柔毛；种子卵形，粉红色至红色。

原产于墨西哥的东部海岸，现世界各地广泛栽培。我国云南、广西、广东、福建及海南等地引种栽培。

本种树姿优美，终年常绿，适应性强，喜生于排水良好的环境，在适生区可孤植、对植、丛植于草坪、花坛等地，北方多盆栽于室内观赏或布置会场等。

鳞秕泽米铁

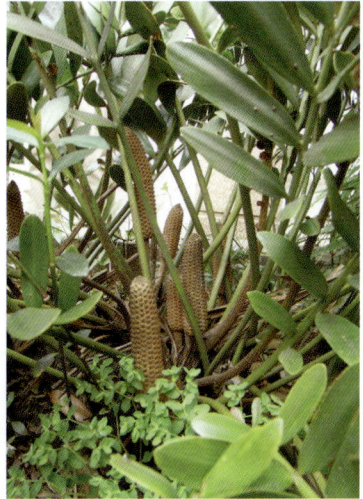

鳞秕泽米铁雌花

三、银杏科Ginkgoaceae

落叶乔木；老树树冠广卵形，青壮年期圆锥形；枝有长枝、短枝之分。叶在长枝上互生，在短枝上簇生，扇形，二叉状叶脉，顶端常2裂，基部楔形，有长柄。雌雄异株，球花生于短枝顶端的叶腋或苞腋；雄球花柔荑花序状；雌球花具长柄，柄端2叉，叉端各生一个珠座（珠领），各具1胚珠；种子核果状，椭圆形，径约2cm，熟时淡黄色或橙黄色，外被白粉，具三层种皮，外种皮肉质，中种皮骨质，内种皮膜质。

本科现存1属，我国特有，但在地层化石记录中本科化石种类普遍分布于北半球，因此银杏有"活化石"之称。

银杏属*Ginkgo* L.

形态特征与科相同。

现仅存1种，浙江天目山有野生状态的植株，散生于海拔300～1100m的阔叶林中。

银杏（白果、公孙树、鸭脚子、鸭掌树、佛指甲、灵眼）

Ginkgo biloba L.

形态特征与地理分布与属的特征相同。

银杏叶形奇特古雅，秋天叶色变黄，是黄色秋景的典型园林树木，常用作行道树、风景树，也是汉传佛教中常用的景观树；栽培历史久远，地域广阔，古树较多。宜配置于大花园、松柏园，可丰富景观。

在长期栽培过程中，培育了以下主要银杏品种与类型：

①大叶银杏（*G. biloba* 'Lacinata'）：叶形大而缺刻深。

②垂枝银杏（*G. biloba* 'Pendula'）：枝下垂。

③黄叶银杏（*G. biloba* f. *aurea* Beiss.）：叶黄色。

④塔状银杏（*G. biloba* f. *fastigiata* Rehd.）：大枝的开展度较小，树冠呈尖塔柱形。

⑤斑叶银杏（*G. biloba* f. *variegata* Carr.）：叶有黄斑。

银杏

银杏雄株

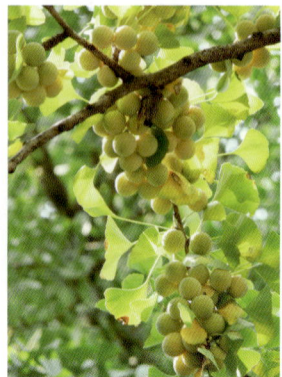

银杏种子

四、南洋杉科Araucariaceae

常绿乔木。叶螺旋状排列，基部下延生长。球花单性，雌雄异株或同株；雄球花单生或簇生叶腋或生枝顶，雄蕊多数，螺旋状着生，具4～20个悬垂而细窄的花药；雌球花单生枝顶，具多数螺旋状排列的苞鳞，珠鳞与苞鳞完全合生或在苞鳞腹面有一相互合生、仅先端分离呈舌状的珠鳞，珠鳞的腹面基部具1倒生胚珠。球果2～3年成熟，苞鳞木质或厚革质，扁平，先端三角状或成尾状尖头；成熟时种鳞与苞鳞从球果轴上脱落。

2属，40多种，分布于南半球的热带和亚热带地区。我国引种2属约6种，作庭园观赏树。

南洋杉属Araucaria Juss.

枝条轮生。叶鳞形、钻形、锥形、针状镰形、卵状三角形或披针形，叶形及其大小往往在同一树上有变异。雄球花圆柱形；雌球花椭圆形或近球形，单生枝顶。球果大，苞鳞扁平，先端三角状或成尾状尖头；舌状种鳞位于苞鳞的腹面中央，发育苞鳞仅有1粒种子。

14种，分布于大洋洲和南美洲及太平洋诸岛屿。我国引种约5种，常栽培于亚热带以南地区。

南洋杉（肯氏南洋杉、鳞叶南洋杉、尖叶南洋杉、异叶南洋杉）

Araucaria heterophylla (Salisb.) Franco

常绿大乔木，幼树呈整齐的尖塔形，老树成平顶状；主枝轮生，平展，侧枝亦平展或稍下垂。叶二型：幼树和侧枝的叶排列疏松，开展，钻形、锥形、针状镰形、卵状三角形，大树及球花枝之叶则密集，三角状卵形或三角状钻形，长0.6～1.0cm。雌雄同株。球果卵形，苞鳞先端有急尖的长尾状尖头，尖头显著地向后反曲；种子两侧有翅。

原产大洋洲东南沿海地区。我国引种栽培已有近200年的历史，在我国云南、贵州、广西、广东、海南、台湾、福建等地均有栽培。

南洋杉雄球花

南洋杉球果

南洋杉叶色浓绿，株形塔状，层次分明，适宜孤植、列植为园景树或作纪念树，亦可作行道树等；也是珍贵的室内盆栽装饰树种，常用于布置会场、厅堂及大型建筑物的门庭，也常被选作圣诞树；小型植株适用于美化客厅、书房和居室、阳台等。

南洋杉与金钱松*Pseudolarix amabilis*、雪松*Cedrus deodara*、金松*Sciadopitys verticillata*及北美红杉*Sequoia sempervirens*合称为世界五大庭院观赏树或世界五大公园树。

本属常见的还有：大叶南洋杉*A. bidwillii* Hook.、肯氏南洋杉*A. cunninghamii* Sweet等，这些种的区别点见分种检索表。

大叶南洋杉

分种检索表

1. 叶形大，扁平，披针形或卵状披针形，具多数平列细脉；雄球花生于叶腋；球果的苞鳞先端具急尖的三角状尖头，尖头向外反曲，两侧边缘厚；舌状种鳞的先端肥大而外露；种子无翅 ·················· 1. 大叶南洋杉*A. bidwillii*
1. 叶形小，钻形、鳞形、卵形或三角状，具明显或不明显的中脉，无平列细脉；雄球花生于枝顶；球果的苞鳞两侧具薄翅；种子具结合而生的翅。
  2. 球果卵形；苞鳞的先端具急尖的长尾状尖头，尖头显著地向后反曲 ·················· ·················· 2. 南洋杉*A. heterophylla*
  2. 球果近球形；苞鳞的先端具急尖的三角状尖头，尖头向上弯 ·················· ·················· 3. 肯氏南洋杉*A. cunninghamii*

五、松科Pinaceae

常绿或落叶乔木，稀为灌木；大枝近轮生，幼树树冠通常为尖塔形，大树树冠尖塔形、圆锥形、广卵形或伞形。叶针形或条形，条形叶扁平稀呈四棱形，在长枝上螺旋状散生，在短枝上呈簇生状。雌雄同株，雄球花具多数螺旋状排列的雄蕊，每雄蕊具2花药；雌球花具多数螺旋状排列的珠鳞和苞鳞，苞鳞和珠鳞（种鳞）分离，每珠鳞具2倒生胚珠。球果成熟时种鳞张开，发育种鳞具2种子，种子上端常具1膜质翅。

10属230余种，大多数分布于北半球。我国10属93种24变种，分布遍于全国，另引种栽培24种2变种。

本科植物绝大多数为高大乔木，可作庭园观赏与风景区观赏树。有些种类可供采脂、提炼松节油等化工原料，有些种类的种子可食用或供药用。

分属检索表

1. 叶条形（扁平或四棱形）或针形，螺旋状排列，或在短枝上呈簇生状，均不成束。
  2. 叶条形扁平或四棱形；仅具有长枝，无短枝；球果当年成熟。
    3. 球果成熟后种鳞自中轴脱落 ·· 2. 冷杉属 *Abies*
    3. 球果成熟后种鳞宿存。
      4. 球果顶生，小枝节间生长均匀，上端不增粗，叶在枝节间均匀排列。
        5. 球果直立，叶扁平，上面中脉隆起；雄球花簇生枝顶；种子连翅与种鳞近
          等长 ·· 1. 油杉属 *Keteleeria*
        5. 球果通常下垂，稀直立；雄球花单生叶腋，种子连翅较种鳞为短。
          6. 小枝有显著隆起的叶枕；叶四棱状或扁棱状条形，无柄，两面中脉隆起
            ·· 3. 云杉属 *Picea*
          6. 小枝有微隆起的叶枕，或叶枕不明显，叶扁平，有短柄。
            7. 球果较大，苞鳞伸出于种鳞之外，先端3裂；叶内具2边生树脂道 ·······
              ·· 4. 黄杉属 *Pseudotsuga*
            7. 球果较小，苞鳞不露出，稀微露出，先端不裂或2裂；叶内维管束下
              方具1树脂道 ··· 5. 铁杉属 *Tsuga*
      4. 球果腋生，小枝节间上端生长缓慢、较粗；叶在枝上散生，在节间上端排列
        紧密，似簇生状 ······································· 6. 银杉属 *Cathay*
  2. 叶条形扁平、柔软或针形，有长枝和短枝；叶在长枝上螺旋状排列，在短枝上成
    簇生状；球果当年或第二年成熟。
    8. 叶扁平，柔软，条形，落叶性；球果当年成熟。
      9. 雄球花单生于短枝顶端；种鳞革质，宿存 ········· 7. 落叶松属 *Larix*
      9. 雄球花簇生于短枝顶端；种鳞木质，熟时与中轴一同脱落 ·················
        ·· 8. 金钱松属 *Pseudolarix*
    8. 叶针形，坚硬，常绿性；球果第二年成熟，熟时种鳞自宿存果轴上脱落 ·········
      ·· 9. 雪松属 *Cedrus*
1. 叶针形，2、3、5针一束；种鳞宿存，背面上方具鳞盾和鳞脐 ············ 10. 松属 *Pinus*

1. 油杉属 *Keteleeria* Carr.

常绿乔木。叶条形，扁平，两面中脉隆起。雄球花簇生枝顶；雌球花单生侧枝顶端，直立。球果顶生、直立，较大；种鳞木质，宿存；种子连翅与种鳞近等长。

本属13种，1变种，除2种分布于越南外，其余种类均产我国；也有学者认为本属有6种3变种，德国一学者将本属划分为3个种。

云南油杉（滇油杉、杉松、云南杉松）

Keteleeria evelyniana Mast.

乔木。叶长6.5cm，宽2～3mm，较厚，先端有凸起的钝尖头，或微凸，上面沿中脉两侧有2～10条气孔线。球果长9～10cm；种鳞卵状斜方形，长大于宽，边缘有明显的细锯齿；种翅较种鳞为短。

分布于云南、四川、贵州、广西等地，生于海拔700～2800m地带，常与云南松、华山松及壳斗科植物混生。

云南油杉

云南油杉雄球花

云南油杉球果

蓑衣油杉

蓑衣油杉雄球花

蓑衣油杉球果

本种树冠少壮时呈圆锥形，老年时呈半球形，翠绿，枝条开展，树形美观。西南地区中亚热带至南亚热带地区均可种植，适应于红壤上生长，宜片植或丛植。

值得一提的是，本种有一奇特变种蓑衣油杉*K. evelyniana* Mast. var. *pendula* Hsüeh 其枝下垂，树冠呈圆柱形，是一珍稀奇特景观树种资源，具有很好的园林应用前景。

本属常见的种类还有：铁坚油杉*Keteleeria davidiana* (Bertr.) Beissn.、油杉*K. fortunei* (Murr.) Carr.等。

油杉　　　　　　铁坚油杉枝条

分种检索表

1. 叶较窄长，长达 6.5cm，上面通常有 4～20 条气孔线；种鳞斜方形，上部渐狭，向外反曲，边缘常具缺齿。
  2. 小枝直立或斜展 ……………………………………………… 1. 云南油杉*K. evelyniana*
  2. 小枝下垂 ……………………………………… 2. 蓑衣油杉*K. evelyniana* var. *pendula*
1. 叶较短，长1.2～5cm，上面无气孔线。
  3. 种鳞卵形或近斜方状卵形，上部边缘反曲 ……………… 3. 铁坚油杉*K. davidiana*
  3. 种鳞宽圆形或上部宽圆下部宽楔形，上部边缘内曲 ……………… 4. 油杉*K. fortunei*

2. 冷杉属*Abies* Mill.

常绿乔木，大枝轮生。叶条形，扁平，上面中脉微凹，下面中脉隆起。球花单生于二年生枝叶腋，雄球花初期斜伸或近直立，后下垂；雌球花直立，球果长卵形至圆柱形，种鳞木质，排列紧密，熟时或干后自中轴上脱落；苞鳞露出或不露出。

约50种，分布于亚洲、欧洲、北美、中美及非洲北部高海拔或高纬度地带。我国有21种，6变种，产东北、西北、华北及西南高山地带，在浙江南部、台湾中部、江西西部、湖北西部、湖南东部及西南部、广西北部及东北部、贵州东北部等局部高山地带也有分布。

黄果冷杉
Abies ernestii Rehd.

常绿乔木；小枝无毛。叶密生或在枝条下面排成两列，条形、微弯或镰形，长1.5～3.5cm，宽2～2.5 mm，先端有凹缺。中脉在叶面凹下。下面中脉两侧各有1条淡绿色或灰白色气孔带。球果圆柱形或卵状圆柱形，长5～10cm，径3～3.5cm，熟时黄褐色或淡褐色，种鳞宽倒三角状扇形或扇状四方形，苞鳞短，不露出。种子斜三角形，连翅长1.5～2.7 cm。

黄果冷杉　　　　　　　黄果冷杉球果　　长苞冷杉　　　　　　　长苞冷杉球果

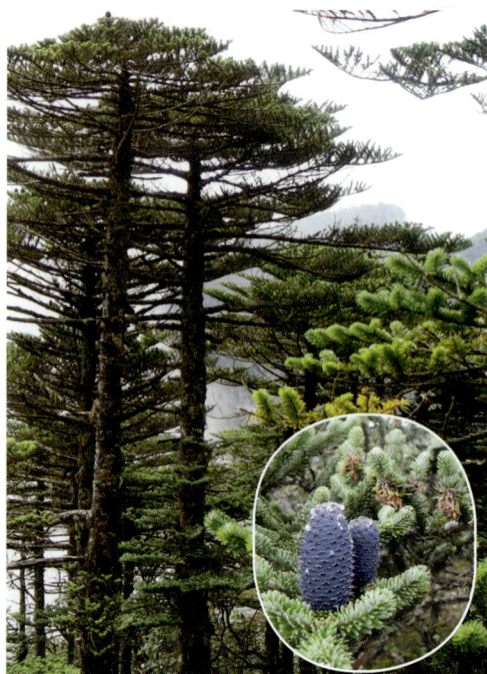

产于我国甘肃、青海、四川、西藏及云南等地，生于海拔 2600 ～ 3600m 山地或山谷混交林中。

黄果冷杉树冠圆锥形或尖塔形，亭亭直立，为我国特有的裸子植物之一，本种的球果初期为黄色，后为黄褐色，苞鳞不露出，在适生地区可作园林树木，植为主景树、孤赏树。

本属植物在园林中应用的树种还有：苍山冷杉 *A. delavayi* Franch.、川滇冷杉 *A. forrestii* Rogers、长苞冷杉 *A. georgei* Orr、鳞皮冷杉 *A. squamata* Msat.、臭冷杉 *A. nephrolepis* Maxim. 等种类，这些种的区别点见分种检索表。

分种检索表

1. 叶内树脂道边生，稀近边生。
  2. 球果的苞鳞不露出 ·· 1. 黄果冷杉 *A. ernestii*
  2. 球果的苞鳞上端露出。
    3. 叶之边缘向下反卷（尤以干叶及老叶显著），横切面两端急尖或尖 ·················
    ·· 2. 苍山冷杉 *A. delavayi*
    3. 叶之边缘不反卷或微反卷，横切面两端钝圆或钝尖。
      4. 小枝无毛或叶枕之间的凹槽内有疏毛 ·················· 3. 川滇冷杉 *A. forrestii*
      4. 小枝有密毛 ·· 4. 长苞冷杉 *A. georgei*
1. 叶内树脂道中生，或幼树之叶近边生。
  5. 球果的苞鳞长于种鳞，先端露出；树皮裂成不规则鳞状薄片脱落 ·················
  ·· 5. 鳞皮冷杉 *A. squamata*
  5. 球果的苞鳞短于种鳞，不露出；树皮平滑或有浅裂纹 ······ 6. 臭冷杉 *A. nephrolepis*

3. 云杉属 *Picea* Dietr.

常绿乔木；小枝有显著隆起的叶枕，叶枕下延，彼此之间有凹槽，叶枕顶端凸起成木钉状。叶针形、条形，断面呈四棱形或扁平，四面或仅上面有气孔线。球果顶生，下垂；种鳞宿存，苞鳞短小，不露出；种子连翅较种鳞为短。

本属约40种，分布于北半球。我国有20种，多分布于东北、华北、西北和西南地区及台湾等地的高山地带。

丽江云杉

Picea likiangensis（Franch.）Pritz.

乔木，一年生枝常较细，毛较少。叶四棱形，叶长0.6～1.5cm，四面均有气孔线，下面每边有1～2条气孔线，个别之叶无气孔线或有3～4条不完整的气孔线。球果常较大，长7～12cm。

产于我国云南西北部、四川西南部，海拔2500～3800m的高山地区，但在海拔1800m左右的地区也能生长，昆明可用作园林树种。

本种叶先端锐尖，呈覆瓦状排列。球果幼时紫罗兰色，适用于大型园林景观、松柏园等应用。

本属在自然分布区可作园林树木的还有云杉 *P. asperata* Mast.、白杆 *P. meyeri* Rehd. et Wils.、青杆 *P. wilsonii* Mast.、紫果云杉 *P. purpurea* Mast.、西藏云杉（喜马拉雅云杉）*P. spinulosa*（Griff.）Henry等，这些种类的区别点见分种检索表。

丽江云杉叶枕　　丽江云杉雌球花　　丽江云杉球果

西藏云杉　　西藏云杉球果　　青杆雌株

分种检索表

1. 叶横切面四方形、菱形或近扁平，四面有气孔线。
  2. 叶四面气孔线相等或下两面稍少。
    3. 一年生枝被毛，稀无毛；冬芽圆锥形或圆锥状卵圆形；小枝基部宿存的芽鳞多少向外反曲。
      4. 叶先端微尖或急尖，球果圆柱状长圆形，长5～6cm ………… 1. 云杉 *P. asperata*
      4. 叶先端钝尖或钝，球果圆柱状长圆形，长6～9cm ………… 2. 白杆 *P. meyeri*
    3. 一年生枝无毛；冬芽卵圆形，小枝基部宿存的芽鳞不反卷，叶横切面四方形或扁菱形 ………… 3. 青杆 *P. wilsonii*
  2. 叶上两面的气孔线比下两面多约1倍，或下两面无气孔线。
    5. 叶下两面各有1～2条气孔线，稀无气孔线；球果常较大，长7～12cm …………
      ………… 4. 丽江云杉 *P. likiangensis*
    5. 叶下两面无气孔线，或个别叶有1～2条不完整的气孔线；球果较小，长2.5～6cm，紫黑或淡红紫色 ………… 5. 紫果云杉 *P. purpurea*
1. 叶横切面扁四菱形，下面无气孔线，上面有两条白粉气孔带。小枝下垂；叶长1.5～3.5cm；种鳞近圆形 ………… 6. 西藏云杉 *P. spinulosa*

4. 黄杉属 *Pseudotsuga* Carr.

常绿乔木；大枝不规则轮生，小枝具微凸起的叶枕。叶条形扁平，排成两列，具短柄，上面中脉凹下，下面中脉凸起，具两条气孔带。雄球花单生叶腋；雌球花单生侧枝顶端。球果卵圆形或长卵圆形，顶生，下垂，有柄，种鳞木质，坚硬，蚌壳状，宿存；苞鳞显著露出，伸出种鳞之外，先端3裂，种子连翅较种鳞为短。

约6种，分布于东亚和北美，成间断分布型。我国3种1变种，另引种栽培2种。本属植物是第三纪孑遗植物。

黄杉（短叶花旗松、罗汉松、皇帝杉）

Pseudotsuga sinensis Dode

乔木，高可达40m，一年生枝淡灰色或淡黄色。叶条形，长1.5～3cm，具短柄。球果卵圆形或椭圆状卵形，长4.5～8cm，径3.5～5cm；种鳞木质坚硬，蚌壳状或扇状斜方形，鳞背密生短毛；苞鳞长而外露向后反曲，先端三裂，中裂片渐尖，侧裂片钝；种子具膜质翅，翅长于种子。

分布于我国云南、四川、贵州、广西、湖南、湖北等地，生于海拔600～3300m林中。

本种因叶呈淡黄绿色，故名"黄杉"，我国特有种，国家珍稀濒危保护植物，喜温暖湿润气候，树姿美观，生

黄杉叶

黄杉球果

长迅速，可作为风景林绿化树种资源加以开发利用。

本属可作园林树木的还有华东黄杉*P. gaussenii* Flous、花旗松*P. menziesii* (Mirbel) Franco等种类，这些种的区别点见分种检索表。

分种检索表

1. 叶先端有凹缺；球果长8cm以下，苞鳞露出部分反曲。
 2. 种鳞露出部分密被褐色短毛；种翅较种子为长 ·············· 1. 黄杉*P. sinensis*
 2. 种鳞露出部分无毛；种翅与种子近等长 ·············· 2. 华东黄杉*P. gaussenii*
1. 叶先端钝或微尖，无凹缺；球果长约8cm，苞鳞露出部分常直伸 ··· 3. 花旗松*P. menziesii*

5. 铁杉属*Tsuga* Carr.

常绿乔木；小枝有不明显的叶枕。叶条形扁平，具短柄，上面中脉凹下，下面中脉凸起，叶内具边生树脂道1枚。球果较小，顶生，下垂，苞鳞不露出种鳞之外，先端不裂或2裂。种子上端具有膜质翅，种鳞宿存。

16种，分布于亚洲东部与北美地区，是典型的东亚—北美间断分布类型。我国有7种，1变种，分布于秦岭以南及长江以南各地。

云南铁杉

Tsuga dumosa (D. Don) Eichler

常绿乔木。叶在小枝上排成不规则的两列，条形，长1.2~2.7cm，先端尖或钝，中上部边缘有细锯齿，仅下面有气孔线，上面中脉凹下。球果下垂，形小，长1.5~2.7cm，种鳞质地较薄，上部边缘微反曲，苞鳞不露出。

分布于我国云南、西藏、四川等地海拔2300~3500m的高山地区。印度、尼泊尔、不丹、缅甸等国家也有分布。

云南铁杉适生于温带及寒带，大枝平展，枝形优美，孤立木宛如雪松，巍然挺拔，适于孤植、丛植等。

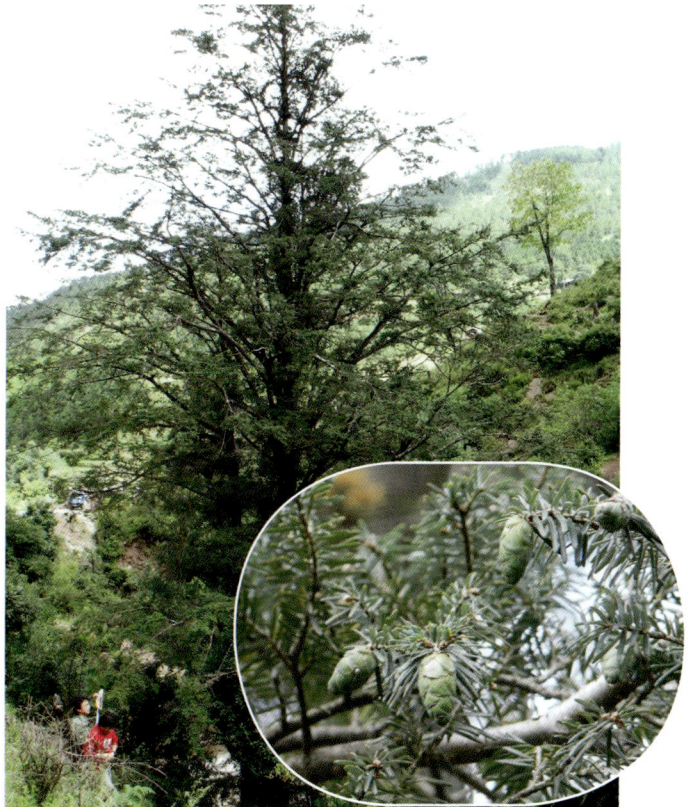

云南铁杉　　　　　　云南铁杉雌球果

6. 银杉属 *Cathaya* Chun et Kuang

常绿乔木；小枝节间的上端生长极慢且较粗。叶在枝节的上端排列紧密，成簇生状，下端排列较疏散；叶扁平，条形，长4~6cm，宽2.5~3mm，上面中脉下凹，下面沿中脉具极显著的粉白色气孔带。球果单生叶腋，种鳞木质，近圆形，背面拱凸成蚌壳状，宿存。

本属仅1种，被称为活化石。主要分布于西南地区的四川、贵州、广西、湖南等地，生于海拔900~1900m石山或帽状石山顶端，与其他针阔叶树混生。

银杉（杉松子）

Cathaya argyrophylla Chun et Kuang

形态特征及地理分布同属。

银杉为珍稀濒危保护植物。树冠呈尖塔形，大枝平展，远观为银白色，适宜孤植于大型建筑前庭，群植于大草坪中，列植于道路两旁，疏植于园路左右。

银杉　　　　银杉球果

7. 落叶松属 *Larix* Mill.

落叶乔木；枝条有长枝和短枝两型。叶在长枝上螺旋状散生，在短枝上成簇生状；叶较窄，倒披针状条形，扁平，稀呈四棱形，上面平或中脉凸起，下面中脉隆起，两侧共有数条气孔线，叶内有两条树脂道。雌雄球花单生枝顶。球果当年成熟，直立，种鳞革质，成熟后宿存；种子上部有膜质长翅。

18种，分布于北半球寒冷地区。我国产10种，2变种，引种或栽培，分布于东北、西北、华北和西南等地的高纬度和高山地区。

本属是一类良好的秋色叶景观树种。

大果红杉长短枝

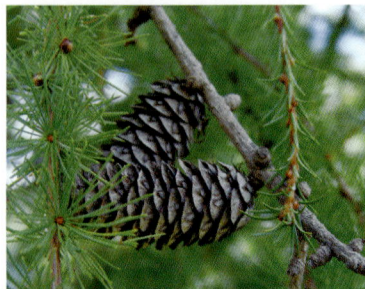

大果红杉（西南落叶松）

Larix potaninii Batalin var. *macrocarpa* Law

乔木；一年生枝红褐色、淡紫褐色或淡黄褐色；径1.3~3mm；短枝较细，径3~4mm，顶端叶枕之间具密生黄褐色柔毛。叶倒披针状窄条形，长1.2~3.5cm，宽1~1.5mm，先端渐尖，正面中脉隆起，每边有1~3条气孔线，下面沿中脉两侧

大果红杉球果

各有3～5条气孔线。球果长5～7.5cm，径宽2.5～3.5cm。

分布于我国云南、四川、西藏等地，生于海拔2700～4000m的高山地带。

本种树冠圆锥形，枝呈水平伸展，叶蓝灰色，秋叶金黄色，在适生区可作庭园景观树等。

此外，本属可用的园林树木资源还有：喜马拉雅红杉*L. himalaica* Chang et L. K. Fu、红杉*L. potaninii* Batalin、华北落叶松*L. principis-rupprechtii* Mayr、落叶松*L. gmelini* (Rupr.) Rupr.、日本落叶松*L. kaempferi* (Lamb.) Carr. 等种，这些种类的区别点见分种检索表。

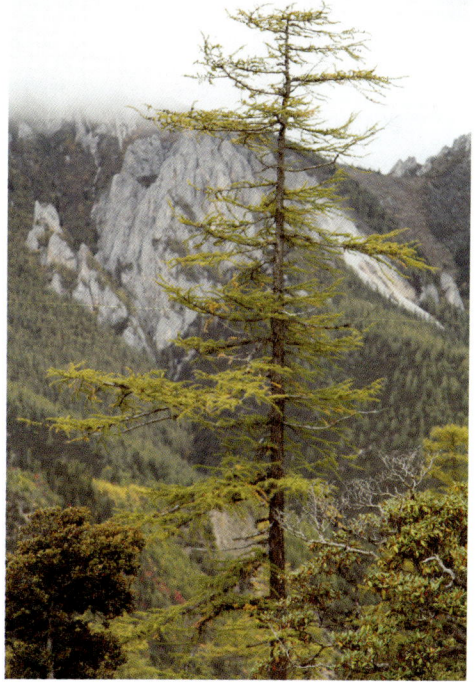

落叶松

分种检索表

1. 球果圆柱形或卵状圆柱形；苞鳞较种鳞为长，显著露出，稀近等长；小枝下垂。
　2. 雌球花与球果的苞鳞中上部近等宽或微窄，先端急尖或微急尖；背面初被较密的短柔毛，后脱落无毛；一年生长枝黄、淡褐黄、淡黄或淡灰黄色 ……………………………………………………… 1. 喜马拉雅红杉*L. himalaica*
　2. 雌球花与球果的苞鳞中上部渐窄，先端具渐尖的尖头；种鳞背面多少有细小疣状突起和短毛，稀近平滑，一年生长枝红褐、淡紫褐或淡黄褐色。
　　3. 球果长3～5cm，径1.5～2.5cm；种鳞35～65，较薄，长0.8～1.3cm；短枝较细，径34mm，顶端叶枕间密生黄褐色柔毛 ……………… 2. 红杉*L. potaninii*
　　3. 球果长5～7.5cm，径2.5～3.5cm；种鳞75～90，较厚，长1.4～1.8cm；短枝粗壮，径4～8mm，顶端叶枕间通常无毛或近无毛 ……………………………………… 3. 大果红杉*L. potaninii* var. *macrocarpa*
1. 球果卵圆形或长卵圆形；苞鳞较种鳞为短，不露出或球果基部的苞鳞微露出；小枝直立或斜展。
　4. 种鳞上部边缘不外曲或微外曲；一年生长枝色浅，不为红褐色，无白粉。
　　5. 一年生长枝较粗，径1.5～2.5mm；短枝径3～4mm；球果熟时上端的种鳞微张开或不张开 ………………… 4. 华北落叶松*L. principis-rupprechtii*
　　5. 一年生长枝较细，径约1mm；短枝径2～3mm；球果熟时上端的种鳞张开，中部的种鳞近五边状卵形，先端平截或微凹，背面无毛，常有光泽，短枝顶端的叶枕之间有黄白色长柔毛 ……………………………… 5. 落叶松*L. gmelini*
　4. 种鳞上部边缘显著向外反曲，卵状长方形或卵状方形，背面有褐色细小疣状突起和短粗毛；一年生长枝红褐色，被白粉 ………… 6. 日本落叶松*L. kaempferi*

8. 金钱松属 *Pseudolarix* Gord.

落叶乔木；枝条有长枝和短枝两型。叶条形，长2～5.5cm，宽1.5～4cm，在长枝上螺旋状散生，在短枝上簇生密集成圆盘状，似铜钱，秋后叶呈金黄色或古铜色。球花生于枝顶，雄球花多数簇生，球果当年成熟，直立，种鳞木质，成熟后脱落；种子有宽大种翅。

仅1种，为我国特产，分布于四川、福建、江西、湖南、湖北、浙江、江苏、安徽、河南等地，生于海拔100～1500m的针阔混交林中。

金钱松（金松、水树）

Pseudolarix amabilis (Nelson) Rehd.

种的特征与地理分布同属。

金钱松枝条平展，树冠广圆锥形，因深秋叶呈金黄，短枝上叶簇生呈圆形如铜钱之故，而称金钱松，是营造秋景的色叶树种，适于池畔、溪畔孤植或群植，也宜于公园和草坪中群植。

金钱松栽培历史悠久，已培育出众多栽培品种，如：

①垂枝金钱松 'Annesleyqana'：小枝下垂。

②矮生金钱松 'Dawsonii'：树形矮化，高约30～60cm。

③丛生金钱松 'Nana'：树形矮化而分枝密，高0.3～1m。

金钱松

金钱松雄球花

金钱松球果

9. 雪松属 *Cedrus* Trew

常绿乔木；枝条有长枝和短枝两型。叶针形，坚硬，在长枝上螺旋状散生，在短枝上成簇生状。球果第2年成熟，直立，种鳞木质，成熟后脱落；种子有宽大膜质翅。

共4种，产于喜马拉雅地区和西亚、非洲南北部，我国栽培3种，常见一种。本属植物是优良的园林树木，常见于各类园林景观中。

雪松（喜马拉雅松、喜马拉雅杉、香柏）

Cedrus deodara (Roxb.) G. Don.

乔木；树冠塔形，大枝顶部与小枝稍下垂。针叶长2.5～5cm，横切面三棱形。球果卵圆形、宽椭圆形或近球形，长7～12cm，径5～9cm，熟前淡绿色，熟时褐色或栗褐色，种鳞顶端宽圆。

原产阿富汗、印度，海拔1300～3300m的山地。在我国的华北、华东、华中至西南地区广泛栽培。

雪松大侧枝不规则轮生，平展或微曲向上，小枝下垂，树冠呈塔形，为世界著名五大庭园观赏树种之一。本种适应性广，可在各地的公园、庭园等孤植或群植，尤其是主干下部的大枝自近地面处平展，常年不枯，能形成繁茂雄伟的树冠，这一特点更是孤植树的可贵之处。

雪松栽培历史较长，已在各类园林景观中广泛应用，并培育了较多的观赏品种，如：

①弯枝雪松'Robusta'：枝条弯弓状，弯曲下垂，叶密生。

②垂枝雪松'Pendula'：大小枝均下垂。

③银叶雪松'Agrentea'：叶银白色或带蓝色。

④金叶雪松'Aurea'：叶金黄色。

雪松雄球花

雪松球果

雪松

10. 松属Pinus L.

常绿乔木，稀灌木；大枝轮生，枝条每年生长一轮或二至多轮；叶二型，初生叶螺旋状排列，幼苗时期为条形，后渐退化为鳞形，次生叶针形，成束生于鳞叶腋部极度退化的短枝顶端，常2、3、5针一束，基部为叶鞘所包围，叶鞘脱落或宿存。雄球花多数，生于新枝下部，雌球花1~4，生于新枝近顶端；球果翌年成熟，种鳞木质，宿存，背面上方具鳞盾、鳞脊及鳞脐。

约100种，我国产23种，全国各地分布。引入栽培50种。

松树四季常青，常用苍松翠柏表达旺盛向上、欣欣向荣的景象，因此常植于大型建筑和有长久纪念意义的各种景观旁。

分种检索表

1.叶内具1条维管束；叶鞘早落。
  2.针叶为5针一束。
    3.鳞脐顶生。
      4.种子无翅，叶长8~15cm；球果具梗，长10~20cm，径5~8cm ················ 1.华山松P. armandii
      4.种子具翅，叶长3.5~5.5cm；球果无梗，长4~7cm，径3.5~4.5cm ················ 2.日本五针松P. parviflora
    3.鳞脐背生，种子具翅 ················ 3.五针白皮松P. squamata
  2.针叶为3针一束，鳞脐背生，种子具翅 ················ 4.白皮松P. bungeana
1.叶内具2条维管束；叶鞘宿存。
  5.鳞脐无短刺；针叶常2针一束，细软而较长，长10~20cm ······ 5.马尾松P. massoniana
  5.鳞脐具短刺；针叶常3针一束。
    6.球果圆锥状卵圆形，针叶长达30cm ················ 6.云南松P. yunnanensis
    6.球果卵圆形，针叶长不超过15cm ················ 7.高山松P. densata

（1）华山松（果松、青松、五叶松、华阴松、云南五针松）

Pinus armandii Franch.

乔木，高达25m；一年生枝绿色或灰绿色，无毛。针叶5针一束，叶长8~15cm；叶鞘早落；叶内具1条维管束。球果圆锥状长圆形，长10~20cm，径5~8cm，具长

华山松

华山松雄球花

华山松球果

2～3cm的梗，成熟时种鳞张开；种子脱落，无翅。鳞脐顶生。

分布于我国云南、西藏、四川、贵州、河南、河北、山西、青海、甘肃、陕西等地，生于海拔1000～3300m地带，常成单纯林或混交林。

华山松高大挺拔，针叶苍翠，冠形优美，生长迅速，是优良的庭院绿化树种，在园林中可作为园景树、庭荫树、行道树及林带树，亦可用于丛植、群植，并是高山风景区之优良风景树种，同时又可作防风林树种，适用于大型园林景观，近年来在适生区高速公路绿化中也常见。

(2) 日本五针松（五针松、日本五须松、五叶松）

Pinus parviflora Sieb. et Zucc.

乔木，高达20m；一年生枝幼嫩时绿色，后为黄褐色，密生淡黄色柔毛。针叶5针一束，长3.5～5.5cm；球果卵圆形或卵状椭圆形，几无梗，长4～7.5cm，径3.5～4.5cm，成熟时种鳞张开；种子脱落，具翅；鳞脐顶生。

原产日本。我国长江流域各大城市普遍引种栽培。

本种树姿秀丽，针叶葱郁，常与山石配置成优美的风景，适用于大型园林景观或作盆景等。

日本五针松雄球花　　　日本五针松球果

(3) 五针白皮松（巧家五针松）

Pinus squamata X. W. Li

乔木，高达24m；树皮灰绿色，幼树平滑，后呈不规则薄片剥落，内皮白色，鳞片状。叶5针一束，长9～17cm；叶内具1条维管束；叶鞘早落。球果圆锥状卵形，长9cm，径6cm，鳞脐背生，无刺；种子具翅。

特产于云南巧家县，生于海拔2000～2300m的山脊两侧。

五针白皮松是我国特有树种，国家珍稀濒危保护植物，为松属白皮松组的原始类型。树形美观，现已通过人工繁殖，培育出一定量的苗木，是一良好的景观造园树种资源，可作为我国南部地区的白皮松种植。

五针白皮松　　　五针白皮松球果

(4) 白皮松（白骨松、虎皮松、三针松、蟠龙松、白果松、蛇皮松）

Pinus bungeana Zucc.ex. Endl.

乔木，高达30m；老树树皮灰白色。针叶3针一束，长5～10cm；叶内具1条维管束；叶鞘早落。球果卵圆形或圆锥状卵圆形，长5～7cm，径4～6cm，鳞脐背生，具三角状短尖刺；种子具翅。

分布于四川、湖北、河南、河北、山西、甘肃、陕西等地，生于海拔500～1800m的山地林中。华东地区可种植。

白皮松是我国特产珍贵树种，以其树皮斑斓如白龙，风景园林中常与假山、岩洞相配使用，使苍松奇峰相映成趣。

白皮松树皮

白皮松叶

(5) 马尾松（青松、山松、枞柏、枞树）

Pinus massoniana Lamb.

乔木，高达40m。针叶2（3）针一束，细软而较长，长10～30cm。叶内具2条维管束；叶鞘宿存。球果卵圆形或圆锥状卵圆形，长4～7cm，径2.5～4cm；鳞脐背生；种子卵圆形，长0.4～0.6cm，具翅。

分布于我国云南、四川、贵州、广西、广东、台湾、福建、江西、湖南、湖北、浙江、江苏、安徽、河南、甘肃及陕西等地，生于海拔800～1200m以下的地区。

马尾松是我国亚热带乡土树种，分布广，生长快，适应性强，造林更新容易，能适应干燥瘠薄的土壤，是荒山绿化的先锋树种和主要用材林树种，庭园中常植于水滨、池畔或作行道树等。

马尾松雄球花

马尾松球果

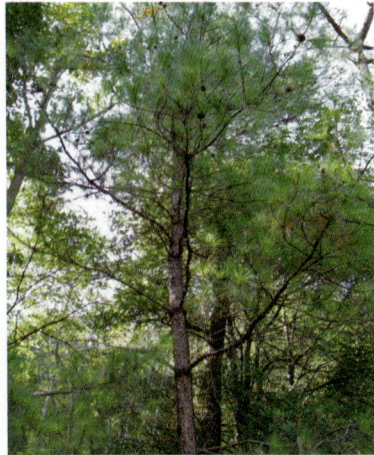

马尾松

（6）云南松

Pinus yunnanensis Franch.

乔木，高达30m。针叶3（2）针一束，长10～30cm；叶内具2条维管束，叶鞘宿存。球果圆锥状卵圆形，长5～11cm，径4～7cm；熟时栗褐色；鳞脐背生；种子卵圆形或倒卵形，长0.4～0.5cm，具翅。

产于我国云南、西藏、四川、贵州、广西等地，生于海拔600～3200m地带，而以1800～2400m地区较多。

云南松喜光、耐旱，天然更新能力强，生长快，繁殖容易，是云贵高原重要的用材和瘠薄荒山的先锋造林树种，适宜于人工或飞机播种造林。在立地条件较好的地区，常形成松栎混交林，适于风景林及公园、庭园中观赏树种之选。

云南松

云南松球果　云南松雄球花

（7）高山松（西康油松、西康赤松）

Pinus densata Mast.

乔木，高达30m。针叶2（3）针一束，粗硬，长6～15cm。球果卵圆形，长5～6cm，径4～5cm；熟时栗褐色，有光泽；鳞盾肥厚隆起，鳞脐背生，有刺状尖头；种子椭圆状卵圆形，长0.4～0.6cm，具翅。

分布于我国云南、西藏、四川，生于海拔1700～3500m山地，为我国西部高山地区特有种。

本种四季常青，多组成大面积纯林或与其他树种组成混交林，适于营造风景林及作庭园观赏树种；木材为桥梁、造纸及胶合板等用材；立木可割取松脂；球果可制作活性碳；花粉可入药；树根可培养茯苓。

高山松

高山松球果

六、杉科Taxodiaceae

常绿或落叶；大枝轮生或近轮生。叶鳞状、披针形、钻形或条形，多螺旋状排列，少数交互对生，同一树上的叶同型或异型。球花单性，雌雄同株，苞鳞与珠鳞（种鳞）半合生（仅先端分离）或完全合生或珠鳞甚小或苞鳞退化，每珠鳞（种鳞）有直立或倒生胚珠（种子）2~9枚；球果当年或翌年成熟，种鳞扁平或盾形。

本科9属17种，5属分布于东亚，3属分布于北美，1属（*Athrotaxis*：3种）分布于大洋洲的塔斯马尼亚，是一个典型的间断分布的古老的裸子植物科。我国产5属7种，引入栽培3属6种。

分属检索表

1. 叶、芽鳞、雄蕊、苞鳞及种鳞均螺旋状排列。
  2. 球果种鳞（或苞鳞）扁平。
    3. 常绿；种鳞和苞鳞革质；种子两侧有翅。
      4. 叶条状披针形，边缘有锯齿；种鳞小，每个种鳞有3个种子 ………………………………………………… 1. 杉木属*Cunninghamia*
      4. 叶鳞状锥形或锥形，全缘，球果的苞鳞退化，种鳞近全缘，能育种鳞有2粒种子 ………………………………………………… 2. 台湾杉属*Taiwania*
    3. 半常绿，生条形叶的小枝冬季脱落，生鳞形叶的小枝不脱落；叶鳞形、条形或条状钻形；种鳞木质；能育种鳞有2粒种子；种子下端有长翅 ………………………………………………… 3. 水松属*Glyptostrobus*
  2. 球果的种鳞盾形、木质。
    5. 常绿；雄球花单生或簇生枝顶；能育种鳞有2~9粒种子；种子扁平，周围有翅或两侧有翅。
      6. 叶钻形；球果近于无柄，直立，种鳞上部有3~7裂齿 ……… 4. 柳杉属*Cryptomeria*
      6. 叶条形；球果有柄，下垂，种鳞无裂齿，顶部有横槽 ……… 5. 北美红杉属*Sequoia*
    5. 落叶或半常绿，侧生小枝冬季脱落，叶条形或钻形；雄球花排列成圆锥花序状；能育种鳞有2粒 种子；种子三棱形，棱脊上有厚翅 ……… 6. 落羽杉属*Taxodium*
1. 叶、芽鳞、雄蕊、苞鳞及种鳞均交互对生；叶条形，排成二列，侧生小枝冬季与叶俱落；球果的种鳞盾形，木质，发育种鳞有5~9个种子；种子扁平，周围有翅 ………………………………………………… 7. 水杉属*Metasequoia*

---

1. 杉木属*Cunninghamia* R. Br.

常绿乔木。叶螺旋状互生，披针形或条状披针形，扁平，基部下延，边缘有锯齿；侧枝的叶扭转成2列状，叶上下面均有气孔线。雌雄同株，单性，雄球花簇生枝顶，雌球花单生或2~3簇生于枝顶，苞鳞与珠鳞下部合生，互生，苞鳞大；珠鳞小而顶端3裂。球果苞鳞革质，边缘有齿，每个种鳞具有3个种子。

本属2种，广泛分布于我国长江以南至华南、西南和台湾的湿润地区。

杉木（沙木、沙树、刺杉、正木、正杉）

Cunninghamia lanceolata (Lamb.) Hook.

常绿乔木，树冠圆锥形；大枝平展，小枝近对生或轮生。叶在侧枝上排成两列，长2～6cm，宽3～5mm，边缘有细锯齿，先端尖成刺状。苞鳞棕黄色，三角状卵形；种子长卵形或长圆形，暗褐色，两侧有窄翅。花期4月，球果10月成熟。

产于我国淮河、秦岭以南，东起沿海，西至四川大渡河流域，南至两广中部；垂直分布东部在海拔700m以下，西部在海拔1800m以下，云南在海拔2600m以下。

杉木雄球花

杉木

杉木球果

杉木叶先端尖，植株有针刺状而不可亲近，因此常不用作园林树种，但由于隔离障景的需要，也可在园林景观建造中应用。此外，本种有一软叶品种'Mollifolia'，叶质地薄，柔软，先端不尖，可以作为庭园绿化树种。

2. 台湾杉属 *Taiwania* Hayata

常绿乔木，大枝平展。叶常二型，老树之叶鳞状钻形，先端钝或尖，向上斜弯，互生，全缘。球果较小，短圆柱形；苞鳞退化；种鳞全缘，扁平，革质，每个种鳞有2个种子。

本属1种，也有人认为有2种，间断分布于我国台湾和大陆地区。

台湾杉（秃杉、屠杉、土杉）

Taiwania cryptomerioides Hayata

常绿乔木，树冠塔形。大树之叶长2～3mm，宽1～1.5mm；四面有气孔线。球果褐色，种鳞15～35片，通常30片左右；种子长椭圆形或倒卵形，连翅长4～7mm。球果10～11月成熟。

分布于我国云南、贵州、广西、台湾、福建、湖北等地，生于海拔500～2700m林中，缅甸北部也有分布。

本种为古老的孑遗植物，第四纪冰川后残存于我国，列为国家珍稀濒危保护物种，树冠塔形，树形美观，为人们喜爱的速生造林和庭园绿化树种，宜列植、群植等。

台湾杉

台湾杉雄球花

台湾杉球果

3. 水松属 *Glyptostrobus* Endl.

半常绿乔木，生于湿生环境者，树干基部膨大成柱槽状，并且有膝状呼吸根。叶多型：鳞形叶较厚或背腹隆起，螺旋状着生于多年生或当年生的主枝上，长约2mm，冬季不脱落；条形叶生于幼树或大树萌发枝上，两侧扁平，薄，常成二列，先端尖，基部渐窄，长1~3cm，宽1.5~4mm；条状钻形叶生于大树的一年生枝上，两侧扁，背腹隆起，先端渐尖或尖钝，微向外弯，长4~11mm，辐射伸展或三列状；条形叶及条状钻形叶均于冬季连同侧生短枝一同脱落。球果倒卵圆形，种鳞木质，扁平，中部倒卵形，基部楔形，先端圆，鳞背近边缘处有6~10个微向外反的三角状尖齿；苞鳞与种鳞几全部合生，仅先端分离，三角状，向外反曲；种子椭圆形。

本属仅1种，特产于我国。

水松（水石松、水绵）

Glyptostrobus pensilis (Staunt. ex D. Don) Koch

形态特征同属。

水松为活化石植物，我国特有树种，主要分布在广州珠江三角洲和福建中部及闽江下游海拔1000m以下地区。广东东部及西部、福建西部及北部、江西东部、四川东南部、广西及云南东南部也有零星分布，此外南京、武汉、庐山、上海、杭州等地有栽培。

水松为喜光树种，我国亚热带地区均可种植，喜湿润土壤，在沼泽地生长有发达的呼吸根，可作河边湖畔绿化及防风护堤树，也可作庭院观赏树和用材林。

水松

水松球果

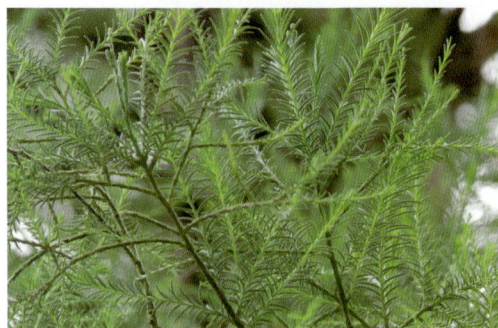
水松叶

4. 柳杉属 *Cryptomeria* D. Don

常绿乔木；枝条近轮生。叶钻形，螺旋状排列；雌球花近球形，苞鳞和珠鳞合生，仅先端分离；球果近球形，种鳞宿存，木质，盾形，边缘具3~7裂齿，背面具三角状苞鳞，发育种鳞具2~5种子；种子不规则扁椭圆形或三角状椭圆形。

2种，产于我国和日本，分别称为柳杉和日本柳杉。本属植物是我国汉传佛教寺庙中常用植物，在园林中普遍应用。

分种检索表

1. 叶端内曲；种鳞20左右，苞鳞尖头短，种鳞先端裂齿较短，发育种鳞具种子2粒 ┈┈┈┈┈┈┈┈┈┈┈┈┈┈┈┈┈┈┈┈┈┈┈┈┈┈┈┈┈┈┈┈┈┈ 1. 柳杉 C. fortunei
1. 叶直伸，端多不内曲，种鳞20～30，苞鳞尖头及种鳞先端之裂齿较长，发育种鳞具有种子2～5粒 ┈┈┈┈┈┈┈┈┈┈┈┈┈┈┈┈┈┈┈┈┈┈┈┈┈┈ 2. 日本柳杉 C. japonica

(1) 柳杉（长叶柳杉、孔雀杉、木梭椤树、长叶孔雀松）

Cryptomeria fortunei Hooibrenk ex Otto et Dietr.

常绿乔木，小枝细长下垂。叶钻形，先端内曲。球果径1.2～2cm，种鳞20枚，上部具4～5（7），短三角形裂齿，苞鳞尖头长3～5mm；发育种鳞具2种子。

我国特有种，分布于云南、四川、贵州、广西、福建、江西、湖南、浙江、江苏、安徽、河南、河北等地。

柳杉树形圆整而高大，树干粗壮，极为雄伟，最适孤植、对植或群植等。

经过多年的培育，柳杉已形成很多类型，特别是在园林上，如峨眉山生长的树冠圆形的柳杉别具特色，同时在各大景点和古寺中，也保存有很多古老的柳杉，如庐山的三宝树之一的柳杉。云南武定狮子山的古柳杉相传为明朝建文帝亲手所植，经实测已经有600多年的历史了。

柳杉

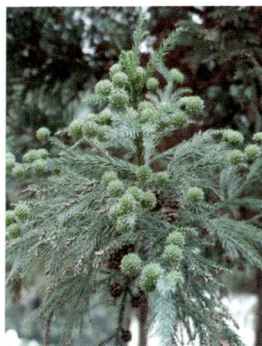
柳杉雄球花及球果

(2) 日本柳杉

Cryptomeria japonica (Linn. f.) D. Don

常绿乔木，大枝常轮状着生，水平开展或微下垂，树冠尖塔形，小枝下垂；当年生枝绿色。叶钻形，直伸，先端通常不内曲，锐尖或尖，四面有气孔线。球果近球形，稀微扁，径1.5～2.5cm，稀达3.5cm；种鳞20～30枚，上部通常4～5（7）深裂，裂齿较长，窄三角形，长6～7mm，鳞背有一个三角状分离的苞鳞尖头，先端通常向外反曲，能育种鳞有2～5粒种子。

原产日本，为日本的重要造林树种。我国云南、湖南、湖北、江西、江苏、浙江、上海、山东等地引种栽培。

日本柳杉树姿雄伟，高大优美，适于群植，在园区之中也可用作区与区隔墙树之用。尤其在阔叶林内种上几株，甚是美丽；在亭台楼阁及房前屋后种上几棵更让人感觉不凡。

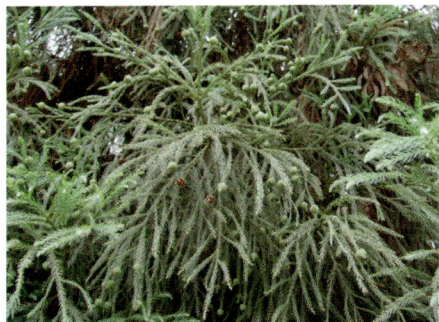
日本柳杉

5. 北美红杉属 *Sequoia* Lindl.

常绿乔木。叶二型，鳞叶螺旋状排列，贴生小枝或微开展，条形叶基部扭转排成二列，下面有2条白色气孔带。雄球花单生枝顶或叶腋，有短梗；球果椭圆形或卵圆状球形，有柄，下垂；种鳞15～20枚，种鳞木质，盾形，顶端有凹槽，发育种鳞具有3～7种子，种子两侧有翅。

本属仅1种。原产美国加利福尼亚州，生于海拔700～1000m海岸山地。我国云南、贵州、广西、台湾、福建、江西、浙江及江苏等地引种栽培。

北美红杉（长叶世界爷、红杉、红木杉）
Sequoia sempervirens (Lamb.) Endl.

形态特征同属。

北美红杉树干端直，气势雄伟，寿命极长，枝叶密生，生长迅速，树高在原产地可达120m，胸径10m，有"树木中之巨人""长叶世界爷"之称，是世界五大庭园观赏树种之一，也是世界著名的速生珍贵用材树种，适用于湖畔、水边、草坪中孤植或群植等园林绿化中用。

北美红杉

北美红杉球果

6. 落羽杉属 *Taxodium* Rich.

落叶或半常绿乔木；具主枝及脱落性侧枝。叶螺旋状排列，基部下延，条形叶在侧生小枝上排成两列，冬季与侧生短枝一同脱落，锥（钻）形叶在主枝上宿存；球果球形或卵球形，种鳞螺旋状着生，盾形，木质，种子三棱形，棱脊上有厚翅。

3种，原产北美和墨西哥。我国有引种。

分种检索表

1. 叶条形，扁平，叶基扭转排成羽状2列；大枝水平开展 ············ 1. 落羽杉 *T. distichum*

1. 叶钻形，在枝上螺旋状伸展，不成2列；大枝向上伸长 ············ 2. 池杉 *T. ascendens*

（1）落羽杉（落羽松）
Taxodium distichum (L.) Rich.

落叶乔木，在原产地高达50m，胸径可达2m，树干基部通常膨大，有呼吸根。叶条形扁平，在枝上扭转排成二列，羽状。球果径约2.5cm，具短梗，熟时淡褐色，被白粉；种子褐色，长1.2～1.8cm。花期3月，球果10月成熟。

原产北美东南部，生于亚热带排水不良的沼泽地。我国长江以南各地引种栽植。

本种在我国各地常见于潮湿地区栽培，其近似羽毛状的叶极为秀丽，秋天，叶变成古铜色，是良好的秋色叶树种，最适水旁配植又有防风护岸之效，在沼泽地能生长，可作河畔和湿地绿化。

落羽杉

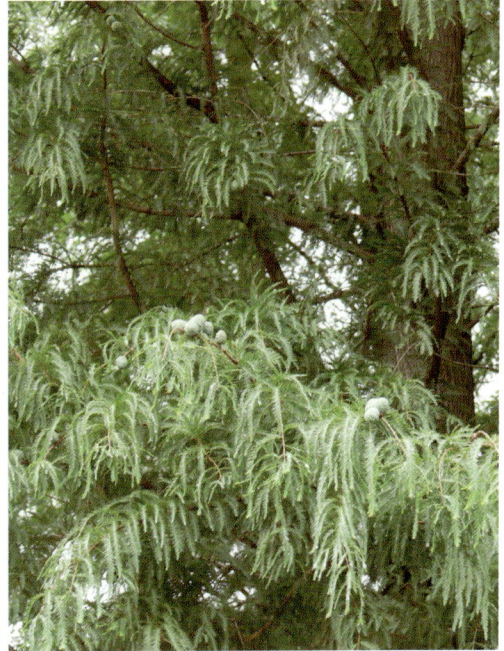
落羽杉球果

(2) 池杉（池柏、沼杉、沼落羽松）

Taxodium ascendens Brongn.

　　落叶乔木，干基部膨大，常具膝状呼吸根，大枝向上伸展，树冠窄，尖塔形。叶锥形，长 4 ~ 10mm，前伸。球果圆球形或长圆形，长 2 ~ 4cm，径 1.8 ~ 3cm，熟时褐黄色，有短梗；种子红褐色，长 1.3 ~ 1.8cm，宽 0.5 ~ 1.1cm。球果 10 月成熟。

　　原产北美东南部沼泽地区。我国长江以南冲积平原、水网地、湖区引种栽培。

　　池杉树形优美，树叶秀丽婆娑，秋叶棕褐色，是观赏价值很高的园林树种，特适水滨湿地成片栽植、孤植或丛植为园景树。

池杉

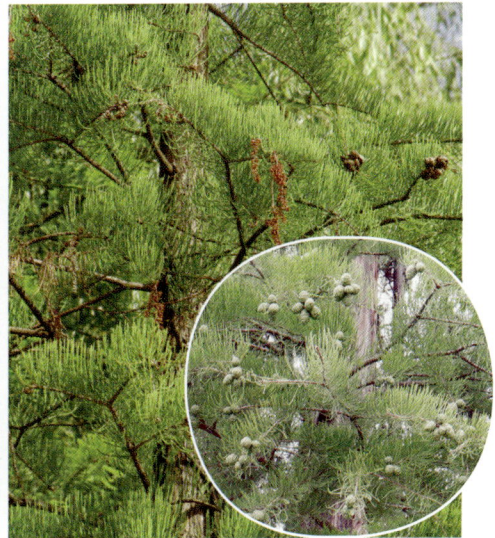
池杉雄球花　　　　　　池杉球果

7. 水杉属*Metasequoia* Miki ex Hu et Cheng

落叶乔木；大枝不规则轮生，小枝对生或近对生，具长枝及脱落性短枝。叶和种鳞均交互对生。叶条形，长8~3.5cm，排成二列，冬季与侧生无芽短枝一同脱落。雄球花单生叶腋或枝顶，有短梗，或多数组成总状或圆锥花序状；雌球花单生去年生枝顶或近枝顶。球果当年成熟，下垂，近圆球形，有长梗；种鳞木质，盾形，顶部扁菱形，有凹槽，基部楔形，宿存，发育种鳞具5~9种子，种子倒卵形，扁平，周围有翅，先端凹缺。

仅1种，分布于我国湖北与四川交界的磨刀溪，为一孑遗树种，有活化石之称。

水杉

Metasequoia glyptostroboides Hu et Cheng

种特征与分布同属。

水杉树干通直高大，树冠呈圆锥形，枝疏叶细，春夏叶色青绿，适宜堤岸、洼地、湖滨、池畔等地种植，可群植，也可孤植或在公园、庭院的草坪间三、五株丛植等。如与常绿针叶树或阔叶林混交种植，入秋时节，水杉树叶变黄，其色彩更加鲜明，不同的色相树种一同映入眼中，当更有一番情趣。

水杉　　　　　　　　　　　　　　　　　　水杉球果

七、柏科Cupressaceae

常绿乔木或灌木。叶鳞形或刺形，在同一植株上同型或异型，鳞叶交互对生，刺叶3～4枚轮生。球花单性，雌雄同株或异株，单生枝顶或叶腋；雄球花具3～8对交互对生的雄蕊；雌球花有3～16枚交互对生或3～4片轮生的珠鳞，珠鳞与苞鳞完全合生。球果圆球形、卵圆形或圆柱形；种鳞扁平或盾形，木质或近革质，熟时张开，或肉质合生呈浆果状，熟时不裂或顶端微张开。

共22属，约150种，广布于南北两半球。我国产8属32种6变种，另引入栽培1属15种，分布几遍全国，多为优良用材树种及庭园观赏树种。

分属检索表

1. 球果的种鳞木质或近革质，熟时张开；种子通常有翅，稀无翅。
  2. 种鳞扁平或鳞背隆起，不为盾形。
    3. 鳞叶长1～2mm；球果中间2～4对种鳞有种子 ················· 1. 侧柏属Platycladus
    3. 鳞叶长2～4mm；球果仅中间1对种鳞有种子 ················· 2. 翠柏属Calocedrus
  2. 种鳞盾形。
    4. 鳞叶2mm以内；球果具4～8对种鳞；种子两侧具窄翅。
      5. 生鳞叶的小枝四棱形或圆柱形，不排成平面；球果第二年成熟，发育种鳞具5至多数种子 ·································· 3. 柏木属Cupressus
      5. 生鳞叶的小枝扁平，排成平面；球果当年成熟，发育种鳞具5至多数种子 ······ ·································· 4. 扁柏属Chamaecyparis
    4. 鳞叶长2～6（10）mm；球果具6～8对种鳞，种子上部具两个大小不等的翅 ······· ·································· 5. 福建柏属Fokienia
1. 球果的种鳞肉质，熟时不张开或微张开；种子无翅。
  6. 叶鳞形或刺形，或同一植株上二者兼有，鳞叶交互对生，刺叶3枚轮生，刺叶基部无关节，叶基下延生长 ·································· 6. 圆柏属Sabina
  6. 叶刺形，3枚轮生，基部有关节，叶基不下延生长 ················· 7. 刺柏属Juniperus

1. 侧柏属Platycladus Spach

常绿乔木；生鳞叶的小枝排成一平面。鳞叶小，长1～2mm，两面同形、同色。雌雄同株，球果上有种鳞4对，种鳞较厚，背部具一长尖头，但不为盾状；每种鳞内有种子2粒，种子无翅。

本属1种，我国特产，分布几遍全国，各地常栽为庭院观赏。

侧柏（柏树、扁柏、黄柏、黄心柏）

Platycladus orientalis (L.) Franco

乔木，高达20m；枝条向上伸展或斜展；生鳞叶的小枝排成一个平面。叶鳞形，长1～3mm。球果近圆形，1.5～2.5cm，鳞片顶端的下方有一向外弯曲的尖头。

分布于我国云南、西藏、四川、湖北、河南、河北、山东、山西、辽宁、吉林、内蒙古、甘肃、陕西等地，朝鲜也有分布。

侧柏绿篱景观

侧柏

侧柏球果　　　　侧柏雌球花

　　侧柏在园林景观中应用很广，常用作绿篱、大色块绿化等。在长期的栽培历史中形成了较多的品种。

　　主要栽培品种有：

　　①千头柏 'Sieboldii'：丛生灌木，无明显主干，枝密生，树冠呈紧密卵圆形，或球形，叶鲜绿色。

　　②金塔柏 'Beverleyensis'：树冠塔形，叶金黄色。

　　③洒金千头柏 'Aurea-nana'：矮生密丛，圆形或卵圆形，高1.5m，叶淡黄绿色。

　　④金黄球柏 'Semperaurescens'：矮型紧密灌木，树冠近于球形，高达3m，叶全年呈金黄色。

　　⑤窄冠侧柏 'Zhaiguancebai'：树冠窄，枝向上伸展或略向上伸展，叶光绿色。

2. 翠柏属*Calocedrus* Kurz

　　常绿乔木；生鳞叶的小枝直展或斜展，排成一个平面。叶两面异形，下面鳞叶微凹；鳞叶二型，交互对生。雌雄同株，球果椭圆柱形，种鳞3对，木质、扁平，顶端下部具一短尖头，但不为盾状；每种鳞内有种子2粒，种子具翅。

　　2种，分布于我国西南部及华南地区、越南、老挝、缅甸和北美。我国有1种。

翠柏（大叶肖楠、长柄翠柏）

Calocedrus macrolepis Kurz

　　常绿乔木；着生球果的小枝圆柱形或四棱形；小枝互生，两列状，明显成节。鳞叶交互对生，长2～4mm，小枝下面之叶微被白粉或无。球果长1～2cm；种鳞3对，木质，扁平。

翠柏

翠柏雄球花

翠柏球果

分布于云南、贵州、广西、海南等地。越南、老挝、缅甸也有分布。

本种树冠圆锥形，枝叶茂密而浓绿，古人说苍山翠柏寓意着这种树有常青之感，是良好的园林树木，可作行道树、孤赏树、绿篱屏障等。其木材有香味，是家具和装饰的良好用材。

3. 柏木属 *Cupressus* L.

常绿乔木，稀灌木；小枝斜上伸展，稀下垂，圆柱状或四棱形。生鳞叶的小枝不排成一个平面，稀扁平而排成一个平面。叶鳞形，交互对生，排列成四行，同型或异型。雌雄同株。球果球形或近球形，种鳞4～8对，木质，盾形，次年成熟，每种鳞内有种子5至多数。

约17种，分布于北美、东亚、欧洲南部、非洲北部温带地区。我国产5种，引入栽培4种，常用于园林绿化中，适应性极强。

分种检索表

1. 生鳞叶的小枝扁平，排成平面，下垂；球果小，径0.8～1.2cm；每种鳞具5～6粒种子
·················· 1. 柏木 *C. funebris*
1. 生鳞叶的小枝圆或四棱形；球果通常较大，径1～3cm；发育种鳞具多数种子。
  2. 生鳞叶的小枝四棱形，鳞叶背部有纵脊。
    3. 生鳞叶的小枝直立，鳞叶先端微钝或稍尖；球果大，径1.6～3cm，种鳞4～5对
·················· 2. 冲天柏 *C. duclouxiana*
    3. 生鳞叶的小枝下垂，鳞叶先端尖；球果较小，径1～1.5cm，种鳞3～4对 ··········
·················· 3. 墨西哥柏 *C. lusitanica*
  2. 生鳞叶的小枝圆柱形，鳞叶背部无纵脊 ·················· 4. 藏柏 *C. torulosa*

（1）柏木（垂丝柏、川柏、垂柏）

Cupressus funebris Endl.

乔木；大枝开展，生鳞叶小枝扁平，排成一平面，下垂，两面同形。鳞叶先端锐尖，中央之叶的背部有腺点，两侧之叶背部有棱脊。球果球形，径0.8～1.2cm；种鳞4对，顶端为不规则的五边形或方形，发育种鳞具种子5～6粒；种子近圆形。

分布于我国云南、四川、贵州、广西、广东、江西、湖南、湖北、浙江、安徽、甘肃、陕西等地，以四川、贵州、湖南、湖北为中心产区，多分布于海拔1000～2000m及以下地区。

柏木树冠整齐，树姿优美，常作为孤赏树，适用于松柏园、公园、建筑前、陵墓、古迹和自然风景区绿化用。

柏木

柏木球果

（2）冲天柏（干香柏、圆柏、滇柏）

Cupressus duclouxiana Hickel

乔木，树梢直立，树冠近球形或广圆形；生鳞叶小枝四棱形，向上斜展，不排成一个平面；鳞叶先端微钝，蓝绿色，微被白粉。球果大，径1.6～3.0cm；种鳞4～5对，熟时暗褐色或紫褐色，被白粉，顶部五角形或近方形，中央有短尖头，发育种鳞具多数种子。

产于我国云南中部及西北部、四川西南及贵州；生于海拔1400～3000m的林中，多为疏林或散生于干热稀疏林中。

冲天柏树干浑圆通直，树形优美，生长迅速，适应性强，可用于立地条件较差地区及石灰岩山地造林以及庭园、工矿厂区等的绿化。

冲天柏

冲天柏球果

(3) 墨西哥柏

Cupressus lusitanica Mill.

乔木，在原产地高达30m；生鳞叶的小枝不排成平面，下垂，末端鳞叶枝四棱形，径约1mm。鳞叶蓝绿色，被蜡质白粉，先端尖，背部无明显的腺点。球果圆球形，较小，径1～1.5cm，褐色，被白粉；种鳞3～4对，顶部有一尖头，发育种鳞具多数种子；种子有棱脊，具窄翅。

原产墨西哥，许多国家广为栽培作庭园树。我国云南、广西、江西及江苏等地引种栽培，生长良好。

本种株形开展，树冠宽大，树皮红褐色，叶灰绿色，下垂，宜作防风林、绿篱，适用于松柏园。

墨西哥柏

墨西哥柏球果

(4) 藏柏

Cupressus torulosa D. Don

常绿乔木，树梢下垂；生鳞叶的枝不排成平面，圆柱形，末端的鳞叶枝细长，径约1.2mm，微下垂或下垂，排列较疏，二、三年生枝灰棕色。鳞叶排列紧密，近斜方形，长1.2～1.5mm，先端通常微钝，背部平，中部有短腺槽。球果生于长约4mm的短枝顶端，宽卵圆形至近球形，径12～16mm，熟后深灰褐色；种鳞5～6对，顶部五角形，有放射状的条纹，中央具短尖头或近平，能育种鳞有多数种子，种子两侧具窄翅。

产于我国西藏东部及南部，生于石灰岩山地。印度、尼泊尔、不丹、印度也有分布。

本种树冠圆锥形，叶暗绿色，球果深灰褐色，在适生区可作绿篱、屏障树、行道树及庭院周边绿化等。

藏柏

藏柏球果

4. 扁柏属 *Chamaecyparis* Spach

常绿乔木，生鳞叶的小枝通常扁平，排成一平面。叶鳞形，通常二型，交互对生，小枝中央之叶卵形或鳞状卵形，紧贴枝上，两侧之叶对折，瓦覆中央之叶的边部。雌雄同株。球果圆球形，种鳞3～6对，木质，盾形；发育种鳞各具1～5（通常3粒）粒种子，种子有翅。

5种1变种，分布于北美、东亚。我国1种1变种，引入4种及数栽培种。

日本花柏（花柏）

Chamaecyparis pisifera (Sieb. et Zucc.) Endl.

常绿乔木，树皮红褐色，生鳞叶的小枝下面有明显的白粉；鳞叶先端锐尖，侧面之叶较中间之叶稍长。球果圆球形，径约6mm；种鳞5～6对，顶部中央微凹，内有凸起的小尖头，发育种鳞具1～2粒种子。

原产日本，我国各地园林绿地中常见栽培。

本种四季苍翠，枝叶茂密，宜列植或丛植，由于耐修剪，也可修剪成球形或作绿篱。松柏园、大型园林景观公园中应用较多。

常见的栽培品种有：线柏‘Filifera’、绒柏‘Squarrosa’、凤尾柏‘Plumosa’、银斑凤尾柏‘Plumose-argentea’、金斑凤尾柏‘Plumose-aurea’、黄金花柏‘Aorea’、矮金斑柏‘Nana-aureovariegata’、金晶线柏‘Golden-spangle’、金线柏‘Filifera-aurea’、卡柏‘Squarrosa-intermedia’等。

日本花柏

日本花柏叶

5. 福建柏属 *Fokienia* Henry et Thomas

常绿乔木；生鳞叶的小枝扁平，排成一个平面。鳞叶交叉对生，二型，小枝上下中央之叶紧贴，两侧之叶对折，瓦覆于中央之叶的边缘，小枝下面之叶被白粉；雌雄同株。球果具6~8对种鳞，种鳞木质，盾形；种子有翅。

1种，分布于我国中南、华南至西南。

福建柏

Fokienia hodginsii (Dunn) Henry et Thomas

常绿乔木，高达20m；小枝扁平，三出羽状分枝，排成一个平面。鳞叶交互对生，明显成节，长3~6mm。球果翌年成熟，近球形。

分布于我国云南、广西、广东、福建、江西、湖南、浙江等地区，生于海拔100~1800m的山地。

福建柏树姿优美，叶面浅绿具光泽，背面银白色，是我国长江以南地区良好的园林树种，常见于各类园林景观中。本种自然分布区狭窄，再加上开发利用过度，野生资源日渐枯竭，为珍稀濒危保护物种。

福建柏雌球花

福建柏球果

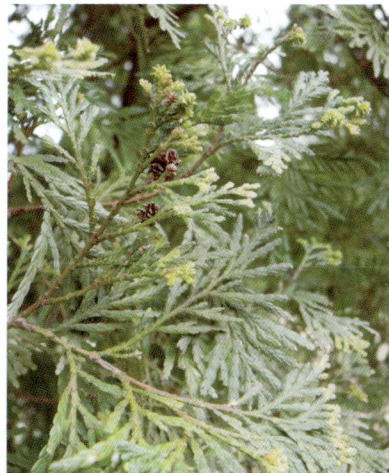

福建柏

6. 圆柏属 *Sabina* Mill.

常绿乔木或灌木，直立或匍匐；冬芽不显著，生鳞叶的小枝不排成平面。叶鳞形或刺形，或同一树兼有鳞叶及刺叶；鳞叶交互对生，刺叶3枚轮生，刺叶基部无关节，下延生长。球果的种鳞与苞鳞合生，肉质；球果内有种子1～6粒，无翅。

约50种，分布于北半球，主产于高山、亚高山地带。我国产18种12变种。

本属植物在园林景观造型上有较大的优势，同时在园林绿篱与大色块绿化中也发挥重要作用。

分种检索表

1. 叶全为刺形，三叶交叉轮生 ·················· 1. 高山柏 *S. squamata*
1. 叶二型：鳞叶与刺叶，刺叶生于幼树之上，或二者兼有，老龄树则全为鳞叶 ·········· ·· 2. 圆柏 *S. chinensis*

（1）高山柏（山柏、香桧）

Sabina squamata (Buch.-Ham.) Antoine

灌木，高1～3m，或成匍匐状，或为乔木，枝条斜伸或平展；小枝直或弧状弯曲，下垂或伸展。叶全为刺形，三叶交叉轮生，披针形或窄披针形，基部下延生长，长5～7mm，宽1～1.5mm，直或微曲，先端具急尖或渐尖的刺状尖头，上面稍凹，具白粉带，下面拱凸具钝纵脊，沿脊有细槽或下部有细槽。球果卵圆形或近球形，成熟前绿色或黄绿色，熟后黑色或蓝黑色，稍有光泽，内有种子1粒。

产于我国云南、西藏、四川、贵州、台湾、福建、湖北、安徽、甘肃及陕西等地，常生于海拔1600～4000m高山地带。阿富汗、克什米尔、巴基斯坦、印度北部、尼泊尔、印度及缅甸等国家也有分布。

本种枝条斜展，弯曲下垂，叶形小，四时青翠，树皮斑驳，自然形态美观，造型容易，是庭园绿化或制作盆景的好材料。树体内含有芳香物质，寺院僧侣常用此木劈成小片，在佛像前焚烧以代檀香。

高山柏

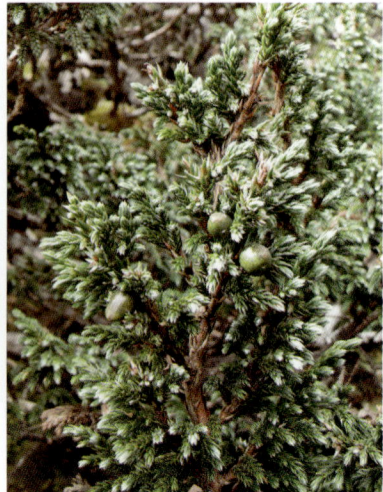

高山柏球果

（2）圆柏（桧、红心柏、珍珠柏）

Sabina chinensis (L.) Ant.

常绿乔木或灌木；幼树的枝条通常斜上伸展，形成尖塔形树冠，老则下部大枝平展，形成广圆形的树冠；小枝通常直或稍成弧状弯曲，生鳞叶的小枝近圆柱形或近四棱形。叶二型，幼树全为刺叶，老龄树则全为鳞叶，壮龄树兼有刺叶与鳞叶；刺叶三枚交叉轮生，直伸而紧密，近披针形，先端微渐尖，背面近中部有椭圆形微凹的腺体。球果近圆球形，径6～8mm，熟时暗褐色，有1～4粒种子。

圆柏

圆柏叶

分布于我国云南、四川、贵州、广西、广东、湖南、湖北、河北、内蒙古、甘肃、陕西等地，生于海拔2300m以下的中性土、钙质土、微酸性土上。朝鲜、日本及缅甸有分布。

本种常用作园林树木栽植于各种园林景观中，耐修剪又有很强的耐阴性，庄严感较强，多配植于庙宇陵墓作墓道树或柏林。久经栽培，在长江流域及华北各大城市庭院中常有以下栽培品种：

①龙柏 'Kaizuca'：树形圆柱状，小枝略扭曲上升，小枝密，在枝端成几个等长的密簇状，全为鳞叶，密生。

②匍地龙柏 'Kaizuca-procumbens'：无直立主干，植株近地平展。

③金叶柏 'Aurea'：鳞叶金黄色，直立窄圆形灌木。

塔柏

④金枝球柏 'Aureoglobosa'：小枝顶端初叶呈金黄色，丛生灌木，树冠近圆形。

⑤球柏 'Globosa'：丛生灌木，近球形，枝密生，全为鳞叶，少有刺叶。

⑥金龙柏 'Kaizuca-aurea'：叶全为鳞叶，枝端之叶为金黄色。

⑦塔柏 'Pyramidalis'：树冠圆柱形，枝向上直伸，密生，叶几为刺形。

匍地龙柏

龙柏球果　　龙柏

7. 刺柏属 *Juniperus* L.

常绿乔木或灌木;小枝近圆形或近四棱形;冬芽显著。叶全为刺形,3枚轮生,上面有1~2条气孔带,叶基部有关节,不下延生长。球果近球形;种鳞3枚,肉质,合生。

10种,分布于北半球温带地区。我国有3种。引种1种。

刺柏(山刺柏、璎珞柏、台桧、山杉、刺松)

Juniperus formosana Hayata

常绿乔木;树冠塔形或圆柱形;小枝下垂,三棱形。刺叶三枚轮生,长1.2~2cm,宽1.2~2mm,先端渐尖,具有锐尖头,上面中脉绿色,两侧有1条白色气孔带,下面绿色,有光泽。球果浆果状,近圆球形或椭圆形,径6~9mm。

我国特有树种,分布于云南、西藏、四川、贵州、台湾、福建、江西、湖南、湖北、浙江、江苏、安徽、青海、宁夏、甘肃及陕西等地,生于海拔300~3400m林中。

刺柏树冠塔形或圆柱形,树干挺直,小枝下垂,故有"垂柏""坠柏""璎珞柏"等名。宜于庭园、公园及道旁、墓地种植,对石灰岩性土壤适应性强,可作石灰岩地区造林树种。但全株有刺,不宜种植于人流密集的地方。

杜松(刺柏、崩松、棒儿松)*J. rigida* Sieb. et Zucc.与刺柏的区别为:本种叶的中脉在上面凹下成深槽,槽内有1条窄白色带,下面有明显的纵脊,横切面呈内凹的"V"三角形。

刺柏球果

刺柏

杜松叶

八、罗汉松科Podocarpaceae

常绿乔木或灌木。叶螺旋状排列、近对生或交互对生，条形、鳞形或披针形。球花单性，雌雄异株，稀同株；雄球花穗状，单生或簇生叶腋，稀顶生；雄蕊多数，螺旋状排列，各具花药2；花粉常有气囊；雌球花单生叶腋或苞腋，或生枝顶，稀穗状，具螺旋状着生的苞片，通常仅顶端的苞腋着生胚珠1。种子核果状或坚果状，全部或部分为肉质或薄的假种皮所包，或苞片与轴愈合发育成肉质种托，有梗或无梗。

18属约130种，分布于热带、亚热带及南温带地区，尤以南半球分布最多，我国4属12种。

分属检索表

1. 叶条形、披针形或窄椭圆形，具明显的中脉，螺旋状排列或近对生 ……………………………………………………………………………………… 1. 罗汉松属 Podocarpus
1. 叶长椭圆状披针形至椭圆形，无明显的中脉，具多数平行细脉，对生或近对生 ……………………………………………………………………………………… 2. 竹柏属 Nageia

1. 罗汉松属 Podocarpus L' Hér. ex Persoon

常绿乔木或灌木。叶条形、披针形或窄椭圆形，螺旋状排列或近对生，具明显中脉。雌雄异株，雄球花穗状，单生或簇生叶腋；雌球花腋生，常单个稀多个生于梗端或顶部，基部有数枚苞片，苞腋有1～2个胚珠，包在肉质鳞被中；种子坚果状或核果状，为肉质假种皮所包，生于红色肉质种托上。

约100种，主要分布于南半球，东南亚和北美也有分布。我国产7种，庭园绿化中常用。

罗汉松（罗汉杉、大杉、土杉）

Podocarpus macrophyllus (Thunb.) D. Don

乔木，高达20m。叶条状披针形，螺旋状着生，长7～12cm，先端尖，两面中脉明显。雄球花3～5簇生叶腋，雌球花单生叶腋；种子卵圆形，熟时假种皮紫黑色，被白粉，着生于红色肉质圆柱形的种托上，梗长1～1.5cm。

分布于云南、四川、贵州、广西、福建、江西、湖南、湖北、浙江等地，生于海拔1000m以下，多栽作观赏。日本也有分布。

罗汉松绿色的种子着生在红色的种托上，似许多披着红色袈裟打坐的罗汉，因此得名。罗汉松树冠圆满，树姿秀丽葱郁，老树格外苍劲，夏、秋季果实累累，惹人喜爱。可孤植作庭荫树，或对植、散植于庭院门前，或墙垣、山石旁配置，也可盆栽或制作树桩盆景供室内陈设。

罗汉松雄球花

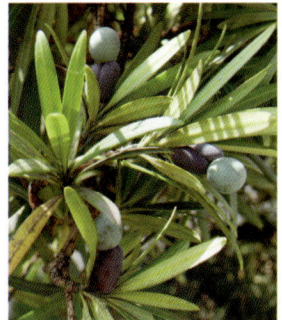

罗汉松种子

2. 竹柏属 *Nageia* Gaertner

常绿乔木。叶长椭圆状披针形至椭圆形，对生或近对生，具多数并列细脉无主脉。雌雄同株，雄球花穗状，单生或分枝状；雌球花单个稀成对生于叶腋；种子核果状，种托稍厚于种柄，或有时呈肉质。

约5种，广布于东南亚等地。我国产3种，庭园绿化中常用。

分种检索表

1. 种子不着生于肥厚肉质的种托上 ················· 1. 竹柏 *N. nagi*
1. 种子着生于肥厚肉质的种托上 ················· 2. 肉托竹柏 *N. wallichiana*

(1) 竹柏（罗汉柴、大果竹柏、椰树）

Nageia nagi (Thunb.) Kuntze

竹柏　　　　　　竹柏雄球花

乔木，高达20m；树冠广圆锥形。叶卵形至椭圆状披针形，厚革质，长3.5～9cm，无中脉，具多数平行细脉。雄球花穗状圆柱形，单生叶腋，常呈分枝状；雌球花单生或成对生于叶腋；种子圆球形，径1.2～1.5cm，熟时假种皮暗紫色，被白粉。

分布于我国四川、贵州、广西、广东、海南、台湾、福建、江西、湖南及浙江等地，生于海拔1600m以下。长江流域有栽培。日本也有分布。

竹柏种子

竹柏的叶脉为平行脉，无明显中脉，叶似竹，茎似柏，故而得名。竹柏抗污染、耐低温、耐室内荫蔽，可广泛用于室外园林绿化和室内摆饰；枝叶青翠而有光泽，树形美观，是良好的庭荫树和行道树。木材供乐器、雕刻等用；种子油用。

(2) 肉托竹柏

Nageia wallichiana (Presl) Kuntze

乔木，高达25m；树冠广圆锥形。叶卵形至椭圆状披针形，厚革质，长9～14cm，无中脉，具多数平行细脉。雄球花穗状，常3～5个簇生于总梗的上部或顶端，总梗生于叶腋；雌球花单生叶腋，梗长约1cm；种子近球形，径约1.7cm，着生于肥厚肉质的种托上，种托熟时红色。

产于我国云南南部。越南、缅甸及印度有分布。

肉托竹柏树形美观，种子着生于肥厚肉质的种托上，种托熟时肉质、红色，为适生区不可多得的庭院绿化树种，其野生种群较少，是珍稀濒危保护种类。

肉托竹柏

肉托竹柏种子及种托

九、三尖杉科（粗榧科）Cephalotaxaceae

常绿乔木或灌木；小枝对生或近对生，基部具宿存芽鳞。叶条形或披针状条形，稀披针形，交叉对生或近对生，在侧枝上基部扭转排成两列。雌雄异株，稀同株；雄球花6~11聚生成头状花序，生叶腋，雄蕊具2~4（多为3）个花药，花粉无气囊；雌球花具长梗，生于小枝基部（稀近枝顶）苞片的腋部，花梗上部的花轴上具数对交叉对生的苞片，每苞片的腋部着生两枚直立胚珠，胚珠生于珠托之上；种子核果状，全部包于由珠托发育成的肉质假种皮中，常数个（稀1个）生于轴上，顶端具突起的小尖头，基部有宿存的苞片。

1属9种，分布于东亚南部及中南半岛南部。我国产7种，3变种，分布于秦岭至山东以南各地及台湾。

三尖杉属 Cephalotaxus Sieb. et Zucc. ex Endl.

形态特征等同科。

三尖杉（绿背三尖杉、山榧树、头形杉、排松）

Cephalotaxus fortunei Hook. f.

常绿乔木；枝条较细长，稍下垂；树冠广圆形。叶排成两列，披针状条形，通常微弯，长4~13cm，宽3.5~4.5mm，上部渐窄，先端有渐尖的长尖头，上面深绿色，中脉隆起，下面气孔带白色，较绿色边带宽3~5倍，绿色中脉带明显或微明显。雄球花8~10聚生成头状，径约1cm；花药3；雌球花的胚珠3~8枚发育成种子，总梗长1.5~2cm；种子椭圆状卵形或近圆球形，长约2.5cm，假种皮成熟时紫色或红紫色，顶端有小尖头。

为我国特有树种，分布于云南、四川、贵州、广西、广东、福建、江西、湖南、湖北、浙江、安徽、河南、甘肃、陕西等地，在东部各地生于海拔200~1000m地带，在西南各地生于海拔2000~3000m的针阔混交林中。

本种树形奇特，叶背有两条银色的气孔带，在景观中可孤植、群植等。木材为高级家具、室内装饰的良材。

三尖杉

三尖杉雄球花

三尖杉种子

十、红豆杉科Taxaceae

常绿乔木或灌木。叶条形或条状披针形，螺旋状排列或交互对生。雌雄异株，稀同株；雄球花单生叶腋或苞腋，或成短穗状花序集生枝顶，雄蕊多数，每雄蕊有花药3~9，花粉无气囊；雌球花单生或成对生于叶腋或苞片腋部，胚珠1个，生于花轴顶端或侧生于短轴顶端的苞腋，基部具有盘状或漏斗状的珠托。种子核果状，无梗则全为肉质假种皮所包，如具长梗则种子包于囊状肉质假种皮中，其顶端尖头露出；或种子坚果状，包于杯状肉质假种皮中。

5属21种，其中4属分布于北半球，1属分布于南半球。我国4属10种5变种，主要分布于南部，个别种分布至东北。

红豆杉属Taxus L.

常绿乔木；小枝不规则互生。叶互生或基部扭转排成假2列状，条形，直或镰状；叶上面中脉隆起，下面有2条灰绿色或淡黄、淡灰色气孔带。雌雄异株，球花单生叶腋；雄球花有盾状雄蕊6~14，每雄蕊有花药4~9；雌球花由数枚覆瓦状鳞片组成，最上部具圆盘状珠托，着生1胚珠。种子坚果状，卵形或倒卵形，生于杯状肉质的假种皮中，成熟时肉质杯状假种皮红色。

共约11种，分布于北半球。我国产4种1变种。

红豆杉属植物因其提取物——紫杉醇具有独特的抗癌作用，需求量较大，又由于在自然条件下生长速度缓慢，再生能力差，是世界上公认的濒临灭绝的天然珍稀抗癌植物，世界范围内还没有形成大规模的红豆杉原料林基地，所以保护红豆杉刻不容缓，我国将本属所有的种类皆列为珍稀濒危保护范围。

云南红豆杉（西南红豆杉、喜马拉雅红豆杉）

Taxus yunnanensis Cheng et L. K. Fu

常绿乔木。叶质地薄而柔，边缘外卷，条状披针形或披针状条形，常呈弯镰状，排列较疏，列成两列，长1.5~4.7cm，宽2~3mm，上部渐窄，先端渐尖或微急尖，基部偏歪，上面深绿色或绿色，有光泽，下面色较浅，中脉微隆起。雄球花淡褐黄色，长5~6mm，径约3mm，具9~11枚雄蕊，每雄蕊有5个花药。种子生于肉质杯状的假种皮中，卵圆形，长约5mm，径4mm，微扁，通常上部渐窄，两侧微有钝脊，顶端有小尖头，种脐椭圆形，成熟时假种皮红色。

产于我国云南西北部及西部、四川西南部与西藏东南部，生于海拔2000~3560m高山地带。不丹、缅甸北部也有分布。

本种树姿优美，枝叶终年深绿，秋季成熟的种子包于鲜红色的假种皮中，使枝条鲜艳夺目，是庭园中不可多得的耐阴观赏树种。可在荫面种植观赏，也可配植于假山石旁或疏林下。

云南红豆杉种子

云南红豆杉

云南红豆杉雄球花

各 论 | 83

十一、麻黄科Ephedraceae

灌木、亚灌木或草本状，茎直立或匍匐，分枝多；小枝对生或轮生，绿色，圆筒形，具节，节间有多条细纵槽纹，横断面常有棕红色髓心。叶退化成膜质，在节上交叉对生或轮生，2～3片合生成鞘状。雌雄异株，稀同株；球花卵圆形或椭圆形，生于枝顶或叶腋；雄球花单生或数个丛生，或3～5个成一复穗花序，具2～8对交叉对生或2～8轮（每轮3片）苞片，每片生一雄花，雄花具膜质假花被，雄蕊2～8；雌球花具2～8对交叉对生或2～8轮（每轮3片）苞片，仅顶端1～3片苞片生有雌花，雌花具顶端开口的囊状革质假花被，包于胚珠外，胚珠具一层膜质珠被；苞片在雌球花成熟时肉质增厚，红色或橘红色，稀为干燥膜质，假花被发育成革质假种皮。种子1～3粒。

1属，约40种，分布于亚洲、美洲、东南欧与北非等干旱和荒漠地区。我国有14种，除长江下游及珠江流域各地外，其余各地均有分布，以西北地区及云南、四川最多。

麻黄属*Ephedra* Tourn ex L.

形态特征等与科相同。

丽江麻黄

Ephedra likiangensis Florin

灌木，高50～150cm；茎粗壮，直立；绿色小枝较粗，多成轮生状，节间长2～4cm，径1.5～2.5cm，纵槽纹粗深明显。叶2（3）裂，1/2以下合生，裂片钝三角形或窄尖，稀较短钝。雄球花密生于节上，无梗或有细短梗，苞片4～5（6）对，基部合生；雌球花常单个对生于节上，具短梗，苞片通常3对，下面2对的合生部分均不及1/2，最上面1对则大部分合生，雌花1～2，种子1～2粒，椭圆状卵圆形或披针状卵圆形，长6～8mm，苞片肉质红色。花期5～6月，种子7～9月成熟。

分布于我国云南、西藏、四川、贵州等地，生于海拔2400～4000m之高山及亚高山地带。

本科植物能耐干旱瘠薄土壤，有固沙保土的作用，常生于我国西北及西南高原干旱瘠薄土壤上，在石灰岩山地上也能生长，是适生区较好的绿化灌木，球花开放时，肉质的苞片形成一片红色景观，具有很好的点景作用，在园林中可在适生区片植，也可作主景灌木种植。

丽江麻黄苞片及种子　　　丽江麻黄

十二、买麻藤科（倪藤科）Gnetaceae

常绿木质大藤本，稀为直立灌木或乔木，枝节膨大呈关节状。单叶对生，有叶柄，无托叶；叶椭圆形，革质或半革质。雌雄异株，稀同株；球花伸长成细长穗状，具多轮合生环状总苞（由多数轮生苞片愈合而成）；雄球花穗单生或数穗组成顶生及腋生聚伞花序，着生在小枝上，各轮总苞紧密排列，不露花穗轴或少为疏离而露出增长的花穗轴，每轮总苞有雄花20～80，紧密排列成2～4轮，花穗上端常有一轮不育雌花，雄花具杯状肉质假花被，雄蕊2（1）；雌球花穗单生或数穗组成聚伞圆锥花序，通常侧生于老枝上，每轮总苞有雌花4～12，雌花的假花被囊状，紧包胚珠，胚珠具两层珠被。种子核果状，包于红色或橘红色肉质假种皮中。

1属，30多种，分布于亚洲、非洲与南美洲等热带、亚热带地区，亚洲南部、东南部较多。我国1属，9种，主产于华南及西南暖热地带。

买麻藤属Gnetum L.

形态特征等与科相同。

买麻藤（倪藤）

Gnetum montanum Markgr.

大藤本，长达50m；小枝圆或扁圆，光滑。叶形大小多变，常为椭圆形，革质或半革质，长10～25cm，宽4～10cm，先端具短尖头，基部圆或宽楔形，侧脉8～13对。雄花序1～2回三出分枝，排列疏松，雄球花圆柱形，长2～3cm，径2～3mm，具13～17轮环状总苞，每轮总苞内有雄花25～45，雄花基部密生短毛，花丝基部连合；雌球花序侧生于老枝上，单生或数序丛生，总梗长2～3cm，主轴细长，有3～4对分枝，雌球花穗长2～3cm（成熟时约10cm），径约4mm，每轮总苞内有雌花5～8，胚珠椭圆状卵形，先端有短珠被管。种子矩圆状卵圆形或矩圆形，长1.5～2cm，径1～1.2cm，具柄。花期6～7月，种子8～9月成熟。

分布于我国云南、广西、广东、香港、海南、福建等地，生于海拔200～2700m地带的森林中，缠绕于树上。印度、缅甸、泰国、老挝及越南也有分布。

本科植物为大型藤本，叶常绿光亮，适应性强，在适生区阴坡可作垂直绿化及棚架绿化，近年来在高速公路阴坡边坡绿化中也有应用。种子可食。

买麻藤

买麻藤雄球花

被子植物Angiospermae

乔木、灌木、藤本、草本。木质部具有导管和管胞，稀无导管，韧皮部具有筛胞和伴胞。单叶或复叶，网状或平行脉。在繁殖的过程中产生了特有的生殖器官——花，所以又称有花植物或显花植物。完全花由花萼、花瓣、雄蕊、雌蕊构成；雌蕊由一至多数心皮构成，胚珠包藏于由心皮封闭而成的子房中，胚珠发育成种子，子房发育成果实。子叶1～2枚。

全世界被子植物约25万种，分别隶属于424科，我国约277科，2700余属，3万多种，其中木本植物约8000种，乔木树种约3000种。西南地区（四川、云南、贵州、广西）有2万多种植物，占全国的2/3。

被子植物按照子叶等相关特征，又可分为双子叶植物和单子叶植物。

双子叶植物纲Dicotyledoneae

胚具2枚子叶。多为直根系；茎内维管束成环状排列，有形成层，能增粗生长；叶具网状脉，多宽阔。花部通常4～5基数。

一、木兰科Magnoliaceae

木本，常绿或落叶；小枝有环状托叶痕。单叶，互生。花单生；花被、雄蕊、雌蕊均分离；花被片6～21，花瓣状，3基数；心皮多数，离生，螺旋状排列在柱状的花托上。聚合蓇葖果或聚合翅状坚果。

本科共15属，约250种；产亚洲和北美亚热带地区。我国产11属90种。

分属检索表

1. 叶全缘或先端微凹；聚合蓇葖果。
  2. 花顶生，雌蕊群无柄或具短柄。
    3. 花两性，雌蕊群无柄；叶柄常有托叶痕。
      4. 每心皮具3～12胚珠，聚合果常为球形或近球形 ············ 1. 木莲属 *Manglietia*
      4. 每心皮具2胚珠；聚合果常为长圆柱形 ············ 2. 木兰属 *Magnolia*
    3. 花两性或杂性，雌蕊群有短柄；叶柄无托叶痕 ············ 3. 拟单性木兰属 *Parakmeria*
  2. 花腋生，雌蕊群具显著的柄 ············ 4. 含笑属 *Michelia*
1. 叶马褂形，两侧各具2～3裂；聚合翅状坚果 ············ 5. 鹅掌楸属 *Liriodendron*

1. 木莲属*Manglietia* Bl.

常绿乔木。单叶，全缘，常窄长形。花两性，大型，单生枝顶；雄蕊群和雌蕊群之间无间隔，每心皮具3～12个胚珠。聚合蓇葖果球形或近球形；种子有红色假种皮，成熟时悬挂于丝状种柄上。

约30种，分布于亚洲热带和亚热带地区。我国20种，主产华东、华中、华南及西南地区，云南为我国该属分布中心，为常绿阔叶林主要树种。

分种检索表

1. 聚合蓇葖果卵状椭球形或近圆柱形，成熟蓇葖腹面全部或大部着生于果托上，先背缝线开裂，后腹缝线开裂。
　2. 花白色，聚合果卵状椭球形；叶先端渐尖或短 ·················· 1. 木莲 M. fordiana
　2. 花红色，聚合果圆柱形；叶先端骤尾尖 ·················· 2. 红花木莲 M. insignis
1. 聚合蓇葖果近球形，成熟蓇葖仅腹面基部着生于果托上，先腹缝线开裂，后背缝线开裂 ·················· 3. 香木莲 M. aromatica

(1) 木莲 （海南木莲、乳源木莲、黄心树）

Manglietia fordiana Oliv.

　　常绿乔木，高20m；嫩枝及芽被褐色绢毛，皮孔及环状纹显著。叶厚革质，狭倒卵形至狭椭圆状倒卵形或倒披针形，长8～17cm，宽2.5～5.5cm，先端急尖，基部楔形，沿叶柄稍下延，边缘稍内卷，下面疏生红褐色短毛，侧脉8～12对；叶柄长1～3cm。花白色，总花梗长6～11mm，径6～10mm，被红褐色短柔毛。聚合果卵球形，褐色，具短梗，长2～5cm，每心皮有胚珠8～10枚。花期5月，果期10月。

　　分布于我国云南、贵州、广西、广东、福建、江西、湖南、浙江等地，生于海拔1200m花岗岩、砂质岩山地，为常绿阔叶林习见树种。

　　本种树冠优美，花白色，适应性较强，常在园林景观中应用，其野生山谷间者，如能加以维护，则能为山林添色。木材供板材、细木加工；果及树皮药用。

木莲

木莲花

(2) 红花木莲 （红色木莲、巴东木莲、木莲花、土厚朴、马关木莲）

Manglietia insignis (Wall.) Bl.

　　常绿乔木，高达30m。叶革质，倒披针形、长圆形或长圆状椭圆形，长10～26cm，宽4～10cm，先端渐尖或尾状渐尖，自2/3以下渐窄至基部，下面中脉具红褐色柔毛或散生平伏毛，侧脉12～24对，叶柄长1.8～3.5cm，托叶痕长0.5～1.2cm。花红色，花梗长6～11mm，径6～10 mm，被红褐色短柔毛；花被片9～12。聚合果近圆柱形，成熟时紫红色。花期5～6月，果期9～10月。

　　产于我国云南、西藏、四川、贵州、广西等地，常生于海拔500～2500m的常绿阔叶林中。

　　本种树形优美，花红色，有较高的观赏价值，是国家珍稀濒危保护植物，也是近年来园林工作者经过引种驯化而较为广泛地应用于园林景观中的树种。

红花木莲果枝

红花木莲花枝

（3）香木莲（假木莲）

Manglietia aromatica Dandy

常绿乔木，高达35m；植物体各部均具香味。顶芽圆柱形，长约3cm，直径约1.2cm。叶薄革质，倒披针状长圆形、倒披针形，长15～19cm，宽6～7cm，先端短渐尖或渐尖，自1/3以下渐狭窄至基部稍下延，侧脉12～16对，叶柄长1.5～2.5cm。花白色；花被片12。聚合果鲜红色，近球形或卵状球形，直径7～8cm，成熟时蓇葖沿腹缝及背缝开裂。花期5～6月，果期9～10月。

分布于我国云南、贵州、广西，生于海拔900～1900m的常绿阔叶林和山地、丘陵中。

本种香味特殊，且植株各部均具有香味，树形优美，花白色、大而美丽，是良好的园林树木资源，在昆明地区已成功栽种，并已取得较好的园林景观效果，是一个值得推荐的园林树种。

香木莲

香木莲花

香木莲果实

2. 木兰属 *Magnolia* L.

常绿或落叶乔木或灌木。单叶全缘，稀先端凹缺，叶多宽阔。花两性，大型，单生枝顶；雄蕊群和雌蕊群之间无间隔，每心皮具2个胚珠。聚合蓇葖果长圆柱形；种子有红色假种皮，成熟时悬挂于丝状种柄上。

约90种，分布于东亚和东南亚至北美等地区。我国约30种，产西南至华南，以云南最多。

分种检索表

1. 落叶。
  2. 花药内向开裂；聚合果整齐，蓇葖全部发育，先端具喙；托叶痕长为叶柄2/3 ·········
    ··· 1. 厚朴 *M. officinalis*
  2. 花药侧向开裂；聚合果常弯弓，有部分小果不发育，蓇葖近球形或扁圆，无喙。
    3. 乔木；叶先端具小尖头；花被片白色，花被片大小近相等，外轮花被不为萼片状 ·································· 3. 白玉兰 *M. denudata*
    3. 丛生灌木；叶先端突渐尖；花被片紫色，外轮与内轮不等，外轮萼片状 ·········· ·· 2. 紫玉兰 *M. liliflora*
1. 常绿。
  4. 幼叶被毛，老叶仅下面被白粉；托叶痕几达叶柄顶端 ·········· 5. 山玉兰 *M. delavayi*
  4. 老叶下面密被锈褐色毛；叶柄不具托叶痕 ·················· 4. 广玉兰 *M. grandiflora*

(1) 厚朴（重皮、赤朴、油朴）

Magnolia officinalis Rehd. et Wils.

落叶乔木，高达20m；小枝粗，顶芽大，倒笔状。叶大，集生枝顶，长圆状倒卵形，先端圆，钝尖，下部渐窄为楔形，侧脉20～30对，下面被灰色柔毛及白粉；叶柄粗，托叶痕长为叶柄的2/3。花白色，芳香；花被片9～12（17）。聚合果圆柱形或上部较窄，小果发育整齐，紧密，先端具突起的喙。花期5月，果期9～10月。

厚朴   厚朴花   厚朴果实

产于我国四川、贵州、广西、湖南、湖北、河南、甘肃及陕西等地，生于海拔300～1500m山地林间，长江中下游地区有栽培；喜生于温暖，湿润，土壤肥沃的坡地，喜光深根性树种，生长迅速。

本种树姿优雅，叶大荫浓，可植于庭院或公园之外围，以供防风、绿荫之用，也可孤植或作行道树等。植株各部均可入药；干皮含有芳香油；种子可榨油。

本种另有一亚种：凹叶厚朴 *M. officinalis* Rehd. ssp. *biloba* (Rehd. et Wils) Law与原种的区别为叶先端有凹缺，叶长不足20cm。也是良好的园林树种。

凹叶厚朴

(2) 紫玉兰（木兰、辛夷、木笔）

Magnolia liliflora Desr.

落叶灌木，高4m，常丛生；小枝紫褐色，顶芽有毛。叶椭圆状倒卵形，长9～14cm，宽3～8cm，先端渐尖，基部渐窄，下面沿脉上有柔毛，侧脉8～10对；叶柄长1～2cm，托叶痕为柄长的1/2。花蕾被长绵毛，酷似倒毛笔，花略早于叶先开放，大型，钟状，径10～15cm；花被片9，外轮3枚萼片状，内2轮花被片6，长8～10cm，外面紫红色，内面白色。聚合果圆柱形，常弯弓，长7～10cm，淡褐色，间有不育的小果。花期3～4月，果期8～9月。

产于我国四川、湖北和陕西，野生植株生于300～1600m山坡林缘，较少见，现秦岭以南、长江流域各地均广为栽培。

紫玉兰早春开花，花色紫红，十分迷人，可在庭园中孤植、群植，也可植于窗前、池畔、水旁，是一种园林中常见的春花树木。

紫玉兰

紫玉兰花

(3) 白玉兰（木兰、玉堂春、迎春、应春、玉树、望春花、玉兰）

Magnolia denudata Desr.

落叶乔木，高达25m；顶芽密被灰黄色长柔毛，小枝灰黄色。叶宽倒卵形至长圆状倒卵形，先端宽圆或平截，具突尖的小尖头，基部楔形，下面疏被柔毛，侧脉8～10对。花先叶开，白色，芳香；花被片9。聚合果圆柱形，蓇葖顶端圆形，木质，具白色皮孔；种子扁圆形，鲜红。花期3月，果期8月。

产于我国四川、贵州、广东、江西、湖南、湖北、浙江、安徽、河南、陕西等地，生于海拔500～1000m山林中，栽培区北至北京。

白玉兰是栽培历史悠久的名花珍卉，因花"色白如玉，香味似兰"，故名白玉兰，如在园林、庭院、房前屋后种上一两株，洁白醒目，芳香宜人，开花之际若值天晴，则满树皆花，令人神往；也可于公园草坪与常绿针叶树混植或孤植之。白玉兰有较高的经济价值，花提取制浸膏，花瓣可食用，花蕾供药用，种子可榨油等。

白玉兰　　　　　　　　白玉兰花

(4) 广玉兰（荷花玉兰、大花玉兰、洋玉兰）

Magnolia grandiflora L.

常绿乔木，高16m（原产地高30m）；小枝、叶背、叶柄均密被褐色短茸毛。叶厚革质，椭圆形或长圆状椭圆形，长10～20cm，宽4～9cm，先端钝圆，上面深绿而有光泽，下面锈褐色，叶缘略反卷；叶柄长2～4cm，无托叶痕。花白色，芳香，径15～20cm，花被片12，厚肉质，倒卵形。聚合果短圆柱形，长7～10cm，密被灰褐色茸毛，蓇葖具长喙；种子长1.3cm。花期5～6月，果期10月。

原产北美洲东南部。我国长江以南各地多有栽培。

荷花玉兰树姿雄伟壮丽，叶大荫浓，花似荷花，芳香馥郁，为美丽的园林绿化观赏树种，宜孤植、丛植或成排种植。荷花玉兰还能耐烟抗风，对二氧化硫等有害气体有较强的抗性，故又是净化空气、保护环境的好树种。花含芳香油，可制成鲜花浸膏；叶供药用。

广玉兰花

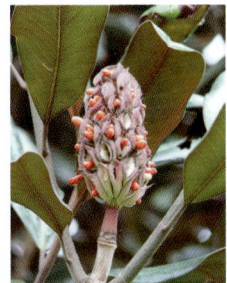

广玉兰　　　　　　　　广玉兰聚合果及种子

(5) 山玉兰（优昙花、山波罗、野玉兰、云南玉兰、土厚朴、叶厚朴）

Magnolia delavayi Franch.

常绿乔木，高达12m。叶厚革质，卵形、长卵形或椭圆形，长10～20（32）cm，先端钝圆，稀微缺，基部宽圆，有时微心形，下面密被白粉；叶柄长5～7（10）cm，托叶痕几达叶柄顶端。花芳香，杯状，径15～20cm；花被片9～10。聚合果卵状长圆形，长9～15（20）cm；蓇葖窄椭圆形，背缝2瓣全裂。花期4～6月，果期8～10月。

产云南、四川及贵州等地，生于海拔1500～2800m石灰岩山地阔叶林中及沟边坡地。

为珍贵庭院观赏树种和庭荫树，也是分布区内重要造林树种。

 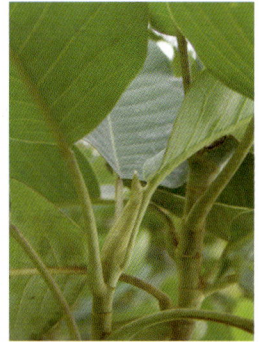

山玉兰　　　　　　　　山玉兰花　　　山玉兰芽及托叶痕

3. 拟单性木兰属 *Parakmeria* Hu et Cheng

常绿乔木。幼叶在芽内平贴，托叶与叶柄分离。花单生枝顶，雄花及两性花异株，芳香；花被片12，近相等；雄蕊花药内向开裂；雌蕊群具短柄，心皮10～20，胚珠2，心皮全部发育，果期愈合。聚合果形较小，整齐，背缝开裂，具喙。

6种。我国5种，产于东南至西南。

云南拟单性木兰（云南拟克林丽木、黑心绿豆、缎子木兰）

Parakmeria yunnanensis Hu

常绿乔木。叶薄革质，通常中部以下最宽，卵状长圆形或卵状椭圆形，长6.5～15（20）cm，宽2～5cm，先端短渐尖或渐尖，基部阔楔形或近圆形。花丝红色，花托顶端圆；两性花花被片与雄花相同而雄蕊极少；雌蕊群卵圆形，绿色。聚合果长圆状卵圆形，长约6cm，蓇葖菱形，熟时背缝开裂。花期5月，果期9～10月。

产于我国云南、广西，生于海拔1200～1500m的山谷阔叶林中。

树冠团伞形，枝叶稠密，叶革质，亮绿色，具光泽，四季郁郁葱葱。对土壤要求不严，适应性强，速生，初夏开白花，芳香幽雅，春、秋粉红色嫩叶耸立于老叶丛中，秋季果立于小枝顶端，鲜艳夺目，十分美观。可配植于庭院、公园，孤植或群植于广场、草坪，集美化、香化、绿化于一体，或用作城市行道树等，景观效果极佳。

雄花

云南拟单性木兰

两性花

4. 含笑属 *Michelia* L.

常绿乔木或灌木。单叶互生，革质。花两性，腋生，通常芳香，雄蕊群与雌蕊群之间有间隔，部分心皮不发育。聚合果中由于部分蓇葖不发育而成弯拱穗状，种子2至多数，外种皮红色。

约60种，产于亚洲热带至亚热带。我国约41种，分布西南部至东部。

本属植物的花开而不全放，故名含笑。花香浓郁，四时有花，夏日最盛，常用于风景园林中。

分种检索表

1. 乔木；叶较大，薄革质，叶柄长1cm以上。
  2. 托叶痕长于叶柄的1/3。
    3. 叶柄长1.5～2cm，叶柄上之托叶痕几达叶柄中部，花白色；花被片10～14 ··········
    ·· 1. 白兰 *M. alba*
    3. 叶柄长2～4cm，叶柄上之托叶痕长达叶柄2/3以上，花黄色；花被片15～20 ·········
    ··· 2. 黄兰 *M. champaca*
  2. 托叶痕短于叶柄的1/3 ··· 4. 毛果含笑 *M. sphaerantha*
1. 灌木；叶较小，革质，叶柄长0.4～0.5cm；小枝、叶柄、花梗有褐色茸毛。
  4. 叶先端多为圆钝；雌蕊群密被红褐色毛 ························· 3. 云南含笑 *M. yunnanensis*
  4. 叶先端钝尖或短尖；雌蕊群无毛 ································· 5. 含笑 *M. figo*

(1) 白兰 （白缅桂、白缅花、白玉兰）

Michelia alba DC.

常绿乔木，高20m，胸径40cm；树皮灰色，不裂。幼枝和芽初被淡黄白色毛，最后无毛。叶薄革质，卵形、长圆形或披针状长圆形，长14～25cm，宽5～9.5cm，先端长渐尖，基部楔形，下面疏被柔毛，网脉在两面均明显；叶柄长1.5～2cm，托叶痕为叶柄的近1/2。花芽长卵形，被疏柔毛；花白色，极香；花被片10～14，披针形，长3～4cm；雌蕊群有毛。聚合果的蓇葖常不育。花期4～10月。

原产印度尼西亚爪哇，我国云南、广西、广东、海南、台湾、福建、浙江等地南部露地栽培，其他地区室内越冬。喜生于温暖湿润，土壤疏松而肥沃的地方，忌积水，抗烟力弱。

白兰花洁白清香，夏秋季节花期长，是著名的观赏树种和传统的香花之一。常用作行道树和庭园绿化树种，或盆栽布置厅堂、会议室等，可供园内、路旁、屋畔及窗前、草坪内群植或孤植之用。其花提制浸膏和药用；叶可蒸取香油；花朵可作胸花、头饰，还可熏茶、提取香精，为我国人民普遍喜爱的传统香花之一。

白兰

白兰花

(2) 黄兰（黄缅桂、黄玉兰）

Michelia champaca L.

常绿乔木。叶互生，薄革质，披针状卵形或披针状长椭圆形，长10～20cm，宽4～9cm；叶柄长2～4cm，托叶痕达叶柄中部以上。花单生于叶腋，橙黄色，极香；花被片15～20，披针形，长3～4cm；雌蕊群柄长约3mm。穗状聚合果长7～15cm；蓇葖倒卵状矩圆形，长1～1.5cm；种子2～4颗，有皱纹。花期6～7月，果期8～10月。

分布于我国云南，在长江以南各地均有栽培。喜生于温暖湿润地方。

黄兰为著名的香花树种，树形优美，在南方地区多种植于园林或庭园，在北方常作盆栽观赏。花、叶是花篮、花束、胸花、头饰的材料；果药用；木材供造船、家具等用。

黄兰聚合果及种子

黄兰花

(3) 云南含笑（皮袋香）

Michelia yunnanensis Franch. ex Finet et Gagnep.

常绿灌木，高2～4m；芽、幼枝、幼叶下面、叶柄、花梗均密被红褐色平伏毛。叶革质，卵形或倒卵状椭圆形，长4～10cm，宽1.5～3.5cm，先端急尖或钝圆，基部楔形，上面深绿色，有光泽，下面具棕色茸毛，后渐脱落，中脉在下面隆起；叶柄长4～5mm。花白色，芳香；花被片6～12（17），倒卵形，排成2轮；雌蕊群及雌蕊群柄均被红褐色平伏细毛。聚合果通常短，仅5～8蓇葖发育，蓇葖褐色；种子1～2粒，有假种皮，成熟时悬挂于丝状种柄上，不脱落。花期3～4月，果期8～9月。

产于我国云南、贵州等地，生于海拔1000～3000m的荒坡及云南松林下。

本种为著名芳香树种，是良好的绿篱、植物造型等的优良材料，2～3年即可开花，花极香，也是优良的庭园观赏花木，又是含笑属进行杂交育种的良好材料。花大，芳香，可提取浸膏；叶磨成粉做香料。

云南含笑花

云南含笑

云南含笑聚合果

(4) 毛果含笑（球花含笑）

Michelia sphaerantha C. Y. Wu

常绿至半常绿乔木，高8～16m；小枝具有环状托叶痕。叶厚纸质，托叶膜质，盔帽状，与叶柄贴生；叶柄上具0.3～0.5cm的托叶痕。花被片12，3轮。聚合蓇葖果长14～31cm，部分蓇葖不发育，成熟蓇葖果红褐色，卵圆形或椭圆形；种子具红色的肉质假种皮。花期3月，果期7月。

分布于我国云南东南部。

毛果含笑高大挺拔，主干明显，夏季开花，花淡黄色，香气宜人，淡雅美观，宜作城乡庭园绿化树种栽培。材质优良，可作用材，花可提制香精。毛果含笑也是木兰科含笑属的新成员，我国特有，仅生长在云南省的景东、南涧等县，海拔1600～2200m的亚热带山地常绿阔叶林中或较干热的河谷地带，种群数量稀少，呈单株散生状态。

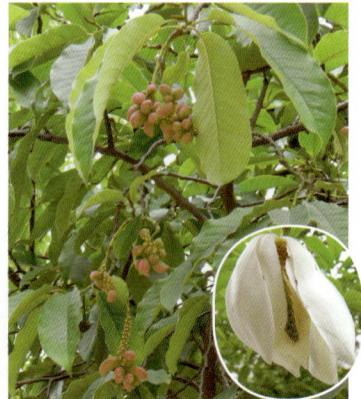

毛果含笑　　　　　　　聚合果　　　　　花

(5) 含笑（含笑花、香蕉花、含笑梅）

Michelia figo (Lour.) Spreng.

常绿灌木，高2～3m；芽、嫩枝、叶柄、花梗均密被黄褐色茸毛。叶革质，狭椭圆形或倒卵状椭圆形，长4～10cm，宽1.8～4.5cm，先端短钝尖，基部楔形或阔楔形，上面有光泽，叶柄长2～4mm，托叶痕长达叶柄顶端。花直立，长12～20mm，宽6～11mm，淡黄色而边缘有时红色或紫色，具甜浓的芳香，花被片6，肉质，较肥厚，长椭圆形，长12～20mm，宽6～11mm；雄蕊长7～8mm，药隔伸出成急尖头；雌蕊群无毛，长约7mm，超出于雄蕊群；雌蕊群柄长约6mm，被淡黄色茸毛。聚合果长2～3.5cm。花期3～5月，果期7～8月。

原产我国广西、广东，现广植于全国各地，多生长于向阳山坡杂林中。

含笑树冠浑圆，分枝繁密，绿叶葱茏，开花时节，苞润如玉，浓香扑鼻，深受人们的喜爱，宜配置于庭院、草坪边缘及树丛林缘或作绿篱应用；本种对有害气体有较强的抗性，亦适于工厂矿区绿化。花可拌入茶叶制成花茶，亦可提取芳香油或供药用。

含笑　　　　　　　　　含笑花

5.鹅掌楸属*Liriodendron* L.

落叶乔木。叶马褂形，叶先端平截或微凹，两侧各具1～3裂；托叶痕不延至叶柄。花两性，单生枝顶。聚合果纺锤形，由具翅小坚果组成。

本属在新生代有10余种，广布于北半球，第四纪冰期后大都灭绝，现仅存2种，我国1种，北美1种。

分种检索表

1. 叶侧裂片2对，花被片长3～3.5cm，绿色有黄色条纹；雄蕊长1.5～2cm，小坚果先端钝尖 ·· 1. 鹅掌楸*L. chinense*
1. 叶侧裂片3对，花被片长4～6cm，绿黄色，近基部具不规则橙黄色带；雄蕊长2～2.5cm，小坚果先端尖 ································· 2. 北美鹅掌楸*L. tulipifera*

鹅掌楸（马褂木、宝剑木）

Liriodendron chinense (Hemsl.) Sarg.

叶马褂形，长4～12（18）cm，两侧中下部各具1较大裂片，先端具2浅裂，下面苍白色，被乳头状白粉点；叶柄长4～8（16）cm。花冠杯状，花被片9，绿色，外轮3片萼片状，向外弯垂，内2轮直立，花瓣状，倒卵形，具黄色条纹；雄蕊多数，雌蕊群伸出雄蕊群之上，种子1～2。花期5～6月，果期10月。

鹅掌楸

鹅掌楸花枝

鹅掌楸果枝

分布于我国云南、四川、贵州、广西、江西、浙江、湖南、湖北、江苏、安徽等地，生于海拔500～2200m间，与落叶或常绿阔叶树混生。越南也有分布。

本种树冠浓郁，叶形奇特，花淡黄绿色，美而不艳，宜孤植或列植于风景园林中安静休息区的草坪上，秋叶呈黄色，可观叶，在江南自然风景区中可与木荷、山核桃、板栗等混交种植；病虫害少，生长迅速，对有害气体有一定的抗性，也是工矿区绿化的优良树种。

本属常见的还有北美鹅掌楸*L. tulipifera* L.，以及鹅掌楸与北美鹅掌楸杂交而成的杂种鹅掌楸都是良好的园林景观树种。

北美鹅掌楸果实　　　花

二、八角科Illiciaceae

常绿乔木或灌木；全株无毛，具油细胞，有芳香气味。单叶，互生，常于枝顶或节间聚生，有叶柄，无托叶。花两性，花被片多数，数轮，外轮及内轮最小；雄蕊4～50；心皮5～21，离生，单轮排列于隆起而扁平的花托上。聚合果由数个至10余个单轮稀二轮排列的蓇葖组成，星状，蓇葖木质，侧向压扁。

本科仅有一属，约50种，主要分布于亚洲东部至东南部和北美东南部。我国约30种。

八角属Illicium L.

属的特征及分布与科相同。

分种检索表

1. 花蕾球形；花被片7～12，粉红至深红色；心皮8～9；蓇葖顶端钝圆，无尖头 …………………………………………………………………… 1. 八角I. verum
1. 花蕾卵圆形；花被片18～30，淡黄或近白色；心皮10～13；蓇葖先端具钻形尖头 …………………………………………………………………… 2. 野八角I. simonsii

(1) 八角（大茴香、八角茴香、大料）

Illicium verum Hook. f.

乔木，高达20m。叶互生，革质，倒卵状椭圆形、倒披针形或椭圆形，长5～15cm，先端尖、钝圆或短渐尖，基部楔形，上面中脉稍凹下或鲜时平，侧脉4～6对，叶柄长0.7～2 cm。花单生叶腋或近顶生；花蕾球形，花被片7～12，粉红至深红色；雄蕊11～20；心皮8～9，离生，轮状排列。聚合果，径3.5cm，红褐色，蓇葖顶端钝圆，无尖头。花期及果期一年两次，即2～3月开花者8～9月果熟，8～9月开花者翌年2～3月果熟。

产我国云南、贵州、广西、广东、海南、福建、湖南、江西、浙江及安徽等地，生于海拔60～2100m的山地湿润常绿阔叶林中；各产区均有较长时间的种植历史。越南有分布。

八角树形整齐呈圆锥形，叶丛紧密，亮绿革质，是美丽的观赏树及经济树种，适于规则式及自然式配植，亦可用截干法培育为适于疏林中的下木材料，可作庭荫树及高篱等。叶、果皮、种子均含有芳香油称为茴香油或八角油，是著名的调味香料和医药原料。

八角花枝

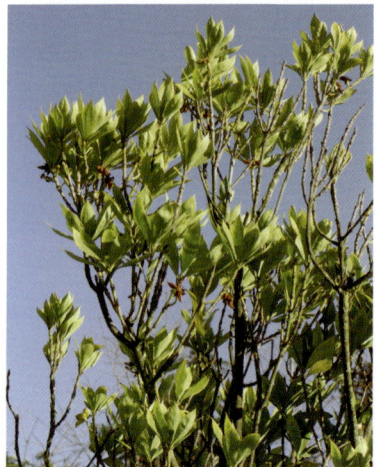
八角果枝

（2）野八角（小茴香、云南茴香、土大香）

Illicium simonsii Maxim.

灌木，稀小乔木，高达8m。叶互生或近对生，稀3～5轮生状，革质，披针形、椭圆形或窄椭圆形，长5～11cm，先端尖或短渐尖，基部楔形；上面中脉凹下，侧脉6～9对，叶柄长0.7～2 cm。花单生叶腋或簇生枝顶或生于老枝上，花蕾卵圆形；花被片18～30，淡黄或近白色，稀粉红色；雄蕊16～35；心皮10～13，聚合果，径2.5～3 cm；果柄长0.5～1.6 cm；蓇葖顶端喙状尖头钻形，长3～7mm。花期2～4月及10～11月，果期8～10月及翌年6～8月。

产我国云南、四川及贵州，生于海拔1500～4000m山地沟谷、溪边、涧旁或山坡湿润常绿阔叶林中。缅甸及印度有分布。

此外，本属还有披针叶茴香（莽草、山木蟹、大茴）*I. lanceolatum*及日本八角*I. anisatum*也是很好的观赏树种，但均有剧毒，应用时需加强管理。

野八角花枝

三、五味子科Schisandraceae

木质藤本。单叶互生，常具透明腺点；叶柄细长，无托叶。花单性，常生于叶腋；雌雄同株或异株；花被片6～24，排成2轮至多轮；雄花：雄蕊常120枚，分离或部分或全部合生成肉质的雄蕊群；雌花：雌蕊12～300枚，离生，花时聚生于一短的肉质花托上；果时聚生于不伸长的花托上而成一球状的聚合果，或散生于伸长的花托上而成穗状的聚合果。

本科2 属约58种，分布于亚洲东南部和北美洲。我国2属均产，主产中南部和西南部，北部及东北部较少见。

分属检索表

1. 雌蕊群的花托倒卵形或椭圆形，发育时不伸长；聚合果球形或椭圆形 ……………………
…………………………………………………………………………… 1. 南五味子属 *Kadsura*
1. 雌蕊群的花托圆柱形或圆锥形，发育时伸长；聚合果长穗状 …………………………………
…………………………………………………………………………………… 2. 五味子属*Schisandra*

1. 南五味子属*Kadsura* Kaempf. ex Juss.

木质藤本。叶纸质，稀革质，全缘或具锯齿，具透明或不透明油腺点。花单性，雌雄同株或有时异株；花被片7～24，覆瓦状排成数轮；雄蕊12～80，离生或集为头状；雌蕊20～300，离生，螺旋状排列于倒卵形或椭圆形花托上。果时花托不伸长；聚合浆果球形或椭圆形。

28种，主产亚洲东部及东南部。我国10种，产于东南部至西南部。

南五味子（红木香、紫金藤、内风消）

Kadsura longipedunculata Finet et Gagnep.

常绿藤本。叶长圆状披针形、倒卵状披针形或卵状长圆形，长5～13cm，先端渐尖或尖，基部窄楔形或宽楔形，疏生齿，上面具淡褐色透明腺点。花单生叶腋，雌雄异株；花被片白或淡黄色，8～17。聚合果球形，径1.5～3.5cm。

产于我国云南、四川、贵州、广西、广东、福建、江西、湖南、湖北、浙江、江苏及安徽等地，生于海拔1000m以下山坡林内、林缘及沟谷两旁的灌木林中。

南五味子春末叶色翠绿，入秋叶背赤红，聚合浆果球状而下垂，红艳夺目，为良好的攀援绿化植物，在风景园林中常作棚架、门廊、凉亭等的垂直绿化用。根、茎、叶、果均可药用。

2. 五味子属*Schisandra* Michx.

木质藤本。叶纸质，在长枝上互生，在短枝上密集，常具小齿，膜质，下延至叶柄成窄翅，叶肉具透明腺点。花雌雄异株，稀同株，单生叶腋或苞片腋，有时数朵聚生；花被片5～12（20），中轮常最大；雄花具雄蕊5～60；雌花具12～120个雌蕊，离生，密集在圆柱形或圆锥形花托上；果时花托伸长，聚合浆果长穗状。

约30种，属东亚—北美分布型，多数种类产亚洲东部及东南部，仅1种产美国东南部。我国约19种，南北各地均产。

五味子（北五味子）

Schisandra chinensis (Turcz.) Baill.

落叶木质藤本，除幼叶下面被柔毛及芽鳞具缘毛外其余无毛。叶膜质，宽椭圆形、卵形、倒卵形、宽倒卵形或近圆形，长（3）5～10（14）cm，先端骤尖，基部楔形，上部疏生浅齿，近基部全缘，基部下延成极窄翅。花被片乳白色或粉红色，6～9。聚合果长1.5～8.5 cm，小浆果红色，近球形或倒卵圆形。

产于我国湖北、河南、河北、山东、山西、辽宁、吉林、黑龙江、内蒙古、宁夏、甘肃等地，生于海拔1200～1700m的沟谷、溪边、山坡。朝鲜及日本也有分布，生于山林中。

本种植物可作垂直绿化或地被材料，适于绿亭、绿廊之侧种植，也可缠绕枫、松等大树植之或与岩石配植或植为篱垣，有很好的观赏效果。根、茎、叶、果均入药，又可提取芳香油。

五味子

五味子果实

四、毛茛科Ranunculaceae

草本，稀为木质藤本或灌木。叶通常互生或基生，少数对生，单叶或复叶。花多两性，雄蕊、雌蕊（心皮）常多数，离生，螺旋状排列。聚合蓇葖果或聚合瘦果，少数为蒴果或浆果。

本科约59属，2500种，世界各大洲都有分布，主要分布于北温带。我国约40属，近600种，各地均有分布。

本科多数种类具美丽的花，供观赏用；多数种类含有生物碱或其他化学成分，多为有毒植物，也可供药用。

分属检索表

1. 灌木、亚灌木或多年生草本；叶互生；花大型，花瓣美丽，萼片5；蓇葖果 ············
···1. 芍药属Paeonia
1. 藤本，少数直立或宿根草本；叶对生；花较小，无花瓣，萼片花瓣状；瘦果 ············
···2. 铁线莲属Clematis

1. 芍药属Paeonia Linn.

灌木、亚灌木或多年生草本。叶互生，纸质，常为二回三出复叶或分裂。花大，单生或数朵集生，红色、白色或黄色；萼片5，雄蕊多数。蓇葖果成熟时沿腹缝线开裂。本属约有40种，产于北半球。我国12种，主要分布于西南、西北地区，少数种类在东北、华北及长江中下游各地也有分布。

牡丹（富贵花、木本芍药、洛阳花、天香国色、花王、鹿韭、鼠姑、白术）

Paeonia suffruticosa Andr.

落叶灌木，高0.5～2m。二回羽状三出复叶；小叶阔卵形至卵状长圆形，长4.5～8cm，先端2～5裂。花单生枝顶，花瓣5～10，原种花紫红色，栽培品种则多种颜色，并形成各种花型。

产于我国中国西部和北部，主要野生变种有矮牡丹*P. suffruticosa* Andr. var. *spontanea* Rehd. 和紫斑牡丹*P. suffruticosa* Andr. var. *papaveracea*（Andr.）Kerner等，现各地均有栽培，经过悠久的引种驯化和栽培观赏，培育出了众多的观赏品种，其品种的分类迄今尚无统一的方法，一般可按花色分为白、黄、粉、红、紫、黑（暗紫色）、雪青（莲青）、绿色等品种；按花期分为早花、中花、晚花品种等。我国古时还按花型分为多叶与千叶两类。近代中国的分类系统依据雄蕊、雌蕊的瓣化将牡丹分为单瓣类（单瓣型）、复瓣类（葵花型）、重瓣型类（金环型、楼

牡丹

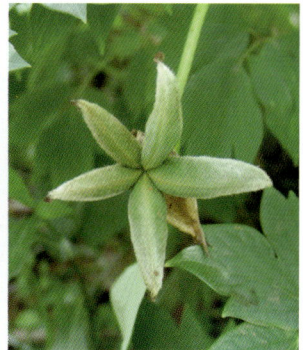

牡丹果实

子型、绣球型）等。如想要对牡丹品种分类有更加详细的了解，可参考有关牡丹的研究专著等。

牡丹的观赏部位主要是花朵，其花雍容华贵、富丽堂皇，素有"国色天香""花中之王"的美称，在造园中有重要作用。可在公园和风景区建立专类园；古典园林和居民院落中筑花台种植；园林绿地中自然式孤植、丛植或片植，也适于布置花境、花坛、花带、盆栽观赏，应用更是灵活，可通过催延花期，使其四季开花。根皮入药，花瓣可酿酒。

2. 铁线莲属Clematis Linn.

多年生草本或木本，常为攀援状藤本，栽培矮化后，有呈灌木状的品种。叶对生。多为两性花，单被花，大而呈各种颜色，花被片4～8；雄蕊多数；心皮多数、离生。瘦果，通常有宿存之羽毛状花柱。

本属约300种。广布于北温带，少数产南半球。我国约110种，广布于南北各地，而以西南部最多。欧美庭园栽培的铁线莲中的主要品种多出自我国原产的种类。

分种检索表

1. 二回三出复叶。
　2. 萼片6，乳白色 ·························· 1. 铁线莲C. florida
　2. 萼片4，淡紫红色至紫黑色 ·········· 3. 西南铁线莲C. pseudopogonandra
1. 三出复叶。
　3. 花1～6朵簇生叶腋；瘦果无毛 ·········· 2. 绣球藤C. montana
　3. 聚伞花序或圆锥状聚伞花序，腋生或顶生；瘦果被长柔毛 ··· 4. 小木通C. armandii

（1）铁线莲（番莲）

Clematis florida Thunb.

落叶或半常绿藤本。叶常为二回三出羽状复叶，小叶卵形或卵状披针形，长2～5cm，全缘或有少数浅缺刻，叶表暗绿色，叶背疏生短毛或近无毛，网脉明显。花白色，单生于叶腋，无花瓣；花梗细长，于近中部处有2枚对生的叶状苞片；萼片花瓣状，常6枚，乳白色，背有绿色条纹；雄蕊暗紫色，无毛；子房有柔毛，花柱上部无毛，结果时不延伸。瘦果宽倒卵形，被柔毛，宿存花柱长约8mm。花期夏季。

铁线莲

产于我国云南、四川、贵州、广西、广东、湖南、湖北、浙江、江苏、山东等地，生于丘陵灌丛中。日本及欧美国家多有栽培。

铁线莲花大而美，是点缀园墙、棚架、围篱及凉亭等垂直绿化的好材料，亦可与假山、岩石相配植或作盆栽观赏。本种原产中国，但我国在园林中仅有少量盆栽，而在欧美及日本庭园中应用十分普遍，在长期的栽培中，培育了较多的品种，主要有：

①重瓣铁线莲 'Plena'：花重瓣；雄蕊为绿白色，外轮萼片较长。

②蕊瓣铁线莲 'Sieboldii'：雄蕊有部分变为紫色花瓣状。

(2) 绣球藤（白花木通、四季牡丹、三角枫、柴木通）

Clematis montana Buch. -Ham. ex DC.

木质藤本；茎圆柱形，有纵条纹；小枝有短柔毛，后变无毛，老时外皮剥落。三出复叶，数叶与花簇生，或对生；小叶片卵形、宽卵形至椭圆形，长2～7cm，宽1～5cm，边缘具缺刻状锯齿，顶端3裂或不明显，两面疏生短柔毛，有时下面较密。花1～6朵与叶簇生，直径3～5cm；萼片4，开展，白色或外面带淡红色，外面疏生短柔毛，内面无毛；雄蕊无毛。瘦果扁，卵形或卵圆形，长4～5mm，宽3～4mm，无毛，宿存花柱长2.5～4cm。花期4～6月，果期7～9月。

分布于我国云南、西藏、四川、贵州、广西、台湾、江西、湖北、安徽、河南、甘肃、陕西等地，生于海拔2200～3900m的山谷、林中或灌丛中。阿富汗、尼泊尔、印度、不丹、印度、克什米尔也有分布。

本种花大而美丽，可作棚架、凉亭等的垂直绿化用。茎藤入药。

绣球藤

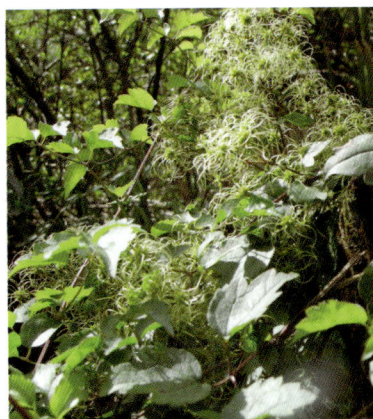

绣球藤果枝

(3) 西南铁线莲

Clematis pseudopogonandra Finet et Gagnep.

木质藤本，长约1m；幼枝被柔毛，老枝无毛，表面棕红色，有纵沟纹。二回三出复叶，连叶柄长7～9cm；小叶片纸质，卵状披针形或窄卵形，长2～5cm，宽1～3cm，顶端有尾状渐尖，边缘常3裂或有1～2对齿裂。单花腋生，稀2花簇生；

西南铁线莲

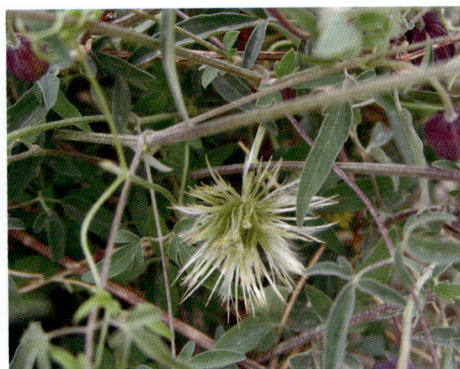

西南铁线莲果实

花梗细瘦，长2.5~7cm，顶端微被柔毛，无苞片；萼片4枚，钟状，淡紫红色至紫黑色、卵状披针形或椭圆状披针形；雄蕊长为萼片之半，花药黄色，内向着生；心皮与雄蕊等长，被淡黄色绢状毛。瘦果狭卵形，被金黄色短柔毛，宿存花柱被长柔毛。花期6~7月，果期8~9月。

分布于我国云南、西藏、四川，生于海拔2700~4300m的溪边、山沟、疏林下及灌丛中。

本种枝叶纤巧，花果兼美，可作路坎、溪边、河畔、岩石园、陡坡等处悬垂绿化。茎供药用。

(4) 小木通 (蓑衣藤、川木通)

Clematis armandii Franch.

木质藤本，高达6m；茎圆柱形，小枝具棱，被白色短柔毛，后脱落。三出复叶；小叶片革质，卵状披针形、长椭圆状卵形至卵形，长4~12 (16) cm，宽2~5 (8) cm，顶端渐尖，基部圆形、心形或宽楔形，全缘，两面无毛。聚伞花序或圆锥状聚伞花序，腋生或顶生；腋生花序基部有多数宿存芽鳞；花序下部苞片近长圆形，常3浅裂，上部苞片渐小，披针形至钻形；萼片4 (5) 片，外面边缘被短茸毛；雄蕊无毛。瘦果扁，卵形至椭圆形，长4~7mm，疏生柔毛，宿存花柱长达5cm，有白色长柔毛。花期3~4月，果期4~7月。

分布于我国云南、西藏、四川、贵州、广西、广东、福建、江西、湖南、湖北、浙江、安徽、甘肃和陕西等地，生于海拔100~2400m的溪边、山坡、疏林下及灌丛中。越南也有分布。

本种藤蔓绵长、白花如雾若霜、清香袭人，花期长，藤蔓垂吊于崖壁、树冠外侧，摇曳多姿，宜作棚架、墙垣等处垂直绿化用。

小木通

小木通花

五、蔷薇科Rosaceae

　　草本或木本，有刺或无刺。单叶或复叶，多互生，稀对生；通常有托叶。花两性，整齐，单生或排成伞房、圆锥花序；花托多少中空，花被着生于周缘，花萼基部多少与花托愈合成碟状或坛状萼管，萼片和花瓣4～5枚；雄蕊多数，常为5之倍数，着生于花托（或萼管）的边缘；心皮1至多数，离生或合生，子房上位，有时与花托生成子房下位或半下位。蓇葖果、瘦果、核果或梨果。

　　本科分为4亚科，约120属，3400余种，广布于世界各地，尤以北温带较多，包括许多著名的花木及果树。我国51属，1000多种。

分亚科检索表

　　1. 蓇葖果或蒴果；心皮1～5（12），离生或基部合生，常无托叶；子房上位 ……………………………………………………………… I. 绣线菊亚科Spiraeoideae
　　1. 梨果、瘦果或核果；有托叶。
　　　2. 子房下位、半下位，稀上位，心皮2～5；梨果或浆果状 ….. II. 梨亚科Pomoideae
　　　2. 子房上位。
　　　　3. 心皮多数，离生，常形成聚合果 ……………………… III. 蔷薇亚科Rosoideae
　　　　3. 心皮1，核果 ……………………………………………… IV. 李亚科Prunoideae

I. 绣线菊亚科Spiraeoideae

　　灌木，稀草本。单叶，稀复叶；常无托叶。心皮1～5（12），离生或基部合生；子房上位。蓇葖果，稀蒴果。

分属检索表

　　1. 单叶，无托叶 ……………………………………………………… 1. 绣线菊属Spiraea
　　1. 羽状复叶，具托叶 ………………………………………………… 2. 珍珠梅属Sorbaria

1. 绣线菊属Spiraea L.

　　落叶灌木。单叶，互生，无托叶。花序伞形、伞房状，稀圆锥状；萼筒浅杯状；雄蕊15～16；心皮5（3～8），离生。聚合蓇葖果。

　　100余种，分布温带至亚热带。我国产50余种。

麻叶绣线菊（麻叶绣球、粤绣线菊）

Spiraea cantoniensis Lour.

　　灌木，高达1.5m；小枝细瘦，圆柱形，呈拱形弯曲，幼时暗红褐色，无毛。叶菱状披针形至菱状长圆形，长3～5cm，宽1.5～2cm，先端急尖，基部楔形，边缘自近中部以上有缺刻状锯齿；叶柄长4～7mm，无毛。伞形花序具多数花朵；花梗长8～14mm，无毛；苞片线形，无毛；花直径5～7mm；萼筒钟状；花瓣近圆形或倒卵形，长与宽各约2.5～4mm，白色；雄蕊20～28。蓇葖果直立开张，具直立开张萼片。

花期4~5月，果期7~9月。

产于我国广西、广东、香港、福建、江西、浙江等地，云南、四川、江苏、安徽、河南、河北、山东、陕西等地均有栽培。日本也有分布。

本种花洁白如雪，伞形花序密集，花期长，甚为美丽；萌发力强，丛植于池畔、坡地、路旁、崖边或树丛边缘均适宜，或修剪成各种造型供观赏。

麻叶绣线菊花序

麻叶绣线菊果枝

麻叶绣线菊

2. 珍珠梅属 *Sorbaria* (Ser. ex DC.) A. Br.

落叶灌木；冬芽卵形，具数枚互生外露的鳞片。叶互生，奇数羽状复叶，小叶有小锯齿；具托叶。花小，两性，极多数，排成顶生圆锥花序；萼筒钟状，萼片5，反折；花瓣5，白色；雄蕊20~50；心皮5，基部合生，与萼片对生。蓇葖果沿腹缝线开裂，内具种子多数。

约9种，分布于亚洲。我国产4种，分布于东北、华北至西南各地。

高丛珍珠梅（野生珍珠梅）

Sorbaria arborea Schneid.

落叶灌木，高达6m；枝条开展。羽状复叶，小叶片13~17枚，连叶柄长20~32cm；小叶片对生，披针形至长圆披针形，长4~9cm，宽1~3cm，先端渐尖，基部宽楔形或圆形，边缘有重锯齿。顶生大型圆锥花序，分枝开展，直径15~25cm，长20~30cm，花梗长2~3mm，总花梗与花梗微具星状柔毛；花直径6~7mm；花瓣近圆形，长3~4mm，白色；雄蕊20~30，着生在花盘边缘，约长于花瓣1.5倍；心皮5。蓇葖果圆柱形，无毛；萼片宿存，反折。花期6~7月，果期9~10月。

分布于我国云南、西藏、四川、贵州、江西、湖北、新疆、甘肃、陕西等地，生于海拔2500~3500m山坡、林缘或溪边。

本种枝叶秀丽，繁花似锦，花蕾圆形，洁白如珠，花开似梅，且花期长，整个夏季均可观赏。在园林中常孤植、丛植、列植等。

高丛珍珠梅

高丛珍珠梅花序

II. 梨（苹果）亚科 Pomoideae

灌木或乔木。单叶或复叶，有托叶。心皮(1) 2～5，多数与杯状花托内壁连合；子房下位，半下位，稀上位，(1) 2～5室，各具2 (1) 至多数直立的胚珠。果实成熟时为肉质的梨果或浆果状，稀小核果状。

分属检索表

1. 心皮成熟时坚硬骨质，果内有1～5小核。
　2. 叶全缘；枝无刺 ·· 1. 枸子属 Cotoneaster
　2. 叶有锯齿或缺裂，稀全缘；枝常有刺。
　　3. 常绿；心皮5，每室2胚珠 ························· 2. 火棘属 Pyracantha
　　3. 落叶；心皮1～5，每室1胚珠 ··················· 3. 山楂属 Crataegus
1. 心皮成熟时革质或纸质，梨果1～5室，每室1～2种子。
　4. 复伞房或圆锥花序，花多数。
　　5. 心皮部分离生；子房半下位 ····················· 5. 石楠属 Photinia
　　5. 心皮合生；子房下位 ····························· 4. 枇杷属 Eriobotrya
　4. 伞形或总状花序，花单生或簇生。
　　6. 每室具胚珠多数；萼筒无毛；花单生或簇生 ····· 6. 木瓜属 Chaenomeles
　　6. 子房每室具1～2胚珠。
　　　7. 花药黄色；花柱基部合生；果常无石细胞 ····· 7. 苹果属 Malus
　　　7. 花药红色或紫红色；花柱离生；果有石细胞 ··· 8. 梨属 Pyrus

1. 枸子属 Cotoneaster B. Ehrhart

无刺灌木。单叶互生，全缘；托叶多针形，早落。花两性，伞房花序，稀单生；雄蕊通常20；花柱2～5，离生，子房下位。小梨果红色或黑色，内含2～5小核，具宿存萼片。

约90余种，分布于亚、欧及北非等的温带及亚热带地区。我国约60种。多数种类夏季盛开白色或红色花朵，秋季红色或黑色果实累累，作园林观赏灌木及绿篱种植。

分种检索表

1. 灌木，高不过1.5m；叶片倒卵形、长圆状倒卵形，长0.4～1cm，先端钝圆，稀微凹或急尖，下面被灰白色柔毛，果球形，红色，具2小核 ····· 1 小叶枸子 C. microphyllus
1. 灌木，高在1.5m以上，叶片椭圆形至卵形，长2～3cm，先端尖或渐尖，下面密被黄色茸毛，果卵球形，橘红色，具3～5小核 ·················· 2 西南枸子 C. franchetii

（1）小叶枸子（平枝枸子、铺地蜈蚣、矮红子）

Cotoneaster microphyllus Wall. ex Lindl.

常绿矮生灌木，高达1.5m。叶厚革质，倒卵形或长圆状倒卵形，长0.4～1cm，先端钝圆，稀微凹或急尖，基部宽楔形，上面无毛或具疏柔毛，下面被灰白色柔毛，叶缘反卷；叶柄长1～2mm，有短柔毛，托叶细小，早落。花常单生，径0.5～1cm；花

小叶栒子

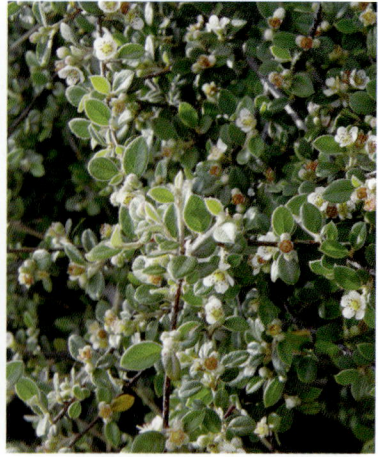
小叶栒子花枝

梗甚短；花萼具疏柔毛。果球形，径5～6mm，成熟时红色，具2小核。花期5～6月，果期8～9月。

产于我国云南、西藏、四川、青海等地，生于海拔2500～4000m的多石山坡、灌丛中或林缘。印度、缅甸、不丹及尼泊尔也有分布。

本种枝干常横向生长，平铺于地面，春末粉红色的小花，布满枝头，叶片小而厚、革质，小枝及叶片春夏浓绿光亮，晚秋时节变红，秋冬红果累累，经久不落，是观花、观叶、观枝、观果的优良灌木；也是布置岩石园、庭院、绿地等处的良好材料；亦可制作盆景。

（2）西南栒子（佛氏栒子）

Cotoneaster franchetii Bois

常绿灌木，高达3m；枝呈弓形弯曲，嫩枝密被糙伏毛，老时渐脱落。叶厚，椭圆形或卵形，长2～3cm，先端尖或渐尖，基部楔形，全缘，上面幼时具伏生柔毛，老时脱落，下面密被黄色或白色茸毛；叶柄长2～4mm，具茸毛，托叶线状披针形。聚伞状伞房花序具5～11朵花，生于短侧枝顶端；花梗长2～4mm；花径6～7mm；花萼密被柔毛，萼筒钟状，萼片三角形；花瓣直立，宽倒卵形或椭圆形，长3～4mm，粉红色；雄蕊20。梨果卵圆形，径6～7mm，成熟时橘红色，初微具柔毛，后无毛，小核3（5）。花期6～7月，果期9～10月。

产于我国云南、西藏、四川、贵州等地，生于海拔2000～2900m向阳山地灌丛中或荒野。泰国有分布。

本种树姿优美，叶形秀丽，开粉红色小花，挂红色小果，经久不凋，可种植供庭园观赏。

西南栒子果枝

2. 火棘属 *Pyracantha* Roem.

常绿灌木或小乔木，枝常具枝刺。单叶，互生。复伞房花序，花白色，萼筒杯状，雄蕊15～20，心皮5，每室2胚珠。梨果小，红色或橘红色，具5小核。

10种，主要分布于东亚和欧洲南部。我国7种，主产于西南地区，华东和华中地区也有分布。

分种检索表

1. 叶缘有细齿 ……………………………………………………… 1. 火棘 *P. fortuneana*
1. 叶狭长而全缘 ………………………………………………… 2. 窄叶火棘 *P. angustifolia*

(1) 火棘（火把果、救兵粮、救军粮、救命粮、红子、毛叶火棘）

Pyracantha fortuneana (Maxim.) Li

灌木，高达3m；侧枝短，先端刺状，幼时被锈色短柔毛，后无毛。叶倒卵形或倒卵状长圆形，长1.5～6cm，先端圆钝或微凹，有时具短尖头，基部楔形，下延至叶柄，有钝锯齿，齿尖内弯，近基部全缘，两面无毛；叶柄短，无毛或幼时有柔毛。复伞房花序，径3～4cm；花序梗和花梗近无毛。果近球形，径约5mm，橘红或深红色。花期3～5月，果期8～11月。

分布于我国云南、西藏、四川、贵州、广西、福建、湖南、湖北、浙江、江苏、河南及陕西等地，生于海拔500～2800m山地、丘陵阳坡、灌丛、草地或河边。

火棘是传统的观果植物，枝叶茂盛，初夏白花繁密，入秋果红如火，经久不落，香气浓郁，有极高的观赏价值。在庭园中常用作绿篱，也可丛植、孤植于草地边缘或园路拐角处，也是制作盆景的好材料。

火棘花序

火棘

火棘果实

(2) 窄叶火棘（窄叶火把果）

Pyracantha angustifolia (Franch.) Schneid.

灌木或小乔木，高达4m；多枝刺。叶窄长圆形至倒披针状长圆形，长1.5～5cm，先端圆钝，有短尖或微凹，基部楔形，全缘，微下卷，上面暗绿色，幼时微有灰色茸毛，后脱落，下面密被灰白色茸毛；叶柄长1～3mm，密被茸毛。复伞房花序，径2～4cm，花序梗及花梗密被白色茸毛。果扁球形，径5～6mm，橘黄色；萼片宿存。花期5～6月，果期10～12月。

窄叶火棘花序

产于我国云南、西藏、四川、湖北、陕西等地，生于海拔1600～3000m山坡向阳灌丛中或路边。

本种的花果期较火棘晚，在庭院中常作绿篱及基础种植材料，也可散植于岩石园、草地、园路石级一侧以及亭台斜坡等处。

窄叶火棘果实

3. 山楂属 *Crataegus* L.

落叶小乔木；通常有枝刺。叶互生，有齿或裂；托叶较大。花白色，少有红色，成顶生伞房花序；萼片、花瓣各5，雄蕊5～25，心皮1～5。梨果，内含1～5骨质小核。

约100种，广泛分布于北半球温带，尤以北美东部为多。中国约18种。

分种检索表

1. 叶羽状深裂；花梗和花序梗均被柔毛，花后脱落，果深红色 ……… 1. 山楂 *C. pinnatifida*
1. 叶通常不分裂；花梗和花序梗无毛，果黄色或略带红晕 ……… 2. 云南山楂 *C. scabrifolia*

(1) 山楂（酸楂、红果子、山里红）

Crataegus pinnatifida Bunge

落叶乔木，高达6m；刺长约1～2cm，有时无刺。叶长5～10cm，先端短渐尖，基部截形至宽楔形，有3～7对羽状深裂片；下面沿叶脉疏生短柔毛或在脉腋有髯毛，侧脉6～10对；叶柄长2～6cm；托叶镰形，边缘有锯齿。伞形花序具多花，径4～6cm；花梗和花序梗均被柔毛。果近球形或梨形，径1.5cm左右，深红色，小核3～5。花期5～6月，果期10月，熟时呈红或黄，艳丽悦目。

分布于我国江苏、安徽、河南、河北、山东、山西、辽宁、吉林、黑龙江、内蒙古、宁夏、陕西等地，生于海拔100～1500m的山坡林边或灌丛中。朝鲜及前苏联也有分布。

本种树冠整齐，花繁叶茂，果实鲜红可爱，是观花、观果和园林结合生产的良好绿化树种。可作庭荫树和园路树，还可作绿篱栽培。此外其变种：山里红（大山楂、大果山楂）*Crataegus pinnatifida* var. *major* N. E. Br.，与本种的区别为：树形较原变种大而健壮，叶形较大，质厚，边缘羽裂较浅，果径2.5cm左右。

山楂花序

山楂果实

山楂

(2) 云南山楂（山林果、大果山楂、酸冷果）

Crataegus scabrifolia (Franch.) Rehd.

落叶乔木；常无刺。叶卵状披针形或卵状椭圆形，长4～8cm，先端急尖，基部楔形，具不整齐圆钝重锯齿，幼叶上面被柔毛，后仅下面脉上被长柔毛。伞房或复伞房花序，无毛。梨果球形或扁球形，黄色或带红晕，小核5。花期4～6月，果期8～10月。

产于我国云南、四川、贵州、广西等地，生于海拔1500～3000m的松林林缘、灌丛中或溪岸林中。

云南山楂树冠整齐，花繁叶茂，秋季黄红色果实挂满枝头，非常诱人，庭院中可以孤植或丛植，还可篱植等，也可用作山楂嫁接的砧木。木材结构细密，为细木工用材。果可鲜食、酿酒、制作果品等，也可入药。

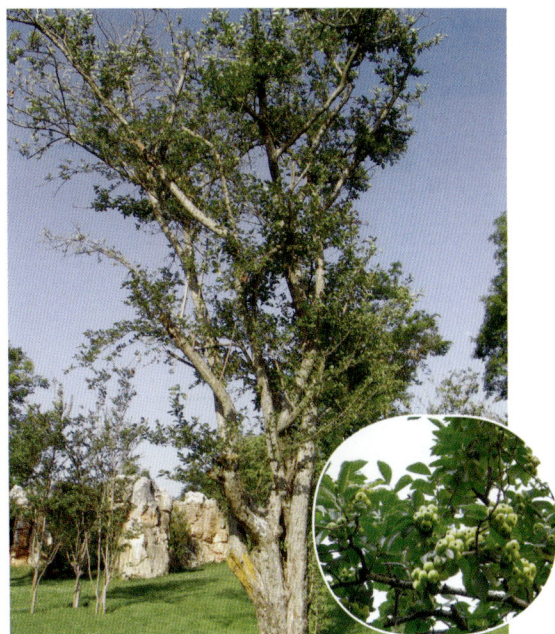

云南山楂

云南山楂果枝

4. 枇杷属 *Eriobotrya* Lindl.

常绿小乔木或灌木。单叶互生，缘有齿，羽状侧脉直达齿尖。花白色，成顶生圆锥花序；花萼5裂，宿存；花瓣5，具爪；雄蕊20；心皮合生，子房下位，2~5室，每室具2胚珠。梨果含1至数粒种子。

本属共30余种，主要产亚洲温带及亚热带。我国产13种，分布于中部、南部、西部等地。

枇杷（卢桔）

Eriobotrya japonica (Thunb.) Lindl.

常绿小乔木；小枝、叶背、花均密被锈色或灰棕色茸毛。叶革质，披针形、倒披针形或椭圆状长圆形，长12~30cm，先端急尖或渐尖，基部楔形或渐窄成叶柄，上部边缘有疏锯齿，基部全缘，上面多皱，侧脉11~21对；叶柄长0.6~1cm，托叶钻形。花多数组成圆锥花序，径10~19cm；花梗长2~8mm；花径1.2~2cm。果球形或长圆形，径2~5cm，黄或橘黄色。花期11月至翌年2月，果期5~6月。

我国云南、四川、贵州、广西、广东、台湾、福建、江西、湖南、湖北、浙江、江苏、安徽、河南、甘肃及陕西等地多有栽培。越南、缅甸、印度、印度尼西亚、日本也有栽培。

枇杷树形优美，叶常绿，冬季白花盛开，初夏黄果累累，果食用，是园林结合生产的好树种，常栽培于庭院和公园中。花可作蜜源，叶药用。

枇杷

枇杷花序

枇杷果实

5. 石楠属 *Photinia* Lindl.

灌木或乔木。单叶，有短柄，边缘常有锯齿，有托叶。花小而白色，复伞房或圆锥花序；萼片5，宿存；花瓣5，圆形；雄蕊约为20；花柱2，罕3~5，心皮基部合生；子房2~4室，半上位。梨果，含1~4粒种子，顶端圆。

本属约60余种，主产亚洲东部及南部。我国产40余种，以秦岭、黄河以南分布较多。

分种检索表

1. 小枝幼时被毛；叶先端短渐尖；总花梗及分枝密生黄色茸毛；花径约4mm；萼筒、萼片及花瓣有茸毛，萼片卵形 ························· 1. 球花石楠 *P. glomerata*
1. 小枝无毛；叶先端尾尖；花序梗和花梗、花瓣均无毛；花径6~8mm，萼片宽三角形
 ························· 2. 石楠 *P. serrulata*

(1) 球花石楠

Photinia glomerata Rehd. et Wils.

常绿灌木或小乔木，高6～10m；小枝幼时被黄色茸毛。叶革质，长圆形、披针形、倒披针形或长圆状披针形，长(5)6～18cm，先端短渐尖，基部楔形至圆，常偏斜，边缘微外卷，具内弯腺锯齿，上面幼时沿中脉有茸毛。花多数，芳香，密集成复伞房花序，径6～10cm；花序梗密被黄色茸毛；花径约4mm，近无梗；花托杯状，外面密被黄褐色茸毛；萼片卵形，外面有茸毛；花瓣白色；果卵圆形，长5～7mm，径2.5～3mm，成熟时红色。花期5月，果期9月。

产于我国云南及四川，生于海拔1500～2300m林中。生于常绿阔叶林中。

本种春、冬叶常为红色，夏季绿叶白花，秋天红果累累，为四季皆有特色的园林树种，近年来被大量用于园林景观中，常用作庭园绿化树及行道树等。

球花石楠

球花石楠花序

球花石楠果实

(2) 石楠（千年红、枫药、扇骨木）

Photinia serrulata Lindl.

灌木或小乔木，高达6～12m；小枝无毛。叶革质，长椭圆形、长倒卵形或倒卵状椭圆形，长9～22cm，先端尾尖，基部圆或宽楔形，边缘疏生细腺齿，近基部全缘，上面光亮，侧脉25～30对；叶柄长2～4cm，幼时有茸毛。复伞房花序顶生，径10～16cm；花序梗和花梗均无毛；花梗长3～5mm；花径6～8mm；花托杯状。果球形，径5～6mm，成熟后红色，后紫褐色。花期4～5月，果期10月。

产于我国云南、贵州、四川、广西、广东、台湾、福建、江西、湖南、湖北、浙江、江苏、安徽、河南、甘肃及陕西等地，生于海拔1000～2500m林中。

石楠树冠圆头形，美观可爱，耐修剪，常修剪成球形或圆锥球形。它的叶片翠绿色，具光泽，其嫩枝幼叶则呈紫红色，老叶赤红色，初夏花开白色一片，秋后圆形红色果实累累，是观叶、观花、观果的好树种，适于公园、庭院、路旁及园路交叉点等地种植。

园林中用得较多的还有红叶石楠*Photinia × fraseri*，为石楠属*Photinia*植物经多年杂交驯化而成，红叶石楠因其鲜红色的新梢和嫩叶而得名，品种较多，常用的有红罗宾、红唇及鲁宾斯等品种。

石楠

6. 木瓜属 *Chaenomeles* Lindl.

落叶或半常绿；常具枝刺。单叶互生，缘有锯齿；托叶大。花单生或簇生；萼片5；花瓣5；雄蕊20或更多；花柱5，基部合生；子房下位，5室，各含4至多数胚珠。果为具多数褐色种子的大型梨果，味极酸。

本属共15种。我国4种，引入1种。

分种检索表

1. 枝有刺；花簇生；萼片全缘，直立，托叶大 ·················· 1. 贴梗海棠 *C. speciosa*
1. 枝无刺；花单生；萼片有细齿，反折，托叶小 ·················· 2. 木瓜 *C. sinensis*

（1）贴梗海棠（铁角海棠、贴梗木瓜、皱皮木瓜、海棠）

Chaenomeles speciosa (Sweet) Nakai

落叶灌木，树干丛生；枝有刺。叶椭圆形至长卵形，长5～8cm，边缘有不规则锐齿，托叶肾形或半圆形。花簇生，先花后叶，或与叶同放，橘红色至淡红色，稀白色；花瓣5。梨果卵形或球形，黄色而有香气，几无梗。

产于我国云南、四川、贵州、广西、甘肃、陕西等地。

贴梗海棠的特征在于"贴"字，叶、花、果都几乎无柄，"贴"着枝条而生，故名贴梗海棠。早春叶前开花，簇生枝间，鲜艳美丽，秋天又有黄色、芳香的硕果，是一种很好的观花、观果灌木。宜于草坪、庭院或花坛内丛植或孤植，又可作为绿篱及基础种植材料，同时还是盆栽和切花的好材料。在长期的栽培过程中，形成很多花色各异的品种，且有重瓣及半重瓣品种等。老树桩可制盆景。

贴梗海棠

贴梗海棠花序

贴梗海棠果实

（2）木瓜（木瓜海棠、木梨）

Chaenomeles sinensis (Thouin) Koehne

灌木或小乔木，高5～10m；小枝无刺。叶椭圆形或椭圆状长圆形，稀倒卵形，长5～8cm，先端急尖，基部宽楔形或近圆，有刺芒状尖锐锯齿，齿尖有腺点，幼时下面密被黄白色茸毛；叶柄长0.5～1.5cm，微被柔毛，有腺齿；托叶膜质，卵状披针形，有腺齿。花后叶开放，单生叶腋；花梗粗，长0.5～1cm，无毛；花径2.5～3cm。果长椭圆形，长10～15cm，暗黄色，木质；味芳香；果柄短。花期4月，果期9～10月。

产于我国广西、广东、江西、湖北、浙江、江苏、安徽、山东及陕西等地。

本种4月开花，花淡红色，树姿优美，春花烂漫，在景观中可独树成景，也可成片种植，9月果熟时黄色，香气四溢，美不胜收，是园林景观中的良好树种。

木瓜

7. 苹果属 *Malus* Mill.

落叶乔木或灌木。叶有锯齿或缺裂，有托叶。花白色、粉红色至紫红色，成伞形总状花序，同一花序内由内向外开；雄蕊15～50，花药通常黄色；各心皮内含有1～2种子，子房下位，3～5室，花柱2～5，基部合生。梨果，无或稍有石细胞。

本属约35种，广泛分布于北半球温带，南半球也有栽培。我国23种，多数为重要果树及砧木或观赏树种。

分种检索表

1. 萼片宿存。
  2. 叶缘锯齿圆钝，果扁圆球形或球形，径7cm以上 ·············· 1. 苹果 *M. pumila*
  2. 叶缘锯齿尖锐；果卵状扁球形或近球形，径4～5cm ·············· 2. 花红 *M. asiatica*
1. 萼片脱落。
  3. 叶缘具尖锐锯齿；果近球形，径1～1.5cm ·············· 3. 西府海棠 *M. micromalus*
  3. 叶缘具圆钝锯齿；果梨形或倒卵形，径0.6～0.8cm ·············· 4. 垂丝海棠 *M. halliana*

（1）苹果（柰、频婆、西洋苹果）

Malus pumila Mill.

乔木，高达15m；幼枝密被茸毛；冬芽卵圆形。叶椭圆形、卵形或宽椭圆形，长4.5～10cm，基部宽楔形或圆，具圆钝锯齿，幼时两面具短柔毛，老后上面无毛；叶柄粗，长1.5～3cm，被短柔毛，托叶披针形，密被短柔毛，早落。伞形花序，具3～7

花，集生枝顶；花白色，含苞时带粉红色。果扁球形，径7cm以上，顶端常有隆起，萼洼下陷，萼片宿存，果柄粗短。花期4~5月，果期7~11月。

原产欧洲东南部，小亚细亚及南高加索一带，在欧洲久经栽培，培育出许多品种。1870年前后始传入我国烟台，近年在东北南部及华北、西北和西南各地广泛栽培。同时南半球适生地区也广泛种植，主要品种有：红富士、青蛇、国光、青香蕉、金帅、元帅、红玉、红星、金冠及倭锦等。

本种开花时一片白里透红，秋季果熟季节，累累果实，色彩鲜艳，深受人们所喜爱，是园林结合生产的好树种，孤植或群植均宜。

苹果

苹果花

苹果果实

(2) 花红（林檎、文林郎果、沙果）

Malus asiatica Nakai

小乔木，高4~6m。叶卵形或椭圆形，长5~11cm，有细锐锯齿，上面有短柔毛，脱落，下面密被短柔毛；叶柄长1.5~5cm，具短柔毛。伞形花序，具4~7花，淡粉红色，集生枝顶；花梗长1.5~2cm，密被柔毛；花径3~4cm。果卵状扁球形或近球形，径4~5cm，黄或红色，先端渐窄，不隆起，基部陷入，宿萼肥厚隆起。花期4~5月，果期8~9月。

产于我国云南、四川、贵州、湖北、河南、河北、山东、山西、辽宁、吉林、黑龙江、内蒙古、新疆、甘肃及陕西等地。

本种适应性强，分布范围广，树形美观，可观花、观果，供庭院、公园、果园中种植，孤植或群植均可。果鲜食，或制果干、果丹皮等。

花红花序

花红果实

(3) 西府海棠（小果海棠、海红、子母海棠）

Malus micromalus Makino

　　小乔木，高达5m。叶长椭圆形或椭圆形，长5～10cm，先端急尖或渐尖，基部楔形，稀近圆，边缘有尖锐锯齿；叶柄长2～3.5cm。花粉红色，径约4cm，4～7朵组成伞形总状花序或集生枝顶。果近球形，径1～1.5cm，红色；萼片脱落。花期3～5月，果期8～9月。

　　产于我国云南、河北、山东、山西、辽宁、新疆、甘肃、陕西等地，生于海拔100～2400m地区。

　　西府海棠为常见观赏树，花红，叶绿，果美，孤植、列植、丛植均极美观，最宜植于水滨及庭园一隅。可作苹果或花红等的砧木。

西府海棠花序

西府海棠果实

(4) 垂丝海棠

Malus halliana Koehne

　　落叶小乔木，高可达5m；小枝细，紫红褐色；树冠广卵形。叶互生，椭圆形至长椭圆形，长3.5～8cm，宽2.5～4.5cm，先端渐尖，基部楔形或近圆形，边缘具圆钝锯齿，叶柄长0.5～2.5cm，基部有两个披针形托叶。花粉红色，4～7朵组成伞形总状花序。果梨形或倒卵形，径0.6～0.8cm，果梗长2～5cm。花期3～4月，果期9～10月。

　　产于我国云南、四川、浙江、江苏、安徽、陕西等地，生于海拔50～1200m山坡、林中或溪边，各地广泛栽培。

　　本种为珍贵观花树，早春嫩叶及嫩枝紫红色，长梗红花下垂，可在门庭两侧对植，或在亭台周围、丛林边缘、水滨布置；在草坪边缘、水边湖畔成片群植，或在公园步道旁两侧列植或丛植，亦可形成独特的景观效果。老树桩可制盆景，水养花枝可供瓶插及其他装饰之用。

垂丝海棠

垂丝海棠花枝

垂丝海棠果枝

8. 梨属 *Pyrus* L.

落叶乔木；具枝刺、稀无。单叶互生，常有锯齿，具叶柄，有托叶。花先叶开放或与叶同放，成伞形总状花序，同一花序内由外向内开；花白色，稀粉红色；花瓣具爪，近圆形，雄蕊20～30，花药红色或紫红色；花柱2～5，离生；子房下位，2～5室，每室具2胚珠。梨果具皮孔，果肉多汁，富含石细胞，子房壁软骨质；种子黑色或黑褐色。

本属约25种，产欧亚及北非温带。我国产14种。许多种为重要果树。

分种检索表

1. 叶缘具有带刺芒的尖锐锯齿；花柱4～5；果实黄色 ⋯⋯⋯⋯⋯⋯ 1 白梨 *P. bretschneideri*
1. 叶缘有圆钝锯齿；花柱2～3；果实褐色 ⋯⋯⋯⋯⋯⋯ 2 川梨 *P. pashia*

(1) 白梨（北方梨、白挂梨、罐梨、雅梨）

Pyrus bretschneideri Rehd.

落叶乔木，高5～8m；树冠开展。叶卵形或椭圆状卵形，长5～15cm，先端短尾尖，基部宽楔形，具细尖锯齿，齿端刺毛状，弯曲向上，幼时两面有茸毛；叶柄长2.5～7cm。花序具花6～10。果卵形或卵球形，长2.5～3cm，黄色，4～5室，萼片脱落。花期4月，果期8～9月。

产于我国河南、河北、山东、山西、青海、甘肃、陕西等地，生于海拔100～2000m的阳坡，耐干旱寒冷气候，各地均有栽培。

本种树姿优美，春天白花满树，连片种植，其景甚为壮观，颇具"千树万树梨花开"之意；也可孤植、群植、丛植等。院落及公园中种植及池畔、篱边、山下种植均宜。

本种栽培历史悠久，有鸭梨、雪花梨、秋梨、油梨、慈梨、山东莱阳梨等优良品种。

白梨　　　　　白梨花序

白梨果实

(2) 川梨（棠梨刺）

Pyrus pashia Buch. – Ham. ex D. Don

乔木；高达12m；常具枝刺。嫩枝及叶被绵状毛，后脱落。叶卵形至长卵形，长4～8cm，先端渐尖，基部圆形，稀宽楔形，边缘具钝锯齿，在幼苗或萌蘖之上的叶片常具分裂并有尖锐锯齿。伞形总状花序，具花7～13朵，花白色。果近球形，径0.5～2cm，富含单宁和石细胞。花期2～4月，果期8～9月。

分布于我国云南、四川、贵州等地，生于海拔650～3000m山谷斜坡、丛林中。印度、缅甸、不丹、尼泊尔、老挝、越南、泰国也有分布。

本种根系发达，萌蘖性强，春天开花，满树雪白，成林成景很是壮观，是美化绿化荒山的好树种，也是嫁接优良品种梨的砧木。

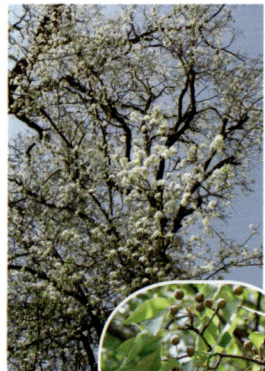

川梨

川梨果实

III. 蔷薇亚科Rosoideae

灌木或草本，复叶稀单叶，有托叶。花托（萼筒）坛状（凹陷）或隆起为头状；心皮常多数，离生，各具1～2悬垂或直立的胚珠；子房上位，稀下位。聚合果，果托肉质或干硬。

1. 蔷薇属*Rosa* L.

直立、蔓生或攀援灌木；常具皮刺或刺毛。叶互生，奇数羽状复叶，具托叶，稀为单叶而无托叶。花单生或成伞房花序，生于新梢顶端；萼片及花瓣各5（4），或重瓣；雄蕊多数；离生心皮雌蕊多数，生于壶状花托内；花托熟时变为肉质之浆果状假果（蔷薇果），具少数或多数骨质瘦果。

约200种，分布于北半球温带和亚热带地区。我国90余种。

分种检索表

1. 托叶篦齿状；花柱合生 ·· 1. 野蔷薇*R. multiflora*
1. 托叶全缘；花柱离生
    2. 花柱伸出花萼，约与雄蕊等长；小叶3～5 ················· 2. 月季*R. chinensis*
    2. 花柱被毛，稍伸出花萼，短于雄蕊；小叶5～9 ·············· 3. 玫瑰*R. rugosa*

(1) 野蔷薇（多花蔷薇、蔷薇、刺花、营实墙蘼）

Rosa multiflora Thunb.

落叶藤本。托叶与叶柄的一半合生，边缘有齿，下面有刺；叶表面绿色，有光泽；小叶5～9（11），倒卵形至椭圆形，长1.5～3cm，具齿，两面被毛。花多朵成密集圆锥状伞房花序，白色或略带粉晕，芳香，径约2cm；萼片有毛，花后反折。果近球形，径约6mm，褐红色。

分布于我国四川、贵州、广西、广东、香港、福建、江西、湖南、湖北、浙江、江苏、安徽、河南、河北、山东、山西、甘肃、陕西等地。朝鲜、日本也有。

本种在园林中常用作花篱，也有坡地丛栽等，可作各类月季、蔷薇的砧木，亲和力极强，在育苗中普遍应用。

本种有以下一些变种常在园林中应用：

野蔷薇

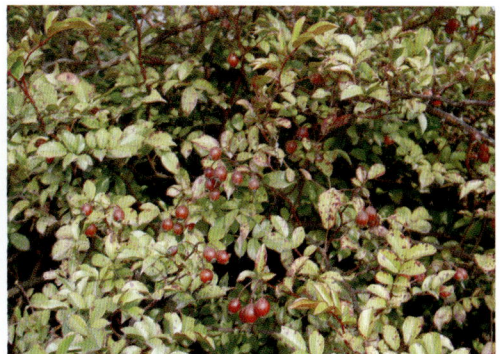
野蔷薇果实

①粉团蔷薇（*R. multiflora* var. *cathayensis* Rehd. et Wils.）：小叶较大，通常5～7；花较大，径3～4cm，单瓣，粉红至玫瑰红色，数朵或多朵成平顶之伞房花序。

②七姊妹（*R. multiflora* var. *platyphylla* Thory）：叶较大；花重瓣，深红色，常6～7朵成扁伞房花序。

③荷花蔷薇（*R. multiflora* var. *carnea* Thory）：花重瓣，粉红色，多朵成簇，甚美丽。

④白玉棠（*R. multiflora* var. *ablo-plena* Yü et Ku）：枝上刺较少；小叶倒广卵形；花白色，重瓣，多朵簇生，有淡香；北京常见。

以上变种在长期的栽培过程中，形成了众多的品种和品种群，有色有香，丰富多彩，广泛应用于风景园林景观造景中，多作花柱、花门、花篱、花格、绿门、花架以及基础种植、斜坡悬垂材料，也可盆栽或切花观赏，绿廊、庭院、灯柱、攀附等处装饰用。

（2）月季（斗雪红、长春花、月月红、月月花、四季花、胜春、胜花、胜红）

Rosa chinensis Jacq.

直立灌木；小枝近无毛，有短粗钩状皮刺或无刺。小叶3～5，连叶柄长5～11cm；小叶宽卵形或卵状长圆形，长2.5～6cm，有锐锯齿，顶生小叶有柄，侧生小叶近无柄；托叶大部贴生叶柄，顶端分离部分耳状，边缘常有腺毛。花数朵集生，稀单生，径4～5cm；花梗长2.5～6cm；萼片卵形，先端尾尖；花瓣重瓣至半重瓣，红、粉红或白色，倒卵形，先端有凹缺；花柱离生，伸出花萼，约与雄蕊等长。蔷薇果卵圆形或梨形，长1～2cm，熟时红色；萼片脱落。花期4～9月，果期6～11月。

分布于华东、华中至西南。我国各地普遍栽培。

月季每月开花，花色丰富，花容秀美，花期长，有"花中皇后"之美称，在园林中有着广泛的应用。我国是月季的原产地，栽培历史悠久，李时珍在《本草纲目》中记载有"月季，处处人家多栽插之"。

月季经过多年的人工种植和育种已培育出上万的品种，这些品种经过了各种方式和各种父本的杂交导致月季的品种起源非常复杂。主要变种有：

①月月红*R. chinensis* var. *semperflorens*：茎较纤细，常带紫红晕，有刺或近于无刺，小叶较薄，带紫晕，花为单生，紫色或深粉红色，花梗细长而下垂，品种有铁瓣红、大红月季等。

②小月季*R. chinensis* var. *minima*：植株矮小多分枝，高一般不超过25cm，叶小而窄，花也较小，直径约3cm，玫瑰红色，重瓣或单瓣。

③绿月季*R. chinensis* var. *viridiflora*：花淡绿色，花瓣呈锯齿狭绿叶状。

④变色月季*R. chinensis* var. *mutablis*：花单瓣，初开时浅黄色，继变橙红、红色最后略呈暗色。

月季花

（3）玫瑰（徘徊花、梅桂）

Rosa rugosa Thunb.

直立灌木，高达2m；茎粗壮，丛生；小枝密生茸毛，并有针刺和腺毛，有皮刺，皮刺直立或弯曲，淡黄色，被茸毛。小叶5～9，连叶柄长5～13cm；小叶椭圆形或椭圆状倒卵形，长1.5～4.5cm，有尖锐锯齿，托叶大部分贴生叶柄，离生部分卵形。花单生叶腋或数朵簇生，径4～5.5cm；苞片卵形；花梗长0.5～2.5cm，密被茸毛和腺毛；萼片卵状披针形；花瓣紫红或白色，芳香，半重瓣至重瓣，倒卵形；花柱离生，被毛，稍伸出花萼，短于雄蕊。蔷薇果扁球形，径2～2.5cm，熟时砖红色，萼片宿存。花期4～6月，果期8～9月。

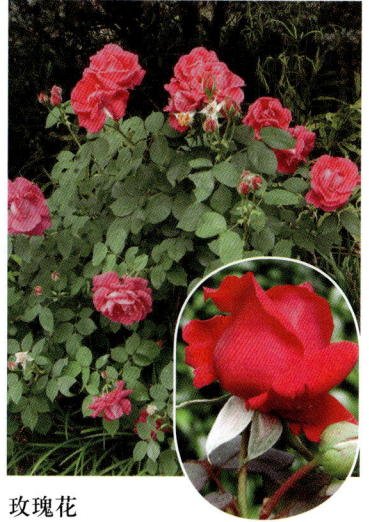

玫瑰花

产于我国辽宁南部和山东东部沿海地区。日本及朝鲜半岛北部有分布。各地均有栽培。

主要的变种有：

①紫玫瑰*R. rugosa* var. *typica*：花紫色。

②红玫瑰*R. rugosa* var. *rosea*：花红色。

③白玫瑰*R. rugosa* var. *alba*：花白色。

④重瓣紫玫瑰*R. rugosa* var. *plena*：花紫色，重瓣，香味浓郁。

⑤重瓣白玫瑰*R. rugosa* var. *alba-plena*：花白色，重瓣。

玫瑰原产中国，现世界各地均有栽培，特别是在欧洲已有专门的玫瑰、月季育种公司从事玫瑰、月季品种的培育。在上述原生种类的基础上，已经培育出众多的玫瑰品种，如果要想对玫瑰的品种有一个比较详细的了解，可参考有关玫瑰研究的专著等。

IV. 李亚科Prunoideae

乔木或灌木。单叶，有托叶。萼筒杯状；雄蕊多数，生萼筒边缘；单心皮雌蕊，子房上位，1室，胚珠2，垂悬。核果。

分属检索表

1. 幼叶多席卷，稀对折；果有沟，被毛或蜡粉。

　2. 芽3（2）个并生，两侧为花芽，具顶芽；子房和果实被柔毛；果核具孔穴 ………………………………………………………………………………… 1. 桃属*Amygdalus*

　2. 芽单生，或叶芽与花芽并生，顶芽缺；果核光滑或有不明显的孔穴。

　　3. 花无梗，先叶开花，果被柔毛 ………………………………… 3. 杏属*Armeniaca*

　　3. 花具梗，花叶同放，果被蜡粉 ………………………………… 2. 李属*Prunus*

1. 幼叶为对折式；果无沟，常无毛，无蜡粉 …………………… 4. 樱属*Cerasus*

1. 桃属*Amygdalus* L.

落叶乔木或灌木；具顶芽，3（2）芽并生，两侧为花芽，中间为叶芽。单叶，互生，幼时在芽中对折，具锯齿，叶柄或叶边常具腺体。花两性，常为粉红或红色，罕白色。核果，外被毛，果实上具沟；果核的表面具孔穴。

40多种，主产北温带。我国有12种，主要产于西部和西北部，栽培品种全国各地均有。

桃（毛桃、白桃）

Amygdalus persica L.

落叶小乔木，高8m；常3芽并生，腋芽3，有顶芽。叶椭圆状披针形，长7～15cm，先端渐尖，基部宽楔形，边缘具细锯齿。花粉红色，常单生，梗极短；子房和果实被短毛，外面有纵沟，果核有穴状窝点。花期3～4月，果熟期6～9月。

桃树原产我国，现各地广泛栽培。

桃树的品种极多，全世界有3000个以上；我国约有1000多个品种，分为"食用"与"观赏"两大类。"食用"如：北方桃、南方桃、黄肉桃、蟠桃（即油桃）等品种群，"观赏"如：碧桃、绯桃、红花碧桃、绛桃、千瓣花桃、撒金碧桃、垂枝碧桃、塔形碧桃等。

桃树先花后叶，花粉红或红色，艳丽芳香，为优良的早春观花树种，园林中常与柳树间植于水畔，形成桃红柳绿的景致。果可观可食，是园林结合生产的好树种。

桃

桃并生芽

桃果枝

2. 李属（樱属）*Prunus* L.

乔木或灌木；无顶芽，芽单生。单叶互生，有锯齿，叶柄或叶片基部有时有腺体；托叶小，早落。花单生或2～3朵簇生，常有柄，两性，常为白色、粉红或红色；子房上位。核果，光滑无毛，常被蜡粉；果核有不明显的孔穴。

约30种，主产北温带，现已广泛栽培。我国约有7种，其中有许多种类为栽培果树，并且大多数种类为庭园观赏树木。

分种检索表

1. 叶绿色；花常3朵簇生，白色 ·· 1. 李 *P. salicina*
1. 叶紫红色；花常单生，粉红色 ·························· 2. 红叶李 *P. cerasifera* f. *atropurpurea*

（1）李（嘉庆子、李子树）

Prunus salicina Lindl.

乔木，高9～12m；芽单生。叶长圆状倒卵形或椭圆状倒卵形，具细钝重锯齿。花白色，径1.5～2cm，常3朵簇生。果卵球形，径4～7cm，外面有纵沟，黄绿色至紫色，无毛，外被蜡粉。花期3～4月，果熟期7月。

分布我国于云南、四川、贵州、广西、福建、江西、湖南、湖北、浙江、江苏、安徽、河南、山西、甘肃、陕西等地，生于海拔400～2000m山坡灌丛、山谷疏林、水边或沟底。

李树枝干如桃，花色白而丰盛繁茂，故有"艳如桃李"之句，为优良的庭院观花树种。鲜果供食用，核仁可榨油、药用，根、叶、花、树胶也可药用。

李

李花序

李果实

(2) 红叶李（紫叶李）

Prunus cerasifera f. *atropurpurea* (Jacq.) Rehd.

落叶小乔木。叶紫红色，卵形或倒卵形，先端尖，基部圆形，边缘具细重锯齿。花常单生，粉红色，花梗长1.5～2cm；子房和果实无毛，外面有纵沟。花期4～5月，果期8月。

原产亚洲西南部，我国各地有栽培。

红叶李的叶在整个生长期紫叶满树，尤以春、秋二季叶色更艳，是优美的色叶树种，庭院及公园中常群植、列植、孤植等。

红叶李花枝

红叶李果枝

3. 杏属 *Armeniaca* Mill.

乔木或灌木；无顶芽，叶芽和花芽并生。单叶互生，有锯齿，叶柄或叶片基部有时有腺体，托叶小，早落。花常有柄，两性，常为白色、粉红或红色；雌蕊1，子房上位。核果，外被短柔毛，果核有不明显的孔穴。

本属约8种，分布于东亚、中亚、小亚细亚和高加索。我国有7种。

分种检索表

1. 小枝红褐色；果肉离核，核不具点穴 ·························· 1. 杏 *A. vulgaris*
1. 小枝绿色；果肉黏核，核具蜂窝状点穴 ···················· 2. 梅花 *A. mume*

(1) 杏（杏子、杏花、杏树）

Armeniaca vulgaris Lam.

落叶乔木，高达15m；小枝红褐色或褐色；芽2～3并生。单叶，互生，卵形至近圆形，长5～9cm，宽4～8cm，边缘有圆钝锯齿；叶柄长2～3cm，近顶端有2腺体。花单生，先于叶开放，直径2～3cm；花瓣白色或稍带红色，圆形至倒卵形；雄蕊多数；心皮1，有短柔毛。核果球形，直径不超过2.5cm，黄白色或黄红色，常有红晕，微生短柔毛或无毛，果肉多汁，核平滑，沿腹缝有沟。花期4月，果期6～7月。

分布于我国北部地区，在河北、山西等地海拔600～1500m山坡或山沟多野生，各地有栽培。

杏为我国原产，栽培历史悠久，品种较多。早春开花，花繁美观，北方栽植尤多，故有"南梅、北杏"之称，宜群植、林植于山坡、水畔，故有"十里杏花村""万树江边杏"等说。

杏　　　　　　　　　杏果实

（2）梅花（腊梅）

Armeniaca mume Sieb.

落叶乔木；小枝绿色。叶广卵形至卵形，长4～10cm，先端渐长尖或尾尖，基部广楔形或近圆形，锯齿细尖。花淡粉或白色有芳香，具短梗，先叶开放；子房和果实被短毛。核果球形，有沟，绿黄色，密被细毛，果肉黏核，核上有穴状窝点。花期1～3月，果期5～6月。

野生于我国西南地区，栽培范围较广，为我国原产。

梅为中国传统的果树和名花，栽培历史悠久，有3000多年，变种及栽培品种极多，树姿随品种的不同而各异，如要想对梅的品种有一个比较详细的了解，可参考有关梅研究的专著等。

梅性好温暖，不畏严寒，抗性较强，自古以来就为我国人民所喜爱，为造园植物中重要花木之一。可孤植、对植及列植，也有散布于松林之间，使与苍松翠竹相映成趣，也可以在公园中种植，构成"梅坞""梅溪"等景观。木材为细木工等用材；花可提取芳香油；果可生食或制成话梅、陈皮梅以及雕梅等；根及花可药用。

梅花绿萼及花瓣

梅花花枝　　　　梅花果枝

梅花

4. 樱属 *Cerasus* Mill.

落叶乔木或灌木；具顶芽，芽单生或3个并生，两侧为花芽，中间是叶芽。幼叶常为对折式，单叶互生，有锯齿，叶柄或叶边常具腺体。花两性，常为粉红或白色。核果，果实上无沟；果核的表面平滑，或稍有皱纹。

120余种，主产北温带。我国45种，主产于西南、华中。

分种检索表

1. 花梗及萼筒无毛；花瓣粉红色 ·· 1. 冬樱花 *C. cerasoides*

1. 花梗及萼筒被毛；花瓣白色 ·· 2. 樱桃 *C. pseudocerasus*

（1）冬樱花（高盆樱桃、箐樱桃、云南欧李、冬海棠）

Cerasus cerasoides (D. Don) Sok.

落叶乔木，高达3～10m。单叶互生，卵状披针形或长椭圆形，边缘具细锐重锯齿。伞形总状花序，1～9朵簇生，粉红色，花较小；花梗长1～2cm，无毛；萼筒钟状，红色，无毛；花瓣5枚，圆卵形，先端微凹，淡粉红色。核果圆卵形，顶端圆钝，朱红色至紫黑色。花期11月至翌年1月，最早的可在11月末和12月初开花。花开放后即发新叶，果期3～4月。

广泛分布于我国云南、西藏等地。尼泊尔、缅甸也有分布。

冬樱花是我国野生樱花资源中在冬季盛花的观赏樱花珍品。花盛开之际，满树繁英灿烂，是很好的城市绿化和园林风景树种。在园林中，常将体型高大、姿态优美的冬樱花孤植或数株丛植；在公园及名胜地可大片群植，也可列植作行道树栽培，如植于常绿树前，则红绿间映，相得益彰；而栽于水滨、溪流之畔及湖边，又可造成"落花流水"的境界。本种不耐台风。

冬樱花景观

冬樱花花枝

冬樱花果枝

（2）樱桃（含桃、莺桃、荆桃、楔桃、英桃、牛桃、樱珠、朱樱）

Cerasus pseudocerasus (Lindl.) G. Don

乔木，高2～6m。叶卵形或长圆状卵形，长5～12cm，宽3～5cm，先端渐尖或尾状渐尖，基部圆形，边有尖锐重锯齿，齿端有小腺体，侧脉9～11对；叶柄长0.7～1.5cm，先端有1或2个大腺体。花序伞房状或近伞形，有花3～6朵，先叶开放；花梗及萼筒被疏柔毛；雄蕊30～50枚；花柱与雄蕊近等长，无毛。核果近球形，红色，径0.9～1.3cm。花期3～4月，果期5～6月。

樱桃花序

产于我国黄河流域至长江流域，生于海拔300～1000m的林缘或疏林中。

本种枝叶秀丽，春天白花满树，夏天红果累累，果小如珍珠，色泽红艳光洁，十分诱人，为良好的园林结合生产树种，宜孤植、群植等。在我国久经栽培，品种颇多，果供食用，也可酿樱桃酒；枝、叶、根、花可供药用。

樱桃果实

六、蜡梅科Calycanthaceae

灌木或小乔木，具油细胞。单叶，对生，羽状脉；具叶柄；无托叶。花两性，单生，芳香；花被片多数，无萼片与花瓣之分，螺旋状排列在杯状的花托外围；雄蕊4～30；心皮离生，生于中空的杯状花托内；胚珠1～2。花托发育为坛状果托，聚合瘦果着生其中。

本科2属10种、4变种，分布于亚洲东部和美洲北部。我国产2属7种、2变种。

分属检索表

1. 鳞芽，外露；花腋生，花被片黄色或黄白色，雄蕊4～8 ········ 1. 蜡梅属Chimonanthus
1. 芽着生于叶柄基部内；花顶生，花被片红褐色至淡红白色，雄蕊10～30 ·····················
 ·················· 2. 夏蜡梅属Calycanthus

1. 蜡梅属Chimonanthus Lindl.

灌木或小乔木；幼枝四棱，老枝近圆；鳞芽腋生。叶纸质或近革质，羽状脉，叶上面粗糙。花单生叶腋，芳香；花被片15～27，黄色或淡黄色；雄蕊4～8着生于杯状花托中；心皮5～15，每心皮2胚珠，1枚发育。果托坛状，瘦果长圆形。

6种2变种，我国特产。

分种检索表

1. 落叶，叶纸质，椭圆形至卵形，下面无白粉，花径2～4cm，宿存退化雄蕊反卷；果脐平，周围不隆起 ················· 1. 蜡梅C. praecox
1. 常绿，叶革质，卵状披针形，下面有白粉；花径0.7～1cm，宿存退化雄蕊斜展；果脐周围领状隆起 ················· 2. 山蜡梅C. nitens

(1) 蜡梅（黄梅花、香梅、麻木柴、蜡木、石凉茶、黄金茶）

Chimonanthus praecox (L.) Link

落叶小乔木或灌木，高达10m。叶纸质，卵圆形至卵状椭圆形，长5～25cm，先端渐尖或急尖，上面粗糙。花生于2年生枝叶腋，极芳香，黄色，径2～4cm；花被片15～21，条形，内花被片基部有爪；雄蕊长3～4mm。果托坛状，近木质，长2～5cm，口部收缩，具有钻状退化雄蕊；瘦果果脐不突起。花期11月至翌年3月，果期4～11月。

产于我国四川、贵州、广东、福建、江西、湖南、湖北、浙江、江苏、安徽、河南、河北、山东、陕西等地，生于海拔1100m以下山谷，岩缝或灌丛中，黄河及长江流域及其以南各地广为栽培。

蜡梅花开于寒月早春，花黄如蜡，清香四溢，为冬季观赏佳品。配植于室前、墙隅均极适宜；作为盆花、桩景和瓶花亦独具特色。我国栽培蜡梅的历史悠久，品

蜡梅

蜡梅果实

种较多，如：狗牙蜡梅、大花蜡梅、素心蜡梅、小花蜡梅、吊金钟、早黄等，它们在花色、着花密度、花期、香气及生长习性等方面各有特点。

(2) 山蜡梅（亮叶蜡梅、臭蜡梅、岩马桑、铁筷子、秋蜡梅、毛山茶、雪里花、鸡卵果）

Chimonanthus nitens Oliv.

常绿灌木，高达5m。叶革质，卵状披针形至椭圆形，长2～13cm，先端渐尖或尾尖，上面亮绿色，下面有白粉。花淡黄色，径7～10mm，花被片20～24，中部花被片线状披针形，内面的卵菱形；雄蕊长2mm，花丝有短柔毛；心皮长2mm。果托坛状，长2mm；瘦果果脐周围呈领状隆起。花期10～12月，果期6月。

产于我国云南、贵州、广西、福建、江西、湖南、湖北、浙江、江苏、安徽、陕西等地，常生于石灰岩山地疏林中及林缘、溪边等。

花黄色、艳丽，为园林观赏树。根药用。

山蜡梅花枝

山蜡梅果实

2. 夏蜡梅属 *Calycanthus* L.

落叶灌木；芽着生于叶柄基部内。叶膜质，叶面粗糙。花顶生，花被片15～30，近肉质，红褐色至淡红白色；雄蕊10～30，退化雄蕊11～25；单心皮雌蕊11～35，每心皮具2胚珠。果托梨形或钟形；瘦果长圆形，内具1种子。

4种，分布于北美。我国产1种。

(1) 夏蜡梅（夏梅、牡丹木、大叶柴、蜡木、黄梅花）

Calycanthus chinensis Cheng et S. Y. Chang

落叶灌木，高2～3m；树皮有凸起的皮孔；小枝对生；叶柄包芽。叶膜质，宽卵状椭圆形至倒卵形，长13～27cm，先端短尖，基部近圆形，上面有光泽而粗糙，全缘或具锯齿；叶柄长1～1.8cm。花白色，径4.5～7cm；花梗长2～3cm；苞片5～7；外花被片12～14，倒卵形；内花被7～16，肉质，内面有紫色斑纹；雄蕊16～19；心皮11～12。果托钟形，瘦果长1.2～1.5cm。花期5～6月，果期10月。

分布于我国浙江，生于海拔600～1000m山坡及山沟边林下。长江以南的许多地区有引种。

树冠圆整，枝叶秀丽；花大而香，甚为美丽；因花开夏季，形似蜡梅，故称"夏蜡梅"。其植株具有一定的耐阴性，可作庭院绿化的花木。

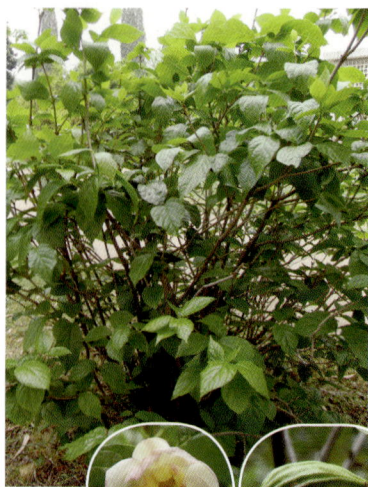

夏蜡梅

夏蜡梅花

夏蜡梅果实

七、樟科Lauraceae

常绿或落叶，乔木或灌木，仅无根藤属为缠绕寄生草本；小枝常绿色或淡绿色，植物体具油细胞，常有（樟脑或桂皮）香气。单叶，互生，稀对生、近对生或轮生，全缘，稀有裂；无托叶。花小，组成各式花序；花各部多为3基数，花被片常为6，2轮；雄蕊3~4轮，每轮3，第4轮雄蕊通常退化，花药瓣裂；单雌蕊，子房上位，1室，1胚珠。核果或浆果。

约45属，2000~2500种，主要分布在热带及亚热带地区，分布中心在东南亚及中美洲。我国产24属，约430种，多分布于长江流域及其以南地区，是良好的行道树、庭园树资源。

分属检索表

1. 两性花，多为圆锥花序，不具总苞，稀总状花序，具总苞。
 2. 圆锥花序，叶不分裂。
  3. 果时花被筒形成杯状或盘状果托，果梗先端有时膨大 …… 1. 樟属Cinnamomum
  3. 果时花被筒不具果托。
   4. 果下花被裂片质硬，紧贴果基部 …… 3. 楠属Phoebe
   4. 果下花被裂片质薄，直展或向下反曲 …… 2. 润楠属Machilus
 2. 总状花序，叶常2~3裂 …… 4. 檫木属Sassafras
1. 单性花，多为伞形花序，具总苞。
 5. 叶常有2~3浅裂；总苞具覆瓦状苞片，苞片早落 …… 4. 檫木属Sassafras
 5. 叶常不分裂，总苞具交互对生苞片，苞片迟落。
  6. 花药2室 …… 5. 山胡椒属Lindera
  6. 花药4室 …… 6. 木姜子属Litsea

1. 樟属Cinnamomum Trew

常绿乔木或灌木。叶互生，稀对生，全缘，三出脉、离基三出脉或羽状脉，脉腋常有腺体。花两性，圆锥花序，常生枝顶腋部；花被筒杯状，裂片6，花后裂片脱落或宿存。浆果状核果，果托杯状或盘状，果梗上部有时膨大。

约250种，产亚洲东部热带及亚热带、澳大利亚及太平洋岛屿。我国约产50种。

分种检索表

1. 果时花被片脱落；叶互生，脉腋常有腺窝。
 2. 叶脉为离基三出脉 …… 1. 樟树C. camphora
 2. 叶脉羽状，有时下对侧脉强劲弧曲向上 …… 2. 云南樟C. glanduliferum
1. 果时花被片宿存，或花被裂片上部脱落，下部宿存；叶对生或近对生，脉腋无腺窝。
 3. 小枝绿或绿褐色；花序梗与序轴密被灰白微柔毛；花被片长圆状卵形，两面密被灰白柔毛；果托托缘具6齿裂 …… 3. 阴香C. burmannii
 3. 小枝带红或红褐色；花序梗与序轴无毛；花被片卵形，外面无毛，内面被柔毛；果托浅波状，全缘或具圆齿 …… 4. 天竺桂C. japonicum

(1) 樟树（香樟、樟木、芳樟、豫樟）

Cinnamomum camphora (L.) Presl

乔木，高达30m。叶卵状椭圆形，长6～12cm，先端骤尖，基部宽楔形或近圆，两面无毛或下面初稍被微柔毛，边缘有时微波状，离基三出脉，侧脉及支脉脉腋具腺窝；叶柄长2～3cm，无毛。圆锥花序长达7cm，花被无毛或被微柔毛，内面密被微柔毛。果卵圆形或近球形，径6～8mm，紫黑色；果托杯状，高约5mm。花期4～5月，果期8～11月。

樟树分布大体以长江为北界，南至两广及西南，尤以台湾、福建、江西、浙江等东南沿海地区为最多，为南方重要珍贵用材及特种经济树种之一，垂直分布可达海拔2000m，在自然界多见于低山、丘陵及村庄附近。越南、朝鲜、日本有分布。其他各国常有引种栽培。

本种枝叶茂密，冠大荫浓，树姿雄伟，是优美的造园树种及优良的城市绿化树种，广泛用作庭荫树、行道树、防护林及风景林。配植于池畔、水边、山坡、平地无不相宜，若孤植于空旷地，让树冠充分发展，浓荫覆地，效果更佳。在草地中丛植、群植或作背景树都很合适。樟树的吸毒、抗毒性能较强，故也可选作厂矿区绿化树种，又因根深叶茂，也可供防风林营造之用。

樟树

樟树花序

樟树果实

(2) 云南樟（樟叶树、白樟、樟脑树、臭樟）

Cinnamomum glanduliferum (Wall.) Nees

乔木，高达20m。叶椭圆形、卵状椭圆形或披针形，长6～15cm，先端骤尖或短渐尖，基部楔形、宽楔形或近圆形，两面无毛或下面稍被微柔毛，侧脉4～5对，脉腋具腺窝；叶柄长1.5～3（3.5）cm，近无毛。花序长4～10cm，花序梗与序轴均无毛。果球形，径1cm，黑色；果托红色，窄长倒锥形，高约1cm。

产于我国云南、西藏、四川、贵州、湖北等地，生于海拔1500～2500（3000）m之间。印度、尼泊尔、缅甸、马来西亚有分布。

本种为良好的城市绿化树种。可用于建筑的配植树、庭荫树、孤植树，也可作城市干道行道树，植于湖岸边作点景树，也常丛植形成风景林或与其他树种配植形成树丛，组成优美的园林植物景观。

云南樟花

云南樟果枝

(3) 阴香（山玉桂、野玉桂、香胶叶）

Cinnamomum burmannii (C. G. et Th. Nees) Bl.

乔木，高达14m。叶卵形、长圆形或披针形，长5.5～10.5cm，先端短渐尖，基部宽楔形，两面无毛，离基三出脉；叶柄长0.5～1.2cm，无毛。花序长（2）3～6cm，花序梗与序轴均密被灰白微柔毛；花被片两面密被灰白柔毛。果卵圆形，长约8mm；果托高4mm，具6齿裂，齿顶端截平。

产于我国云南、贵州、广西、广东、海南、福建、江西等地，生于海拔1000～2100m的疏林、密林或灌丛中。印度、缅甸、越南、印度尼西亚及菲律宾有分布。

阴香树冠伞形或近圆球形，姿态优美，分枝低，叶茂密，有较好的隔音作用。宜作庭园和道旁树。阴香对氯气和二氧化硫均有较强的抗性，为理想的防污绿化树种。

阴香　　　　　　　阴香花枝

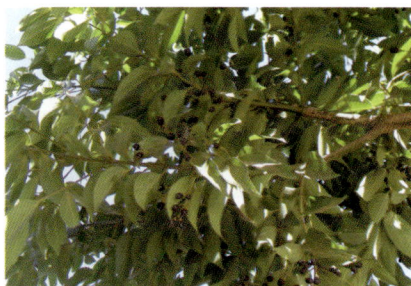

阴香果枝

(4) 天竺桂（竺香、山肉桂、土肉桂、山桂皮）

Cinnamomum japonicum Sieb.

乔木，高达15m。叶卵状长圆形或长圆状披针形，长7～10cm，先端尖或渐尖，基部宽楔形或近圆，两面无毛，离基三出脉；叶柄长达1.5cm，带红褐色，无毛。花序长3～4.5（10）cm，花序梗与序轴均无毛；花被片外面无毛，内面被柔毛。果长圆形，长7mm，果托浅波状，径达5mm，全缘或具圆齿。花期4～5月，果期7～9月。

产于我国台湾、福建、江西、湖北、浙江、安徽及河南等地，生于海拔2000m以下的常绿阔叶林中。

天竺桂四季常青，枝叶茂密，入冬果熟，黑果满树，且具较强的抗污染能力，可作四旁绿化树种等。

天竺桂花枝

天竺桂果实

2. 润楠属 *Machilus* Nees

常绿乔木或灌木状。叶革质，互生，全缘，具羽状脉。圆锥花序顶生或生于新枝下部，稀为无总梗伞形花序；花两性；花被片6，常宿存；能育雄蕊9，3轮，花药4室，花丝基部具2枚有柄腺体；子房无柄。浆果状核果，宿存花被片开展或反曲，不紧贴果基部；果柄不增粗或稍增粗。

约100种，分布于亚洲东南部及东部热带、亚热带地区。我国80种以上。

分种检索表

1. 横脉及细脉在两面明显，结成网格状；花（果）序生新枝下部；苞片密被锈色柔毛；花被片内面被毛，果椭圆形，黑蓝色，先端具小尖头 ……… 1. 滇润楠 *M. yunnanensis*
1. 侧脉不明显；花（果）序近顶生或生于新枝的上部；苞片被褐红色平伏茸毛；花被片无毛；果球形，黑紫色，果柄鲜红色 …………… 2. 红楠 *M. thunbergii*

（1）滇润楠（滇桢楠）

Machilus yunnanensis Lecomte

乔木，高达30m。叶倒卵形或倒卵状椭圆形，稀椭圆形，长7～12cm，先端短渐钝尖，基部楔形，下面粉绿色，干后带淡褐色，两面无毛，中脉在上面下半部凹下，侧脉7～9对，横脉及细脉在两面明显，结成网格状；叶柄1～2cm，无毛。花序长2～9cm，多个生于短枝下部，无毛；花黄绿或黄白色；花被片外面无毛，内面被毛。果椭圆形，黑蓝色，被白粉，长约1.4cm，具短喙。

产于我国云南及四川等地，生于海拔1500～2000m山地常绿阔叶林中。木材供建筑、家具等用；树皮研粉作熏香及蚊香调和剂。

本种树姿优美，枝繁叶茂，四季常青，是良好的庭园和行道绿化树。

滇润楠花序

滇润楠果枝

滇润楠

(2) 红楠

Machilus thunbergii Sieb. et Zucc.

常绿乔木，高10～20m；枝条多而伸展，紫褐色，老枝粗糙，嫩枝紫红色。叶倒卵形至倒卵状披针形，长4.5～13cm，宽1.7～4.5cm，先端短突尖或短尖，基部楔形，革质，上面黑绿色，有光泽，下面较淡，带粉白，中脉在上面稍凹下，下面明显突起，侧脉每边7～12条，在两面均不明显；叶柄纤细，略带红色。花序顶生或在新枝上腋生，无毛，长5～11.8cm；花略带紫红色；苞片卵形，有棕红色贴伏茸毛；花被片长圆形，长约5mm，几无毛；花柱细长，柱头头状。果扁球形，直径约9mm，初时绿色，后变黑紫色；果梗鲜红色。花期2月，果期7月。

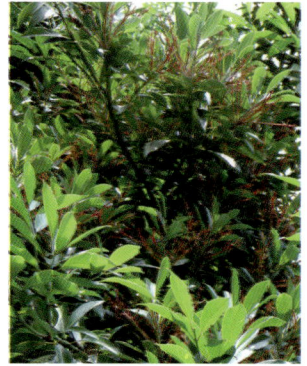
红楠

产于我国广西、广东、香港、台湾、福建、江西、湖南、浙江、江苏、安徽、山东等地，生于海拔1000m以下的常绿阔叶林中。朝鲜、日本及越南北部亦有分布。

本种树形端丽，叶密荫浓，适于配置草坪中及建筑物旁，或与落叶树混植成林；在沿海低山地区常用作行道树及防风树等。木材可供建筑、造船、家具等用。

3. 楠木属 *Phoebe* Nees

常绿乔木，稀灌木。叶革质，互生，羽状脉。花两性，多花组成聚伞状圆锥花序或总状花序；花被片6，相等或外轮稍小于内轮，花后近革质或木质，直立；能育雄蕊9，3轮，花药4室，花丝长，基部或基部稍上具2枚有柄或无柄腺体；子房卵圆形或球形，柱头钻状或头状。果为浆果状核果，基部为宿存花被片所包被；果柄不增粗或增粗。

约94种，分布于亚洲及热带美洲。我国38种以上。

本属植物为良好的园林树种，同时也是优质用材树种。

楠木（桢楠、雅楠）

Phoebe zhennan S. Lee et F. N. Wei

乔木，高达30m。小枝被黄褐或灰褐色柔毛。叶椭圆形，稀披针形或倒披针形，长7～13cm，先端渐尖或尾尖，基部楔形，上面无毛或沿中脉下部被柔毛，下面密被短柔毛，脉上被长柔毛，横脉及细脉在下面稍明显，不结成网格状。聚伞状圆锥花序被毛，花被片两面被黄色毛。果椭圆形，长1.1～1.4 cm，果柄稍粗；宿存花被片紧贴，两面被毛。

产于我国云南、四川、贵州、湖南、湖北及河南等地，生于海拔1300m以下的湿润沟谷及溪边。

本种树干高大端直，树冠雄伟，宜作庭荫树及风景树用，在产区园林及寺庙中常见栽培。也是珍贵的建筑及高级家具用材。

楠木

楠木花枝

4. 檫木属 *Sassafras* Trew

落叶乔木。叶互生，全缘或3裂。花两性或杂性，花序总状或短圆锥状；能育雄蕊9，3轮，花药通常为4室。核果近球形；果柄顶端肥大，肉质，橙红色。

共3种。美国产1种；我国产2种。

檫木（檫树、南树、山檫、青檫、黄楸树、鹅脚板）

Sassafras tzumu (Hemsl.) Hemsl.

乔木，高达30m。叶卵形或倒卵形，长9～18cm，先端渐尖，基部楔形，全缘或2～3浅裂，两面无毛或下面沿脉疏被毛；羽状脉或离基三出脉；叶柄长2～7cm，无毛或稍被毛。花序长4～5cm，花序梗与序轴密被褐色柔毛。雄花花被片披针形，长约3.5 mm，疏被柔毛，能育雄蕊长约3mm，花药均4室，退化雄蕊长1.5mm，退化雌蕊明显；雌花具退化雄蕊12，4轮。果近球形，径达8mm，蓝黑色，被白蜡粉；果托浅杯状；果柄长1.5～2 cm，上端增粗，与果托均红色。花期3～4月，果期5～9月。

产我国云南、四川、贵州、广西、广东、福建、江西、湖南、湖北、浙江、江苏、安徽及陕西等地，垂直分布在东部多为海拔800m以上，西部可达1500m。

檫木树干通直，叶片宽大而奇特，深秋时节叶变成红黄色，春天又有小黄花开于叶前，颇为秀丽，是良好的城乡绿化树种，也是我国南方红壤及黄壤山区主要速生用材造林树种。

檫木

檫木叶

檫木花序

檫木果枝

5. 山胡椒属 *Lindera* Thunb.

落叶或常绿，乔木或灌木。叶互生，全缘，稀3裂。花单性异株，有时杂性，花序伞形单生叶腋或2至多数簇生短枝上，具4枚脱落性总苞；花被片6，能育雄蕊常为9，花药2室，浆果状核果球形，果托盘状。

约100种，主产亚洲及北美热带和亚热带。我国约产50种，主要分布于长江以南各地。多数种类含芳香油，种子富含油脂，乔木树种材质优良。

香叶树（香果树、香油果、细叶假樟、千金树）

Lindera communis Hemsl.

常绿小乔木或灌木状，高4～10m，最高可达25m。叶革质，椭圆形或卵状长椭圆形，长6～8cm，全缘，羽状脉，表面有光泽，背面常有毛。果近球形，径8～10mm，熟时深红色。花期3～4月，果9～10月成熟。

产我国云南、四川、贵州、广西、广东、台湾、福建、江西、湖南、湖北、浙江、河南、甘肃及陕西等地，多生于丘陵和山地下部疏林中。中南半岛也有分布。

本种绿叶红果，适应性广，可作园林绿化树种。木材供家具、细木工等用；叶、果榨油供食用或工业用。

香叶树花枝　　香叶树果枝

香叶树

6. 木姜子属 *Litsea* Lam.

落叶或常绿，乔木或灌木。叶常互生，羽状脉。花单性，雌雄异株；伞形花序、伞形聚伞花序或圆锥花序；苞片4～6，迟落；花被片6，2轮，黄色；花药4室，内向瓣裂。浆果状核果着生于浅盘状或杯状果托，或无果托。

约200（～400）种，分布于亚洲热带、亚热带及美洲。我国约74种。

木姜子（山胡椒、木香子、木樟子、山姜子、山苍子）

Litsea pungens Hemsl.

落叶小乔木，高达10m。叶簇聚于枝端，纸质，披针形或倒披针形，长5～10cm，幼叶下面被短柔毛，后渐变为平滑；叶柄有毛。伞形花序，由8～12朵花组成，具短梗；花先于叶开放；总苞片表面有毛，早落；花黄色，花梗细小，长1～1.5cm，有绢丝状粗毛；花被6，倒卵形；花药4室，瓣裂，全内向，花丝仅于基部有细毛；雌花较大，有粗毛。核果球形，蓝黑色，直径约7～10mm；果梗上部稍肥大。花期3～4月，果期8～9月。

分布我国云南、西藏、四川、贵州、江西、福建、湖南、湖北、浙江、江苏、河南、山西、甘肃、陕西等地，生于海拔800～2300m的溪旁、坡地或杂木林缘。

本种树冠广卵形，枝叶茂盛，树形美观，尤其在春季，幼梢和嫩叶密被绢状柔毛，在阳光下能发光，十分醒目，入冬后，绿叶丛中红果累累，鲜艳娇美，实为难得之多季相观姿、观叶、观果树种。

木姜子花枝

木姜子果枝

八、苏木科Caesalpiniaceae

乔木、灌木、藤本或稀为草本。叶互生，一至二回羽状复叶，稀单叶。花常美丽，左右对称，排成总状花序或圆锥花序，稀簇生或为聚伞花序；萼片5或上面2枚合生；花瓣5、更少或缺，上面1枚芽时位于最内面，其余覆瓦状排列；雄蕊常10；子房上位，1室。荚果各式，常2瓣开裂。

约180属，3000种，分布于热带、亚热带地区。我国引入栽培的有25属，130余种。

分属检索表

1. 单叶全缘或先端2裂，或2裂至基部成2小叶。
  2. 单叶全缘，花于老枝上簇生或成总状花序，假蝶形花冠，荚果腹缝具窄翅，稀无翅
  ·················· 1. 紫荆属Cercis
  2. 单叶2裂或沿中脉分为2小叶，稀不裂；总状或圆锥花序，花稍不整齐；果无翅 ······
  ·················· 2. 羊蹄甲属Bauhinia
1. 羽状复叶。
  3. 二回羽状复叶。
    4. 无刺乔木 ·················· 3. 凤凰木属Delonix
    4. 茎、枝或叶轴有刺 ·················· 5. 苏木属Caesalpinia
  3. 一回羽状复叶 ·················· 4. 决明属Cassia

1. 紫荆属Cercis L.

落叶乔木或灌木；芽叠生。单叶互生，全缘，基部心形；叶脉掌状。花萼5齿裂，红色；花冠假蝶形，上部1瓣较小，下部2瓣较大；雄蕊10，花丝分离。荚果扁带形，沿腹缝线具窄翅；种子扁形。

约12种，产北美、东亚及南欧。我国有7种，皆为美丽的观赏植物。

紫荆（满条红、裸枝树、紫珠、箩筐树）

Cercis chinensis Bunge

灌木或小乔木，高2～4m；小枝被毛或无毛。叶近圆形，长6～13cm，先端骤尖，基部心形，无毛或下面微被毛。先叶开花，花5～8簇生，紫红色。果腹缝具窄翅，两侧缝线对称或近对称，网脉明显。种子2～6，宽长圆形，长5～6mm，宽

紫荆　　　　　　　　紫荆花枝

紫荆果实

4mm，黑褐色，有光泽。花期3~4月，果期9~10月。

产于我国云南、四川、贵州、广西、广东、江西、湖南、湖北、浙江、江苏、安徽、河南、山东、陕西等地，生于密林或石灰岩地区。

变型有白花紫荆*C. chinensis* f. *alba* P. S. Hsu，与紫荆区别为其花纯白色。

紫荆早春叶前开花，枝、干布满紫花，叶片心形，圆整而有光泽，宜孤植、丛植于庭院、建筑物前及草坪边缘等。紫荆树皮及花梗可入药。木材供家具、建筑等用。

2. 羊蹄甲属*Bauhinia* L.

乔木、灌木或藤本，常具卷须。单叶互生，顶端常2深裂或裂为2小叶。花单生或排为伞房、总状、圆锥花序；全缘花萼呈佛焰苞状或2~5齿裂；花瓣5，稍不相等；雄蕊10或退化为5或3，罕1，花丝分离。

约600种，产于热带和亚热带。我国40种，栽培约10种。

分种检索表

1. 乔木或直立灌木。
  2. 能育雄蕊10枚；荚果顶端具喙 ………………………… 1. 鞍叶羊蹄甲*B. brachycarpa*
  2. 能育雄蕊5枚或3枚；荚果顶端无喙。
    3. 叶先端分裂约为叶长的1/4~1/3；花瓣红紫色，具短瓣柄，能育雄蕊5枚 …………
    ……………………………………………………………… 2. 红花羊蹄甲*B. blakeana*
    3. 叶先端分裂达叶长的1/3~1/2；花瓣淡红色至玫瑰红，具长瓣柄，能育雄蕊3枚
    ……………………………………………………………… 3. 羊蹄甲*B. purpurea*
1. 藤本，具卷须 ………………………………………… 4. 云南羊蹄甲*B. yunnanensis*

(1) 鞍叶羊蹄甲（夜关门、马鞍叶、叶合欢、叶合叶）

Bauhinia brachycarpa Wall. ex Benth.

直立或攀援小灌木；小枝具棱，初时被微柔毛。叶近圆形，通常宽度大于长度，长3~6cm，先端2裂达中部，裂片先端圆钝，基部近平截、宽圆或有时浅心形，基出脉7~9（11）；叶柄长0.6~1.6cm，具沟，稍被微柔毛。伞房式总状花序侧生，连花序梗长1.5~3cm，有密集的花10余朵；花序梗短，与花梗同被短柔毛；花瓣白色；能育雄蕊通常10，其中5枚较长，花丝长5~6mm，无毛；子房被茸毛，具短柄。荚果长圆形，扁平，长5~7.5cm，宽0.9~1.2cm，两端渐窄，顶端具短喙，成熟时开裂；果瓣革质，初时被短柔毛，开裂后扭曲。

产于我国云南、西藏、四川、贵州、广西、湖北、甘肃、陕西等地，生于海拔800~2200m山地草坡和河溪旁灌丛中。印度、缅甸及泰国也有分布。

本种枝叶舒展，绿树成荫，叶形奇特，可供庭园观赏，宜丛植于草坪、园路转角等处。

鞍叶羊蹄甲花枝

鞍叶羊蹄甲果实

（2）红花羊蹄甲（红花紫荆、洋紫荆）

Bauhinia blakeana Dunn

乔木，小枝被毛。叶近圆形或宽心形，先端2裂约为叶长的1/4～1/3，裂片先端钝或窄圆，基部心形，有时近截平，上面无毛，下面疏被短柔毛；基出脉11～13；叶柄被褐色短柔毛。总状花序，顶生或腋生，有时复合成圆锥花序，被短柔毛；苞片和小苞片三角形；花大，美丽；花蕾纺锤形；花萼佛焰状，有淡红或绿色线条；花瓣红紫色，具短瓣柄；能育雄蕊5，其中3枚较长；退化雄蕊2～5，丝状，极细；子房具长柄，被短柔毛。常不结果。花期全年，3～4月为盛花期。

红花羊蹄甲花

红花羊蹄甲果实

世界亚热带地区广泛栽植。

红花羊蹄甲为美丽的观赏树木，花大，紫红色，盛开时繁花满树，为广东、香港及广西主要的庭园观赏树之一，也供行道树栽植之用。1963年被定为香港的市花。1997年，香港回归祖国，其花的图案又被定为香港特别行政区的区徽。

红花羊蹄甲

（3）羊蹄甲（紫羊蹄甲）

Bauhinia purpurea L.

乔木或灌木，高达10m；枝幼时微被毛。叶近圆形，长10～15cm，先端分裂达叶长的1/3～1/2，裂片先端圆钝或近急尖，基部浅心形，两面无毛或下面疏被微柔毛；基出脉9～11；叶柄长3～4cm。总状花序侧生或顶生，少花，长6～12cm，有时2～4序生于枝顶而成复总状花序，被褐色绢毛；花蕾纺锤形，具4～5棱或窄翅；花瓣淡红色；能育雄蕊3，花丝与花瓣等长；退化雄蕊5～6，长0.6～1cm；子房具长柄，被黄褐色绢毛，柱头斜盾形。荚果带状，扁平，长12～15cm，宽2～2.5cm，稍呈镰状。

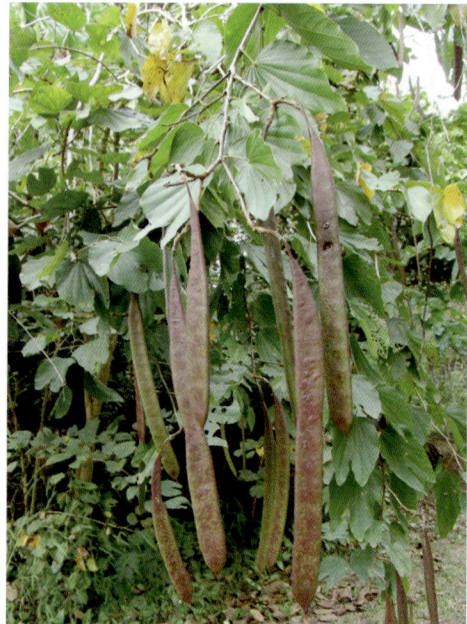
羊蹄甲

产于我国云南、广西、广东、海南及台湾等地。中南半岛、印度及斯里兰卡有分布。

本种终年绿叶婆娑、遮荫度好，花形态美丽，不仅能作风景树、还能作庭荫树，也可列植道旁为行道树，或群植园中，以供观赏，均极可爱。

(4) 云南羊蹄甲

Bauhinia yunnanensis Franch.

藤本，无毛；枝稍具棱或圆柱形；卷须成对，近无毛。叶宽椭圆形，全裂至基部，弯缺处有一侧刚毛状尖头，基部深心形或浅心形，裂片斜卵形，长2~4.5cm，具3~4脉。总状花序顶生或与叶对生，有10~20朵花；花瓣淡红色，匙形，顶部两面有黄色柔毛；能育雄蕊3，不育雄蕊7；子房无毛，有长柄，柱头头状。荚果带状，扁平，顶端具短喙，开裂后荚瓣扭曲。

云南羊蹄甲叶及卷须

云南羊蹄甲花

产于我国云南、四川及贵州，生于海拔400~2000m山地灌丛或悬崖上。缅甸及泰国北部有分布。

本种借助卷须进行攀援，叶形独特，庭院中可作棚架、门廊及山石绿化材料，也可用于厂矿区的垂直绿化等。

3. 凤凰木属*Delonix* Raf.

大乔木。二回偶数羽状复叶，小叶形小，多数。花大而显著，红色，成伞房总状花序；萼5深裂，镊合状排列；花瓣5，圆形，具长爪；雄蕊10，花丝分离；子房无柄，胚珠多数。荚果大，扁带形，木质。

约3种，产热带非洲和亚洲。我国引入1种。

凤凰木（金凤树、金房树、红花楹、火树、凤凰花）

Delonix regia (Boj.) Raf.

落叶乔木，高达20m，树冠开展如伞状。复叶长26~60cm，羽片10~24对，对生；小叶20~40对，对生，近矩圆形，长5~8mm，宽2~4mm，先端钝圆，基部歪斜，上面中脉凹下，侧脉不显，两面被柔毛。花萼绿色；花冠鲜红色，具有黄色及白色条纹。荚果木质，长达50cm。花期5~8月，果期11~12月。

凤凰木花

凤凰木果实

原产马达加斯加岛及热带非洲，现广植于热带各地；我国云南、广东、台湾、福建南部均有栽培。

本种树冠宽阔，叶形如鸟羽，花大而色艳，初夏开放，鲜红色，上部花瓣有黄色条纹，遥望如烽火当空，故亦称"火树"（Fire Tree）、"凤凰"等，在华南各地供观赏及庇荫之用，或列植道旁作庭荫树及行道树等。

凤凰木

4. 决明属（铁刀木属）*Cassia* L.

乔木、灌木、亚灌木或草本。一回偶数羽状复叶，叶轴上在2小叶之间或叶柄上常有腺体。圆锥花序顶生，总状花序腋生，偶有1至多花簇生叶腋；花常黄色；萼片5，萼筒短；花瓣3～5，后方1花瓣位于最内方；雄蕊10，常有3～5个退化，药顶孔开裂；子房无或有柄，含多数胚珠。荚果形状多样，开裂或不开裂，常在种子间有间隔膜。

约600种，主要分布于热带；我国产13种。

分种检索表

1. 叶柄、叶轴无腺体 ·· 1. 腊肠树 *C. fistula*
1. 叶轴下部1～3对小叶间具棍棒状腺体。
  2. 小叶7～9对，椭圆形；荚果带状，扁平，边缘波状 ·········· 2. 黄槐 *C. surattensis*
  2. 小叶3～4（5）对，倒卵形，荚果圆柱形，微弯 ·········· 3. 双荚决明 *C. bicapsularis*

（1）腊肠树（阿勃勒、牛角树、金急雨、波斯皂荚）

Cassia fistula L.

落叶乔木，高达15m。偶数羽状复叶，叶柄及总轴上无腺体；小叶4～8对，卵形至椭圆形，长6～15cm，宽3.5～8cm。总状花序疏散，下垂，长达30cm以上；花淡黄色，径约4cm。荚果圆柱形，长30～60cm，径约2cm，黑褐色，有3槽纹，不开裂，种子间有横隔膜。花期6～8月，果期9～10月。

原产于印度、斯里兰卡及缅甸。我国华南和西南各地均有栽培。

腊肠树初夏开花时，满树挂满长串状金黄色花朵，极为美观，秋天圆柱形的荚果宛如一吊吊腊肠，故名"腊肠树"；庭院中常孤植于草坪中，或作行道树之用。果瓤、树皮、根均可药用；荚果含单宁；树皮可作红色染料。材质极坚硬而沉重，耐腐力强，但不易加工，可作桩柱、车辆、桥梁及农具用。

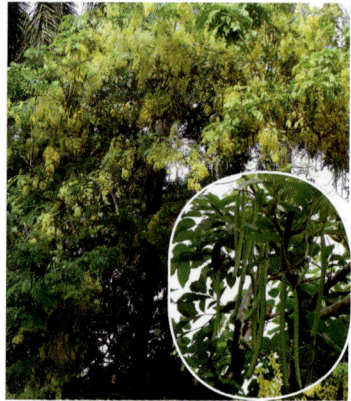

腊肠树　　　　　腊肠树果实

（2）黄槐（粉叶决明、金凤豆槐、豆槐、金药树、黄槐决明、黄花槐）

Cassia surattensis Burm. f.

小乔木，高5～7m，或呈灌木状；小枝、花序、叶均被毛。小叶7～9对，椭圆形，长2～5cm，先端圆，微凹，基部稍偏斜，下面粉白绿色；托叶线形，长约1cm。花序总状，腋生，长5～8cm，花瓣鲜黄至深黄色；雄蕊10；子房密被黄毛。荚果长7～11cm，宽8～12mm，开裂，子房柄长6～8mm，果缘波状，有时缢缩，黄色；种子10～12，扁椭圆形，有光泽。几乎全年开花。

原产于南亚及大洋洲，现广植于热带地区。我国广东、广西、四川南部、福建、台湾等地有栽培。

本种树姿优美，盛花时黄花满树，成丛或成片种植，颇为壮观，是优良的庭园观赏树和行道树。

黄槐　　　　黄槐花

(3) 双荚决明（腊肠子树、黄花槐、双荚槐、金边黄槐）

Cassia bicapsularis L.

灌木，高达3m，多分枝。小叶3~4（5）对，倒卵形，膜质，长2~4cm，先端钝，基部偏斜，侧脉纤细明显，下面中脉下部被毛；小叶柄短；最下一对小叶间有一棒状腺体。花黄色，径约2cm，发育雄蕊7，退化雄蕊3。果圆柱形，微弯，长10~17cm，径1~1.6cm；果柄长约2.5cm。花期10~11月，果期11月至翌年3月。

原产热带美洲，现广布于热带地区。我国云南、广东、广西、福建、海南及台湾等地有栽培。

本种分枝茂密，常形成密丛，小叶翠绿，花期甚长，着花极多，尤在盛花期，花团锦簇，灿烂夺目，景观和色彩效果十分出众。可单植、丛植或列植作绿篱等。

双荚决明

双荚决明果实及花

5. 苏木属 *Caesalpinia* L.

乔木、灌木或藤本；常具刺。二回偶数羽状复叶，小叶全缘。总状或圆锥花序，花较大，美丽；萼筒短，裂片5，离生；花瓣5，常具柄；雄蕊10，分离，花丝基部较粗，被毛，花药背着；子房无柄或具短柄。荚果扁平或肿胀，平滑或被刺，革质或木质，开裂或不裂；种子卵圆形至球形。

约100种，分布于热带、亚热带地区。我国17种，主产西南、华南；引入栽培约9种。

金凤花（洋金凤、蝴蝶花、蛱蝶花、黄金凤、黄蝴蝶）

Caesalpinia pulcherrima (L.) Sw.

落叶小乔木；枝具疏刺。二回羽状复叶，长12~26cm；羽片4~8对，长6~12cm；小叶7~11对，长圆形或倒卵形，长1~2cm，先端凹缺，有时具短尖头，基部偏斜；具短柄。总状花序伞房状，顶生或腋生，疏松，长达25cm；花梗长短不一，长4.5~7cm；花瓣橙红或黄色，圆形，长1~2.5cm，边缘皱波状，瓣柄与瓣片几等长；花丝红色，远伸出花瓣外，长5~6cm，基部粗，被毛。荚果窄而薄，倒披针状长圆形，长6~10cm，宽1.5~2cm，先端具长喙，成熟时黑褐色；种子6~9。几乎全年均可开花结果。

世界热带地区广为栽培。我国云南、广西、广东、香港及台湾等地有栽培。

金凤花花冠橙红或黄色，全年可开花，花似彩蝶，故又名"蝴蝶花"，在气候温暖的地区可以种植在公园和庭园中，而在较寒冷的地区则多在温室中种植，盆栽欣赏。

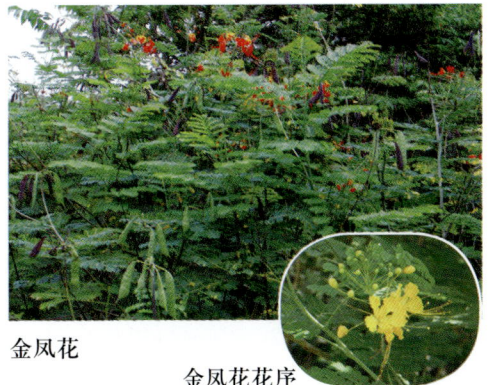

金凤花

金凤花花序

九、含羞草科Mimosaceae

乔木或灌木，偶有藤本，稀草本。二回稀一回羽状复叶，或为叶柄状、鳞片状；叶轴或叶柄上常具腺体；具托叶或成刺状或无。花小，两性，稀单性，辐射对称，头状、穗状或总状花序，或再组成复花序；花萼管状，齿裂，裂片镊合状稀覆瓦状排列；花瓣与萼齿同数，分离或合生成短管；雄蕊5～10或多数，分离或合生成束，花丝细长；子房上位，1室，边缘胎座，花柱细长，柱头小。荚果，不裂或开裂。

64属，2950种，分布于热带、亚热带地区，少数至温带地区。我国8属，44种；引入栽培10余属，30余种，主产华南和西南。

分属检索表

1. 花丝连合成管状；叶为二回羽状复叶。
  2. 荚果扁平而直，不开裂 ················· 1. 合欢属Albizia
  2. 荚果直或微弯，2瓣开裂 ················· 3. 朱缨花属Calliandra
1. 花丝离生；叶为二回羽状复叶或退化为叶状柄 ················· 2. 金合欢属Acacia

1. 合欢属Albizia Durazz.

乔木或灌木，稀藤本，通常无刺；多落叶。二回羽状复叶，叶总柄具腺体，羽片和小叶对生；小叶1至多对。花小，常两性，稀杂性，5基数；头状花序或组成伞房状或圆锥状花序；花瓣在中部以下合生；雄蕊多数，花丝细长，基部合生成管；胚珠多数。果扁平稀稍厚，带状，种子间无横隔，不裂或迟裂；种子圆形或卵形，扁平，种皮具马蹄形痕。

约150种，分布于全世界热带和亚热带地区。我国17种，产于西南、中南、东南，引入栽培2种。

合欢（夜合花、绒花树、野花木、乌云树、洗手粉、马缨花）

Albizia julibrissin Durazz.

乔木，高达16m，胸径50cm；小枝褐绿色，具棱。小叶的中脉偏向上缘，两侧不对称，小刀形，长6～13mm，宽1.5～4mm；叶柄及叶轴顶端各具1腺体。头状花序排成伞房状；花白色至淡红色，萼长2.5～4mm；花冠长6～10mm；花丝长2.5～3cm。

合欢

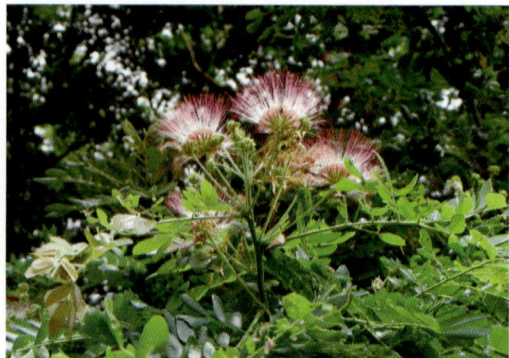

合欢花

荚果带状，长8～17cm，宽1.2～2.5cm，幼时被毛；种子8～14。花期6～7月，果期9～10月。

产于我国云南、西藏、四川、贵州、广西、广东、香港、台湾、福建、江西、湖南、湖北、浙江、江苏、安徽、河南、河北、山东、山西、吉林、甘肃及陕西等地，多生于山坡，辽宁有栽培。中南半岛至非洲也有分布。

合欢树姿优美，树冠较大，叶形雅致，盛夏绒花满树，有色有香，宜作庭荫树、行道树，植于林缘、房前、草坪、山坡等地。树皮及花入药。嫩叶可食，老叶浸水可洗衣。木材供家具、农具及车船等用。

2. 金合欢属 *Acacia* Mill.

乔木、灌木或藤本；具皮刺或托叶刺，或无刺。二回羽状复叶，或小叶退化，叶柄成叶状。花黄色稀白色，头状或穗状花序；萼钟状或漏斗状，齿裂；花冠显著，分离或连合；雄蕊多数，花丝分离，或仅基部稍连合，突出；胚珠多数。荚果卵形、长圆形或条形，多扁平，稀圆筒形。

约1000种，广布于热带和亚热带地区，以大洋洲和非洲为多。我国12种，产于西南至东南，引入栽培有20余种。

分种检索表

1. 羽片及小叶退化，叶柄呈叶状，披针形 ·········· 1. 台湾相思 *A. confusa*
1. 二回羽状复叶。
　2. 小叶暗绿色，下面被毛；叶柄具1腺体，叶轴上每对羽片间具1～2腺体；果长条形，在种子间稍缢缩，暗褐色，密被茸毛 ·········· 2. 黑荆树 *A. mearnsii*
　2. 小叶银灰或淡绿色，被白霜；叶柄无腺体，叶轴上羽片着生处具1腺体；荚果长圆形，扁压，无毛，通常被白霜 ·········· 3. 银荆树 *A. dealbata*

（1）台湾相思（相思树、洋桂、台湾柳、相思仔）

Acacia confusa Merr.

常绿乔木，高达16m。幼苗具羽状复叶，后小叶退化，叶柄呈叶状，镰状披针形，具3～5（8）平行脉，两面无毛。头状花序1～3腋生；花瓣淡绿色；雄蕊多数，金黄色，突出。荚果长4～11cm，宽0.7～1cm，干时深褐色，有光泽；种子2～8，椭圆形，长5～7mm。花期3～10月，果期8～12月。

产于我国台湾南部，华南南部至西南南部有栽培。菲律宾、印度尼西亚等国家也有栽培。

台湾相思树冠轮廓婉柔，适应性强，生长迅速，耐干旱，宜作荒山绿化的先锋树，也是行道树、四旁绿化的优良树种；根系发达，抗风力强，耐潮湿，适于海岸庭园及行道树栽植之用。

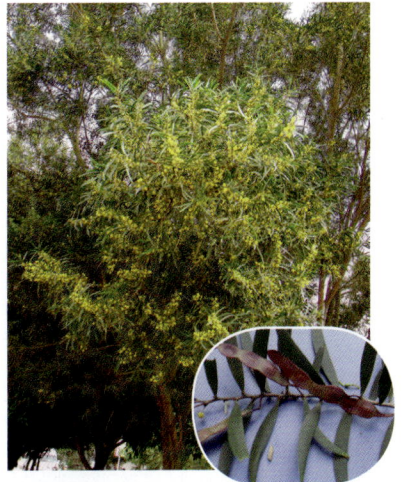

台湾相思

台湾相思果实

(2) 黑荆树（澳洲金合欢、黑栲皮树、黑儿茶、黑荆木）

Acacia mearnsii De Wild.

常绿乔木，高达18m；小枝具棱，被茸毛；幼芽金黄色。二回羽状复叶；小叶排列紧密，条形，长1.5～3（4）mm，宽0.7～1mm，暗绿色，下面被毛；叶柄具1腺体，叶轴上每对羽片间具1～2腺体。头状花序组成腋生复总状花序；花淡黄色。荚果长条形，长3.5～11cm，宽4～7mm，在种子间稍缢缩，暗褐色，密被茸毛；种子10（3～15），卵圆形，长约4mm，黑色，有光泽。花期11月至翌年6月，果期5～10月。

原产澳大利亚热带、亚热带山地。我国浙江、台湾，华南至西南各地有栽培，多植于海拔800m以下丘陵地区。

本种树势端庄，枝叶秀丽而质地细腻，可作行道树及矿山等处的绿化树种。其皮、叶、枝、根富含单宁，是提取栲胶的好原料；材、枝桠可作造纸和食用菌原料；又是优良的薪炭材树种。

黑荆树

黑荆树果实

(3) 银荆树（圣诞树、黑栲皮树、白粉金合欢、鱼骨子松、鱼骨松、银荆）

Acacia dealbata Link

灌木或小乔木，高达15m；嫩枝及叶轴被灰色短茸毛，被白霜。二回羽状复叶，银灰或淡绿色，有时在叶尚未展开时，稍呈金黄色；叶轴上的腺体位于羽片着生处；羽片10～20（25）对；小叶26～46对，密集，线形，长2.6～3.5mm，宽0.4～0.5mm。头状花序直径6～7mm，排成腋生的总状花序或顶生的圆锥花序；花淡黄色或橙黄色。荚果长圆形，长3～8cm，宽0.7～1.2cm，扁压，无毛，通常被白霜，红棕或黑色。花期4月，果期7～8月。

原产澳大利亚。我国云南、广西及福建有引种。

银荆树花

银荆树果实

本种具有观赏价值又是蜜源植物，为优良用材、水土保持、制栲胶、四旁绿化和庭园观赏等多用途树种。花含有芳香精油，是名贵的香料；荚果、树皮和树根都含有单宁，可作染料，也有药用价值；茎上的树脂含树胶，可用于工艺或药品；木材坚硬，是上等木料。

3. 朱缨花属 *Calliandra* Benth.

灌木或小乔木；托叶常宿存，有时变为刺状。二回羽状复叶；羽片1至数对；小叶对生。花杂性，常组成球形的头状花序，或再排成腋生或顶生的总状花序；花萼钟状，浅裂；花瓣连合至中部；雄蕊多数，红色或白色，长而突露，下部连合成管；心皮1枚，无柄，胚珠多数，花柱线形。荚果线形，扁平，劲直或微弯，果瓣由顶部向基部沿缝线2瓣开裂；种子倒卵形或长圆形，压扁，种皮硬，具马蹄形痕，无假种皮。

约200种，产美洲、西非，印度至巴基斯坦等的热带、亚热带地区。我国引入栽培2种。

朱缨花（红合欢、美洲合欢、红绒球、美蕊花、丹彩绒球）

Calliandra haematocephala Hassk.

落叶灌木或小乔木，高1～3m；枝条扩展，小枝圆柱形。托叶卵状披针形，宿存。二回羽状复叶，羽片1对；小叶7～9对，斜披针形，先端钝而具小尖头，基部偏斜。头状花序腋生，径约3cm（连花丝），有花25～40朵；花萼钟状，绿色；花丝长约2cm，深红色。荚果线状倒披针形，暗棕色，成熟时开裂，果瓣外翻；种子5～6颗。花期8～9月，果期10～11月。

原产南美洲，现热带及亚热带地区引种栽培供观赏。我国云南、广东、台湾、福建等地有引种栽培。

朱缨花的花、叶皆佳，尤其是绒球状的花丝鲜红色，极具观赏性，是优良的盆栽观赏花卉。目前多用于高速公路绿化和公园、植物园、观光旅游区的景观绿化。因其花形与合欢相仿，故又称"美洲合欢"或"红合欢"，还有人依其形态俗称为"红绒球"。

朱缨花　　　　　　　　　　　　　　朱缨花花序

十、蝶形花科Papilionaceae（Fabaceae）

草本、藤本、灌木或乔木，直立或攀援状。叶常互生，复叶，稀单叶，常有托叶。花两性，两侧对称，蝶形花冠；常组成总状或圆锥花序，稀为头状或穗状花序；萼管通常5裂，上部2裂齿常多少合生；花瓣5，覆瓦状排列，位于近轴最上、最外面的1片为旗瓣，两侧多少平行的两片为翼瓣，位于最下、最内面的两片，下侧边缘合生成龙骨瓣；雄蕊10 (9)，合生为单体或二体，稀离生；雌蕊1，子房上位，1室，胚珠1至多数，边缘胎座。荚果不开裂或开裂为2果瓣，或由2至多个各具1种子的荚节组成。

本科有480属12000种，广布于全世界，主要分布热带与温带。我国连引种119属，1100种，各地均产。

分属检索表

1. 雄蕊花丝联合成单体或两体。
　2. 果含1～2种子，不开裂 ·························· 1. 黄檀属Dalbergia
　2. 果含1至多数种子，开裂或不裂。
　　3. 叶为3小叶复叶。
　　　4. 直立乔木或灌木；枝叶具刺；种子间缢缩成串珠状 ·········· 2. 刺桐属Erythrina
　　　4. 藤本；枝叶无刺；种子间不缢缩或稍缢缩 ········ 7. 油麻藤属Mucuna
　　3. 叶为羽状复叶。
　　　5. 乔木或灌木；托叶变为刺 ·················· 4. 刺槐属Robinia
　　　5. 藤本或直立乔木；托叶不变为刺。
　　　　6. 有花盘，圆锥或假总状花序；叶痕两侧无突起 ···· 5. 崖豆藤属Millettia
　　　　6. 无花盘，总状花序下垂；叶痕两侧常有突起 ······ 6. 紫藤属Wisteria
1. 雄蕊花丝分离，稀基部合生 ····················· 3. 槐属Sophora

1. 黄檀属Dalbergia L. f

乔木、灌木或木质藤本；无顶芽，腋芽2芽鳞。叶互生，奇数羽状复叶，稀单叶；托叶小，早落；小叶互生。聚伞花序或圆锥花序；花萼钟状，5齿裂，最下一齿常较长；雄蕊10或9，单体或两体 (5+5，稀9+1)；子房具柄。荚果长圆形或带状，薄而扁平，不开裂，具细网纹。

100种，分布于热带、亚热带地区。我国28种，产于西南至东南。

分种检索表

1. 小叶长1.8～5.3cm，宽1～3cm；花序顶生；雄蕊两体 ·············· 1. 黄檀D. hupeana
1. 小叶长0.6～1.2 (1.8) cm，宽约0.5cm；花序腋生；雄蕊单体 ····················· 2. 含羞草叶黄檀D. mimosoides

(1) 黄檀（白檀、不知春、望水檀、檀木、檀树）

Dalbergia hupeana Hance

落叶乔木，高10～20m。小叶7～11，长1.8～5.3cm，宽1～3cm，先端钝圆或微凹，基部圆，叶轴与小叶柄有白色疏柔毛；托叶早落。圆锥花序顶生或生于上部叶腋间；花梗及萼齿被有锈色柔毛；萼钟状，萼齿5，不等，最下面1个披针形，较长，上面2个宽卵形，较短，有锈色柔毛；花冠淡紫色或白色；雄蕊10，两体（5+5）。荚果长圆形，扁平，长3～7cm，宽8～14mm；种子1～3颗。花期5～6月，果期9～10月。

产于我国云南、四川、贵州、广西、广东、福建、江西、湖南、湖北、浙江、江苏、安徽、河南、山东、甘肃、陕西等地，生于海拔600～2100m山地林中或灌丛中。

黄檀树冠开展，枝繁叶茂，耐干旱瘠薄土壤，在酸性、中性土壤及石灰岩上均能生长，可作公路沿线绿化树种应用，也是荒山荒地绿化的先锋树种。黄檀春季发叶迟，故有"不知春"之名。

黄檀

黄檀果实

(2) 含羞草叶黄檀（象鼻藤、小黄檀、麦刺藤叶、鸡勾札）

Dalbergia mimosoides Franch.

灌木或藤本，高4～6m。羽状复叶长6～8（10）cm；小叶10～17对，线状长圆形，长0.6～1.2（1.8）cm，先端平截、钝或凹缺，基部楔形或宽楔形。圆锥花序腋生，长1.5～5cm；花序梗、花序轴、分枝与花梗均被柔毛；花萼钟状；花冠白或淡黄色，花瓣具柄，旗瓣长圆状倒卵形，翼瓣倒卵状长圆形，龙骨瓣椭圆形；雄蕊9（10），单体。荚果扁平，长圆形或带状，长3～6cm，宽1～2cm，具1（2）种子。花期4～5月。

产于我国云南、西藏、四川、贵州、广西、江西、湖南、湖北、浙江、甘肃及陕西等地，生于海拔800～2300m山沟疏林或山坡灌丛中。印度有分布。

本种叶小而稠密，适应性强，寿命长，可用于花架、花廊、假山、岩石面任其爬蔓或悬垂，也可修剪成灌木状丛植草坪、湖滨等处。

含羞草叶黄檀花

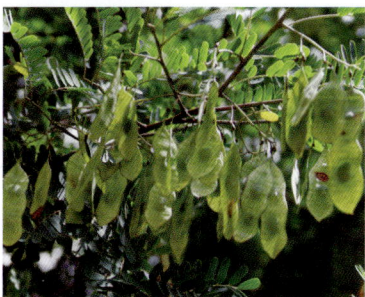

含羞草叶黄檀果实

2. 刺桐属 *Erythrina* L.

乔木或灌木，稀草本；茎、叶常具皮刺。叶互生，小叶3枚；托叶小；小托叶呈腺体状。花大，红色，排为总状花序；萼筒钟状、陀螺状，或偏斜成佛焰状，2唇状；花瓣不等大，旗瓣宽阔或窄，翼瓣小或缺；雄蕊单体或两体（9+1），上面的1枚花丝离生，其他的花丝至中部合生；子房具柄，胚珠多数；花柱内弯，无毛。荚果线形，肿胀，种子间缢缩为念珠状。

200种以上，分布于热带、亚热带地区；我国连引种栽培共10种，主产西南部至南部。

分种检索表

1. 花萼钟状或陀螺状，龙骨瓣长于翼瓣。
　　2. 花萼钟状；雄蕊二体；荚果圆柱形 ·············· 1. 龙牙花 *E. corallodendron*
　　2. 花萼陀螺形；花丝在近基部联合成一体；荚果镰形 ········· 2. 鹦哥花 *E. arborescens*
1. 花萼佛焰形；龙骨瓣与翼瓣近等长 ·············· 3. 刺桐 *E. variegata*

（1）龙牙花（珊瑚树、象牙红、珊瑚刺桐）

Erythrina corallodendron L.

落叶小乔木或灌木，高3～5m；树干和分枝散生皮刺。羽状复叶具3小叶；叶柄常具刺；小叶菱状卵形，长0.4～1cm，先端渐尖而钝或长渐尖，基部宽楔形，下面中脉上常具刺。总状花序腋生，长达30cm或更长，具多数较疏生的花；花具短梗，长4～6cm；花萼钟状；花冠红色，窄长而近于闭合状，旗瓣窄长圆形，长4～4.5cm，先端微凹，翼瓣短，长约为旗瓣的1/3，无明显瓣柄，龙骨瓣长于翼瓣，约为旗瓣的1/2，具短瓣柄；雄蕊二体（9+1）。荚果圆柱形，长10～12cm，具喙和果柄。

原产南美洲。我国云南、广东、广西、福建及台湾等地有栽培。

本种花先叶开放，在秃净的枝条上开满深红色花朵，为优良的木本花卉，热带地区美丽的观赏树种，常用作行道树及观赏之用；树皮药用。

龙牙花　　　　　　　　　　　　　　　　　龙牙花花序

(2) 鹦哥花（乔木刺桐、刺木通、红嘴绿鸥哥、泡龙桐刺、海桐皮）

Erythrina arborescens Roxb.

小乔木或乔木，高达10m；树干和枝条具皮刺。羽状复叶具3小叶；托叶小；顶生小叶近肾形，侧生小叶斜宽心形，先端急尖，基部截形或近心形。总状花序生于先端叶腋，单生，直立，比叶长；花鲜红色，大，具花梗，下垂；花萼陀螺形；花冠红色，旗瓣近卵形，舟状，翼瓣比龙骨瓣短，斜倒卵形；花丝基部合生成单体。荚果弯曲，有明显的喙和果梗，有种子5～10颗。

产于我国云南、西藏、四川、贵州、海南及湖北等地，生于海拔450～2100m山沟中或草坡上。印度、尼泊尔、缅甸也有分布。

本种花大而美丽，可在适生区的园林中用作行道树及庭园观赏树等。树皮药用。

鹦哥花花序

鹦哥花果实

鹦哥花

(3) 刺桐（广东象牙红、木本象牙红、海桐）

Erythrina variegata Linn.

落叶乔木，高可达20m；小枝具圆锥形黑色皮刺。羽状复叶具3小叶；小叶宽卵形或菱状卵形，长15～20cm，先端渐尖而钝，基部宽楔形或平截。总状花序顶生，长10～16cm；花序梗粗壮，长7～10cm；花密集，成对着生；花梗被茸毛；花萼佛焰苞状，长2～3cm，口部斜，一侧开裂，无毛或疏被茸毛；花冠红色，长6～7cm；旗瓣椭圆形，长5～6cm，宽2～2.5cm，翼瓣短于旗瓣，龙骨瓣与翼瓣近等长，各瓣均具短瓣柄；雄蕊10，花丝连合成单体。荚果圆柱形，长15～30cm，径2～3cm，微弯曲。

原产印度至大洋洲海岸。我国云南、广东、广西、福建及台湾等地有栽培。

本种树形优美，枝叶扶疏，早春花先叶盛开，红艳美丽，可作行道树、绿荫树、景观树等。根、皮入药，嫩叶可食。

刺桐

刺桐花

3. 槐属*Sophora* L.

乔木或灌木；叶具柄下芽，无芽鳞。奇数羽状复叶互生，小叶全缘，托叶小，早落或变为针刺状而宿存。总状或圆锥花序，顶生，花冠蝶形，雄蕊10，离生或仅基部合生。荚果于种子间缢缩成串珠状，不开裂或不同方式开裂。

共约80种，分布温带和亚热带地区。我国约产23种。

分种检索表

1. 乔木；植株无刺；托叶不退化成刺 ·············· 1. 槐*S. japonica*
1. 灌木；植株有刺；托叶退化成刺。
  2. 枝和茎近无毛；托叶有时部分变刺 ·············· 2. 苦刺花*S. davidii*
  2. 植株被长柔毛；托叶全部变刺 ·············· 3. 砂生槐*S. moorcroftiana*

(1) 槐（国槐、家槐、守宫槐、槐花树、豆槐、金药树、紫槐、白檀、槐角子）

Sophora japonica L.

落叶乔木，高达25m；无顶芽，侧芽为叶柄下芽；小枝绿色，有淡黄褐色皮孔。小叶7~17，先端尖，基部圆或宽楔形，下面粉绿色，被平伏毛；托叶镰刀状，长6~8mm，早落。花冠黄白色。荚果长2.8~8cm，径1~1.5cm，黄绿色，肉质，含胶质，不裂；种子1~6，肾形，黑褐色。花期6~8月，果期9~10月。

产于我国云南、四川、贵州、广西、广东、江西、湖南、湖北、浙江、安徽、河南、河北、山东、山西、辽宁、甘肃及陕西等地。日本、朝鲜也有分布。

槐在我国作为庭院树栽植有悠久的历史，古树较多。其树冠宽广，寿命长，是良好的行道树和庭荫树；抗有害气体能力强，又是工厂矿区的良好绿化树。景观中常用的变种有龙爪槐（盘槐、绿槐、蟠槐）*S. japonica* var. *pendula* 小枝弯曲下垂，树冠呈伞状；紫花槐*S. japonica* var. *pubescens*花的翼瓣和龙骨瓣常带紫色等。

槐

槐花

槐果实

龙爪槐

(2) 苦刺花（狼牙刺、白刺、黑刺、褐刺、马蹄针、白刺花）

Sophora davidii (Franch.) Skeels

灌木，高3m左右。奇数羽状复叶互生；小叶11～21枚，长倒卵形，长7～12mm，宽4～7mm，先端微凹，有小刺尖，基部圆形，全缘，下面疏生平伏的白毛；托叶钻状，部分退化成刺。总状花序着生于老枝顶；花疏生而下弯，约6～12朵，白色或蓝白色，有短花梗；萼小，杯形，5浅齿，紫蓝色；花冠长1.5cm，旗瓣倒卵状至匙形，龙骨瓣基部有钝耳。荚果长3～8cm，粗约5mm，串珠状，有长嘴，密生白色平伏长柔毛，节3～5个；种子椭圆形。花期3～8月，果期6～10月。

分布于我国云南、西藏、四川、贵州、湖北、浙江、江苏、安徽、河南、河北、山西、甘肃及陕西等地，生于海拔3800m以下干旱河谷山坡灌丛中或河谷沙丘。

本种枝叶秀丽，花色淡雅，灰白细长的荚果多而独具一格。在庭园中可观赏，宜丛植于草地、路侧、角隅等处，或编篱，也可作公路护坡之用。花可食，以根、叶、花及果实入药。

苦刺花花枝

苦刺花

(3) 砂生槐（西藏狼牙刺、金雀花、刺树）

Sophora moorcroftiana (Benth.) Baker

灌木，高约1m；多分枝，小枝密生灰白色短柔毛。羽状复叶；叶柄、叶轴密被长柔毛；小叶5～7对，矩圆形、倒卵状矩圆形，长4～10mm，宽2～4（7）mm，两面密被白色或淡黄褐色长柔毛，顶端具刺状的芒；托叶钻状，初时稍硬，后硬化成刺，宿存。总状花序生于小枝顶端；花萼钟状；花冠蓝紫色；雄蕊10，不等长，基部连合；子房密被长柔毛，胚珠多数。荚果串珠状，长7～11cm，宽7mm，有1～7粒种子。花期5～7月，果期7～10月。

分布于我国西藏，生于海拔2800～4500m山坡灌丛中、河漫滩砂质地或石质山坡、河谷，常成大片群落。尼泊尔、印度、不丹等国家也有。

本种植物低矮，蓝色花朵鲜艳夺目，如彩蝶飞舞，自然景观十分美丽，可引入庭园观赏，宜片植、丛植、列植于阳光充足处。

砂生槐

砂生槐花

4. 刺槐属 *Robinia* L.

落叶乔木或灌木；叶具柄下芽，无芽鳞。奇数羽状复叶互生，小叶全缘，对生或近对生；托叶多变为刺；具小叶柄和小托叶。总状花序腋生，下垂；雄蕊2体(9+1)。荚果带状，沿腹缝线具窄翅，开裂。

共约20种，产北美及墨西哥。我国引入2种和2变种。

刺槐（洋槐、琴树）

Robinia pseudoacacia L.

乔木，高25m，胸径1m；树皮灰褐色，在叶柄基部常有较硬、大小不相等的2托叶刺。小叶11～19，卵形或长圆形，长1.5～5.5cm，先端圆或微凹，具芒刺，基部圆或宽楔形。花冠白色，芳香。果长4～10cm，深褐色；种子3～10，扁肾形，褐绿色或黑色。花期4～6月，果期9～10月。

原产美国东部。我国各地广泛栽培。

刺槐适应性强，抗性好，生长迅速，不择土壤，常用作行道树、庭荫树、庭园观赏树等，对于绿化种植较困难地区具有广阔的应用前景。

刺槐花

刺槐果实

5. 崖豆藤属 *Millettia Wight* et Arn.

藤本、直立或攀援灌木或乔木。奇数羽状复叶互生；托叶早落或宿存，小托叶有或无；小叶3至多数，常对生，全缘。圆锥花序大，顶生或腋生，花单生分枝上或簇生于缩短的分枝上。花萼阔钟状；花冠紫色、粉红色、白色或青色；二体雄蕊（9+1）；子房线形，胚珠4～10粒。荚果扁平或肿胀，线形、圆柱形、卵形或球形，开裂。

约200种，分布热带和亚热带的非洲、亚洲和大洋洲。我国有36种，11变种。

香花崖豆藤（香花岩豆藤、山鸡血藤）

Millettia dielsiana Harms ex Diels.

常绿攀援灌木，长2～5m。奇数羽状复叶互生，小叶5，长椭圆形、披针形或卵

香花崖豆藤花

香花崖豆藤花解剖结构

香花崖豆藤果实

形，长5～15cm，宽2.5～5cm，先端急尖，基部圆形，下面疏生短柔毛或无毛，叶柄、叶轴有短柔毛，小托叶锥形，与小叶柄几等长。圆锥花序顶生，长达40cm，密生黄褐色茸毛；花单生于序轴的节上；萼钟状，密生锈色毛；花冠紫色。

分布于我国云南、四川、贵州、广西、广东、海南、福建、江西、湖南、湖北、浙江、安徽、甘肃、陕西等地，生于海拔2500m以下山坡杂木林或灌丛中。栽培较广。

枝叶稠密，叶大荫浓，夏季紫红色鲜花串串，颇为美观。可用于花架、花廊、假山、墙垣，有类似紫藤的观赏效果，但花期更迟。终年常绿，也可用作地被植于坡面、堤岸、林缘、岩石面任其爬蔓或悬垂，也可修剪成灌木状丛植草坪、湖滨等处，亦可作为树桩盆景。

6. 紫藤属 *Wisteria* Nutt.

落叶藤本。奇数羽状复叶，**互生**；托叶早落；小叶7～19，有柄；小托叶线形。总状花序下垂；花蓝紫色或白色；萼阔钟状，5齿裂；旗瓣大而反曲，翼瓣镰状，基部有爪，龙骨瓣端钝；雄蕊2体(9+1)。荚果长条形，种子间微缢缩。

共10种，分布于东亚、北美和大洋洲。我国约7种，引栽2种。

紫藤（藤萝、朱藤、藤花菜、交藤、葛藤、葛花）

Wisteria sinensis (Sims) Sweet

缠绕大藤本，长可达30m；小枝被柔毛。小叶7～13，对生，全缘，卵状长圆形至卵状披针形，长4.5～8cm，先端渐尖，幼时密被白色平伏状柔毛，老时近无毛。花序长10～30cm，花序轴、花梗及萼均被白色柔毛；花淡紫色，芳香。果长10～15cm，密被银灰色有光泽之短茸毛。花期4～6月，果期5～10月。

产于我国四川、湖南、湖北、广东、浙江、安徽、河南、河北、山东、山西、内蒙古等地，现各地广为栽培。

紫藤枝虬屈盘结，枝叶茂盛，紫花串串下垂且芬香；荚果形大，为著名观花藤本植物。园林中常作棚架、门廊、凉亭、枯树、灯柱及山石绿化材料，或修整成灌木状，栽植于草坪、门庭两侧、假山石畔，或点缀于湖边池畔，别有风姿。也可用于工厂矿区垂直绿化，或作树桩盆景。花枝可作插花材料，茎皮、种子、花入药。

紫藤

紫藤花

紫藤果实

7. 油麻藤属（黧豆属）*Mucuna* Adanson.

多年生或一年生藤本。托叶常脱落。叶为羽状复叶，具3小叶。花序腋生或生于老茎上，近聚伞状、假总状或紧缩的圆锥花序；花萼钟状；花冠伸出萼外；旗瓣通常比翼瓣、龙骨瓣为短，具瓣柄，基部两侧具耳，翼瓣长圆形或卵形，内弯，常附着于龙骨瓣上，龙骨瓣比翼瓣稍长或等长，先端内弯，有喙；雄蕊二体，对旗瓣的一枚雄蕊离生，其余的雄蕊合生。荚果膨胀或扁，边缘常具翅，常被褐黄色螫毛，具2至多数种子，种子之间具隔膜或充实。

约100～160种，多分布于热带和亚热带地区。我国约15种，广布于西南部经中南部至东南部。

常春油麻藤（常绿黎豆、过山龙、常绿油麻藤、牛马藤、棉麻藤）

Mucuna sempervirens Hemsl.

常绿木质藤本，长可达25m。羽状复叶具3小叶；托叶脱落；小叶纸质或革质，顶生小叶椭圆形或卵状椭圆形，侧生小叶极偏斜；侧脉4～5对。总状花序生于老茎上，每节上有3花，无香气或有臭味；花萼筒宽杯形；花冠深紫色，干后黑色；花柱下部和子房被毛。果木质，带形，种子4～12颗，内部隔膜木质；种脐黑色，包围种子的3/4。花期4～5月，果期8～10月。

产于我国云南、四川、贵州、广西、广东、福建、江西、湖南、湖北、浙江、陕西等地，生于海拔300～3000m的亚热带森林、灌木丛、溪边、河边。日本也有分布。

常春油麻藤生长快，蔓茎粗，叶片常绿，老茎开花，宜在自然式庭园及森林公园中栽植，也可用于大型棚架、崖壁、沟谷、门廊、枯树及岩坡、悬崖等绿化材料，还可制作盆景等。

常春油麻藤

常春油麻藤花序

常春油麻藤果实

十一、野茉莉科（安息香科）Styracaceae

乔木或灌木，常被星状毛或鳞片。单叶，互生，无托叶。花两性，稀杂性；总状花序或圆锥花序，稀单花或数花簇生；花萼4~5（2、6）齿裂；花冠合瓣，极少离瓣，裂片通常4~5，稀6~8；雄蕊为花冠裂片的2倍或同数，花丝基部常合生成管；子房上位、半下位或下位，3~5室或有时基部3~5室或上部1室，每室1至多数胚珠，中轴胎座。核果或蒴果。

12属，180种，主要分布于亚洲东南部至马来西亚和美洲东南部，少数分布至地中海沿岸。我国11属50余种，主产于长江流域以南各地。

分属检索表

1. 子房上位 ·· 1. 野茉莉属 Styrax
1. 子房下位。
　2. 冬芽具芽鳞，先花后叶 ····················· 2. 木瓜红属 Rehderodendron
　2. 冬芽裸露，先叶后花 ··························· 3. 白辛树属 Pterostyrax

1. 野茉莉属（安息香属）Styrax L.

乔木或灌木；小枝树皮常丝裂。叶常被星状毛。总状花序、圆锥花序或聚伞花序，极少单花或数花簇生；花萼5齿裂，稀2~6裂或波状；花冠5（4~7）裂，冠管短；雄蕊10（8~13），近等长，花丝基部连合，贴生于花冠管上，稀离生；子房上位，上部1室，下部3室，花柱钻形。核果肉质或干燥，不裂或不规则3裂，萼宿存；种子1或2，种皮坚硬。

约130（100）种，分布于热带和亚热带。我国30余种，主产于长江以南，少数产于东北和西北。

大花野茉莉（兰屿安息香、大花安息香）

Styrax grandiflorus Griff.

落叶乔木或灌木，高4~7m；嫩枝、嫩叶被稀疏的星状毛。单叶互生，纸质，椭圆形至卵形，长4~12cm，宽2.5~5cm，侧脉5~6对；叶柄长5~8mm，被星状毛。花白色，芳香，单花腋生或短总状花序着生于小侧枝顶端；花梗长2.5~5cm；花萼钟状，长宽约5~6mm。核果卵形，长约15mm，径约10mm，基部为宿萼包被。花期4~6月，果期8~10月。

大花野茉莉花

大花野茉莉

大花野茉莉果实

产于我国云南、西藏、贵州、广西、广东、海南及湖南等地，生于海拔1000～2300m的山地、山谷、疏林中。缅甸、印度等国家也有。

本种花白色，芳香，下垂，果亦下垂，白色花朵掩映于绿叶之中，饶有风趣，宜作庭园观赏树，也可作行道树等。

2. 木瓜红属 *Rehderodendron* Hu

落叶乔木，芽鳞2～3对。叶缘常具齿。总状或圆锥花序，生于去年生枝叶腋；花萼漏斗形，具5～10棱，顶端具5齿裂；花冠钟形，5深裂；雄蕊10，5长，5短，花丝基部连合成管；子房下位，3～4室。核果长圆柱形，具8～10肋，外果皮薄木栓质，中果皮厚，纤维质，内果皮木质；种子纺锤状柱形。

约4种，产于我国西南部至南部。越南也有分布。

木瓜红（野草果、大果芮德木、硕果芮德木）

Rehderodendron macrocarpum Hu

落叶乔木，高达20m；芽鳞2对，对生，被稀疏的星状毛。单叶互生，卵状椭圆形至长圆形，长4～12cm，叶柄长5～10mm，疏被星状毛。花白色，5～8朵排成腋生的短总状花序或窄圆锥花序；花萼5齿裂；花冠大，宽钟形，长12～15mm。核果长圆柱形，长5～8cm，径约2.5～4cm，表面有8～10条纵肋，先端冠以残留环状萼檐和花柱基部。花期4～6月，果期7～10月。

产于我国云南、四川、贵州、广西及等地，生于海拔800～2350m的常绿、落叶混交林中。

本种树姿古雅，春天白花满树，入秋叶、果红艳，可作庭园观赏树，也可作行道树。但由于本种的天然种群数量不多，宜通过繁殖后加以应用。

木瓜红

木瓜红花

木瓜红果实

3. 白辛树属 *Pterostyrax* Sieb. et Zucc.

乔木或灌木；冬芽裸露。叶缘具齿或齿缺。圆锥花序，花具短梗，一侧着生；花萼钟形，具5脉；花冠5裂至基部；雄蕊10，5长5短或近等长，伸出花冠之外，花丝宽扁，下部连合成管状；子房下位，3（4~5）室。核果不开裂，果皮干硬，具翅或棱。

4种，分布于东亚。我国2种。

白辛树（鄂西野茉莉、裂叶白辛树、刚毛白辛树）

Pterostyrax psilophyllus Diels ex Perk.

落叶乔木，高达20m；嫩枝被星状毛。单叶互生，椭圆形、倒卵形或倒卵状长圆形，长5~15cm，宽5~9cm，先端急尖或渐尖，基部楔形，边缘具细锯齿，疏被星状毛。花白色，花序梗、花梗和花萼均密被黄色星状毛，花梗与花萼之间有1关节；花冠大，长12~14mm；雄蕊10，近等长。核果纺锤形，长2.5cm，具5~10棱，密被灰色长毛。花期4~6月，果期7~10月。

产于我国云南、四川、贵州、广西、湖南、湖北、安徽及陕西等地，散生于海拔600~2500m的常绿、落叶混交林中。

白辛树为我国特有种，树形优美，花开时花序较大，且花香叶美，树干通直圆满，是适生区优良风景绿化和速生用材树种。

白辛树

白辛树花

白辛树果实

十二、山茱萸科Cornaceae

乔木或灌木，稀草本。单叶，对生或互生或近轮生；无托叶。花两性，稀单性；花萼4~5裂或不裂，花瓣3~5；雄蕊3~5；花盘内生；子房下位，2（1~4）室，每室具一下垂倒生胚珠。核果或浆果状核果；种子具胚乳。

15属，110种，分布于北温带、亚热带及热带亚洲。我国9属，60种。

分属检索表

1. 花两性。
  2. 圆锥状聚伞花序，花序无总苞片 ·················· 1. 棳木属Swida
  2. 头状花序，花序有总苞片 ·················· 2. 四照花属Dendrobenthamia
1. 花单性，有时杂性。
  3. 叶对生；子房1室 ·················· 3. 桃叶珊瑚属Aucuba
  3. 叶互生；子房3~5室 ·················· 4. 青荚叶属Helwingia

1. 棳木属Swida Opiz

落叶乔木或灌木，稀常绿；枝叶常被毛。叶对生，稀互生，全缘。花两性，伞房状复聚伞花序或圆锥状聚伞花序顶生；萼4裂；花瓣4，镊合状排列；雄蕊4；花盘垫状；子房2室。核果。

约40余种，分布于北温带及北亚热带。我国30余种。

分种检索表

1. 叶互生，卵圆形或椭圆状卵形；果核顶端有近四角形深孔 ····· 1. 灯台树S. controversa
1. 叶对生，果核顶端无孔。
  2. 常绿，叶革质，柱头圆头形 ·················· 2. 长圆叶棳木S. oblonga
  2. 落叶，叶纸质；柱头盘状扁头形 ·················· 3. 红椋子S. hemsleyi

（1）灯台树（女儿木、六角树、瑞木、南山茱萸）

Swida controversa (Hemsl.) Pojark.

落叶乔木，高20m，胸径60cm。叶互生，宽卵形，稀长圆状卵形，长6~13cm，先端突渐尖，基部楔形或圆，上面无毛，下面浅灰绿色，密被毛，侧脉6~7（9）对；叶柄长2~6.8cm，无毛。果近球形，熟时蓝黑色，果核顶端有近四方形小孔。花期5~6月，果期7~9月。

产于我国台湾、福建、江西、浙江、江苏、安徽、河南、河北、山东、辽宁、甘肃、陕西等地，生于海拔400~1800m（西南可达2500m）混

果实　　灯台树

交林中。日本也有分布。喜湿润环境，生长快，次生林中习见。

本种为园林绿化珍稀树种，奇特优美的树形与繁茂的绿叶，典雅的花朵，紫红色枝条，以及花后绿叶红果，具有极高的观赏价值。宜独植于庭院、房前、草坪作观赏树，也可用作庭荫树和行道树。

(2) 长圆叶梾木（矩圆叶梾木、黑皮楠、臭条子）

Swida oblonga (Wall.) Sojak

常绿小乔木，高达10m。叶对生，革质，长圆形或长圆状椭圆形，长 6～13cm，先端渐尖或尾尖，基部楔形，上面深绿色，无毛，下面疏被平伏毛及乳头状突起，侧脉4～5对；叶柄长0.6～2cm。圆锥状聚伞花序顶生，花白色，花柱圆柱形，柱头圆头形。核果尖椭圆形，紫黑色至黑色，径4～7mm。花期7～9月，果期10月。

产于我国云南、四川、贵州、西藏及湖北等地，生于海拔1000～3000m的溪边疏林内或常绿阔叶林中。越南、缅甸、印度等国家也有分布。

苗期生长较快，6～8年开始结实，寿命长达300年。

本种树姿优美，花繁叶茂，喜光，在酸性土及石灰岩山地均生长良好，在土壤深厚湿润肥沃地方生长旺盛，庭园中可作庭荫树或绿篱等。

长圆叶梾木

长圆叶梾木花序

(3) 红椋子（青构）

Swida hemsleyi (Schneid. et Wanger.) Sojak

落叶灌木或小乔木，高1～5m；1年生枝具4棱。叶对生，纸质，卵状椭圆形，长4～10cm，先端渐尖或短渐尖，基部圆形稀宽楔形，有时两侧不对称，边缘微波状，下面深绿色，疏被短柔毛，侧脉6～7对；叶柄长0.7～1.8cm。伞房状聚伞花序顶生；花白色；花柱圆柱形，柱头盘状扁头形。核果近球形，径4mm，成熟时黑色。花期6～7月，果期9～10月。

产于我国云南、四川、贵州、湖北、河南、甘肃及陕西等地，生于海拔1350～3700m沟边、河滩或疏林中。

本种叶绿浓荫，盛夏有白花点缀，恬静优美，适宜庭园观赏，宜丛植于池畔、溪旁、河滩、草坪等地。

红椋子

红椋子果实

2. 四照花属*Dendrobenthamia* Hutch.

小乔木或灌木，常绿或落叶。叶对生。头状花序；总苞苞片4，花瓣状；花两性；萼4裂；花瓣4，倒卵形；雄蕊4；花盘环状或垫状；花柱粗，柱头平截，子房2室。核果长圆形，多数集合成球形肉质的聚花果。

10种，分布于东亚。我国8种。

本属为东亚特有属，约11种，我国产10种，引入栽培1种。

头状四照花（鸡嗉子、鸡嗉子果、野荔枝、山荔枝）

Dendrobenthamia capitata（Wall.）Hutch.

常绿乔木，高15m。叶椭圆形或椭圆状卵形，长5.5～10cm，先端突渐尖或渐尖，基部楔形，下面密被毛，侧脉4～5对；叶柄长1～1.4cm。花序具花100余朵。聚花果扁球形，径约2cm，紫红色，果序梗粗壮，长4～6（8）cm，幼时被粗毛，后渐疏或无。花期5～6月，果期9～10月。

产于我国云南、西藏、四川、贵州、广西、湖南、湖北、浙江等地，生于海拔1000～3200m林中。印度、尼泊尔也有分布。

本种枝繁叶茂，花果奇特，宜在庭院中孤植或列植，是赏花观果、园林绿化、美化的优良植物资源。木材可制家具；果可食及酿酒。

头状四照花

头状四照花果实

3. 桃叶珊瑚属*Aucuba* Thunb.

常绿乔木或灌木；小枝圆，绿色。叶对生。花单性或杂性，雌雄异株，圆锥花序；花梗具关节及2小苞片；花小，黄色、紫红色、绿色及绿白色；萼齿4；花瓣4，开放前内折；子房1室，1倒生胚珠。浆果状核果，幼时绿色，成熟后红色，干后黑色，顶端有宿萼、花柱及柱头，果宿存至翌年。

约13种，分布于南亚、东南亚及东亚。我国11种，产西藏至台湾。

桃叶珊瑚

Aucuba chinensis Benth.

常绿灌木；小枝被柔毛。叶薄革质，长椭圆形至倒卵状披针形，长10～20cm，先端具尾尖，叶基楔形，全缘或中上部有疏齿，叶被有硬毛；叶柄长约3cm。花小，紫红或暗紫色。

原产我国台湾和日本。喜温暖湿润和半阴环境，土壤以肥沃、疏松、排水良好的土壤为好，属耐阴灌木，夏季怕强光曝晒，较耐寒。

桃叶珊瑚叶色青翠光亮，果实鲜艳夺目，适宜庭院、池畔、墙隅和高架桥下点缀。盆栽适宜室内厅堂陈设。其枝叶可用于插花。

桃叶珊瑚

桃叶珊瑚果实

4. 青荚叶属 *Helwingia* Willd.

落叶灌木。叶互生；托叶2，早落。花小，单性，雌雄异株；花序生于叶面，稀生于幼枝上部；雄伞形花序具花4～14；雌花1～4朵簇生；萼小；花瓣3～5，三角状卵形，镊合状排列，外生花盘肉质；雄蕊3～5；子房3～5室，花柱短，柱头3～5裂。核果，浆果状，初为红色，熟时变黑，果核1～5。

约4～5种，分布于喜马拉雅地区至日本。

青荚叶（叶上花、叶上珠、大叶通草）

Helwingia japonica (Thunb.) Dietr.

落叶灌木，高达2m。叶卵形，长3.5～9cm，边缘具腺锯齿。雌雄异株，花小，黄绿色；雄花2～12朵，呈伞形花序；雌花1～3朵簇生于叶面主脉中部或近基部，或生于幼枝的叶腋。浆果状核果近球形，蓝黑色。花期4～5月，果期8～9月。

分布于我国云南、西藏、四川、贵州、广西、广东、台湾、福建、江西、湖南、湖北、浙江、安徽、河南、甘肃、陕西等地，生于海拔3000m以下林中。日本、不丹、缅甸亦有分布。

本种花果着生部位奇特，有很高的观赏价值，适于隐蔽场所及装饰之用，也可室内盆栽或配置作灌木层等。果和叶药用。

青荚叶

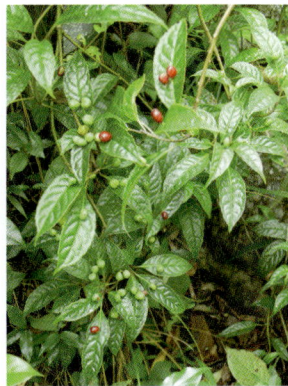

青荚叶果实

十三、蓝果树科Nyssaceae

落叶乔木，稀灌木。单叶，互生，无托叶。花序头状、总状或伞形；花单性或杂性，异株或同株，常无花梗或有短花梗；花萼小，5齿裂或不明显，雌花的萼管与子房合生；花瓣5，稀更多，覆瓦状排列，稀无花瓣；雄蕊常为花瓣的2倍或较少，常排成2轮；花盘肉质，垫状；子房下位，6～10室或1室，每室有1枚下垂的倒生胚珠，花柱钻形，上部微弯，有时分枝。核果或翅状瘦果，3～5室或1室，每室种子1，外种皮薄，胚直立。

2属，11种，分布于亚洲和美洲。我国2属8种，产于秦岭、淮河流域以南各地。

分属检索表

1. 翅状瘦果，常多数聚集成头状果序 ⋯⋯⋯⋯⋯⋯⋯⋯⋯⋯ 1. 喜树属Camptotheca
1. 核果，几个簇生 ⋯⋯⋯⋯⋯⋯⋯⋯⋯⋯⋯⋯⋯⋯⋯⋯⋯ 2. 蓝果树属Nyssa

1. 喜树属Camptotheca Decne.

乔木。雌雄花均为头状花序；花杂性同株；萼5齿裂；花瓣5，卵形；雄蕊10，不等长，着生于花盘外缘，排成2轮，花药4室；子房1室，花柱上部常分为2（3）分枝。果序头状，翅果长圆形，顶端平截，花盘宿存。

1种，我国特产。

喜树（旱莲、旱莲木、水栗子、千丈树）

Camptotheca acuminata Decne.

落叶乔木，高达25～30m。单叶互生，椭圆形至长卵形，长8～20cm，先端突渐尖，基部广楔形，全缘（萌蘖枝及幼树枝之叶常疏生锯齿）或微呈波状，羽状脉弧形而在表面下凹，表面亮绿色，背面淡绿色疏生短柔毛，脉上尤密；叶柄长1.5～3cm，常带红色。花单性同株，头状花序具长柄，雌花序顶生，雄花序腋生；花萼5裂；花瓣5，淡绿色；雄蕊10；子房1室。瘦果有窄翅，长2～2.5cm，集生成球形。花期7月，果期10～11月。

喜树

分布于我国云南、四川、贵州、广西、广东、福建、江西、湖南、湖北、江苏、安徽、河南等地，部分长江以北地区均有分布和栽培，垂直分布在1000m以下。

本种主干通直，树冠宽展，叶荫浓郁，适于公园庭院作观赏树或庭荫树，也宜作行道树。抗病虫能力强。果实、根、叶、皮供药用。

喜树花

喜树果实

2. 蓝果树属 *Nyssa* Gronov. ex L.

乔木或灌木。花杂性异株，成头状、伞形或总状花序；雄花花托盘状、杯状或扁平；雌花或两性花花托较长，成管状、壶状或钟状；花萼细小，裂片5～10；花瓣5～8；雄蕊在雄花中与花瓣同数或为其2倍，花丝细长，在两性花和雌花中雄蕊与花瓣同数或不发育；子房下位，1室，稀2室，花柱钻形，不分裂或上部2裂。核果，顶端有宿存的花萼和花盘。

10种，产于亚洲和美洲。我国7种。

紫树（蓝果树、枧萨木）

Nyssa sinensis Oliv.

乔木；高30m，胸径1m；小枝髓心充实，1年生枝淡绿色；芽淡紫绿色。叶椭圆形或椭圆状卵形，长8～16cm，先端渐尖或突渐尖，基部楔形或稍圆，边缘全缘，幼叶及萌芽枝的叶具粗短齿，下面疏被微柔毛；叶柄长1～2.5 cm，淡紫绿色。花序伞形或短总状，总梗及小花梗密被毛；雄花序着生于老枝上，雌花序着生于嫩枝上。核果长圆状椭圆形或长倒卵形，微扁，长1～1.5 cm，幼时紫绿色，熟时深蓝色，后变深褐色，常3～4个簇生；果梗长3～4mm；总梗长3～5 cm；种皮坚硬，有5～7沟纹。花期4月，果期9月。

产于我国云南、四川、贵州、广西、广东、福建、江西、湖南、湖北、浙江、江苏等地，生于海拔300～2000m山谷或溪边混交林中。

本种树冠广卵形，叶较大，春秋为红色，宜作行道树及庭园观赏树。紫树抗干旱、耐潮湿，既可在低洼潮湿的沼泽地带生长，也可以在坚硬的林地生长，抗病虫害及有害气体能力强，小树耐阴性较好。

紫树

紫树花

紫树果实

十四、珙桐科Davidiaceae

落叶乔木。单叶互生，羽状脉，无托叶。花单性或杂性，成伞状或头状花序，有大型白色苞片2枚；萼小；花瓣常为5，有时更多或无；雄蕊为花瓣数的2倍；子房下位，6～10室，每室具1下垂胚珠。核果。

1属1种1变种。中国特产。

珙桐属Davidia Baill.

特征同科，本属仅1种，我国特产。

珙桐（鸽子树、空桐、水梨子）

Davidia involucrata Baill.

落叶乔木。苞片卵状椭圆形，长8～15cm，中上部有疏浅齿，常下垂，花后脱落，花杂性同株，头状花序由一朵两性花和多数雄花组成或全为雄花。核果椭球形，长3～4cm，紫绿色，锈色皮孔显著，内含3～5核。花期4～5月，果期10月。

产于我国云南、四川、贵州、湖南、湖北及甘肃等地，生于海拔1300～2500m山地林中。

变种：光叶珙桐*D. involucrata* var. *vilmoriniana*（Dnde）Wanger. 叶仅背面脉上及脉腋有毛，其余无毛。

珙桐为世界著名的珍贵观赏树，是国家保护植物，树形高大，开花时白色的苞片远观似许多白色的鸽子栖于树端，蔚为奇观，故有"鸽子树"之称。宜植于温暖地带较高海拔地区的庭院、山坡、休疗养所、宾馆、展览馆前作庭荫树，并有象征和平的含义。

珙桐　　　　　　　　　　　珙桐花　　珙桐果实

十五、五加科Araliaceae

乔木、灌木或草本，或藤本；通常具刺。单叶或复叶，互生、对生或轮生；有托叶，常附着于叶柄而成鞘状，有时不显著或无。花小，两性，有时单性或杂性，整齐，成伞形、头状或穗状花序，或再集成各式大型花序；花盘在子房的顶部，子房下位，1～15室，每室1胚珠。浆果或核果，形小，通常具纵脊。

本科约80属，900种，产热带至温带。我国21属，170种。

分属检索表

1. 单叶。
  2. 常绿攀援灌木，具气根 ⋯⋯⋯⋯⋯⋯⋯⋯⋯⋯⋯⋯⋯ 1. 常春藤属Hedera
  2. 灌木或小乔木，无气根 ⋯⋯⋯⋯⋯⋯⋯⋯⋯⋯⋯ 4. 八角金盘属Fatsia
1. 掌状复叶，稀单叶。
  3. 植物体常具刺，稀无刺；子房2～5室 ⋯⋯⋯⋯ 2. 五加属Acanthopanax
  3. 植物体无刺。
    4. 花梗无关节；子房5～11室 ⋯⋯⋯⋯⋯⋯⋯ 3. 鹅掌柴属Schefflera
    4. 花梗有关节；子房2室，稀3～4室 ⋯⋯⋯⋯ 5. 梁王茶属Nothopanax

1. 常春藤属Hedera L.

常绿攀援灌木，具气生根。单叶互生，全缘或浅裂，有柄。花两性，单生或总状伞形花序顶生；子房5室，花柱连合成一短柱体。浆果状核果，含3～5种子。

约5种，我国野生1变种，引入1种。

常春藤（中华常春藤、爬树藤、爬墙虎、三角枫、山葡萄、三角藤）

Hedera nepalensis K. Koch var. *sinensis* (Tobl.) Rehd.

常绿藤本，长可达20～30m；茎借气生根攀援；嫩枝上柔毛鳞片状。营养枝上的叶为三角状卵形，全缘或3裂；花果枝上的叶椭圆状卵形或卵状披针形，全缘，叶柄细长。伞形花序单生或2～7顶生；花淡绿白色，芳香。果球形，径约1cm，熟时红色或黄色。花期8～9月。

分布于我国云南、西藏、四川、贵州、广西、广东、福建、江西、湖南、湖北、浙江、江苏、安徽、河南、山东、甘肃、陕西等地，生于东部低海拔至西部海拔3500m以下山地，常攀援林缘树上、岩壁。

在庭园中可用以攀援假山、岩石、或在建筑阴面作垂直绿化材料。在华北宜选小气候良好的稍阴环境栽植。也可盆栽供室内绿化观赏用，令其攀附或悬垂均甚雅致。茎叶和果实可入药，能祛风活血、消肿，治关节酸痛和痛肿疮毒等。

常春藤

常春藤花

常春藤果实

2. 五加属 *Acanthopanax* Miq.

小乔木或灌木，常有刺。掌状复叶。花两性或杂性，排成顶生伞形花序；子房2～5室。果侧向扁压状或近球形。

约30种，主要产于亚洲东部。

五加（五加紧皮、细柱五加）

Acanthopanax gracilistylus (W. W. Smith) S. Y. Hu

灌木，高2～5m，有时蔓生状；枝无刺或在叶柄基部有刺。掌状复叶在长枝上互生，在短枝上簇生；小叶5，很少3～4，中央1小叶最大，倒卵形至倒卵状披针形，长3～6cm，宽1.5～3.5cm，叶缘有锯齿，两面无毛，或叶脉有稀刺毛。伞形花序单生于叶腋或生于短枝的顶端；花瓣5，黄绿色；花柱2或3，分离至基部。果近于圆球形，熟时紫黑色；内含种子2粒。花期5月，果期10月。

分布于我国云南、四川、贵州、广西、广东、福建、江西、湖南、湖北、浙江、江苏、安徽、河南、山西、甘肃、陕西等地，生于东南沿海低海拔地带，四川及云南地区可达3000m的林内、林缘及灌丛中。

本种树姿清秀，叶形美丽，园林中可丛植观赏。根皮药用。

五加

五加果实

3. 鹅掌柴属 *Schefflera* J. R. et G. Forst.

常绿乔木或灌木，有时为藤本，无刺。叶为掌状复叶。花排成伞形、总状、穗状或头状花序，这些花序常又聚成大型圆锥花丛；子房5～7室；花柱合生。果近球状；种子5～7粒。

约400种，主要产于热带及亚热带地区。我国约产37种，广布于长江以南地区。

分种检索表

1. 伞形花序组成圆锥花序；雌蕊无花柱；小叶7～9 ·············· 1. 鹅掌柴 *S. octophylla*

1. 穗状花序组成圆锥花序；雌蕊有花柱；小叶4～7 ·············· 2. 穗序鹅掌柴 *S. delavayi*

(1) 鹅掌柴（鸭脚木、鸭母树）

Schefflera octophylla (Lour.) Harms

常绿乔木或灌木。掌状复叶，小叶7~9枚，革质，长卵圆形或椭圆形，长7~17cm，宽3~6cm；叶柄长8~25cm；小叶柄长1.5~5cm。花白色，芳香，排成伞形花序又复结成顶生长25cm的大圆锥花丛；萼5~6裂；花瓣5枚，肉质，长2~3mm；花柱极短。果球形，径3~4cm。花期10~11月，果期12月至翌年1月。

分布于我国云南、西藏、广西、广东、台湾、福建和浙江等地，生于海拔2300m以下的常绿阔叶林中。日本、越南和印度也有分布。

本种树冠整齐优美，四季常青，叶面光亮，植株紧密，可供盆栽观赏，或作园林中的掩蔽树种用。根皮药用。

鹅掌柴　　　　　鹅掌柴果序

(2) 穗序鹅掌柴（野巴戟、绒毛鸭脚木、假通脱木、大五加皮）

Schefflera delavayi (Franch.) Harms

小乔木，高8m；幼嫩部分密被黄棕色星状茸毛。小叶4~7，卵状长椭圆形或卵状披针形，长8~24cm，先端渐尖，基部钝圆，全缘或疏生不规则粗齿，幼树小叶常羽状分裂。穗状花序组成圆锥状；花无梗，白色；花柱柱状。果球形。花期10~11月，果期翌年1月。

产于我国云南、四川、贵州、广西、广东、福建、江西、湖南及湖北等地，生于海拔600~3000m常绿阔叶林中。

穗序鹅掌柴四季常青，生长迅速，枝叶繁茂，多集生茎顶，花序较大，具有很好的观赏价值，是一种有开发潜力的园林树木资源。

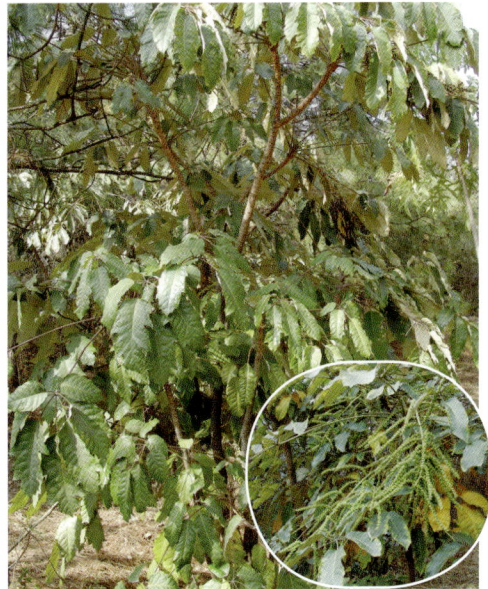

穗序鹅掌柴　　　　穗序鹅掌柴果实

4. 八角金盘属 *Fatsia* Decne. et Planch.

灌木或小乔木。单叶互生，叶片掌状分裂，托叶不明显。花两性或杂性，聚生为伞形花序，再组成顶生圆锥花序；花梗无关节；萼筒全缘或有5小齿；花瓣5，在花芽中镊合状排列；雄蕊5；子房5或10室；花柱5或10，离生；花盘隆起。果实卵形。

本属有2种，一种分布于日本，另一种系我国台湾特产。

八角金盘

Fatsia japonica (Thunb.) Decne. et Planch.

常绿灌木，常数干丛生，从根际长出。叶掌状7～9裂，直径20～40cm，基部心形或截形，裂片卵状长椭圆形，缘有齿，表面有光泽；叶柄长10～30cm。伞形花序组成顶生的圆锥花序，花小，白色。浆果黑色，径约8mm。夏秋开花。

原产日本。我国华北、华东（及西南）庭园栽培。

八角金盘四季青翠碧绿，叶大光亮，形似手掌，奇特美丽，为重要的耐阴观叶植物。适宜于宾馆、会堂、写字楼门厅内等处的摆放；也适合于栅栏、池畔、桥侧、林下、庭院、天井处单植或群植。配植于庭院、门旁、窗边、墙隅及建筑物背阴处，也可点缀在溪流之旁，还可成片群植于草坪边缘及林地。

  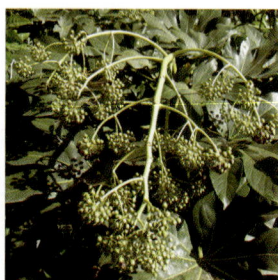

八角金盘　　　　　　　　八角金盘花　　　　　　　　八角金盘果实

5. 梁王茶属*Nothopanax* Miq.

常绿、无刺灌木或乔木。叶为掌状复叶或单叶；叶柄细长；无托叶或在叶柄基部有小型附属物。花排成伞形花序，再组成顶生的圆锥花序；苞片和小苞片早落；花梗有明显的关节；萼近全缘或5齿裂；花瓣5，镊合状排列；雄蕊5；子房下位，2室，稀3～4室，花柱2～4。核果侧扁，球形。

15种，主产大洋洲。我国产2种，产西部和西南部。

掌叶梁王茶（梁王茶、台氏梁王茶）

Nothopanax delavayi (Franch.) Harms ex Diels

灌木，高1～5m。叶为掌状复叶，稀单叶；叶柄长4～12cm；小叶片常3～5，长圆状披针形至椭圆状披针形，长6～12cm，宽1～2.5cm，先端渐尖至长渐尖，基部楔形，两面无毛，边缘疏生钝齿或近全缘，侧脉6～8对。圆锥花序顶生；总花序梗长1～1.5cm；苞片卵形，膜质，早落；小苞片三角形，早落；花梗有关节；花白色；花萼无毛；花瓣5，三角状卵形；雄蕊5；子房2室；花柱2，基部合生，宿存；花盘稍隆起。果实球形，侧扁。花期9～10月，果期12月至翌年1月。

掌叶梁王茶花

掌叶梁王茶果实

分布我国云南、四川及贵州等地，生于海拔1500～2500m的林内及灌丛中。

本种树形优美，复叶垂荫，四季常青，供庭园观赏，宜配置于林下、林缘、屋基等处，可孤植或丛植；萌发力强、耐修剪，可作绿篱。民间常用作草药。

十六、忍冬科Caprifoliaceae

灌木或木质藤本，稀为小乔木或草本。单叶或羽状复叶，对生或轮生；托叶无或极小。花两性，聚伞花序或再组成各式花序；花萼筒与子房合生，顶端4～5裂；花冠合瓣，辐状、钟状、管状、高脚碟状或漏斗状，5～4裂，有时二唇形；雄蕊与花冠裂片同数且与裂片互生；子房下位，1～5室，中轴胎座，每室有胚珠1至多颗。浆果、核果、蒴果或瘦果。

约18属500余种，主要分布于北半球温带地区，尤以亚洲东部和美洲东北部为多。我国12属，约300余种，广布南北方各地。很多种类供观赏用，有些可入药。

分属检索表

1.浆果、核果。
  2.浆果状核果；伞房状或圆锥状聚伞花序，花冠辐射对称。
    3.叶为单叶 ·· 1.荚蒾属Viburnum
    3.叶为奇数羽状复叶 ··· 5.接骨木属Sambucus
  2.浆果；花成对着生于叶腋或轮生枝顶，花冠两侧对称 ··············· 2.忍冬属Lonicera
1.蒴果或瘦果。
  4.蒴果；萼片5，花后不增大，脱落，雄蕊5 ··············· 3.锦带花属Weigela
  4.瘦果；萼片2～5，花后增大，宿存；雄蕊4 ··············· 4.六道木属Abelia

1. 荚蒾属Viburnum L.

灌木或小乔木。单叶对生，稀3枚轮生。花小，两性，整齐，组成伞房状、圆锥状或伞形聚伞花序；花辐射对称，5基数；子房通常1室。浆果状核果，具种子1。

约200种，分布于温带和亚热带地区。我国约74种，南北均产，以西南地区最多。

分种检索表

1.花序各式，不具大型不孕花。
  2.圆锥状伞房花序；果核通常浑圆或稍扁，具一上宽下窄的深腹沟 ··················
    ·· 1.珊瑚树V. odoratissimum
  2.花序复伞形或稀可为由伞形花序组成的尖塔形圆锥花序，果核通常扁，有浅的背、腹沟，有时沟退化而不明显，很少无沟或在腹面深陷如构状。
    3.冬芽有1对鳞片，叶全缘或上部疏生浅齿 ··············· 2.水红木V. cylindricum
    3.冬芽有2对鳞片，叶上部边缘具不规则浅齿
    ··· 4.直角荚蒾V. foetidum var. rectangulatum
1.花序复伞形或伞形，有大型的不孕花。
  4.叶不裂，具锯齿，通常羽状脉 ··············· 3.蝴蝶荚蒾V. plicatum f. tomentosum
  4.叶3裂，裂片有不规则齿，掌状三出脉 ··············· 6.鸡树条荚蒾V. sargentii

（1）珊瑚树（法国冬青、早禾树、极香荚蒾）

Viburnum odoratissimum Ker-Gawl.

常绿灌木或小乔木；树冠倒卵形；枝干挺直。叶对生，长椭圆形或倒披针形，先端钝尖，基部宽楔形，边缘波状或具粗钝齿，近基部全缘，表面暗绿色，背面淡绿色。圆锥状伞房花序顶生，花冠白色，钟状，芳香。核果椭圆形。花期4～6月，果期9～10月。

产于我国云南、四川、贵州、广西、广东、香港、海南、台港、福建、江西、湖南、湖北及浙江等地，生于海拔200～2000m的山谷密林及灌丛中。长江流域城市都有栽培。

珊瑚树枝茂叶繁，终年碧绿光亮，春日开以白花，深秋累累鲜红果实垂于枝头，状如珊瑚，甚为美观。江南城市及风景园林中普遍栽作绿篱或绿墙，也作基础栽植或丛植装饰墙角；枝叶繁密，富含水分，耐火力强，可作防火隔离树带；隔音及抗污染能力强，也是工矿区绿化的好树种。

珊瑚树叶　　　　珊瑚树花

（2）水红木（揉揉白）

Viburnum cylindricum Buch. -Ham. ex D. Don

常绿灌木至小乔木，高达7m。叶革质，椭圆形至卵状长圆形，长5～15cm，宽2～7cm，先端短尖或渐尖，基部楔形，叶边全缘或上部疏生浅齿，近基部两侧各有1至数腺体；侧脉3～5对；叶柄长1～3.5cm。伞形状复聚伞花序，直径达4～10cm；花梗长1～6cm；萼筒长约1.5mm，具细小腺点，萼齿不明显；花冠筒状钟形，白色或带粉红色，长约4～6mm，裂片5，卵圆形，直立，长约1mm；雄蕊5，伸出花冠。核果卵状球形，长约5mm，先红后紫黑色。花期6～10月，果期10～12月。

产于我国云南、西藏、四川、贵州、广西、广东、湖南、湖北、甘肃及陕西等地，生于海拔500～3300m的阳坡疏林或灌丛中。印度、尼泊尔、缅甸、泰国和中印半岛也有分布。

本种树姿美观，枝叶秀丽，公园、庭院等常栽培观赏。

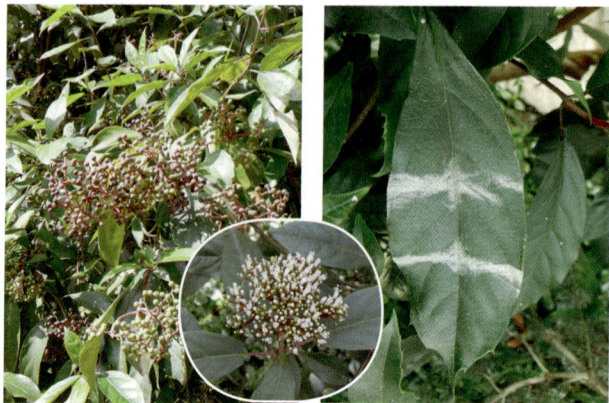

水红木　　　　水红木花　水红木叶

(3) 蝴蝶荚蒾（蝴蝶戏珠花、蝴蝶花、蝴蝶树）

Viburnum plicatum Thunb. f. *tomentosum* (Thunb.) Rehd.

落叶灌木或小乔木，高达5m；幼枝被星状毛。叶宽卵形至矩圆状卵形，有时倒卵形，长4～10cm，顶端尖或突尖，边缘有锯齿，下面有星状毛；侧脉8～12对，挺直而伸至齿端，其间有近平行的横脉。花序复伞形，直径6～10cm，第一级辐射枝7条，有白色、大型不育花，花稍芳香；萼筒长约1.5mm，5萼齿微小；花冠淡黄色，辐射状，长约3mm；雄蕊5，长约4mm。核果椭圆形，长约7mm，核扁，腹具1宽沟。花期4～5月，果期8～9月。

产于我国云南、四川、贵州、广西、广东、台湾、福建、江西、湖南、湖北、浙江、安徽、河南及陕西等地，生于海拔200～1900m的山坡、山谷混交林内或沟谷灌丛中。日本也有分布。

蝴蝶荚蒾为雪球荚蒾（*Viburnum plicatum*）的变型。因其花序边缘具有形如蝴蝶的白色不孕花而得名，中部为淡黄色两性花，似珍珠，远眺酷似群蝶戏珠，又有"蝴蝶戏珠花"之称。入秋红果累累，为花、果俱美的园林观赏植物。

蝴蝶荚蒾花

蝴蝶荚蒾

蝴蝶荚蒾果实

(4) 直角荚蒾

Viburnum foetidum Wall. var. *rectangulatum* (Graebn.) Rehd.

常绿灌木，直立或攀援状，高达3m；幼枝密生簇毛。叶近革质，椭圆形至矩圆状披针形，长3～9cm，顶端尖，上部边缘具不规则浅齿，下面侧脉上和脉腋有毛，近基部两侧有少数腺体。花序复伞形，密生簇毛，直径4～8cm，总花梗极短或近于无梗；萼筒长约1mm，具柔毛或近于无毛，萼齿微小，密生柔毛；花冠白色，辐射状，长约1.5mm；雄蕊5，稍长于花冠。核果椭圆形，红色，长约7mm；核扁，具3条腹沟。花期5～7月，果期10～12月。

分布于我国云南、西藏、四川、贵州、广西、台湾、湖南、湖北、江西、甘肃及陕西等地，生于海拔600～2400m的山坡或灌丛中。

本种四季常青、叶形别致，花序大而洁白，果红色晶莹，白花、红果与枝叶相映成趣，可供庭园观赏。

直角荚蒾

（5）鸡树条荚蒾（佛头花、鸡树条子、天目琼花）

Viburnum sargentii koehne

落叶灌木，高达3m；老枝和茎暗灰色，有浅条裂，小枝具明显皮孔。叶浓绿色，对生；叶质厚，广卵形至卵圆形，长6～20cm，通常3裂并具掌状三出脉，裂片边缘有不规则锯齿；枝梢叶片椭圆形至披针形，不开裂，叶柄基部有2托叶。聚伞花序复伞形顶生，径8～12cm，白色，大型不孕花在边上，能孕花在中央；花冠乳白色，呈辐射状5裂。浆果状核果近球形，径8mm，鲜红光亮，经久不落。

原产我国浙江天目山、东北地区南部，河北、内蒙古、陕西、甘肃南部，生于海拔1200～2200m林下、山谷或山坡。日本、朝鲜半岛及俄罗斯远东地区有分布。

鸡树条荚蒾是庭园绿化优良树种，既能赏花，又可赏果，可用于风景林、公园、庭院、路旁、草坪上、水边及建筑物旁，可孤植、丛植、群植。其叶、嫩枝及果实均可入药。

鸡树条荚蒾

鸡树条荚蒾果实

2. 忍冬属*Lonicera* L.

灌木或藤本，稀小乔木。单叶，对生，稀轮生，全缘，稀波状或浅裂；无托叶。花常成对腋生，每双花有苞片和小苞片各一对，稀花簇生枝顶；花5基数，花冠整齐或唇形。浆果红色、蓝黑或黑色。

200种，分布于温带及亚热带地区。我国98种，全国各地均产。

分种检索表

1. 藤本；果蓝黑色 ······························· 1. 忍冬 *L. japonica*

1. 灌木；果红色 ······························· 2. 金银木 *L. maackii*

（1）忍冬（金银花、金银藤、银藤、二色花藤、二宝藤、老翁须、鸳鸯藤）

Lonicera japonica Thunb.

半常绿藤本；枝中空；幼枝暗红褐色，密被黄褐色糙毛及腺毛，下部常无毛。叶卵形、卵状长圆形，长3～8cm，幼叶两面被毛，后上面毛脱落；叶柄长4～8mm，被毛。双花单生叶腋，总花梗密被柔毛及腺毛；苞片叶状，长2～3cm，小苞片长约1mm；萼筒长约2mm，无毛；花冠白色，后变黄，长2～6cm，外被柔毛及腺毛。果球形，茎6～7mm，蓝黑色。花期4～6月，果期10～11月。

除我国内蒙古、宁夏、青海、新疆、西藏、黑龙江、海南等地无天然分布外，其余各地都产，生于海拔1500m以下山坡灌丛或疏林中、乱石堆及村旁。日本、朝鲜也有分布。

因其花初开时花色俱白，二三日后花色变得金黄，黄白相映，故称"金银花"。金银花清香飘逸，可缠绕篱垣、花架等作垂直绿化，或附在山石上，植于沟边，爬于山坡，用作地被等，也是一种常用中药。

忍冬

忍冬花

忍冬果实

（2）金银木（金银忍冬、王八骨头）

Lonicera maackii (Rupr.) Maxim.

落叶灌木，高达6m；植物体常被短柔毛及微腺毛；冬芽小，卵圆形，具5～6对或更多鳞片。叶卵状椭圆形至卵状披针形，长5～8cm，叶柄长3～5mm。花芳香，生于幼枝叶腋；苞片条形；小苞片多少连合成对；花冠先白后黄色，长达2cm。浆果红色，种子具凹点。花期5～6月，果期8～10月。

分布于我国云南、西藏、四川、贵州、江西、湖南、湖北、浙江、江苏、安徽、河南、河北、山东、山西、辽宁、吉林、黑龙江、新疆、宁夏、甘肃及陕西等地，生于海拔1800m以下（云南和西藏达3000m）的林中或林缘溪边附近灌丛中。朝鲜、日本和前苏联远东地区也有分布。

本种生长势旺，枝叶繁密，花先白后黄，故名"金银木"。花味馥香，可孤植于草坪、庭院一隅、花坛，列植于屋基、园路两侧；抗有害气体能力强，可作工矿区绿化树种。花可提取芳香油；种子榨成的油可制肥皂。

金银木花

金银木果实

3. 锦带花属 *Weigela* Thunb.

落叶灌木或小乔木；小枝髓心坚实。单叶，对生，边缘有锯齿，无托叶。聚伞花序，花较大，5基数，花冠筒长于裂片，花柱细长，柱头头状，子房2室。蒴果柱状，具喙，两瓣裂；种子小，多数，无翅或有窄翅。

约10种，分布于东亚和北美。我国2种，另有1～2种栽培。

锦带花（海仙花、文官花）

Weigela florida (Bunge) A. DC.

灌木，高达3m；枝条开展，小枝细弱，幼时具2列柔毛。叶椭圆形或卵状椭圆形，长5～10cm，顶端锐尖，基部圆形至楔形，缘有锯齿，表面脉上有毛，背面尤密。花1～4朵成聚伞花序；萼片5裂，披针形，下半部连合；花冠漏斗状钟形，玫瑰红色，裂片5。蒴果柱形；种子无翅。花期4～5 (6)月。

产于我国江西、江苏、河南、河北、山东、山西、辽宁、吉林、内蒙古及陕西等地，生于海拔100～1450m杂木林下或山顶灌丛中。俄罗斯、朝鲜半岛及日本也有分布。

锦带花枝长花茂，灿如锦带，常植于庭园角隅、公园湖畔，也可在林缘、树丛边植作自然式花篱、花丛，或植于山坡上也较适宜。锦带花是良好的抗污染树种，可用于工矿区的绿化。

锦带花

锦带花花序

锦带花果实

4. 六道木属 *Abelia* R. Br.

落叶灌木，稀常绿；冬芽小，卵圆形，有数对芽鳞。单叶对生或3枚轮生，具短柄，全缘或有齿。单花、双花或数朵组成聚伞花序，腋生或顶生，有时可组成圆锥状或簇生；萼片2～5，花后增大宿存；花冠管状、钟状或漏斗状，5裂；雄蕊4，等长或2长2短，着生于花冠筒基部；子房3室，仅1室发育，有1胚珠。瘦果革质，顶端冠以宿萼。

约25种以上，产于东亚及中亚，2种产于墨西哥。我国产9种，分布于中部和西南部。

分种检索表

1. 花1～2朵腋生；萼裂片2 ·· 1. 小叶六道木 A. parvifolia
1. 花由多数聚伞花序集成圆锥状花簇；萼裂片5 ·························· 2. 糯米条 A. chinensis

(1) 小叶六道木（六条木、鸡壳肚花、鸡肚子）

Abelia parvifolia Hemsl.

灌木，高达3m；多分枝，幼枝被柔毛，兼有粗硬毛或细毛。叶卵形、窄卵形或披针形，长1～3cm，全缘或具2～3对不明显浅圆齿，两面疏被硬毛；叶柄短。花1～2朵腋生；萼筒被柔毛，裂片2（3）；花冠粉红至浅紫色，窄钟状，5裂，雄蕊2长2短。核果长6mm，具2枚增大宿存萼裂片。花期4～5月，果期8～9月。

产于云南、四川、贵州、福建、湖北、甘肃及陕西等地，生于海拔240～3000m的林缘、路边、草坡或岩石山谷中。

小叶六道木枝叶婉垂，树姿婆娑，花美丽，萼裂片特异。可丛植于草地边、建筑物旁，或列植于路旁作为花篱。叶、花可入药。

小叶六道木

小叶六道木花

(2) 糯米条（茶条树）

Abelia chinensis R. Br.

落叶多分枝灌木。叶圆卵形或椭圆状卵形，基部圆或心形，长2～5cm，疏生圆锯齿。聚伞花序生于小枝上部叶腋，由多数花序集合成圆锥状花簇。花芳香，具3对小苞片；萼筒圆柱形，萼檐5裂，裂片椭圆形或倒卵状长圆形，长5～6mm，果期红色；花冠白或红色，漏斗状，长1～1.2cm，裂片5，圆卵形；雄蕊着生花冠筒基部，花丝细长，伸出花冠筒外。核果具5枚增大宿存萼裂片。花期1～3月。

产于我国云南、四川、贵州、广西、广东、台湾、福建、江西、湖南及湖北等地，生于海拔170～1500m山地。

本种花多而密集，花期长，果期宿存萼裂片红色，为优美观赏植物。耐寒性强，在长江以北公园、庭院及植物园可露地栽植。

糯米条

糯米条花

5. 接骨木属 *Sambucus* L.

落叶灌木或小乔木，稀草本；小枝粗，髓心大。奇数羽状复叶，对生，小叶具锯齿。复聚伞或圆锥花序，顶生，花整齐，5基数，花柱极短，柱头2～3裂。浆果状核果，小核3～5。

约20种，分布于温带和亚热带。我国5～6种，南北均产。常栽培作观赏或药用。

接骨木（公道老、扦扦活、蓝节朴）

Sambucus williamsii Hance

落叶小乔木，高4～6m；小枝无毛，2年生枝浅黄色，皮孔密生，隆起，髓心淡黄褐色。小叶3～7（11），卵形、窄椭圆形或长圆状披针形，长5～15cm，具细齿，中下部具1至数枚腺齿；托叶小，条形或腺体状。果球形或椭圆形，径约5mm，红色，稀蓝紫色。花期4～5月，果期6～9月。

产于我国各地，生于海拔540～2000m山坡、灌丛、沟边。朝鲜、日本也有分布。

枝叶茂密，速生，秋季红果累累，可栽培供观赏，作绿篱及行道树，宜于水边、林缘、草坪边种植，也可作工业区内防护林的树种。

接骨木

接骨木花序

十七、金缕梅科Hamamelidaceae

乔木或灌木。单叶互生，稀对生；常有托叶。花较小，单性或两性，成头状、穗状或总状花序；花萼片、花瓣、雄蕊通常均为4～5，有时无花瓣；雌蕊由2心皮合成，子房通常下位或半下位，2室，花柱2，分离，中轴胎座。蒴果木质，2（4）裂。

约28属，140种，主产东亚的亚热带。我国产18属，约80种。

分属检索表

1. 子房每室胚珠多个；无花瓣或不为带状。
  2. 蒴果全部藏于头状果序之内；子房下位 ·················· 1. 枫香属Liquidambar
  2. 蒴果突出于头状果序之外；子房半下位。
    3. 叶为羽状脉，无托叶 ································ 3. 红花荷属Rhodoleia
    3. 叶为掌状脉，有大型革质的托叶 ··············· 4. 马蹄荷属Exbucklandia
1. 子房每室胚珠1个；花瓣长带状 ···················· 2. 檵木属Loropetalum

1. 枫香属Liquidambar L.

落叶乔木，树液芳香。叶互生，掌状3～5（7）裂，缘有齿。花单性同株，无花瓣；雄花无花被，头状花序常数个排成总状。果序球形，由木质蒴果集成。

共约6种，产于北美及亚洲。我国产2种，2变种。

枫香（枫树、路路通）

Liquidambar formosana Hance

落叶乔木，高达30m；树冠广卵形或略扁平。单叶，互生，宽卵形，常为掌状3裂，长6～12cm，基部心形或截形，裂片先端尖，缘有锯齿；幼叶有毛，后渐脱落。头状果序球形，径3～4cm，蒴果下部藏于果序轴内，具有宿存针刺状萼齿及花柱。花期3～4月，果期10月。

产于我国云南、四川、贵州、广西、广东、海南、台湾、福建、湖南、湖北、浙江、江苏、安徽、河南及陕西等地，垂直分布一般在海拔1000～1800m。日本亦有

枫香

枫香花

枫香果实

分布。

变种：

①短萼枫香（*L. formosana* var. *brevicalycina* Cheng et P. C. Huang）：蒴果之宿存花柱粗短，长不足1cm，刺状萼片也短，产江苏。

②光叶枫香（山枫香树）（*L. formosana* var. *monticola* Rehd. et Wils.）：幼枝及叶均无毛，叶基截形或圆形，产湖北西部、四川东部一带。

枫香树高干直，树冠宽阔，深秋叶色红艳，美丽壮观，是南方著名的秋色叶树种。宜于我国南部和西南部地区营造风景林，也可在园林中栽作庭荫树，或于草地孤植、丛植，或于山坡、池畔与其他树木混植。若与常绿树丛配合种植，秋季红绿相衬，会显得格外美丽。又因枫香对有害气体具有较强的抗性，可用于厂矿区绿化。深根性，主根粗长，抗风力强，也可作防风林用。枫香之根、叶、果均可药用。

2. 檵木属 *Loropetalum* R. Brown

常绿灌木或小乔木，有锈色星状毛。叶互生，较小，全缘。花两性，头状花序或短穗状花序顶生；萼筒与子房愈合；花瓣4，带状线形。蒴果木质，卵圆形，被星状毛；果梗极短或不存在；种子1粒。

约4种，分布于东亚之亚热带地区。我国有3种。

分种检索表

1. 叶绿色；花瓣黄白色 ·················· 1. 檵木 *L. chinense*
1. 叶多呈紫红色；花瓣紫红 ·················· 2. 红花檵木 *L. chinense* var. *rubrum*

（1）檵木（檵花、木莲子、桎木）

Loropetalum chinense (R. Br.) Oliv.

嫩枝、叶、萼及果均被褐色星状毛。叶革质，卵形至椭圆形，长2～5cm，先端尖，基部歪斜。花瓣带状条形，黄白色，长1～2cm，3～8朵簇生枝端。果椭圆形，褐色。花期4～5月，果期8～9月。

产于我国云南、四川、贵州、广西、广东、福建、江西、湖南、湖北、浙江、江苏、安徽、河南，生于山地阳坡及林下。印度北部亦有分布。

本种花繁密而显著，初夏开花如雪，颇为美丽。丛植于草地、林缘或与石山相配合都很合适，亦可用作风景林之下木。檵木之根、叶、花、果均可药用；木材坚实耐用；枝叶可提制栲胶。

檵木

檵木花和果实

（2）红花檵木

Lorpetalum chinense (R. Br.) Oliv. var. *rubrum* Yieh

本种为檵木的变种，与原种区别为：叶多呈紫红色，花紫红色，长2cm。

产于我国河南南部、山东东部及长江流域以南至华南、西南各地。

树姿优美，叶茂花繁，光彩夺目。宜丛植草坪、林缘、园路转角，亦可植为花篱，或与杜鹃等花灌木成片配置，作风景林下木栽植。亦宜盆栽。根、叶、花、果入药。

红花檵木

红花檵木花

红花檵木果实

3.红花荷属（红苞木属）*Rhodoleia* Champ. ex Hook. f.

常绿乔木。叶互生，羽状脉，无托叶。花序头状，腋生，有花5～8朵；具花序梗；总苞片卵圆形，覆瓦状排列；花两性；萼筒极短、萼齿不明显；花瓣2～5，生于头状花序的外侧，匙形至倒披针形，基部渐宽成柄，红色，整个花序形似单花；雄蕊4～10；子房半下位，每室具胚珠12～18。果裂为4果爿，果皮较薄；种子扁平。

9种，分布于东亚、东南亚。我国有6种，主产华南至西南。

滇南红花荷（红花树、显脉红花荷、山茶花）

Rhodoleia henryi Tong

乔木，高达15m；小枝干后黑褐色，无毛。叶革质，卵状椭圆形，长11cm，宽3.5～5.5cm，先端渐尖，基部阔楔形，有明显的三出脉；上面深绿色，有光泽；下面黄绿色，无毛；侧脉约6对，与中肋成30°交角；叶柄长约5cm。头状花序，花序柄长1～1.5cm，粗壮，密被锈色星状毛，花瓣2～5枚，匙形，深红色。蒴果卵圆形，长1.6～2cm；萼筒与子房联合，高达5mm，花柱近宿存；种子扁平，具翅，长6mm，宽5mm，暗褐色。花期1～4月，果期9～10月。

产于我国云南绿春、红河、元阳、金平、河口、屏边和文山，生于海拔2200～2850m的原始亚热带常绿阔叶林中。

本种花色艳丽，花期长，花瓣具爪，具有较高的观赏价值，可作庭园绿化和行道树等。

滇南红花荷

滇南红花荷花

滇南红花荷果实

4. 马蹄荷属 *Exbucklandia* R. W. Brown

常绿乔木；枝在节处膨大，具环状托叶痕。叶革质，<u>互生</u>，掌状3裂，掌状脉3~5，具长叶柄；托叶2，相对合生，苞片状，革质，椭圆形，早落。花两性或杂性同株；头状花序，每花序有花7~16；萼筒与子房合生，萼齿不明显或呈瘤状突起；花瓣线形，白色，2~5或缺；雄蕊10~14；子房半下位，2室，每室胚珠2~6。果序有果7~16，仅基部藏于花序轴内；果木质，每室有种子2~6。

4种，分布于马来西亚、印度尼西亚和我国南部地区。我国有3种，产于华南及西南。

马蹄荷（合掌木、白克木、解阳树）

Exbucklandia populnea (R. Br.) R. W. Brown

乔木，高达20m；小枝被短柔毛，节膨大。叶革质，阔卵圆形，全缘，或嫩叶有掌状3浅裂；叶基部心形，稀为圆形，掌状脉5~7条；叶柄长3~6cm；托叶椭圆形或倒卵形，长2~3cm，宽1~2cm。头状花序单生或数枝排成总状花序，花序柄长1~2cm，被柔毛；花两性或单性；花瓣长2~3mm或缺；子房被黄褐色柔毛。头状果序直径约2cm，有蒴果8~12个，果序柄长1.5~2cm；蒴果椭圆形，长7~9mm，宽5~6mm，表面平滑；种子具窄翅。

产于我国云南、西藏、四川及贵州等地，生于山地常绿阔叶林中。越南、缅甸、泰国及印度也有分布。

本种树姿美丽，树干通直，叶大而光亮。适作庭荫树、行道树或在山地营造风景林，孤植、<u>丛植</u>、群植均宜。

马蹄荷叶和托叶

马蹄荷花

马蹄荷果实

十八、悬铃木科Platanaceae

落叶乔木；树皮呈片状剥落。单叶互生，掌状分裂，叶具柄下芽；有托叶，早落。花单性，雌雄同株，花密集成球形头状花序，下垂；萼片3～8，花瓣与萼片同数；雄花有3～8雄蕊，花丝近于无，药隔顶部扩大呈盾形；雌花有3～8分离心皮，花柱伸长，子房上位，1室，有1～2胚珠。聚合果呈球形，小坚果有棱角，基部有褐色长毛，内有种子1粒。

本科仅1属，约11种，分布于北温带和亚热带地区。我国引入栽培3种。

悬铃木属*Platanus* L.

属的形态特征同于科。

法国梧桐（悬铃木、三球悬铃木、祛汗树）

Platanus orientalis L.

大乔木，高20～30m；树冠阔钟形；干皮灰褐绿色至灰白色，呈薄片状剥落；幼枝、幼叶密生褐色星状毛。叶掌状5～7裂，深裂达中部，裂片长大于宽，叶基阔楔形或截形，叶缘有齿牙，掌状脉；托叶圆领状。花序头状，黄绿色。多数坚果聚合呈球形，3～6球成一串，宿存花柱长，呈刺毛状，果柄长而下垂。花期4～5月，果期9～10月。

原产欧洲；印度、小亚细亚亦有分布。我国有栽培。

本种为世界著名的优良庭荫树和行道树种，也是速生用材树种，对二氧化硫、氯气等有害气体的抗性较强。萌芽力强，耐修剪，对城市环境耐性强。

常用于园林中的还有美国梧桐（一球悬铃木）*P. occidentalis* L. 和英国梧桐（二球悬铃木）*P.* × *acerifolia*（Ait.）Wilid.。

英国梧桐果实

英国梧桐

英国梧桐叶

十九、杨柳科Salicaceae

落叶乔木或灌木。单叶互生，稀对生，有托叶。花被无，单性，雌雄异株，柔荑花序，花有腺体或杯状花盘；雄蕊2至多数；子房上位，1室，2心皮，侧膜胎座，胚珠多数。蒴果2或4裂；种子细小，基部围有白色丝状长毛。

共3属，620余种，分布于寒温带、温带及亚热带。我国产3属，320多种，遍及全国。为我国北方重要防护林、用材林、绿化和水土保持树种。

分属检索表

1. 小枝较粗，髓心五角状，有顶芽，柔荑花序下垂，苞片多具不规则之缺刻，花盘杯状 ·· 1. 杨属*Populus*

1. 小枝细，髓心近圆形，无顶芽，柔荑花序直立，苞片全缘，花无杯状花盘，有腺体 ·· 2. 柳属*Salix*

1. 杨属*Populus* L.

乔木，树干端直；小枝较粗，髓心五角状；有顶芽，芽鳞数枚，常有粘脂。叶互生，叶柄长。柔荑花序下垂，花盘斜杯状；雄花有雄蕊4至多数，着生于花盘内。蒴果2裂或4裂。

约100种，产于欧、亚、北美。我国约产60种，还有很多变种、变型和品系。

由于本属植物生长迅速，适应性强，繁殖容易，各地广泛作行道树、防护林及速生用材林及四旁绿化树种。

分种检索表

1. 叶缘具有波状齿或缺刻，苞片边缘具长毛。
   2. 芽被毡毛；叶柄近圆柱形 ································ 1. 毛白杨*P. tomentosa*
   2. 芽无毛，微有黏质；叶柄侧扁 ······················ 2. 山杨*P. davidiana*
1. 叶缘具有锯齿；苞片边缘无长毛 ·················· 3. 滇杨*P. yunnanensis*

（1）毛白杨（大叶杨、响杨、白杨、笨杨）

Populus tomentosa Carr.

落叶乔木；小枝初被毡毛，后脱落；芽微被毡毛。叶卵形或三角状卵形，长7～15cm，宽6～13cm，先端短渐尖，基部浅心形或近截形，边缘具深波状齿或缺刻，下面密被毡毛，成年后逐渐脱落；叶柄近圆柱形，通常有腺体。果序长达14cm；蒴果圆锥形或卵形，无毛，2瓣裂。

产于我国江西、湖北、浙江、江苏、安徽、河南、河北、山东、山西、辽宁、新疆、青海、宁夏、甘肃、陕西等地；云南、四川有栽培。

毛白杨树干灰白、端直，树形高大广阔，在园林绿

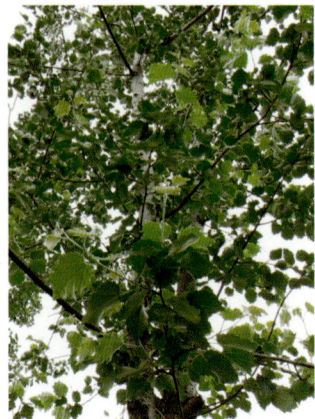

毛白杨

化中适宜作行道树及庭荫树，也是工厂绿化、四旁绿化及防护林、用材林的重要树种，可孤植、丛植、成片植于建筑物周围、草坪、广场。木材供建筑、家具、胶合板、造纸及人造纤维等用。

(2) 山杨（大叶杨、响杨）

Populus davidiana Dode

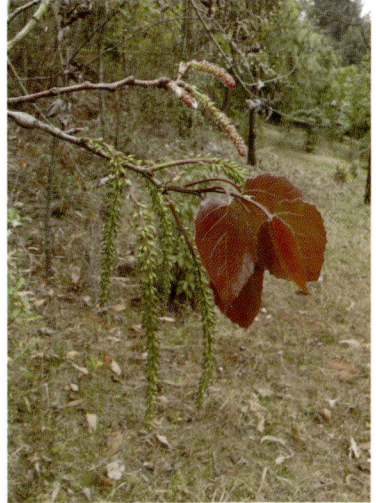

落叶乔木；芽无毛，微有黏性芽脂。叶卵状近圆形，长2～4（7）cm，宽1.5～3.5（6.5）cm，先端短渐尖或急尖，基部宽楔形或圆形，边缘具浅波状齿；叶柄侧扁，长1.5～5.5cm，无毛，有时有不显著腺体。果序长达12cm；蒴果卵状圆锥形，无毛，2瓣裂，有短梗。

产于我国云南、西藏、四川、贵州、广西、湖南、湖北、河南、河北、山东、山西、辽宁、吉林、黑龙江、内蒙古、新疆、青海、宁夏、甘肃、陕西等地，生于海拔300～4000m山坡、山脊和沟谷地带。前苏联、朝鲜也有分布。

山杨树形优美，适应性广，生长迅速，常用作行道树、风景林等。木材供造纸、家具、建筑等用，萌条可编制筐篮等。

山杨花

(3) 滇杨（云南白杨、大叶杨柳、白泡桐、东川杨柳）

Populus yunnanensis Dode

落叶乔木；小枝有棱脊，红褐色或淡绿褐色，无毛；芽无毛，具丰富的黄褐色黏性芽脂。叶卵形或卵状椭圆形，长4～16（26）cm，宽2～12（22）cm，先端长渐尖或渐尖，基部圆形或楔形，稀浅心形，边缘具腺圆锯齿，两面无毛或幼时脉上有疏柔毛，中脉通常带红色，基部第二对侧脉在叶片中部以下伸达边缘；叶柄半圆柱形，长2～9（12）cm，常带红色，上面有沟槽。果序长达15cm；蒴果3～4瓣裂。

产于我国云南、四川、贵州等地，生于海拔1300～3300m溪旁或疏林中。

滇杨树干耸立，树形端正，枝条开展，叶片宽大、荫浓，故作庭荫树及行道树栽植，在园林中植于草坪、水边、山坡等地，亦可多行种植作防护林。木材为造纸、胶合板、纤维板等用材；芽脂可作黄褐色染料等。

滇杨

滇杨花

2. 柳属 *Salix* L.

落叶乔木或灌木；小枝细，髓心近圆形；无顶芽，侧芽常紧贴枝上，芽鳞1枚。叶互生，稀对生，叶柄短。柔荑花序直立或斜展；花无杯状花盘，有1~2腺体；雄蕊2~多数；雌蕊由2心皮组成；蒴果2裂。

约520种，主产北半球温带，寒带次之，南半球极少，大洋洲无野生种。我国约257种，遍及全国各地，为保持水土、固堤、防沙和四旁绿化美化环境的优良树种。

分种检索表

1. 子房无柄，雄蕊2。
  2. 小枝细长下垂 ·························· 1. 垂柳 *S. babylonica*
  2. 小枝斜展或扭曲
    3. 小枝斜展，花序密被银白色绢毛 ········· 3. 银芽柳 *S. argyracea*
    3. 小枝扭曲，花序轴被柔毛 ········· 4. 龙爪柳 *Salix matsudana* f. *tortuosa*
1. 子房具柄，雄蕊6~12 ·················· 2. 云南柳 *S. cavaleriei*

(1) 垂柳（水柳、垂丝柳、清明柳、倒杨柳、柳树、垂杨柳）

Salix babylonica L.

落叶乔木；小枝细长下垂；芽具有柔毛。叶狭披针形，长9~16cm，宽5~15（20）mm，边缘具腺锯齿，两面初有疏柔毛，后渐脱落。花序长1.5~4cm，花序轴、苞片有柔毛；雄蕊2；子房无毛或下部稍有毛，无柄或近无柄。

产于我国云南、西藏、四川、贵州、广西、广东、香港、海南、福建、江西、湖南、湖北、浙江、江苏、安徽、河南、河北、山东、山西、辽宁、吉林、黑龙江、内蒙古、新疆、宁夏、甘肃、陕西等地；其他各地多栽培。欧洲、美洲、亚洲各国均有引种。

垂柳发芽早，落叶晚，枝条柔软，纤细下垂，无论春夏秋冬都自然潇洒，微风吹来，妩媚动人，不仅是优美的风景树、庭荫树，也是防风、固沙、护堤的重要树种，适宜水滨、池畔、桥头、河岸植之。

垂柳

垂柳雌花

垂柳雄花

(2) 云南柳（大叶柳）

Salix cavaleriei Lévl.

落叶乔木。叶椭圆状披针形或窄卵状椭圆形，长4~11cm，先端渐尖，基部楔形，边缘具腺齿；叶柄长0.6~1cm，无毛。柔荑花序长2~3.5cm；花序轴、子房具长

云南柳

云南柳果实

柄。蒴果卵形，长约1cm。

分布于我国云南、西藏、四川、贵州、广西、广东等地，生于海拔1000～3800m的路旁、河边及林缘等。越南也有分布。

云南柳树冠广卵形，适应性强，在云南常沿河岸或湖边生长。早春开花，花与叶近同时开放，十分美观，可作庭园绿化及护堤树等。木材供农具等用。

(3) 银芽柳（棉花柳、银柳）

Salix argyracea E. Wolf

落叶灌木；小枝粗壮，被茸毛；冬芽红紫色，有光泽。叶长椭圆形，长9～15cm，先端尖，基部近圆形，边缘有细锯齿，表面微皱，深绿色，背面密被白色绢毛。花序先叶开放，长3～6cm，粗1～1.5cm，盛开时花序密被银白色绢毛。

分布于我国新疆，生于山地林缘或林中空地，华东和西南地区引种栽培。前苏联也有分布。

银芽柳花序盛开时密被银白色绢毛，是优良的园林、庭院观赏花木，也是良好的切花配材。在园林中常配植于池畔、河岸、湖滨、堤旁绿化，冬季还可剪取枝条瓶插观赏。我国华东和西南地区引种栽培已有六、七十年的历史。

(4) 龙爪柳

Salix matsudana Koidz. f. *tortuosa* (Vilm.) Rehd.

乔木，高达15m；小枝扭曲，幼时被疏柔毛。叶披针形，长5～10cm，先端长渐尖，基部楔形或窄圆形，边缘有细锯齿，叶柄短。花与叶同时开放；雄花序圆柱形，长1.5～3cm，径0.6～0.8cm，花序轴被柔毛；雄蕊2；雌花序较雄花序短，子房长椭圆形，近无柄，柱头2。

龙爪柳为旱柳*S. matsudana*的栽培变型，我国各地栽培，其枝条扭曲，树形奇特，是优良的园林、庭院观赏花木，在园林中常配植于池畔、河岸、湖滨、堤旁绿化等。

龙爪柳花

二十、杨梅科 Myricaceae

灌木或乔木。单叶互生，羽状脉，无托叶。花常单性，雌雄同株或异株，柔荑花序，无花被；雄蕊4~8（2~20）；雌蕊由2心皮合成，子房上位，1室，具1直伸胚珠，柱头2。核果，外表略成规则排列的乳头状突起。

2属，约50种，分布于两半球热带、亚热带和温带地区。我国产1属，4种。

杨梅属 *Myrica* L.

常绿灌木或乔木。叶常密集于小枝顶端，通常具树脂质腺体。花小，着生于鳞片状苞片腋内，组成密集的柔荑花序。核果，外果皮肉质，常有乳头状突起，内果皮骨质。

约40种，分布于温带至亚热带。我国有4种，分布于长江以南各地。

分种检索表

1. 乔木，高4~15m；叶较大，长6~16cm；雄花具2~4枚小苞片，雌花具4枚小苞片 ……………………………………………………………………………… 1. 杨梅 *M. rubra*

1. 灌木，高0.5~2m；叶较小，长2.5~8cm；雄花无小苞片，雌花具2小苞片 …………… 2. 滇杨梅 *M. nana*

（1）杨梅（大树杨梅、朱红、山杨梅、树梅）

Myrica rubra (Lour.) Sieb. et Zucc.

乔木，高4~15m；幼枝及叶背有黄色腺鳞。叶倒披针形，长4~16cm，先端钝，基部狭楔形，全缘或近端部有浅齿；叶柄长0.5~1cm。雌雄异株。核果球形，径1.5~2.5cm，成熟时深红色或紫红色，多汁。花期4月，果期6~7月。

产于我国云南、四川、贵州、广西、广东、台湾、福建、江西、浙江、江苏等地，生于海拔125~1500m山坡或山谷林中。日本、朝鲜及菲律宾也有分布。

本种为著名的水果，树姿优美，枝繁叶茂，树冠圆整，初夏红果累累，十分可爱，是园林绿化结合生产的优良树种，于庭前、路旁、墙隅等处均可种植。

杨梅花

杨梅果实

杨梅

（2）滇杨梅（云南杨梅、矮杨梅、爬地杨梅）

Myrica nana Cheval.

灌木，单叶互生，革质或薄革质，叶片长2.5～8cm，宽1～3cm，叶缘中部以上常有少数粗锯齿。花单性，雌雄异株。核果球状或椭圆状，果径1.0～1.5cm，成熟时红色或红绿色，外果皮肉质，内果皮坚硬。花期2～3月，果期6～7月。

分布于我国云南、四川、贵州及西藏等地，生于1500～3500m的山坡林缘或灌丛中。

本种树矮常绿，姿态雅致，抗寒、抗旱、耐瘠薄，适应性强，是很好的矮型绿化树种，可用作绿篱或修剪成各种装饰等。

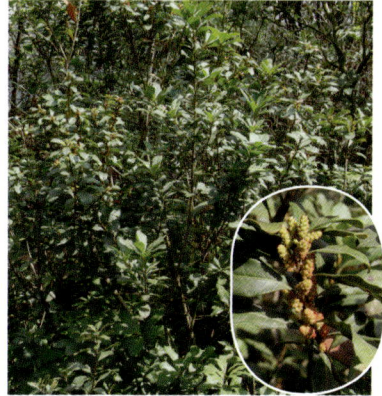

滇杨梅　　　　　　滇杨梅花

二十一、桦木科Betulaceae

落叶乔木或灌木；树皮光滑或成片状、薄层状、块状、鳞状开裂。单叶互生，叶缘常具锯齿。花单性，雌雄同株；雄柔荑花序先叶开放，具多数覆瓦状排列的苞片，每苞片2～3朵花，花被4，偶有退化，雄蕊2或4；雌柔荑花序直立或下垂，每苞片着生2～3朵花，无花被，子房裸露，2室，每室1胚珠，花柱2。果苞纸质或革质，3～5裂；小坚果有翅。

2属，140余种，主要分布于北温带，也可达北极、亚洲南部及拉丁美洲。我国2属，40余种，全国均产。

分属检索表

1. 雄花具4雄蕊，药室顶端无毛；果序球果状，果苞5裂，具2小坚果 ……… 1. 桤木属*Alnus*

1. 雄花具2雄蕊，药室顶端有毛；果序穗状，果苞3裂，具3小坚果 ……… 2. 桦木属*Betula*

1. 桤木属*Alnus* Mill.

乔木或灌木；树皮鳞状开裂。小枝有棱脊；芽通常有柄，具2（3～6）芽鳞，常有树脂。叶多具单锯齿。雄花序生于小枝顶端，每苞片3花，雄蕊4，与花被对生，花丝顶端不分叉，2药室不分离，顶端通常无毛。雌花序单生或排成总状或圆锥状，每苞片2花。果序球果状，果苞先端5裂，具小坚果2。

约40余种，分布于北温带、温带及亚热带。我国近10种，除西北地区外均产。

分种检索表

1. 果序1，果序梗长4～8cm，果翅宽约为小坚果的1/2～1/4；叶缘具疏钝齿 ………………………………………………………… 1. 桤木*A. cremastogyne*

1. 果序多数，呈圆锥状，果序梗长2～3mm，果翅宽约为小坚果的1/2或更宽；叶全缘或具不明显细齿 ……………………………………… 2. 旱冬瓜*A. nepalensis*

(1) 桤木（水冬瓜）

Alnus cremastogyne Burk.

乔木；树皮灰色或灰褐色、鳞状开裂；小枝幼时常被淡褐色短柔毛。叶椭圆状倒卵形或椭圆形，长4～15cm，宽2.5～8cm，先端骤渐尖或钝尖，基部楔形或近圆形，边缘具稀疏钝锯齿，上面无毛，下面有腺点，脉腋有时具簇毛，侧脉8～11（16）对；叶柄长1～2cm，幼时常被毛。雌、雄花序均单生。果序1，长1～3.5cm，径5～20 mm；果序梗长4～8cm，下垂，果翅宽为小坚果的1/2～1/4。

产于我国云南、四川、贵州、湖南、湖北、河南、甘肃、陕西等地，生于海拔500～3000m的溪旁或河边湿地林中。

本种树姿优美，枝繁叶茂，适于公园、庭院作庭荫树，或混交林、风景林、防护林、公路绿化和河滩绿化等。

桤木

(2) 旱冬瓜（蒙古桤木、西南桤木、尼泊尔桤木）

Alnus nepalensis D. Don

乔木。叶倒卵状椭圆形、卵形或椭圆形，长4～16cm，宽2～10cm，先端骤渐尖或短渐尖，基部楔形或近圆形，全缘或具疏细齿，上面无毛，下面密被腺点，幼时疏被棕色柔毛，侧脉8～16对；叶柄长1～2.5cm，近无毛。雌、雄花序均多数，排成圆锥状。果序多数，呈圆锥状，果序梗长2～3mm；果翅宽约为小坚果的1/2，稀近等宽。

产于我国云南、西藏、四川、贵州、广西等地，生于海拔500～3600m的潮湿沟谷及干燥山坡疏林中。不丹、印度、缅甸及泰国也有分布。

旱冬瓜生长迅速，适应性强，是优良的城乡绿化树种。

旱冬瓜　　　　　　　　　　旱冬瓜花序　　旱冬瓜果实

2. 桦木属 *Betula* L.

落叶乔木或灌木。叶互生，有锯齿。花单性同株，无花瓣；雄柔荑花序先叶或与叶同时开放，花3朵聚生于每一苞片腋内，萼1～4齿裂，雄蕊2，花丝2深裂；雌柔荑花序生于小枝之顶，花无萼，有3个2室的子房聚生于苞片腋内；果苞裂片成熟时革质。小坚果有膜质翅，顶冠以宿存的花柱，成熟时与苞片一起脱落。

约100种，分布于北美、欧洲和亚洲，从北极圈至亚热带高山地区。我国31种，全国均产，主产东北部、中部至西南部。

分种检索表

1. 果苞侧裂片不发育；小坚果翅较宽，大部分露出果苞外 ·········· 1. 西南桦 *B. alnoides*
1. 果苞侧裂片明显发育；小坚果翅较狭，不露出果苞外。
  2. 树皮灰白色；果序常下垂 ·············· 2. 白桦 *B. platyphylla*
  2. 树皮暗红褐色；果序常直立或斜展 ············· 3. 糙皮桦 *B. utilis*

（1）西南桦（西桦、蒙自桦树、化桃木、广西桦、滇桦）

Betula alnoides Buch. -Ham. ex D. Don

乔木；树皮红褐色；小枝被白色长柔毛和腺体。叶卵形或卵状长圆形，长5～12cm，宽3～6cm，先端渐尖，基部楔形或近圆形，边缘具不规则刺毛状重锯齿，侧脉10～13对；叶柄长1～3cm，被柔毛及腺体。果序2～5排成总状，长5～12cm，径4～6mm，密被黄色长柔毛；果苞侧裂片耳状，不发育；果翅宽约为小坚果的2倍，露出果苞外。

产于我国云南、四川、贵州、广西、海南等地，生于海拔500～2800m的林缘及林中。越南、尼泊尔有分布。

本种树干通直，树冠广展，红褐色树皮亦有特色，可供庭园观赏。木材材质较好，广泛用于家具、室内装潢、建筑及军工等领域。

西南桦

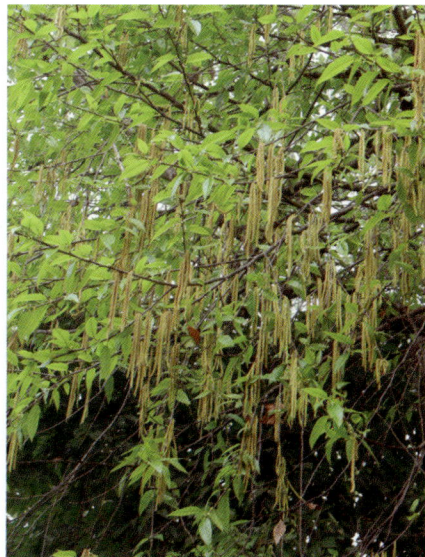

西南桦花序

(2) 白桦（粉桦、臭桦）

Betula platyphylla Suk.

乔木，高可达27m；树皮灰白色，成层剥裂。叶厚纸质，三角状卵形、菱形或三角形，长3～9cm，宽2～7.5cm，顶端锐尖、渐尖至尾状渐尖，基部截形、宽楔形或楔形，边缘具重锯齿，侧脉5～8对；叶柄长1～2.5cm，无毛。果序单生，圆柱形，常下垂；果苞发育，边缘具短纤毛。小坚果矩圆形或卵形，膜质翅常较果长。

分布于我国云南、西藏、四川、河南、河北、山西、辽宁、吉林、黑龙江、内蒙古、青海、宁夏、甘肃、陕西等地，生于海拔500～4200m山坡林中。前苏联远东地区及东西伯利亚、蒙古东部、朝鲜北部、日本也有分布。

本种树干通直，枝叶扶疏，姿态优美，尤其是树干修直，洁白雅致，十分引人注目，容易栽植，

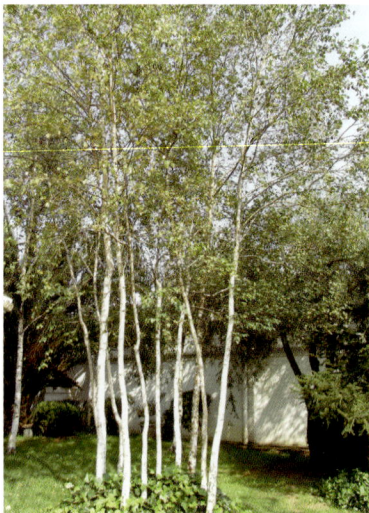
白桦

是重要园林树种，可孤植、丛植于草坪、滨河湖畔，也可成片种植，若在山地或丘陵地成片栽植，可组成美丽的风景林。木材纹理直，结构细，是我国东北林区的重要树种。

(3) 糙皮桦（喜马拉雅银桦）

Betula utilis D. Don

乔木，高可达33m；树皮暗红褐色，呈层剥裂。叶厚纸质，卵形、长卵形至椭圆形或矩圆形，长4～9cm，宽2.5～6cm，顶端渐尖或长渐尖，基部圆形或近心形，边缘具重锯齿，侧脉8～14对；叶柄长8～20mm，疏被毛或近无毛。果序单生或2～4排成总状，直立或斜展，圆柱形；果苞发育，边缘具短纤毛。小坚果倒卵形，上部疏被短柔毛，膜质翅与果近等宽。

分布于我国云南、西藏、四川、河南、河北、山西、青海、甘肃、陕西等地，生于海拔2500～3800m林中。印度、尼泊尔、阿富汗也有分布。

本种植株高大雄伟，可片植营造风景林。木材坚韧，断面有光泽，供建筑用。

糙皮桦

糙皮桦果苞

二十二、榛科 Corylaceae

落叶灌木或乔木。芽具覆瓦状芽鳞。单叶互生，有锯齿，托叶常早落。花单性，雌雄同株；雄花为柔荑花序，单生或再组成花序，无花被；雌花为柔荑花序或头状花序，具花被，子房下位，不完全2室，每室1或2胚珠，花柱2。果苞钟状、管状、囊状或叶状，少数种类的果苞裂片为直刺状，全部或部分包藏坚果。

4属，60余种，分布于北温带和亚热带。我国4属，30余种，南北各地均产。

1. 鹅耳枥属 Carpinus L.

乔木，稀灌木。单叶互生，叶缘通常具不规则重锯齿。雄柔荑花序聚伞状，每苞片具1朵花，雄蕊3～12，着生于苞片基部，花药2室，分离，顶端有毛；雌花每苞片具2朵花，萼6～10齿裂，子房每室仅1发育胚珠。果序穗状，果苞叶状，多少3裂或2裂，有时分裂不明显，包围坚果基部，种子1。

40种，分布于北温带及亚热带地区。我国25种，南北各地均产。

短尾鹅耳枥（岷江鹅耳枥）

Carpinus londoniana H. Winkl.

乔木。叶厚纸质，长椭圆形或椭圆形，长8～10cm，宽2.5～3cm，顶端尾状渐尖，边缘具不规则重锯齿，背面沿脉有柔毛，侧脉11～13对。果序长5～10cm；果苞长2～2.5cm，内缘全缘，基部有1内折短裂片，外缘有不明显波状细齿；小坚果宽卵圆形。

产于我国云南、四川、贵州、广西、广东、福建、江西、湖南、浙江、安徽等地，生于海拔300～1500m的湿润山坡或山谷的杂木林中。

本种枝叶茂密，叶形秀丽，果穗奇特，颇美观，宜作风景树或庭园种植观赏

短尾鹅耳枥

短尾鹅耳枥果实

2. 榛属 *Corylus* L.

落叶灌木或乔木。叶互生，具柄，叶缘具重锯齿或浅裂。雄柔荑花序单生或2~8排成总状，雄蕊4~8，着生于苞片中部，顶端有毛；雌花序头状；子房每室具1倒生胚珠，稀2。果苞钟状、管状或瓶状，部分种的果苞先端裂片转化成针刺状，大部或全部包藏着坚果；种子1。

约20种，分布于亚洲、欧洲及北美洲。我国9种，产于东北、华北、西北、西南。多数种的种子可食，含油脂丰富。

滇榛

Corylus yunnanensis A. Camus

灌木或小乔木，高1~7m；小枝密被黄褐色茸毛及刺状腺毛。叶纸质，卵形、宽卵形或倒卵形，长4~13cm，先端骤尖，基部心形，叶缘具不规则重锯齿，两面密被茸毛。雄柔荑花序2~3枚簇生；雌花序着生在雄花序下部。果苞钟状，与果等长或稍短，长1.3~2cm，密被茸毛及刺状腺体；坚果卵球形，果径1.5~2cm，有木质果皮。

分布于我国云南、四川、贵州、湖北等地，生于海拔1600~3700m的山坡灌丛中。

本种萌发力强，耐修剪，枝繁叶茂，是作绿篱的好树种，也可作山区及庭园绿化树。种仁可食及榨油；树皮、果苞及树叶可提取栲胶。

滇榛果实

滇榛

二十三、壳斗科（山毛榉科）Fagaceae

常绿或落叶乔木，稀灌木。单叶互生，侧脉羽状。花单性同株，单被花；雄花序多为柔荑状，稀为头状；雌花1～3朵生于总苞中，总苞在果熟时木质化，并形成盘状、杯状或球状之"壳斗"，外有刺或鳞片。每壳斗具1～3坚果。

9属，约900种，主产北半球温带、亚热带和热带。我国产7属，约300种；是亚热带常绿阔叶林的主要树种，近年来在风景园林中普遍应用。

分属检索表

1. 雄花序为下垂的头状花序 ·· 1. 水青冈属 *Fagus*
1. 雄花序为柔荑花序。
  2. 雄花序为直立的柔荑花序。
    3. 落叶，枝无顶芽，子房6室 ··· 2. 栗属 *Castanea*
    3. 常绿，枝有顶芽，子房3室。
      4. 叶二列互生，总苞多全包坚果，稀杯状，外部具刺，稀为瘤状或鳞状苞片；坚果1～3 ·· 3. 栲属 *Castanopsis*
      4. 叶不为二列互生，总苞多为杯状，包坚果的一部分，外部具鳞状苞片；坚果1 ·· 4. 石栎属 *Lithocarpus*
  2. 雄花序为下垂的柔荑花序。
    5. 壳斗开裂，坚果三棱形 ································· 5. 三棱栎属 *Trigonobalanus*
    5. 壳斗不裂，坚果圆形或椭圆形。
      6. 壳斗的苞片组成同心环带；落叶 ············· 6. 青冈栎属 *Cyclobalanopsis*
      6. 壳斗的苞片覆瓦状排列；叶常绿或落叶 ············· 7. 栎属 *Quercus*

1. 水青冈属 *Fagus* L.

落叶乔木。单叶互生，叶缘具锯齿或波状。花单性，同株；雄花多数，排成具长梗、下垂的头状花序，近总梗顶部有2～5膜质线形或披针形苞片，花被4～7裂，雄蕊6～12，有1～2退化雌蕊；雌花2（1、3）生于总苞内，总苞具梗，生于叶腋，花被5～6裂，子房3室。壳斗常4裂，被刺形、窄匙形、线形、钻形或瘤状苞片，每壳斗内常具1坚果；坚果卵状三角形。

14种，分布于北半球温带及亚热带高山地区。我国8种。

水青冈（长柄水青冈）

Fagus longipetiolata Seem.

乔木。叶薄革质，卵形或卵状披针形，长6～15cm，宽3～6.5cm，先端渐尖或短渐尖，基部宽楔形或近圆形，边缘具疏锯齿；侧脉9～14对，直达齿端；叶柄长1～2.5cm。成熟种苞长1.8～3cm，密被褐色茸毛；小苞片钻形，长4～7mm，下弯或呈S形；总梗长2～7cm，弯斜或下垂，无毛。坚果棱脊顶端有细小翼状突出体，被毛。

产于我国秦岭以南各地，生于海拔300～2600m阳坡或平缓的山坡常绿或落叶阔叶林中。

本种生长季郁郁葱葱，秋叶色如古铜，与枫香、檫木等一起成片种植，秋景似铜墙铁壁，十分壮观，亦可作行道树等。

水青冈

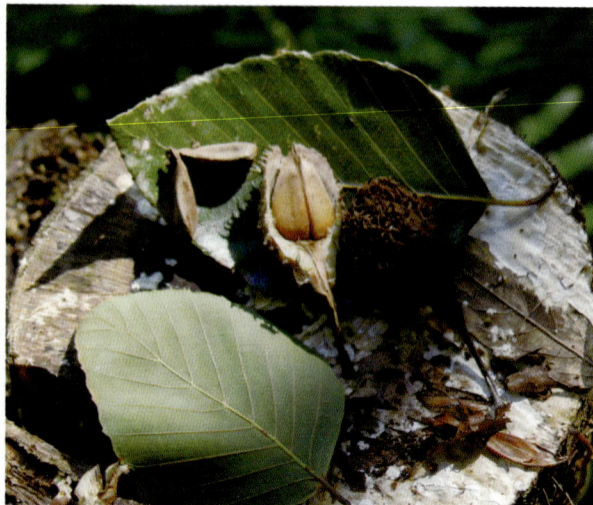

水青冈果实和叶

2. 栗属 *Castanea* Mill.

落叶乔木或灌木；小枝无顶芽。叶互生，边缘有锯齿，侧脉直达齿端。雄花序直立，腋生，雌雄花同序或异序；雄花花被6裂，雄蕊10～20，有退化雌蕊；每总苞内具1～3 (7) 雌花，雌花花被6裂，子房6室。壳斗密被针刺形苞片，每壳斗内具1～3 (7) 坚果，坚果深褐色。

12种，分布于北半球温带及亚热带。我国3种。

分种检索表

1. 每壳斗具坚果2～3 (7)，果径大于高或几相等；叶下面被短柔毛或腺鳞；雌雄花同序。
　2. 叶下面被灰白或灰黄色短柔毛，果径 1.5～3cm ······················· 1. 板栗 *C. mollissima*
　2. 叶下面被腺鳞，果径1.5cm以下 ····························· 2. 茅栗 *C. seguinii*
1. 每壳斗具坚果1个，果高大于径，叶光滑无毛，先端尾尖，叶柄细长；雌雄花异序 ······ ··· 3. 锥栗 *C. henryi*

(1) 板栗 (栗、魁栗)

Castanea mollissima Bl.

落叶乔木。叶长椭圆形至椭圆状披针形，长9～18cm，宽4～7cm，有锯齿，齿端具芒尖头，下面被灰白或灰黄色短柔毛，侧脉10～18对；叶柄长0.5～2cm。雌雄花同序，花序长9～20cm，被茸毛；雌花生于雄花序的基部，2～3 (5) 朵生总苞内。壳斗连刺径4～6.5cm，密被灰白色星状毛，刺长而密；每壳斗有坚果2～3，果径1.5～3cm，扁圆形，暗褐色，顶部有茸毛。

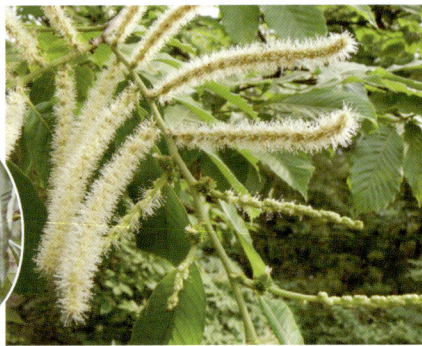

板栗 板栗果实 板栗花

除海南、新疆、青海、宁夏外，各地均产，栽培历史悠久。世界温带国家多引种栽培。

板栗树冠圆广，枝茂叶大，在公园草坪及坡地孤植或群植均适宜；亦可用作山区绿化造林和水土保持树种。坚果为著名干果。

(2) 茅栗（野栗子、毛栗、毛板栗）

Castanea seguinii Dode

灌木或小乔木；幼枝被短柔毛。叶长椭圆形或倒卵状长椭圆形，长6～14cm，渐尖，基部楔形、圆形或近心形，边缘有锯齿，下面被腺鳞，幼时沿叶脉疏被单毛；侧脉12～17对，直达齿端；叶柄长6～10mm。雌雄花同序，雌花生于雄花序基部。壳斗近球形，连刺直径3～5cm，每壳斗常具3坚果，有时可达5～7个；坚果扁球形，径1～1.5cm。

产于我国云南、四川、贵州、广西、广东、福建、江西、湖南、湖北、浙江、江苏、安徽、河南、甘肃、陕西等地，生于海拔1700～1900m平地或山坡灌丛中。

本种适应性强，能耐干旱瘠薄土壤，可作绿篱或荒山水土保持树种。

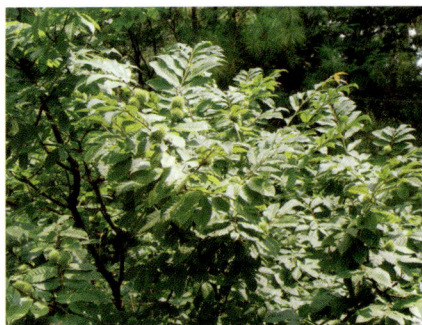

茅栗

(3) 锥栗（珍珠栗、甜栗）

Castanea henryi (Skan) Rehd. et Wils.

乔木；幼枝无毛。叶披针形或长披针形，长9～24cm，先端长渐尖或长尾尖，基部宽楔形或近圆形，边缘具芒状细锯齿，上面无毛，下面疏被毛及腺点；侧脉12～17对，直达齿端；叶柄长1.5～2cm，有短毛。雌雄花不同序。壳斗近球形，连刺直径2.5～4.5cm，每壳斗具1坚果；坚果卵圆形，径1～1.5cm。

产于我国云南、四川、广西、广东、福建、江西、湖南、湖北、浙江、江苏、安徽等地，生于海拔100～2000m山区。

本种树姿端庄，花期白花如霜似雪，叶背灰白，壳斗淡黄，交织成景；与松、柏等针叶树种混植，景观优美。

3. 栲属（苦槠属、锥属）*Castanopsis* (D. Don) Spach

常绿乔木；枝有顶芽。叶常为2列互生，边缘有锯齿或全缘，羽状脉。柔荑花序，直立；雄花花被5～7裂，雄蕊10～12（15），退化雌蕊细小，密被柔毛；雌花单生或2～7聚生于总苞内，花被5～7裂，子房3室，花柱3。总苞近球形或杯形，全包坚果，稀包坚果的一部分，壳斗外壁密生或疏生刺状、鳞片状或针头形苞片，每壳斗内具坚果1～3（7）。

约130种，主产亚洲，以东亚的亚热带为分布中心。我国约产70种。

分种检索表

1. 叶两面颜色不同；每壳斗内具1坚果。
　2. 叶硬革质，倒卵形或椭圆状卵形，下面被紧贴蜡质层；壳斗刺长3～6mm ············
　　·· 1. 高山栲*C. delavayi*
　2. 叶薄革质，长圆状披针形，下面密被红棕色粉末状鳞秕；壳斗刺长1～1.5cm ·········
　　·· 3. 栲树*C. fargesii*
1. 叶两面同为亮绿色；每壳斗内具3坚果 ················ 2. 元江栲*C. orthacantha*

（1）高山栲（白栎、滇锥栎、锥栗、丝栗、白猪栗、高山锥）

Castanopsis delavayi Franch.

常绿乔木。叶硬革质，倒卵形或椭圆形，长5～13cm，宽3.5～9cm，先端钝尖或短尖，基部宽楔形或近圆形，叶缘中部以上疏生锯齿或波状齿，背面幼时被黄棕色鳞秕，老时被银灰色或灰白色紧贴的蜡层，侧脉6～10对；叶柄长1cm。果序长10～15cm；壳斗宽卵形或近球形，连刺直径1.5～2cm，刺长3～6mm，每壳斗具1坚果；坚果宽卵形至近球形，径0.8～1.5cm，顶部无毛，果脐小于坚果基部。

产于我国云南、四川、贵州、广西等地，生于海拔900～3200m的针、阔混交林中。越南、缅甸、泰国也有分布。

本种树干通直，高耸入云，枝叶婆娑，终年常青；叶两面异色，风中摇曳，变幻莫测，可供庭园观赏或作风景林。

高山栲果实

高山栲

(2) 元江栲（直刺栲、毛果栲、元江锥）

Castanopsis orthacantha Franch.

常绿乔木；枝叶无毛。叶卵形或卵状披针形，长6~14cm，宽2~4cm，先端尾尖或渐尖，基部圆形或宽楔形，两侧不对称，边缘中部以上具锐齿，两面同为亮绿色，侧脉10~12对；叶柄长1cm。每总苞具雌花3。果序长6~15cm；壳斗近球形，连刺直径3~4cm；小苞片短刺状，基部合生成刺环，或呈鸡冠状，每壳斗内有3坚果；坚果圆锥形，一侧扁平，径1~1.5cm，密被毛，果脐与坚果基部近等大。

产于我国云南、四川、贵州等地，常生于海拔1000~3000m的阳坡松栎林中或阴坡沟谷阔叶林中。

元江栲　　　　元江栲果实

本种树冠广展而荫浓、浑厚而靓丽，四季常青，宜作孤赏树、庭荫树等。本种是云南常见的淀粉植物和用材树种。

(3) 栲树（丝栎栲、川鄂栲）

Castanopsis fargesii Franch.

常绿乔木；幼枝被红褐色粉末状鳞秕。叶长椭圆状披针形，长8~13cm，宽2.5~4cm，顶端渐尖，基部楔形或圆形，全缘或偶有1~3钝锯齿，下面密被红棕或红黄色粉末状鳞秕，侧脉纤细，12~15对；叶柄长0.5~1cm。每一总苞内有一朵雌花。果序长12~18cm；壳斗近球形，连刺直径1.5~3cm；小苞片针刺形，刺长0.6~1.6cm，基部合生成束；坚果卵球形，径0.8~1.2cm。

产于我国云南、四川、贵州、广西、广东、海南、台湾、福建、江西、湖南、湖北、浙江、安徽等地，常生于海拔1200~2000m的森林中或溪边土层深厚处。

本种树姿优美，枝叶俊秀，终年郁郁葱葱，可供庭园观赏或营造风景林等。

4. 石栎属（柯属）*Lithocarpus* Bl.

常绿乔木；枝有顶芽。叶互生，全缘，稀有锯齿。柔荑花序直立；雄花序单生或多个排成圆锥状，雄花3至多数聚成一簇，密生于花序轴上，雄蕊12（8~15），退化雌蕊细小，花被片常6裂；雌花单生于总苞内，3朵（1至多数）聚成一簇生于花序轴上，或生于花序基部或花序中段（两端为雄花），花被6裂，子房3室。壳斗部分包坚果，稀全包，苞片鳞形、钻形，每壳斗具坚果1；坚果果脐凸起、平坦或凹下。

300种，主要分布于亚洲东南部及东部。我国约100种，产秦岭以南各地。

分种检索表

1. 叶下面及叶柄幼时被疏短柔毛，老时无毛；壳斗碟状或碗状，包坚果基部，坚果径0.8~1.5cm，高1.5~2.5cm，顶端被白粉，果脐凹下 ……………… 1. 石栎*L. glaber*

1. 叶下面及叶柄被黄色柔毛；壳斗碗形，包坚果2/3~3/4，坚果径1~1.6cm，高1~1.5cm，顶部有灰黄色细柔毛，果脐隆起 ……………… 2. 滇石栎*L. dealbatus*

(1) 石栎（柯、木柯）

Lithocarpus glaber (Thunb.) Nakai

常绿乔木；小枝密被灰黄色短柔毛。叶长椭圆形或倒卵状椭圆形，长6～14cm，宽2.5～5cm，先端突尖，基部楔形，全缘或近先端有少数浅齿；叶柄长1～2cm。花序单生或多个排成圆锥状，雌雄花同序，雌花位于花序下部。壳斗碟状或碗状，高0.5～0.8cm，包坚果基部；坚果长椭圆形，径0.8～1.5cm，高1.5～2.5cm，顶端被白粉，果脐凹下。

石栎

产于四川、贵州、广西、广东、香港、台湾、福建、江西、湖南、湖北、浙江、江苏、安徽、河南等地，生于海拔1500m以下山地林中。日本也有分布。

石栎枝叶繁茂、经冬不落，宜作庭荫树，亦可于草坪中孤植、丛植，或在山坡上成片种植，也可作为其他花灌木的背景树。

(2) 滇石栎（白柯、白皮柯、猪栎）

Lithocarpus dealbatus Rehd.

常绿乔木；一年生枝密被灰黄色茸毛。叶近革质，卵形、卵状椭圆形或长椭圆状披针形，长5～14cm，宽2～3.5（4）cm，先端短或长渐尖，基部楔形，全缘，嫩叶密被灰白色或灰黄色茸毛，侧脉9～12对；叶柄长8～20mm，被黄色柔毛。果序长10～20cm；壳斗碗形，包坚果2/3～3/4，径1～1.5cm，高0.8～1.5cm，被黄色毡毛；小苞片三角形，下部的贴生于壳斗，上部的分离，长1～3mm；坚果近球形或扁球形，径1～1.3cm，顶部有灰黄色细柔毛，果脐隆起。

产于我国云南、四川、贵州，常生于海拔1300～2700m的湿润森林中。越南、老挝、泰国、印度也有。

本种树体高大，树姿优美，终年常绿，可引入庭园观赏；植株被毛，滞尘能力强，可作工矿区绿化隔离带。种仁可作猪饲料；树皮及壳斗可提制栲胶；木材供家具及薪炭用。

滇石栎花序

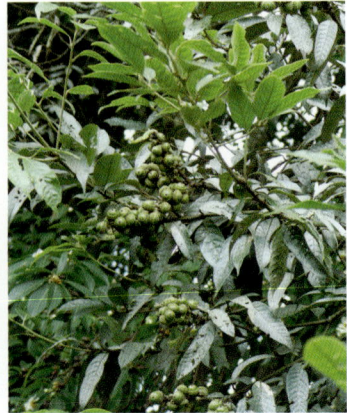

滇石栎果实

5. 三棱栎属 *Trigonobalanus* Forman

常绿乔木。单叶互生或3叶轮生；具托叶。花单性，同序或异序；雄花序下垂；雄花单生或数朵簇生于花序上；花被片6裂，覆瓦状排列；雄蕊6枚，与花被裂片对生；子房3室，每室2枚胚珠，花柱3。壳斗开裂，每壳斗具坚果1~6，坚果三棱形，顶端具宿存的花被和花柱。

3种，分布于南美洲和亚洲。我国产1种，分布于云南南部。

三棱栎

Trigonobalanus doichangensis（A. Camus）Forman

乔木，高达21m；小枝幼时被锈色柔毛，老时暗褐色。叶互生，革质，椭圆形或卵状椭圆形，长8~13cm，宽3~5cm，顶端钝尖或凹缺，基部楔形并延伸至叶柄，全缘，侧脉每边8~11条；叶柄长5~12mm。雄花序长约8cm，呈之字形曲折，被锈色茸毛；雌花序长约8cm，穗状。壳斗3裂，每壳斗具1~3坚果，果内壁被锈色茸毛，果脐三角形。花期11月，果期翌年3月。

三棱栎

三棱栎果序

产于我国云南南部，散生于海拔1000~1900m常绿阔叶林中，而以1300~1600m较为集中。泰国北部也有分布。

本种为我国珍稀树种，植株高大挺拔，树冠浓荫，果形奇特，适于作庭荫树、孤赏树或列植于园路两侧。木材纹理通直，材质坚硬，也可作荒山造林树种。

6. 青冈栎属 *Cyclobalanopsis* Oerst.

常绿乔木。叶互生，全缘或有锯齿。雌雄花被5~6深裂；雄花序为下垂的柔荑花序，簇生新枝基部，雄蕊与花被裂片同数，退化雌蕊细小；雌花序直立，穗状，顶生，雌花单生于总苞内，子房3室。壳斗多为杯状或碟状，包坚果一部分，稀全包坚果，苞片鳞片状，愈合成同心环带，每壳斗具1坚果。

150种，分布于亚洲热带及亚热带。我国约70种，产于秦岭及淮河流域以南各地。

分种检索表

1. 小枝无毛；叶下面被平伏单毛；叶为长椭圆形或倒卵状椭圆形 ········ 1. 青冈 *C. glauca*
1. 小枝幼时被茸毛，后渐脱落；叶下面被弯曲柔毛；叶为椭圆形或窄椭圆形 ···············
·· 2. 滇青冈 *C. glaucoides*

(1) 青冈 (铁椆、青冈栎)

Cyclobalanopsis glauca (Thunb.) Oerst.

常绿乔木。叶长椭圆形或倒卵状长椭圆形，长6～13cm，宽2～2.5cm，先端渐尖或尾尖，基部广楔形，边缘上半部有疏齿，中部以下全缘，背面灰绿色，被平伏毛，侧脉8～12对。壳斗碗形，包围坚果1/3～1/2，苞片合生成5～8条同心环带，环带全缘或有细缺刻。坚果卵形或近球形，径0.9～1.4cm。

分布于我国云南、西藏、四川、贵州、广西、广东、台湾、福建、江西、湖南、湖北、浙江、江苏、安徽、河南、甘肃、陕西等地，生于海拔700～2400m的山谷山坡林中。朝鲜、日本、印度亦产。

本种枝叶茂密，树姿优美，终年常青，是良好的绿化、观赏及造林树种。

青冈果实

(2) 滇青冈 (滇椆)

Cyclobalanopsis glaucoides Schott.

常绿乔木。叶革质，椭圆形或窄椭圆形，长5～12cm，宽2～5cm，先端渐尖或尾尖，基部楔形或近圆形，叶缘1/3以上有锯齿，侧脉8～12对，下面初被弯曲黄褐色茸毛，后渐脱落；叶柄长0.5～2cm。壳斗碗形，包坚果1/3～1/2，径0.8～1.2cm，外壁被灰黄色茸毛；小苞片合生成6～8条同心环带，环带近全缘。坚果椭圆形至卵形，径0.7～1cm；果脐凸起。

产于我国云南、西藏、四川、贵州、广西及青海等地，生于海拔1100～3000m山坡林中，为滇中地区习见树种。

滇青冈是云南滇中高原亚热带顶级群落半湿润常绿阔叶林的优势树种之一。萌生力强，耐砍伐，是石灰岩地区值得推广的荒山绿化、水土保持、薪炭林树种。庭园中可片植，或作行道树等。

滇青冈

滇青冈花序

7. 栎属 *Quercus* L.

常绿或落叶乔木，稀灌木；枝有顶芽，芽鳞多数。单叶互生。雄花序为柔荑花序，下垂，花被4～7裂，雄蕊4～6，花丝细长，退化雌蕊细小或缺；雌花序直立，雌花单生于总苞内，花被5～6裂，子房3～6室。壳斗杯状或各式形状；苞片鳞片状、线形或钻形，覆瓦状排列，紧贴、开展或反曲，每壳斗具1坚果。

本属约300种，分布于亚洲、欧洲、美洲等。我国约60种，南北各地均有分布。

分种检索表

1. 落叶乔木。
  2. 叶具芒状齿；果实翌年成熟。
    3. 老叶下面无毛；树皮木栓层不发达 ·············· 1. 麻栎 *Q. acutissima*
    3. 老叶下面密被灰白色星状毛；树皮木栓层发达 ·········· 2. 栓皮栎 *Q. variabilis*
  2. 叶具粗锯齿或波状齿。
    4. 小枝密被灰白色或灰褐色茸毛；叶柄长3～5mm，被棕黄色茸毛 ··· 3. 白栎 *Q. fabri*
    4. 小枝无毛，叶柄长1～3cm，无毛 ·············· 4. 槲栎 *Q. aliena*
1. 常绿灌木或小乔木。
  5. 叶全缘，先端钝圆 ·············· 5. 川滇高山栎 *Q. aquifolioides*
  5. 叶中部以上具锯齿，先端短尖至钝尖 ·············· 6. 锥连栎 *Q. franchetii*

（1）麻栎（栎树、橡树、青冈、柞树）

Quercus acutissima Carruth.

落叶乔木。叶长椭圆状披针形或披针形，长8～19cm，宽3～6cm，先端渐尖，边缘具芒状锯齿，幼时被短柔毛，老时无毛或近脉腋有毛，侧脉13～18对，直达齿端；叶柄长1～3（5）cm。雄花序长6～12cm；雌花序有1～3花。壳斗碗形，包坚果约1/2，苞片钻形，反曲，被灰白色茸毛；坚果卵形或圆形，径1.5～2 cm，高1.7～2.2cm，顶端圆形，果脐隆起。

产于我国云南、四川、贵州、广西、广东、海南、台湾、福建、江西、湖南、湖北、浙江、江苏、安徽、河南、河北、山东、山西、辽宁、陕西等地，常生于海拔800～2300m的山地阳坡，成小片纯林或散生于松林中。日本、朝鲜亦有分布。

本种生长快，适应性强，可作庭荫树、行道树以及防风林、水源涵养林或防火林等。

麻栎

麻栎果实

（2）栓皮栎（粗皮栎、白麻栎、软木栎）

Quercus variabilis Bl.

落叶乔木；树皮木栓层发达。叶长椭圆形或卵状披针形，长8～19cm，宽3～6cm，先端渐尖，边缘具芒状锯齿，老叶下面密被灰白色星状毛。雄花序长6～12cm，雌花序有1～3花。壳斗碗形，包坚果约1/2，苞片钻形，反曲，被灰白色茸毛。坚果卵形或椭圆形，径1.5～2cm，高1.7～2.2cm，顶端圆形，果脐隆起。

产于我国云南、四川、贵州、广西、广东、香港、福建、江西、湖南、湖北、浙江、江苏、安徽、河南、河北、山东、山西、辽宁、甘肃、陕西等地，常生于海拔700～2300m的阳坡或松栎林中。朝鲜、日本也产。

栓皮栎树干通直，枝条广展，树冠雄伟，荫浓如盖，秋季叶色转为橙褐色，季相变化明显，是良好的绿化观赏树种，孤植、丛植或与其他树种混交成林，均甚适宜。栓皮栎的树皮分内外两层，外皮俗称"栓皮"或"软木"，常用作软木塞等。

栓皮栎花序　　栓皮栎果实

栓皮栎

（3）白栎（白板栎、青冈栎）

Quercus fabri Hance

落叶乔木；小枝密被灰白色或灰褐色茸毛。叶倒卵形或椭圆状倒卵形，长7～15cm，宽3～8cm，先端钝，基部楔形，边缘具波状钝齿，幼时有灰黄色茸毛，老时上面疏生毛或无毛，下面被灰黄色星状茸毛，侧脉8～12对；叶柄长3～5mm，被棕黄色茸毛。壳斗碗形，包坚果约1/3，苞片卵状披针形，排列紧密；坚果长椭圆形或卵状长椭圆形，径0.7～1.2cm，高1.7～2cm。

产于我国云南、四川、贵州、广西、广东、香港、福建、江西、湖南、湖北、浙江、江苏、安徽、河南、陕西等地，生于海拔1900m以下山地林中。

本种枝干苍劲，枝叶扶疏，花期缕缕花序悬若彩带，可供庭园观赏。

白栎

(4) 槲栎 (细皮青冈、细皮栎)

Quercus aliena Bl.

落叶乔木，高20m；小枝无毛。叶长椭圆状倒卵形或倒卵形，长10~20 (30) cm，先端微钝，基部楔形或圆形，边缘具波状钝齿，下面密被灰白色细茸毛，侧脉10~15对；叶柄长1~3cm，无毛。壳斗碗形，包坚果约1/2，苞片卵状披针形，排列紧密，被灰白色短柔毛；坚果椭圆状卵形或卵形，径1.3~1.8cm，高1.7~2.5cm，果脐略隆起。

产于我国云南、四川、贵州、广西、广东、台湾、福建、江西、湖南、湖北、浙江、江苏、安徽、辽宁、河南、河北、山东、山西、陕西等地，生于海拔100~2400m山地林中。朝鲜、日本亦有分布。

槲栎叶形奇特，秋叶转红，枝叶丰满，可作庭荫树；若与其他树种混交植为风景林，则绿荫葱葱，极具观赏性。也可用于工矿区等的绿化。

槲栎

槲栎果实

(5) 川滇高山栎 (巴郎栎、黄背栎)

Quercus aquifolioides Rehd. et Wils.

常绿乔木或灌木，幼枝密被黄棕色星状茸毛。叶长倒卵形或椭圆形，长2.5~7.5cm，宽1.5~3.5cm，先端圆形，基部圆形至浅心形，全缘，幼树叶缘有锯齿，幼时两面被黄棕色腺毛；侧脉6~8对；叶柄长2~5mm。果序长不及3cm，壳斗浅杯形，包坚果基部，直径0.9~1.2cm；苞片卵状长椭圆形，钝头，顶端常与壳斗壁分离；坚果卵形或长卵形，径1~1.5cm，无毛。

川滇高山栎果实

川滇高山栎

川滇高山栎花序

分布于我国云南、西藏、四川和贵州等地，生于海拔2000～4500m的山坡或混交林中。

本种树形优美，四季葱郁，能在海拔较高的地方成片生长，在适生区可作风景园林景观树应用。

(6) 锥连栎

Quercus franchetii Skan

常绿乔木；小枝有灰黄色细茸毛。叶椭圆形或倒卵状椭圆形，长5～10cm，宽2.5～4cm，叶背被毛，先端短尖至钝尖，基部常楔形，基部或中部以上有锯齿，侧脉8～11对，直达齿端；叶柄长1～2cm。壳斗杯状或盘状；坚果矩圆形，直径0.9～1.2cm。

产于我国云南和四川等地，生于海拔1200～2600m处。

锥连栎适应性很强，从高原地区至干热河谷常见，其叶椭圆形或倒卵状椭圆形，常绿，耐修剪；叶背被毛，有很强的吸尘作用，常作荒山造林树种，也可作庭院绿篱。

锥连栎

锥连栎花序

锥连栎果实

二十四、马尾树科Rhoipteleaceae

乔木；芽具柄，裸露。叶互生，奇数羽状复叶；小叶无柄，互生，具锯齿。花序由简单的细长分枝集合而成局部的葇状圆锥花序，生于小枝顶端叶腋，下垂；花杂性同株，辐射对称；花被片4，离生；两性花具6雄蕊，子房上位，2室，1室发育；雌花的雌蕊较小，无退化雄蕊；两性花及雌花1至7朵，常3朵组成花序，中间为两性花，两侧为雌花。小坚果常由两性花发育而成，略扁，具翅。

1属1种，产我国及越南。

马尾树属*Rhoiptelea Diels* et Hand. -Mazz.

属的特征同科。

马尾树（马尾丝、马尾花、漆榆）

Rhoiptelea chiliantha Diels et Hand. -Mazz.

落叶乔木，高达20m。奇数羽状复叶，互生，具6~8（3~4）对小叶，长15~30（50）cm；叶柄长3~4cm，基部膨大；叶轴上面具窄槽，槽内毛较密且不易脱落；小叶互生，无柄，长6~14cm，托叶早落。复圆锥花序偏向一侧而俯垂，常由6~8束腋生的圆锥花序组成，花序上的细长分枝长15~38cm，具1.5~2.5cm长的总花柄，生于小枝下端的花序为叶腋以上着生，生于上端的花序则着生于卵形而急尖的长约2mm的苞片腋内。小坚果倒梨形，长2~3mm，具宽5~8mm的近圆形或卵圆形翅，顶端具宿存的柱头及弯缺。花期10~12月，果期翌年7~8月。

产于我国云南、贵州、广西等地，生于海拔700~2500m的山坡、山谷及溪边之林中。越南也有分布。

马尾树科仅1属1种，为第三纪孑遗植物，是珍稀濒危保护树种，其分布区域狭窄，除少数地方尚有小片分布以外，多为零星分布。

本种树冠荫浓，树形美观，花序、果序俯垂，颇似马尾，故称之为"马尾树"，通过繁育后，可供园林中绿荫树及行道树用。

马尾树

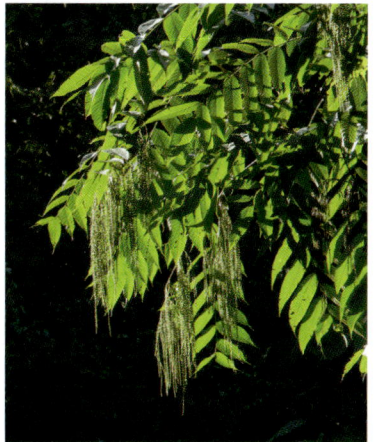

马尾树果序

二十五、胡桃科Juglandaceae

落叶乔木，稀常绿；植株具芳香树脂。一回羽状复叶，互生，无托叶。花单性，雌雄同株；雄花常为下垂的柔荑花序，柔荑花序单生或数条成束；雌花单生或成短穗状，顶生，雌花生于不裂或3裂苞片腋内，花被片2~4裂，与苞片和子房合生；雌蕊由两个心皮合成，子房下位。核果或坚果。

9属，60多种，分布于北温带和亚热带。我国有7属27种。

分属检索表

1. 枝条髓部具片状髓心。
    2. 核果，无翅，芽具有芽鳞 ·· 1. 胡桃属 *Juglans*
    2. 坚果具翅。
        3. 果两侧具翅，雄花序单生叶腋 ······························· 2. 枫杨属 *Pterocarya*
        3. 果具圆盘状翅，雄花序2~4条集生叶腋短梗上 ··········· 4. 青钱柳属 *Cyclocarya*
1. 枝条髓部实心。
    4. 果序长穗状，下垂，坚果具3裂的翅状苞片 ··············· 5. 黄杞属 *Engelhardtia*
    4. 果序球果状，坚果扁平，具窄翅 ····························· 3. 化香属 *Platycarya*

1. 胡桃属（核桃属）*Juglans* L.

落叶乔木；芽具芽鳞；枝条髓部成薄片状分隔。奇数羽状复叶。柔荑花序，雌雄同株；雄花具1苞片及2小苞片，花被片3，雄蕊8~40；雌花苞片及小苞片合生成壶状总苞，花后宿存并增大，花被4，子房下位，柱头2。核果形大，外果皮（苞片结合）肉质；果核不完全2~4室，内果皮骨质，有不规则刻纹及纵脊。

约20种，分布于欧、亚、美洲温带至亚热带地区。我国4种。

分种检索表

1. 小叶5~9对，较宽，椭圆形至卵状椭圆形，顶生小叶较大；果皮光滑，皮孔黄白色，不隆起，果核凹隙浅，淡褐色 ··· 1. 胡桃 *J. regia*
1. 小叶9~11对，较狭，椭圆状或卵状披针形，顶生小叶较小或常退化；果皮粗糙，皮孔锈褐色，隆起，果核凹隙深，深褐色 ··········· 2. 泡核桃 *J. sigillata*

（1）胡桃（核桃、羌桃）

Juglans regia L.

落叶乔木。复叶长25~30cm；小叶5~9对，椭圆状卵形至长椭圆形，长5~13cm，先端钝圆或微尖，全缘；幼树叶具齿，无毛，侧脉11~14对，顶生小叶具柄。雌花序具1~3花，总苞有腺毛，柱头平展，具密集乳头；雄花序长8~10cm，下垂。果圆球形，无毛，径4~6cm；果核具2纵棱及皱状刻纹，顶端具尖头。

原产中亚至欧洲，我国新疆伊犁地区有野生林，生于海拔1400~1700m的山区。

胡桃雄花序　　　　　　　　　胡桃雌花　　　　　　　胡桃果实

世界温带国家均有栽培。我国有两千多年的栽培历史，相传为汉朝张骞带入内地。各地广泛栽培，品种很多。

胡桃树冠庞大雄伟，枝叶茂密，绿荫覆地，是良好的庭荫树。孤植、丛植于草地或园林间隙地都很合适。因其花果叶之挥发气味具有杀菌、杀虫的保健功效，也可成片、成林栽植于风景疗养区。由于品种不同，生长特性差异很大，若作行道树用，则应选择抗性较强的品种。核桃是园林结合生产的好树种。核桃仁含有多种维生素、蛋白质和脂肪，可食用。

本属常见的种类还有：泡核桃（漾濞核桃）*J. sigillata* Dode，与胡桃 *J. regia* 的区别特征见分种检索表。

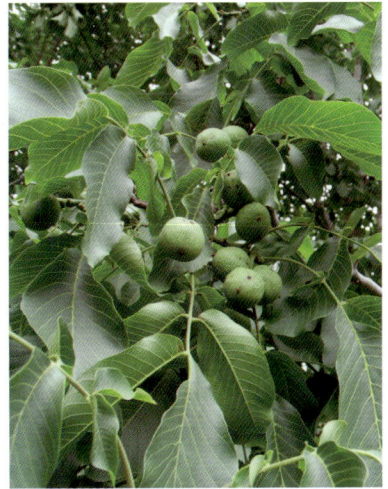

泡核桃　　　　　　　　　　　　　　　　　　泡核桃果实

2. 枫杨属 *Pterocarya* Kunth

落叶乔木。小枝髓部薄片状分隔。羽状复叶，小叶边缘具锯齿。雌雄花均为柔荑花序；雄花具苞片1，小苞片2，花被片1～3，雄蕊9～15，花丝极短；雌花序顶生，长而下垂，苞片1，小苞片2，花被片4，均贴生子房上，子房下位，柱头2裂。坚果，两侧有翅。

约8种，分布北温带。我国7种。

枫杨（麻柳、蜈蚣柳、溪杨、柜柳、元宝枫、元宝树）

Pterocarya stenoptera C. DC.

落叶乔木；裸芽密被锈褐色腺鳞。复叶长10～20cm，叶柄长2～5cm；叶轴具狭翅；小叶5～8（14）对，对生，长椭圆披针形，长8～12cm，先端短尖或钝，两面有腺鳞，下面脉腋簇生毛。雄花序长6～10cm；雌花序长10～15cm。果序长20～45cm；果长圆形，长6～8mm；果翅窄，长圆形，长12～18mm，宽3～6mm，具平行脉。

产于我国云南、西藏、四川、贵州、广西、广东、台湾、福建、江西、湖南、湖北、浙江、江苏、安徽、河南、山东、甘肃、陕西等地，生于海拔1500m以下溪边或林中。朝鲜也有分布。

枫杨　　　　　　枫杨果序

本种树体高大，荫浓如盖，病虫害少，园林中多作行道树及风景树使用，又因其耐湿力较强，侧根发达，须根细密如网，故多栽植于溪边、湖畔，为固堤护岸的良好树种。对烟尘和二氧化硫等有害气体有一定抗性，也适合用作工厂绿化。

本属常见的种类还有湖北枫杨 *P. hupehensis* Skan 、云南枫杨 *P. delavayi* Franch. 等，与枫杨 *P. stenoptera* C. DC.的区别特征见分种检索表。

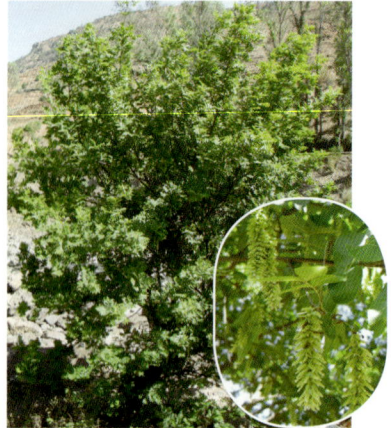

分种检索表

1. 顶生小叶常不发育，通常偶数羽状复叶，果翅狭窄，向上方斜展；雄花序生于叶痕腋内 ·· 1. 枫杨 *P. stenoptera*
1. 顶生小叶存在，一般奇数羽状复叶，果翅宽大，向两侧平展。
  2. 裸芽；叶轴无毛，雄花序生于叶痕腋内，果序轴近于无毛或疏生星状毛；果翅半圆形，果体和翅均被鳞片状腺点 ·················· 2. 湖北枫杨 *P. hupehensis*
  2. 鳞芽；叶轴密生淡黄褐色毡毛，雄花序生于芽鳞腋内；果序轴密生锈褐色毡毛或短柔毛，果翅斜卵形，果体和翅均被红褐色盾状腺体 ········ 3. 云南枫杨 *P. delavayi*

3. 化香属 *Platycarya* Sieb. et Zucc.

落叶乔木；枝具芽鳞，枝条髓部实心。奇数羽状复叶，小叶有锯齿。单性花或杂性花，排成柔荑花序；雄花具苞片，无小苞片及花被片，雄蕊8；雌花序具密集覆瓦状排列的苞片，苞片腋部具1雌花，小苞片2，无花被。果序球果状，苞片木质宿存；果为小坚果状，两侧具窄翅。

2种，分布于东亚，我国均产。

分种检索表

1. 果序卵状椭圆形或圆柱形，直径2～3cm；总叶柄显著较叶轴短，小叶7～19 ·· 1. 化香树 *P. strobilacea*
1. 果序近球形，直径1.2～2cm；总叶柄与叶轴近等长，小叶3～7 ··· 2. 圆果化香树 *P. longipes*

（1）化香树（花木香、还香树、皮杆条、山麻柳、栲香、换香树）

Platycarya strobilacea Sieb. et Zucc.

落叶乔木；芽具多数鳞片。复叶长15～30cm；小叶7～15（19）枚，对生，无柄，卵状披针形或长椭圆披针形，长5～14cm，先端长渐尖，基部近圆形偏斜，具细尖重锯齿，顶生小叶具柄。两性花序长5～10cm，生于复合花序束的中央顶端，雄花序3～8条，生于下方周围。果序球果状，长3～5cm，径2～3cm，果苞披针形，坚果连翅扁圆形，径3～6mm。

化香树　　　　化香树果实

产于我国云南、四川、贵州、广西、广东、台湾、福建、湖南、湖北、浙江、江苏、安徽、河南、山东、甘肃、陕西等地，生于海拔600～1300（2200）m阳坡林中，是低山丘陵常见树种。朝鲜、日本也有分布。

本种喜光，耐干旱瘠薄，萌芽性强；羽状复叶，穗状花序，果序呈球形，直立枝端经久不落，在落叶阔叶林中有独特的观赏价值，在园林绿化中可以作点缀用。在酸性土、钙质土上均能生长，为荒山绿化先锋树种。可群植或作行道树及各类景观树。

（2）圆果化香树

Platycarya longipes Wu

与化香区别见分种检索表。

分布云南、贵州、广西、广东、湖北等地，生于海拔1000m左右的疏林中。

4. 青钱柳属 *Cyclocarya* Iljinskaja

落叶乔木；裸芽；枝条髓部片状分隔。奇数羽状复叶长20～25cm，小叶7～9，椭圆形或长椭圆状披针形，边缘具细齿。花序穗状，雄花序3（2～4）条成束生于花序梗上，生于叶腋，雄花具小苞片2，花被片2，雄蕊24～30；雌花序顶生，苞片和小苞片愈合并贴生子房上，花被片4，位于子房上端，子房1室。坚果具圆盘状翅。

1种，我国特产。

青钱柳（青钱李、山麻柳、山化树、摇钱树、麻柳）

Cyclocarya paliurus (Batal.) Ilejinskaja

形态特征同属。

我国特有种。分布于云南、四川、贵州、广西、广东、台湾、福建、江西、湖南、湖北、浙江、江苏、安徽、河南、陕西等地，生于海拔420～2500m山地林中。

青钱柳状似柳树，果实如古铜钱，多个果实串在一起，层层叠叠，颜色碧绿，故名"青钱柳"。树木高大挺拔，枝叶美丽多

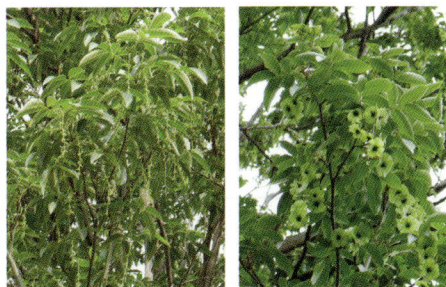

青钱柳花　　　　青钱柳果序

姿，其果实像一串串的铜钱，从10月至翌年5月挂在树上，迎风摇曳，别具一格，颇具观赏性，可作风景园林中绿化观赏树种；也为用材树种等。

5. 黄杞属*Engelhardtia* Leschen. ex Bl.

常绿乔木；裸芽；枝条髓部实心。偶数羽状复叶，小叶全缘，稀有齿。雌雄花均为柔荑花序；雄花小苞片2或无，花被片4或较少，雄蕊3～15；雌花小苞片2，花被片4，子房下位，柱头2～4裂。果序长而下垂；坚果球形，外侧具苞片发育的果翅，果翅膜质，3裂，中裂片较长，脉纹明显。

约9种，分布于亚洲热带和亚热带及中美洲。我国6种，产于长江以南。

云南黄杞（烟包树）

Engelhardtia spicata Lesch. ex Blume

乔木，高15～20m；小枝无毛。常偶数羽状复叶，长25～35cm；小叶4～7对，对生或近对生，有小叶柄，薄革质，长7～15cm，宽2～5cm，全缘，有时偶有疏锯齿。雄柔荑花序通常集合成一圆锥状花序束，自叶痕腋内生出，雄花苞片3裂，花被片4，雄蕊6～12枚；雌柔荑花序单生于叶痕腋内，或生于雄花序束顶端。果序长30～45cm，俯垂；果实上端有刚毛，无梗；苞片和小苞片贴生至近果实中部。

分布于我国云南、西藏、贵州、四川、广西及海南等地，生于海拔550～2100m山坡林中。越南、泰国、印度、印度尼西亚、菲律宾也有。木材可供建筑用。

本种树体高大雄伟，树冠广阔，复叶荫浓，花序、果序长而悬垂，极具观赏性，可引入庭园观赏。

本属常见种类还有：黄杞（黄榉、黑油换、黄泡木、假玉桂、土厚朴）*E. roxburghiana* Wall.、少叶黄杞（黄榉、茶木、白皮黄杞）*E. fenzelii* Merr.与云南黄杞（烟包树）*E. spicata* Lesch. ex Blume的区别特征见分种检索表。

云南黄杞

云南黄杞叶

分种检索表

1. 枝、叶无毛；花序着生当年新枝上端，少有同时侧生；果实及苞片基部无刚毛，果具短梗。
    2. 小枝暗褐色；小叶3～5对，侧脉10～13对 ·················· 1. 黄杞*E. roxburghiana*
    2. 小枝灰白色；小叶1～2对，侧脉5～7对 ·················· 2. 少叶黄杞*E. fenzelii*
1. 枝、叶或多或少有毛；花序着生去年生枝叶痕腋内；果实及苞片基部有刚毛，果无梗或几无梗 ··· 3. 云南黄杞*E. spicata*

二十六、木麻黄科Casuarinaceae

常绿乔木或灌木；小枝细长，具节，有脊槽，绿色。叶退化为鳞片状，4至多枚轮生，中下部联合为鞘状。花单性，雌雄同株或异株，无花被；雄柔荑花序圆柱状，生枝顶；雌花组成头状花序，顶生，子房上位。果序球形或近球形，苞片木质化，小坚果扁平。

1属，65种，主产于大洋洲。我国引入9种。

木麻黄属_Casuarina_ Adans.

形态特征与科同。

木麻黄（驳骨松、短枝木麻黄）

Casuarina equisetifolia Forst.

常绿乔木，高达30～40m；树皮暗褐色，狭长条片状脱落；小枝细软下垂，灰绿色，似松针，长10～27cm，粗0.6～0.8mm，节间长4～6mm，每节通常有退化鳞叶7枚，节间有棱脊7条；部分小枝冬季脱落。花单性同株。果序球形，径1～1.6cm，木质苞片被柔毛；坚果连翅长5～7mm。

原产大洋洲及其邻近的太平洋地区；广泛栽培于热带美洲和非洲，我国南部沿海地区有栽培。

木麻黄树冠塔形，树干通直，小枝似松针，远望如松，故有"驳骨松"之称；近观枝细如丝，纤细柔绵，若杨柳依依，为庭院绿化树种；四季常绿，耐干旱及盐碱，抗风沙，为热带、亚热带海岸防风固沙优良树种；在城市及郊区亦可作行道树、防护林或绿篱等。

木麻黄雄花枝

木麻黄果序

二十七、榆科Ulmaceae

乔木或灌木；芽具鳞片，无顶芽。单叶互生，稀对生。花两性，稀单性或杂性，雌雄异株或同株，少数或多数排成疏或密的聚伞花序，或因花序轴短缩而似簇生状，或单生；花被裂片常4～8，覆瓦状（稀镊合状）排列，宿存或脱落；雄蕊常与花被裂片同数而对生；雌蕊由2心皮连合而成，子房上位，常1室，1胚珠。果为翅果、核果、小坚果。

约16属230种，主产北半球温带。我国产8属50余种，广布于全国各地。

分属检索表

1. 羽状脉；冬芽先端不贴近小枝；花两性；翅果 ·············· 1. 榆属Ulmus
1. 三出脉；冬芽先端贴近小枝；花杂性；核果 ·············· 2. 朴属Celtis

1. 榆属Ulmus L.

乔木，稀灌木。叶互生，二列，边缘具重锯齿或单锯齿，羽状脉直或上部分叉，脉端伸入锯齿，基部多少偏斜，稀近对称，有柄；托叶膜质，早落。花两性，排成聚伞花序或呈簇生状；雄蕊与花被裂片同数而对生；子房扁平，1（2）室，花梗与花被之间有关节。果为扁平的翅果，圆形、倒卵形、矩圆形或椭圆形；果翅膜质，顶端具宿存的柱头及缺裂。

约45种，广布于北半球。我国约25种，南北均产。

分种检索表

1. 小枝灰色；花春季开放，簇生于去年生枝叶腋，花萼裂片裂至杯状花萼的近中部 ·······
······ 1. 白榆U. pumila
1. 小枝红褐色；花秋季开放，簇生于当年生枝叶腋，花被裂片裂至杯状花萼的基部或近基部 ·············· 2. 榔榆U. parvifolia

（1）白榆（家榆、榆树、钱榆、榆、钻天榆）

Ulmus pumila L.

落叶乔木；小枝灰色，有毛。叶椭圆状卵形或椭圆状披针形，长2～8cm，宽2.2～2.8cm，先端短尖或渐尖，基部一边楔形，一边圆形，不对称，重锯齿或单锯齿，侧脉9～14对；叶柄长2～8mm。花先叶开放，簇生于去年生枝的叶腋；花萼裂片裂至杯状花萼的近中部。翅果近圆形或倒卵状圆形，长1～1.5cm，仅顶端缺口柱头面被毛；果核位于翅果中央，果翅膜质。

产于东北、西北、华北及西南各地，生于海拔2500m以下山坡、山谷、丘陵及沙岗。西藏、四川

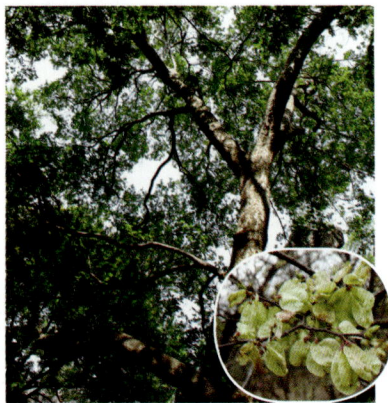

白榆　　　　　　白榆果实

北部及长江中下游各地有栽培。前苏联、蒙古、朝鲜、日本也有分布。

本种树冠广阔，枝叶稠密，生长迅速，适应性强，宜作行道树、庭荫树、防护林等。叶、翅果、树皮磨粉可食用；花为重要蜜源；果、叶、树皮可供药用。

(2) 榔榆（桥皮榆、小叶榆、秋榆、掉皮榆、豹皮榆、构树榆、红鸡油）

Ulmus parvifolia Jacq.

落叶乔木；小枝红褐色，密被短柔毛。叶窄椭圆形或披针状卵形，长1.5～5.5cm，宽1～3cm，先端短尖或略钝，基部偏斜，单锯齿，幼树及萌芽枝之叶为重锯齿，侧脉10～15对，叶柄长2～6mm。花秋季开放，簇生于当年生枝叶腋；花萼4裂至基部或近基部。翅果椭圆形或卵形，长0.9～1.2cm，果核位于翅果中央。

产于我国四川、贵州、广西、广东、海南、台湾、福建、江西、湖南、湖北、浙江、江苏、安徽、河南、河北、山东、山西、陕西等地，生于平原、丘陵、山坡或谷地。朝鲜、日本也有分布。

榔榆树皮不规则鳞片状剥落，斑驳可爱，有"桥皮""烂皮"之称。树形优美，枝叶细密，在庭园中作庭荫树、行道树等，常用于公园或庭院绿化。性喜光而稍耐阴，好生于湿润之地，亦耐干旱瘠薄，对烟尘等有害气体抗性较强，可作工矿区绿化用。树皮、根皮、叶均可药用。

榔榆

榔榆果实

2. 朴属 *Celtis* L.

乔木。叶互生，有锯齿或全缘，常具3出脉。花小，两性或单性，单生或集成小聚伞花序或圆锥花序，花被片4～5，仅基部稍合生，脱落；雄蕊与花被片同数，着生于通常具柔毛的花托上；雌蕊具短花柱，柱头2，线形，先端全缘或2裂，子房1室，具1倒生胚珠。核果，内果皮骨质。

约70～80种，产北温带至热。我国产21种，多生长于平原和山区，常用作城乡绿化树种。

分种检索表

1. 小枝棕褐色，无毛；果通常单生，熟时蓝黑色 ················ 1. 昆明朴 *C. kunmingensis*

1. 小枝红褐色，密被锈色毛，果2～3着生叶腋，熟时橙红色 ········· 2. 紫弹朴 *C. biondii*

(1) 昆明朴

Celtis kunmingensis Cheng et Hong

落叶乔木；小枝棕褐色，无毛。叶卵形或卵状椭圆形，长4～11cm，宽3～6cm，先端急尖或近尾尖，基部偏斜，一侧近圆形，一侧楔形，边缘具明显或不明显锯齿；叶柄长6～16mm。花被片4～5，离生，基部有簇毛；雄蕊与花被片同数；子房椭圆形，花柱2裂。核果常单生，近球形，直径约8mm，熟时蓝黑色，果梗长1.5～2.2cm。

产于我国云南、四川、贵州、广西等地。

昆明朴为亚热带、温带树种，喜光，好生于土壤肥沃之地，具有较强的适应性，能耐干旱和水湿，是四旁绿化的好树种。秋天叶色变黄，为庭园绿化和行道树种。

昆明朴

昆明朴果实

(2) 紫弹朴

Celtis biondii Pamp.

落叶乔木；小枝红褐色，密被锈色毛。叶卵形或卵状椭圆形，长2.5～8cm，宽2～3.5cm，先端渐尖，基部宽楔形，稍偏斜，中部以上有疏齿，稀全缘，下面脉腋被毛，网脉凹陷；叶柄长3～8mm。核果2～3着生叶腋，近球形，径约4～6mm，熟时橙红色，果梗长1～1.8（2）cm，总梗长约2～2.5mm。

产于我国云南、四川、贵州、广西、广东、台湾、福建、江西、湖北、浙江、江苏、安徽、河南、甘肃、陕西等地，多生于海拔50～2000m山地、灌丛或林中。朝鲜、日本也有分布。

本种树冠宽广，树体高大，绿荫浓郁，为良好的庭荫树和行道树，秋季橙红色的核果挂满果枝，极为美观。可孤植于草地中央、列植于道路两侧或广场边缘。枝皮纤维可制人造棉或作造纸原料。

紫弹朴

紫弹朴果实

二十八、桑科Moraceae

乔木或灌木，藤本，稀为草本，常具乳液，有刺或无刺。叶互生，稀对生，全缘或具锯齿，分裂或不分裂，叶脉掌状或为羽状。花小，单性，雌雄同株或异株，无花瓣；花序总状、圆锥状、头状、穗状或壶状，稀为聚伞状，花序托有时为肉质，增厚或封闭而为隐头花序或开张而为头状或圆柱状；子房上位、下位或半下位，或埋藏于花序轴上的陷穴中。果为瘦果或核果状，围以肉质变厚的花被，或藏于壶形花序托内壁，形成隐花果，或陷入发达的花序轴内，形成大型的聚花果。

约70属，1800种，主产热带和亚热带，少数产温带。我国产17属160余种，主要分布于长江以南各地。

分属检索表

1. 花序柔荑状、头状或圆柱状。
　2. 三出脉或掌状脉；花丝在蕾中内折。
　　3. 芽鳞3～6；雌雄花序均为柔荑花序，聚花果圆柱形；小果为瘦果，肉质部分由花萼发育而来 ································· 1. 桑属Morus
　　3. 芽鳞2～3；雌花序为头状花序，雄花序为柔荑或头状花序，聚花果球形，小果为核果，肉质部分由子房发育而来 ··············· 2. 构属Broussonetia
　2. 羽状脉；花丝在蕾中直伸。
　　4. 植株常具刺；雌雄异株，花序为头状花序 ············· 3. 柘属Cudrania
　　4. 植株无刺；雌雄同株，花序为圆柱状 ············· 4. 桂木属Artocarpus
1. 隐头花序 ·· 5. 榕属Ficus

1. 桑属Morus L.

落叶乔木或灌木。叶互生，边缘具锯齿，全缘至深裂，基生叶脉三至五出，侧脉羽状。花雌雄异株或同株，雌雄花序均为柔荑花序状；雄花：花被片4，覆瓦状排列，雄蕊4枚，与花被片对生；雌花：花被片4，覆瓦状排列，结果时增厚为肉质，子房1室，柱头2裂。小瘦果包藏于肉质花被内，集成圆柱形聚花果（桑椹）。

约16种，主产北温带，亚洲热带、非洲热带及美洲有分布。我国产11种，各地均有分布。

分种检索表

1. 雌花无花柱，叶卵形或宽卵形；聚花果卵状椭圆形 ············· 1. 桑M. alba
1. 雌花具花柱。
　2. 叶缘锯齿无刺芒；柱头内侧具毛 ····················· 2. 鸡桑M. australis
　2. 叶缘锯齿具刺芒；柱头内侧具乳头状突起 ············· 3. 蒙桑M. mongolica

(1) 桑（家桑、桑树、白桑）

Morus alba L.

落叶乔木。叶卵形或宽卵形，长5～10（20）cm，宽4～8cm，先端尖或钝，基部圆或近心形，有粗钝锯齿，不裂或有缺裂，上面无毛，有光泽，下面沿脉有疏毛，脉腋簇生毛；叶柄长1～2.5cm。雌蕊无花柱。聚花果长1～2.5cm，熟时黑紫色、红色或白色。

我国各地有栽培或偶有野生。朝鲜、日本、蒙古，欧洲也有分布。

桑树树冠宽阔，枝叶茂密，秋季叶色变黄，颇为美观，且能抗烟尘及吸收有害气体，适于城市、工矿区及农村四旁绿化。尤其是观赏的品种，如：垂枝桑和枝条扭曲的龙桑等更适于庭院栽培观赏。我国古代人民有在房前屋后种植桑树和梓树的传统，因此常把"桑梓"代表故土、家乡。

桑花序

桑果实

桑

(2) 鸡桑（小叶桑、山桑）

Morus australis Poir.

落叶小乔木或灌木。叶卵形，长6～17cm，先端急尖或渐尖，基部楔形或近心形，缘具粗齿，有时3～5裂，表面粗糙，背面有毛。雌雄异株，花柱明显，长约4mm；柱头2裂，内侧具毛，宿存。聚花果长1～1.5cm，熟时暗紫色。

产于我国云南、西藏、四川、广西、广东、台湾、福建、江西、江苏、安徽、河南、河北、山东、山西、辽宁、甘肃、陕西等地，生于海拔500～1000m石灰岩山地、林缘及荒地。朝鲜、日本、印度及印度尼西亚也有分布。

鸡桑树冠宽阔，枝叶茂密，叶形奇特，秋季叶色变黄，颇为美观，常植于房前屋后或作庭荫树等。

鸡桑

鸡桑果实

鸡桑花

(3) 蒙桑（岩桑）

Morus mongolica (Bureau) Schneid.

落叶小乔木或灌木。叶卵形或椭圆状卵形，长8～18cm，宽4～8cm，常有不规则裂片，锯齿有刺芒状尖头，基部心形，表面光滑无毛，背面脉腋常有簇毛。雌雄异株，花柱明显；柱头2裂，内侧具乳头状突起。聚花果圆柱形，熟时红色或近紫黑色。

产于我国云南、西藏、四川、贵州、广西、湖南、湖北、江苏、安徽、河南、河北、山东、山西、辽宁、吉林、内蒙古、陕西等地，生于海拔600～1500m的山地林中。朝鲜也有。

本种树形美观、枝叶浓绿，可供庭园观赏。茎皮纤维可造高级纸，脱胶后作混纺和单纺原料；根皮药用；果实可酿酒。

2. 构属 *Broussonetia* L' Hért. ex Vent.

乔木或灌木，或为攀援藤状灌木；有乳液，冬芽小。叶互生或在枝端对生，分裂或不分裂，边缘具锯齿，基生叶脉三出，侧脉羽状；托叶侧生，分离，卵状披针形，早落。花雌雄异株或同株；雄花为下垂柔荑花序或头状花序，花被片4或3裂，雄蕊与花被裂片同数而对生；雌花密集成球形头状花序，苞片棍棒状，宿存，花被管状，顶端3～4裂或全缘，宿存，子房内藏，具柄。聚花果球形，肉质，由橙红色小果组成。

5种，分布于东亚。我国4种，产于西南至东南部。

分种检索表

1. 乔木或灌木状；叶下面密被柔毛，叶柄长2.5～8cm；聚花果径1.5～3cm ·········
 ·· 1. 构树 *B. papyrifera*
1. 灌木或攀援灌木；叶下面被柔毛或近无毛，叶柄长不及1cm；聚花果径0.8～1.5cm。
 2. 灌木；花雌雄同株，雄花序头状，径0.8～1cm；叶卵形或斜卵形 ···· 2. 楮 *B. kazinoki*
 2. 攀援状灌木；花雌雄异株，雄花序柔荑状，长1.5～5cm；叶卵状椭圆形 ·········
 ·· 3. 藤构 *B. kaempferi* var. *australis*

构树（楮、谷浆树、谷木、沙纸树、构桃树）

Broussonetia papyrifera (L.) L' Hert. ex Vent.

乔木；小枝粗壮，密被灰色茸毛。叶互生，常在枝端对生，宽卵形，长7～18cm，宽4～10cm，先端渐尖，基部圆或近心形，不裂或2～3裂，上面有粗伏毛，下面密被柔毛；叶柄长2.5～8cm，有密毛；托叶三角形，膜质，大而脱落。雌雄异株，雄花序为柔荑花序，雌花序为头状花序。聚花果球形，径约3cm，橙红色。

产于我国云南、西藏、四川、贵州、广西、广东、台湾、福建、江西、湖南、湖北、浙江、江苏、安徽、河南、河北、山东、山西、甘肃、陕西等地，生于低山丘陵、荒地、水边。越南、日本、印度也有分布。

构树枝叶茂密，抗性强，生长快，繁殖容易，是城乡绿化的重要树种，尤其适合工矿区及荒山坡地绿化，亦可选作庭荫树及防护林用。树皮含纤维，可用来造纸。

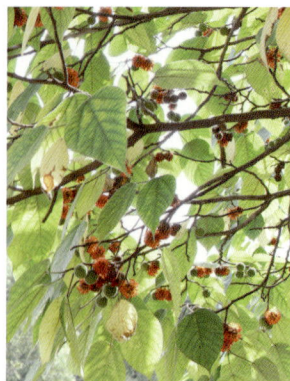

构树　　　　　　　　　　　　　　　　构树雄花序　　构树果实

本属常见的种类还有楮 *B. kazinoki*、藤构 *B. kaempferi* var. *australis*，与构树 *B. papyrifera* 的区别特征见分种检索表。

3. 柘属 *Cudrania* Tréc.

灌木或小乔木，或呈攀援状；有枝刺。叶互生，全缘，羽状脉；托叶小，早落。头状花序，腋生，雌雄异株；雄花花萼4裂，雄蕊4，花丝在蕾中直伸。聚花果球形，瘦果小，为肉质多汁苞片和花萼所包围。

10种，分布于亚洲东部至大洋洲。我国8种，产于西南至东南部。

柘树（奴柘、灰桑、黄桑、棉柘、柘）

Cudrania tricuspidata (Carr.) Bur.

落叶小乔木，高10m，通常呈灌木状；树皮淡灰色，不规则薄片脱落；老枝叶痕常凸起如枕。叶卵形至倒卵形，长2.5～11cm，宽2～7cm，先端尖或钝，基部圆满或楔形，不裂或3裂。聚花果球形，径约2.5cm，橘红色或橙黄色，表面微皱缩。

除东北、西北少数地外，产于我国大部分地区，多生于海拔500～2500m山地阳坡、石缝中或林缘。朝鲜有分布。

本种枝叶秀丽，果红色，每值秋季，红果绿叶，较为美丽，可供庭园观赏，宜配置于庭院一隅、石隙等处，或可用作刺篱，亦是荒滩绿化、水土保持的先锋树种。

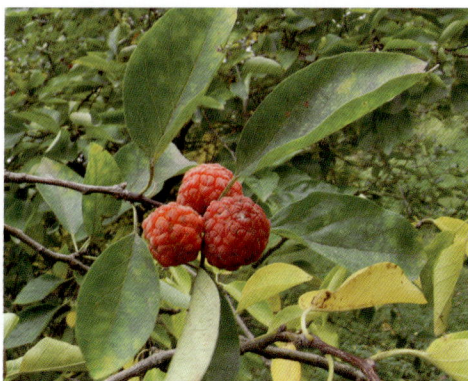

柘树　　　　　　　　　　　　　　　　柘树果实

4. 桂木属（波罗蜜属）*Artocarpus* J. R. et G. Forst.

乔木；具乳汁。单叶互生，羽状脉、全缘或有缺裂；托叶大而抱茎，脱落后形成环状托叶痕。花单性，同株，密集于球形或椭圆形花序轴上，腋生或生于老茎的短枝上；雄花花被筒状，2～4裂，雄蕊1，花丝直伸；雌花花被筒状，顶端3～4裂，下部埋藏于花序轴内。聚花果由多数包于肉质花被的小瘦果和花序轴组成。

约50种，分布于热带亚洲至所罗门群岛。我国约15种。

波罗蜜（木波罗、木菠萝、牛肚子果、齿留香）

Artocarpus heterophyllus Lam.

常绿乔木，老树具板根；小枝具环状托叶痕。叶椭圆形或倒卵形，长7～15cm，先端短钝尖，基部楔形，厚革质，全缘，不裂或幼树上的叶3裂，无毛，侧脉6～8对；叶柄长1～2.5cm。聚花果生于树干或主枝上，圆柱形或长圆形，长25～60 cm，径25～50cm，外皮有六角形的瘤状突起。

原产印度和马来西亚一带，现广植于热带各地。我国华南至海南、云南南部、台湾均有栽培。

本种树形端正，树大荫浓，花芳香，果硕大而奇特，在适生区常作行道树和四旁绿化树种种植。肉质花萼香甜可食；种子富含淀粉，炒熟食用。木材供制家具、车轮用；木屑可作黄色染料；树汁和叶药用。

波罗蜜花

波罗蜜

波罗蜜果实

5. 榕属*Ficus* L.

乔木或灌木，有时匍匐或攀援状，稀附生；具乳液。常具气根。叶互生，稀对生，全缘或具锯齿或分裂；托叶合生，包芽，小枝具环状托叶痕。花单性，雌雄同株或异株，隐头花序生于肉质壶形花序托内壁。隐花果（榕果）腋生或生于老茎，或生于鞭状枝上，小果为瘦果；基生苞片3，早落或宿存，有时苞片侧生，有或无总梗。

约1000余种，分布于热带和亚热带。我国约有100种，主产长江以南各地。

分种检索表

1. 直立乔木或灌木。
　2. 隐头花序有梗，叶掌状3～5裂，有毛及乳头状突起；落叶 ········ 1. 无花果 *F. carica*
　2. 隐头花序无梗。
　　3. 叶侧脉多而平行，近水平展出；顶芽长尖，外被淡红色长达14cm的托叶；隐头
　　　花序卵状长圆形 ······················· 2. 印度榕 *F. elastica*
　　3. 叶侧脉不平行，顶芽及托叶短，隐头花序近球形或扁球形。
　　　4. 叶三角状圆形或三角状长圆形，基部平截或稍心形，顶端具长尾尖 ············
　　　　······································· 3. 菩提树 *F. religiosa*
　　　4. 叶长椭圆形，倒卵形或卵状披针形，不为三角状圆形，顶端无长尾尖。
　　　　5. 幼枝粗，直径5mm以上，有棱；成熟的花序托直径1.5cm以上 ············
　　　　　······································· 4. 高山榕 *F. altissima*
　　　　5. 幼枝细，直径5mm以下；成熟的花序托直径1.5cm以下。
　　　　　6. 叶倒卵形或倒卵状披针形，顶端钝尖 ········ 5. 榕树 *F. microcarpa*
　　　　　6. 叶长椭圆形，顶端渐尖或急尖 ···· 6. 黄葛榕 *F. virens* var. *sublanceolata*
1. 匍匐藤本，具不定根；叶上面被刺毛，榕果生于地下匍匐茎上 ····· 7. 地瓜榕 *F. tikoua*

（1）无花果（文仙果、奶浆果、映日果、蜜果、仙人果、树地瓜）

Ficus carica L.

　　落叶灌木，多分枝；小枝粗壮。叶互生，卵圆形、宽卵形，长10～20（24）cm，宽9～22cm，掌状3～5裂，稀不裂，有不规则圆锯齿，上面粗糙，下面密生细小乳头状突起及黄褐色短柔毛，基部浅心形；叶柄长4～14cm。隐头花序单生叶腋，梗长0.5～2cm；雄花和瘿花同生于一花序内；雌花生于另一花序内。隐花果梨形，长3～5cm，径约2.5cm，熟时紫红色或黄色。

　　原产地中海沿岸。我国各地有栽培。

　　本种叶片宽大，果实奇特，夏秋果实累累，是优良的庭院绿化和观赏树种。无花果是人类较早栽培的果树之一，一般认为无花果原产于地中海沿岸（沙特阿拉伯和也门），在唐代时沿丝绸之路传入我国。榕属植物因其花开在膨大的花托里，形成隐头花序，所以称之为"无花果"。

无花果

无花果果实

(2) 印度榕（缅榕、橡皮树、印度橡胶树、榕乳树、黑金刚、缅树）

Ficus elastica Roxb. ex Hornem.

常绿大乔木，气根发达，各部无毛；小枝粗壮；顶芽长尖，外被淡红色托叶，长达14cm。叶互生，厚革质，长圆形或椭圆形，长8～30cm，宽4～11cm，先端短急尖，基部圆形或宽楔形，全缘，上面亮绿色，羽状脉，中脉粗，侧脉密而纤细，平行，近边缘处连结成一边脉；叶柄粗壮，长2～7.5cm。隐头花序成对腋生，长1cm，径约5～8mm，无梗；雄花、瘿花、雌花生于同一花序内。隐花果熟时黄色。

产我国云南西部及南部，生于海拔800～1500m山区。尼泊尔、印度东北部、缅甸、马来西亚、印度尼西亚有分布。

印度榕叶片大而光滑，是适生区常见的庭园及室内景观树种；其乳汁曾是制橡胶的重要原料。

印度榕

印度榕叶及托叶

(3) 菩提树（思维树、觉树、道树、神圣之树、毕钵罗树、印度菩提树、佛树）

Ficus religiosa L.

常绿乔木；具有气生根；树冠广圆形。全株平滑，树干粗而直，枝条茂密。叶革质，卵圆形或三角卵形，边缘波状，全缘，先端骤尖，顶部延伸为尾状，基部宽截形至浅心形，基生叶脉三出；叶柄纤细，有关节，与叶片等长或长于叶片。隐花果腋出双生，扁球形，成熟时为黑紫色。

原产印度，我国广东、广西、海南、云南等地有栽培。

菩提树树姿美观，叶片绮丽，是一种生长慢、寿命长的常绿风景树，可作行道树、庭荫树等，寺庙中常用。传说释迦牟尼在菩提树下悟道而成名，在印度被奉为神圣树木。

菩提树

菩提树叶

(4) 高山榕（鸡榕、大叶榕、大青树、万年青）

Ficus altissima Bl.

常绿大乔木；顶芽无毛。叶互生，厚革质，卵形或卵状椭圆形，长8～21cm，宽4～12cm，先端钝，基部圆，基出脉3条，侧脉约4～6对，在近缘处网结，无毛；叶柄长2.8～5.5cm。隐头花序成对腋生，球形，径1～1.8cm，无毛，无梗，幼时为具灰色柔毛的帽状苞片包围；雄花、瘿花、雌花生于同一花序内。隐花果熟时红色或淡红色。

产于云南、广西、广东、海南等地，生于海拔100～1600（2000）m山地或平原。东南亚地区也多有分布。

高山榕树冠大而荫浓，树姿稳健，根系发达，适合做园景树及庭荫树等。

高山榕果实

高山榕

(5) 榕树（细叶榕、万年青）

Ficus microcarpa L. f.

常绿乔木；树冠广展，老树常具气生根，各部无毛。叶革质，倒卵形或椭圆状卵形，长4～8cm，宽2～4cm，先端钝尖，基部楔形，全缘，基出脉3条，侧脉5～7对，稍平行，沿叶缘整齐网结；叶柄长5～10mm。隐头花序单生或成对生叶腋或已落叶的小枝上，球形或扁球形，直径5～10mm，无梗；雄花、瘿花、雌花生于同一花序内；瘿花与雄花相似。隐花果熟时黄色或红色。

产于我国云南、贵州、广西、广东、香港、台湾、福建等地，生于海拔1900m以下山区及平原。印度、东南亚至澳大利亚也有分布。

榕树高大雄伟，自繁成林，根系盘踞，四季常青，是亚热带独特的树种，是适生区常见的行道树及遮荫树。木材可用作薪炭等；叶和气根可入药。

榕树果实

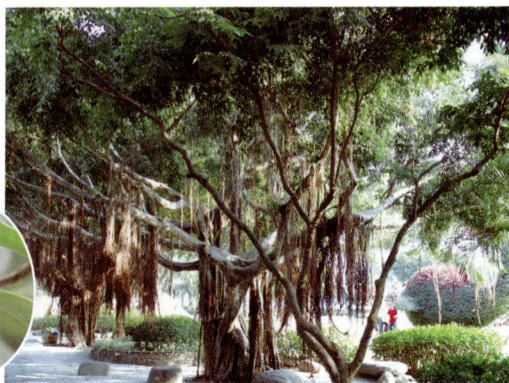
榕树

(6) 黄葛榕（大叶榕、黄葛树）

Ficus virens Ait. var. *sublanceolata*（Miq.）Corner

落叶乔木；植物体常有白色乳汁。叶薄革质，长椭圆形，长10~20cm，宽4~6cm，顶端渐尖或急尖，基部钝圆，全缘，两面无毛，侧脉每边7~10；托叶早落。隐花果单生或成对生于落叶枝的叶腋，球形，径8~10mm，熟时紫红色，无花序梗，基部苞片3，宿存。

产于我国云南、四川、贵州、广西、广东、海南、台湾、福建、浙江等地，生于海拔800~2200m处。斯里兰卡、印度、不丹、缅甸等有分布。

黄葛榕树冠广展，板根延伸，支柱根形成"树干"，有时有气根。宜作园景树、庭园树、行道树。也是紫胶虫寄主树种，可供紫胶生产用。

黄葛榕　　　　　　　　黄葛榕果实

(7) 地瓜榕（地果、地石榴、地瓜）

Ficus tikoua Bur.

常绿匍匐木质藤本；具不定根。叶互生，坚纸质，倒卵状椭圆形，长2~8cm，宽2~6cm，先端尖，基部圆形或浅心形，疏生波状浅齿，侧脉3~4对，上面被短刺毛，下面沿脉被细毛；叶柄长1~2（6）cm。榕果常埋于土中，径1~2cm，具柄，熟时深红色，具圆瘤点。

产于我国云南、西藏、四川、贵州、广西、湖南、湖北、甘肃、陕西等地，生于荒地草坡或岩缝中。印度、越南、老挝有分布。

本种蔓生能力强，是优良的地被和水土保持树种。榕果可食。

地瓜榕

地瓜榕果实

二十九、杜仲科Eucommiaceae

落叶乔木；树体各部均具丝状胶质。单叶互生，羽状脉，有锯齿；无托叶。花单性异株，无花被；雄花簇生，有小苞片，雄蕊5～10个，花丝极短，花药4室；雌花单生于小枝下部，具苞片和短花梗，子房1室，胚珠2个。翅果。

1属1种，中国特产，分布西南、华中、华西及西北各地。

杜仲属*Eucommia* Oliv.

属特征及分布同科。

杜仲

Eucommia ulmoides Oliv.

落叶乔木，高达20m；枝、叶、果及树皮断裂后均有白色弹性丝相连。叶椭圆状卵形，叶长6～15cm，宽3.5～6.5cm，先端渐尖，基部圆形或广楔形，边缘有锯齿，侧脉6～9对。花生于当年枝基部；雄花无花被，花梗长3mm，无毛，苞片匙形，长6～8mm，早落；雌花单生，苞片倒卵形，子房无毛。翅果狭长椭圆形，扁平。花期4月，果期10～11月。

产于我国四川、贵州、广西、湖南、湖北、河南、甘肃、陕西等地，生于海拔300～1500m的常绿落叶混交林中。

杜仲树干端直，枝叶茂密，树形整齐优美，是良好的庭荫树及行道树。我国栽培历史久远，公元396年传入欧洲。树皮药用；树皮、枝叶、果实含有硬质橡胶，故为特种经济造林树种之一。

杜仲

杜仲果实

三十、大风子科Flacourtiaceae

乔木或灌木；有时具刺。单叶，互生，托叶早落或无。花序多样，有时生于老茎上；花辐射对称，两性或单性，稀杂性；萼片3～6，常宿存；花瓣3～8，早落或无花瓣；花瓣基部或花托上常具鳞片状附属物，花盘、腺体存在；雄蕊1至多数；子房上位，稀半下位，1（2～9）室，侧膜胎座，胚珠1至多数。浆果、蒴果或核果；种子1至多数。

86属，850余种，主要分布于热带和亚热带，极少数延伸至温带。我国12属，42种，主产西南、华南，尤以云南最多，少数延伸至秦岭南坡和淮河以南；另引进2属，3种。

分属检索表

1. 叶脉为掌状脉，果为浆果 ･･････････････････････････････････ 1. 山桐子属*Idesia*
1. 叶脉为羽状脉，果为蒴果 ････････････････････････････････････ 2. 伊桐属*Itoa*

1. 山桐子属*Idesia* Maxim.

落叶乔木。叶具掌状脉；叶柄或叶基具2腺体；叶柄极长。圆锥花序顶生或上部腋生，大型；花单性；雌雄异株；萼片5（3～6），具茸毛，脱落；无花瓣；雄花：雄蕊多数，着生于小花盘上，花丝被长柔毛，花药短，纵裂，退化子房不明显；雌花：退化雄蕊多数，子房上位，侧膜胎座5（3～6），胚珠多数，花柱5。浆果，种子多数。

1种，分布于我国和日本。

山桐子（水冬瓜、山梧桐）

Idesia polycarpa Maxim.

落叶乔木，高达15m。叶宽卵形、卵状三角形或卵状心形，长7～16cm，宽5～14cm，叶缘疏生锯齿，顶端锐尖至短渐尖，基部常为心形，下面粉白色，掌状脉5～7，脉腋内密生柔毛；叶柄几与叶片等长，具2腺体。圆锥花序长10～20cm，下垂，花黄绿色。浆果球形，径5～8mm，红色。

产于我国云南、四川、贵州、广西、广东、台湾、福建、江西、湖南、湖北、浙江、江苏、河南、陕西等地，生于海拔100～2500 m的向阳山坡或丛林中。日本、朝鲜也有分布。

本种树形高大美观，树冠广展，叶大荫浓，秋天红果累累，是良好的绿化和观赏树种，适于庭前和园中种植，可作行道树和庭院观赏树。种子含油率高，可代替桐油，故称山桐子。

山桐子

山桐子果实

2. 伊桐属 *Itoa* Hemsl.

常绿乔木。单叶，互生，有时近对生，羽状脉；叶柄长，无托叶。雌雄异株，雄花组成圆锥花序，顶生，具短花序梗，雄蕊多数，花丝细；雌花单朵顶生，萼片3～4，无花瓣；子房1室，具6～8侧膜胎座。蒴果卵形至长圆形，两端渐狭，常6～8瓣裂，果序梗延长，中部以上有关节；花柱宿存，短而厚，柱头6～8裂；种子多数，周围具膜质翅。

2种，分布于马来西亚、越南和我国。我国产1种，1变种。

伊桐（栀子皮、野厚朴、盐巴菜、长叶子老重、木桃果、牛眼果、白心树、弄七）

Itoa orientalis Hemsl.

叶互生，有时近对生或在枝顶成簇生状，椭圆形，长15～30cm，宽5～8cm，下面被黄色柔毛，顶端细尖，基部圆或心形，边缘具粗锯齿，侧脉8～21对，下面明显；叶柄长2～6cm，基部及先端膨大。雄花序长达15cm；雌花单朵顶生；萼片被毛，宿存。蒴果椭圆形，长8～9cm，初被黄色茸毛，后变无毛，种子周围有翅。

产于我国云南、四川、贵州、广东、海南、湖南等地，生于海拔500～2000m的常绿阔叶林中。越南也有分布。

伊桐为亚热带树种，树形美丽，喜生于山麓肥沃之地，能耐一定干旱，生长快，叶较大，卵圆形的木质蒴果金黄色，经久不落，为良好的园林观赏树。

伊桐

伊桐雄花

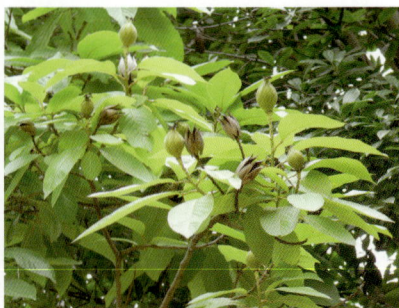

伊桐果实

三十一、山龙眼科Proteaceae

乔木或灌木，稀草本。单叶，互生，稀对生或轮生；无托叶。花两性或单性，排成总状、头状、穗状或伞形花序；单被花；花蕾时花被管细长，顶部球形、卵球形或椭圆状，开花时4裂，镊合状排列；雄蕊4，与花萼裂片对生，花丝贴生于萼片上；单心皮雌蕊，子房上位，1室，有柄或无柄，胚珠1至多枚。坚果、蓇葖果、核果或蒴果；种子常有翅或毛。

60属，1300种，主产于大洋洲和非洲南部，亚洲和南美洲也有分布。我国2属，21种，产于长江流域以南各地，以南亚热带及热带北缘为多，引种5属20种。

分属检索表

1. 叶互生。
  2. 叶羽状分裂；蓇葖果 ·················· 1. 银桦属Grevillea
  2. 叶不分裂；坚果 ···················· 2. 山龙眼属Helicia
1. 叶轮生或近对生，不分裂；坚果 ············ 3. 澳洲坚果属Macadamia

1. 银桦属Grevillea R. Br.

乔木或灌木。叶互生，羽状分裂。花两性，不整齐，排成总状花序或簇生；花萼管纤弱，常弯曲，裂片于开裂时反卷；花药无柄，藏于花被裂片的凹陷处；子房有柄，胚珠2。蓇葖果，沿腹缝线开裂；种子有翅。

约200种，主要分布于大洋洲。我国引入12种，为行道树及观赏树种。

银桦

Grevillea robusta A. Cunn.

常绿乔木，高达25m；幼枝、芽及叶柄密被锈褐色粗毛。叶二回羽状深裂，裂片5~13对，近披针形，边缘加厚，叶上面深绿色，下面密被银灰色绢毛。总状花序长7~15cm，多花，橙黄色，花梗长8~13mm，向花轴两边扩张或稍下弯。果卵状长圆形，长1.4~1.6cm，稍倾斜而扁，顶端具宿存花柱，成熟时棕褐色，沿腹缝线开裂；种子2，卵形，周围有膜质翅。花期3~5月，果期6~8月。

银桦花序

银桦

银桦果实

原产大洋洲，现热带及亚热带地区多有栽培。我国南部及西南部有栽培。

银桦树干通直，树冠高大整齐，生长迅速。初夏有橙黄色花序点缀枝头，颇为美观，宜作城市行道树，但树枝脆，风害严重地区不宜栽培。

2. 山龙眼属 *Helicia* Lour.

乔木或灌木。叶互生，稀近对生或近轮生，全缘或具齿，无柄或有柄。总状花序，腋生或生于枝上，稀近顶生。花两性，辐射对称；花梗通常双生；苞片小，钻形，稀叶状，宿存或早落；花被管花蕾时直立，细长，顶部棒状至近球形，裂片4，花后分离，外卷；雄蕊4枚，花丝短或无；下位腺体4枚，分生或贴生成环；子房无柄，花柱细长，顶部棒状，柱头顶生，胚珠2颗。坚果，球形或椭圆形，种子1～2，种皮膜质。

约90种，分布于亚洲及大洋洲热带和亚热带地区。我国18种。

深绿山龙眼（母猪果、豆腐渣果、山葫芦）

Helicia nilagirica Bedd.

常绿乔木，高达10m。叶纸质或近革质，倒卵状长圆形、椭圆形或长圆状披针形，长 (5) 10～20 (23) cm，宽(2.8)4～9cm，顶端短渐尖、近急尖或钝，基部楔形，稍下延，全缘，有时边缘或上半部的具疏生锯齿；中脉两面凸起，侧脉 (5) 6～8对；叶柄长1～2 (3.5) cm。总状花序腋生，长10～18(24) cm；花梗常双生，长1.5～2 (3) mm；花被管长12～18mm，白色或浅黄色，无毛；花药长约2.5mm；腺体4枚；子房无毛。坚果扁球形，直径 (2) 2.5～3.5cm，顶端具短尖，基部骤狭呈短柄状，果皮干后革质，厚2～4mm，绿色。

产于云南，生于海拔1000～2000m山地和山谷常绿阔叶林中。印度、不丹、缅甸、泰国、老挝、越南亦有分布。

本种树冠整齐，分枝多，枝条韧性较好，在适生区较适于庭园种植。果药用。

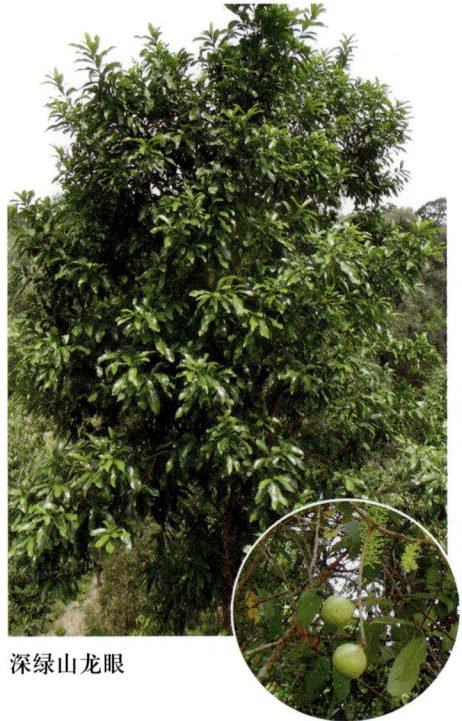

深绿山龙眼

深绿山龙眼果实

3. 澳洲坚果属 *Macadamia* F. Muell.

乔木或灌木。叶轮生或近对生，全缘或具牙齿。总状花序，腋生或顶生；花两性，辐射对称或近辐射对称；花梗通常双生；苞片小，早落；花蕾时花被管直立或稍弯，细长，顶部棒状，开花时花被管下半部先分裂，后花被片分离，外弯；雄蕊着生于花被片的中部或檐部，花丝短，花药长圆形，药隔突出成一腺体或短附属物；腺鳞或腺体4枚，离生或连生成环状；子房无柄。坚果球形，果皮硬革质，不开裂或沿腹缝线纵裂；种子1～2。

约14种，分布于澳大利亚、新喀里多尼亚、苏拉威西岛、马达加斯加的热带雨林中。我国栽培2种。

澳洲坚果（澳洲胡桃、昆士兰栗、夏威夷果）

Macadamia ternifolia F. Muell.

常绿乔木，高5~15m。叶革质，通常3枚轮生或近对生，长圆形至倒披针形，长5~15cm，宽2~3 (4.5) cm，顶端急尖至圆钝，有时微凹，基部渐狭；侧脉7~12对；每侧边缘疏生锯齿，成龄树的叶近全缘；叶柄长4~15mm。总状花序，腋生或近顶生，长8~15 (20) cm，疏被短柔毛；花淡黄色或白色；花梗长3~4mm；花盘环状，具齿缺。坚果球形，直径约2.5cm，顶端具短尖，果皮厚2~3mm，开裂；种子通常球形。花期4~5月，果期7~8月。

澳洲坚果　　　　　果实

原产澳大利亚的东南部热带雨林中，现世界热带地区有栽种。我国云南、四川、重庆、贵州、广西、广东、台湾等地有栽培。

本种树干直，枝叶茂密，树冠圆形，具较高观赏价值和经济价值，是庭园绿化结合生产的好树种。澳洲坚果为引进树种，目前我国南方许多地区已经将其作为良种果树种植，长势良好，且有一定的抗寒性。果实为著名干果，供食用。

三十二、海桐花科Pittosporaceae

常绿乔木、灌木或木质藤本。单叶互生或轮生，无托叶。花两性，罕单性或杂性，辐射对称，腋生或顶生，单生或组成伞房花序或聚伞花序，排成圆锥花序式，罕簇生；萼片、花瓣和雄蕊5枚，花瓣常有爪，爪有时多少合生；子房上位，1室，有时分成完全或不完全的2~5室，侧膜胎座、中轴胎座或基生胎座，胚珠多数，倒生。果为浆果或蒴果；种子通常多数，藏于有黏质的果肉内，具明显的红色假种皮，罕具翅。

9属，约360种，广布于东半球的热带和亚热带地区，主产大洋洲。我国有1属，约44种。

1. 海桐花属Pittosporum Banks

常绿灌木或乔木。叶互生，常簇生于枝顶呈对生或假对生状，全缘或具波状浅齿。花两性，稀杂性，顶生圆锥花序、伞房花序或簇生或单生；萼片5，短小，离生；花瓣5个，分离或部分合生，先端常向外反卷；子房上位，心皮2~3个，为不完全2室，稀3~5室；胚珠多数，侧膜胎座。蒴果，球形至倒卵形，2~5瓣裂；种子2至多数，有黏质，具明显的红色假种皮。

约160种，主产南半球。我国44种8变种。

分种检索表

1. 叶狭倒卵形；蒴果成熟时三瓣裂 ·········· 1. 海桐*P. tobira*

1. 叶倒卵状披针形；蒴果成熟时二瓣裂 ·········· 2. 短萼海桐*P. brevicalyx*

Pittosporum tobira (Thunb.) Ait.

小乔木或灌木，高达6m；枝条近轮生。叶聚生枝端，革质，狭倒卵形，长5～12cm，宽1～4cm，顶端圆形或微凹，全缘，幼叶两面被毛，老叶无毛或近叶柄处疏生短柔毛；侧脉6～8对。花序近伞形，多少密生短柔毛，顶生或近顶生；花有香气，白色或带淡黄绿色；萼片5，卵形，长约5mm；花瓣5，长约1.2cm；雄蕊5；子房上位，密生短柔毛，胚珠多数。蒴果近球形，长约1.5cm，有棱角，成熟时三瓣裂，露出鲜红色种子。

产于我国广东、台湾、福建、浙江、江苏等地；现长江以南各地栽培供观赏。朝鲜、日本亦有分布。

本种株形圆整，四季常青，叶片浓绿光亮，花芳香，种子红艳，为著名的观叶、观果植物，是南方露地栽植中重要的绿化观叶树种。可孤植于草坪、花坛之中，或列植成绿篱，或丛植于草坪丛林之间，亦可植于建筑物入口两侧及四周，还可作为海岸防风防潮林。另外，海桐对二氧化硫等有害气体有较强的抗性，尤其适宜工矿区种植。

海桐 　　　　　　　　　海桐花　海桐果实

Pittosporum brevicalyx (Oliv.) Gagnep.

灌木或小乔木，高达10m；嫩枝无毛。叶聚生枝顶，倒卵状披针形，稀倒卵形或矩圆形，长5～12cm，宽2～4cm，顶端渐尖，基部楔形，全缘，无毛，光亮；侧脉9～11对。伞房花序3～5条生于枝顶叶腋；萼片5，卵形，长约2mm；花瓣5，长约1cm；子房卵形，被毛，侧膜胎座2个，胚珠7～8。蒴果近圆球形，压扁，径7～8mm，成熟时二瓣裂。

产于我国云南、贵州、广西、广东、江西、湖南及湖北等地。

短萼海桐花序 　　　短萼海桐果实

本种树冠整齐，枝叶稠密，萌发能力强，耐修剪，适宜孤植、列植、群植，园林应用较为广泛。适宜园路交叉点及转角处、台坡、草地一角、大树附近、桥头等种植，亦可作绿篱及街道灌木带栽植等。

三十三、柽柳科 Tamaricaceae

落叶小乔木、灌木或草本。叶小，多为鳞形，互生；无托叶。花小，两性，整齐，萼片、花瓣各4～5，覆瓦状排列，常组成总状花序或圆锥花序；花萼4～5裂，宿存；雄蕊与花瓣同数或为其2倍，或多数而成数群；有花盘，子房上位，心皮2～5，合生，1室，侧膜或基底胎座，有多数胚珠。蒴果，圆锥形，3～5裂；种子多数，被毛。

本科共4属，约100种，分布于温带和亚热带地区。我国3属，28种，分布于西南部、中部及西北部。

柽柳属 Tamarix L.

落叶小乔木或灌木；小枝纤细，木质化枝条冬季不落。叶细小，鳞形，先端尖，互生，无芽小枝秋季常与叶同落。总状花序，或再集生为圆锥状复花序；萼片、花瓣各4～5；雄蕊4～5，与萼裂片对生，稀8～12，花丝分离，较花瓣长；花盘有缺裂；子房上位，1室，胚珠多数，侧膜胎座，花柱2～5，柱头短，头状；每朵花具1苞片。蒴果3～5裂；种子小，被毛。

本属共75种，分布于亚洲、北非及欧洲的干旱和半干旱地区。我国约16种，全国均有分布，而以北方为多。

柽柳（三春柳、西湖柳、观音柳、红荆条、金条、黄金条、红柳）

Tamarix chinensis Lour.

灌木或小乔木，高2～5m；枝细长而常下垂。叶卵状披针形，长1～3mm，叶端尖，叶背有隆起的脊。总状花序侧生于去年生枝上者春季开花，总状花序集成顶生大圆锥花序者夏、秋开花；花粉红色，苞片条状钻形，萼片、花瓣及雄蕊各为5；花盘10裂（5深5浅），罕为5裂；柱头3，棍棒状。蒴果3裂，长3.5mm。

产于我国河南、河北、山东、山西、辽宁、吉林、内蒙古、甘肃、陕西等地，生于河流冲积平原、河漫滩、沙荒地、潮湿盐碱地及沿海滩地。日本、朝鲜、美国有栽培。

柽柳姿态婆娑，枝叶纤秀，花期很长。根系发达，耐盐碱、耐旱，是优秀的防风固沙植物，也是良好的改良盐碱土树种；在园林中可植于湖边、岸旁、河滩上，或列植于其他落叶乔木之下，以增强垂直绿化效果。

柽柳　　　　柽柳花

三十四、椴树科Tiliaceae

乔木或灌木，稀草本；常具星状毛；树皮富含纤维。单叶，常互生，全缘或分裂；托叶小，早落，稀宿存。花辐射对称，两性，稀单性异株，排成腋生或顶生的聚伞花序或圆锥花序；苞片早落或宿存；萼片5，稀3或4，分离或合生；花瓣5或更少或缺，基部常有腺体；雄蕊多数，花丝分离或基部成束；子房上位，2～6室，每室有胚珠1至多颗。果为核果、蒴果或浆果。

约52属，500余种，广布于热带和亚热带地区。我国有13属，94种，各地均有分布，主产于西南部。

椴树属*Tilia* L.

落叶乔木。单叶互生，叶基部常为斜心形，全缘或有锯齿，具长柄；托叶早落。花两性，排成聚伞花序，花序梗下半部常与带状苞片合生；萼片5；花瓣5；雄蕊多数，离生或基部连合成5束；有时具花瓣状退化雄蕊且与花瓣对生；子房上位，5室，每室2胚珠；花柱细长，柱头5裂。核果。

80种，主要分布于亚热带和北温带；我国32种，大部分地区均产。

椴树（菩提树、青科树、叶上果、滚筒树根、千层皮、青科榔）

Tilia tuan Szyszyl.

落叶乔木，高达15m。叶卵形，长7～14cm，宽5.5～9cm，先端短尖或渐尖，基部单侧心形或斜截形，下面初时有毛，后无毛，脉腋有毛丛，边缘上半部有疏小齿突；叶柄长3～5cm，近无毛；侧脉6～7对。聚伞花序长8～13cm，无毛；苞片狭窄倒披针形，长10～16cm，宽1.5～2.5cm，无柄，先端钝，基部圆或楔形，下半部5～7cm与花序梗合生，下面被星状毛；子房上位，被毛。核果球形，径8～10mm，无棱，有小突起，被星状茸毛。

产于我国云南、四川、贵州、广西、福建、江西、湖南、湖北、河南等地，生于山地阔叶林中。

椴树树冠整齐，树姿优美，枝叶茂密，遮荫效果好，其花清香袭人，苞片别致、富有奇趣，是优良的园林观赏树种。此外，其材质优良，广泛用于木材工业；花为优良的蜜源，并可入药。

椴树

椴树叶及果实

三十五、杜英科Elaeocarpaceae

乔木或灌木。单叶，互生或对生。花两性或杂性，单生或排成总状或圆锥花序；萼片4～5，分离或合生，镊合状排列；花瓣4～5，镊合状或覆瓦状排列，有时无花瓣，先端撕裂或具缺齿，稀全缘；雄蕊多数，分离，生于花盘上或花盘外，花药2室至多数。核果或蒴果，有时外果皮具针刺；种子椭圆形，具丰富胚乳。

12属，400种，分布于东西两半球热带和亚热带。我国2属，51种，产于西南部至东部。

杜英属Elaeocarpus L.

乔木。叶互生，托叶线形。花通常两性，排成腋生的总状花序；萼片4～6，分离，镊合状排列；花瓣4～6，白色，分离，顶端常撕裂；雄蕊多数，花丝极短，花药2室，药隔有时突出或芒刺状，有时顶端有毛丛；花盘常分裂为5～10腺状体，稀环状；子房2～5室，每室胚珠2～6，花柱线形。核果，果皮光滑；内果皮硬骨质，表面常有沟纹；每室具1种子。

200种，分布于东亚、东南亚和大洋洲。我国38种，主产于华南及西南。

分种检索表

1. 叶纸质，叶柄长5～12mm；花药顶端无芒刺 ·················· 1. 山杜英E. sylvestris
1. 叶革质，叶柄长0.5～2cm；花药顶端突出成芒刺状，长3～4mm ·················
  ·· 2. 水石榕E. hainanensis

（1）山杜英（胆八树、杜英、羊屎树）

Elaeocarpus sylvestris (Lour.) Poir.

常绿乔木，高5～15m。叶纸质，倒卵形或椭圆形，长4～12cm，宽2.5～7cm，顶端渐尖或短渐尖，基部楔形，边缘有波状钝齿，侧脉每边5～8条；叶柄长5～12mm。总状花序生于叶腋，长4～6cm；萼片5，两面有疏毛；花瓣5，外面无毛，里面疏被柔毛，上部撕裂为10～12小裂片；雄蕊15，花药顶端无芒；子房密被茸毛。核果椭圆形，长1～1.6cm。

产于我国广西、广东、台湾、福建、江西、湖南、浙江等地，生于山地杂木林中。越南也有分布。

本种枝叶茂密，树冠圆整，霜后部分叶变红色，红绿相间，颇为美丽。宜于草坪、坡地、林缘、庭前、路口等处丛植，或作行道树，也可栽作其他花木的背景树，还可列植成绿墙起隐蔽遮挡及隔声作用。因其对二氧化硫抗性强，可选作工矿区绿化和防护林带树种。

山杜英花

山杜英果实

(2) 水石榕（水杨柳、海南胆八树）

Elaeocarpus hainanensis Oliv.

水石榕

常绿小乔木。叶革质，狭披针形，长7～15cm，宽1.5～3cm，先端尖，基部楔形，两面无毛，边缘有小锯齿；侧脉14～16对，叶柄长1～2cm。总状花序生于叶腋，长5～7cm，有花2～6朵；苞片叶状，无柄，卵形，长1cm，边缘有齿，基部微心形，宿存；花白色，直径3～4cm；花梗长约4cm；萼片5，披针形，长2cm；花瓣与萼片等长，倒卵形，有毛，先端撕裂成小裂片；雄蕊多数，花药先端具长芒；花盘多裂；子房2室，每室2胚珠，无毛，花柱具毛。核果纺锤形，无毛；内果皮骨质，表面具浅沟纹。

水石榕花

产于我国云南、广东等地，生于丘陵或山地沟谷中。越南及泰国也有分布。

本种树冠优美，花清香，喜潮湿温暖的气候，可适应陆生、半水生的环境，即使基部泡在水中亦能茂盛生长、开花结果，园林中常植于石山、溪涧边作风景树等。

三十六、梧桐科Sterculiaceae

乔木或灌木，稀草本或藤本；幼嫩部分常具星状毛；树皮常含有黏液和富有纤维。单叶，偶为掌状复叶，互生；常有托叶。花单性、两性或杂性；花序各式；萼3～5裂，镊合状排列；花瓣5或无；雄蕊多数，花丝常合生成管状；雌蕊由2～5个心皮组成，子房上位，花柱1或与心皮数同。蓇葖果或蒴葵果，稀浆果或核果。

68属，1100种，分布于东西两半球的热带和亚热带地区，个别种延伸到温带。我国约有19属，80余种。

分属检索表

1. 蓇葖果；花单性或杂性，无花瓣。
  2. 果皮革质或木质，成熟时开裂，果瓣不为叶状 ················ 1. 苹婆属*Sterculia*
  2. 果皮膜质，成熟前开裂成叶状，种子着生于叶状果皮内缘 ······· 2. 梧桐属*Firmiana*
1. 核果；花两性，有花瓣 ·························· 3. 可可树属*Theobroma*

1. 苹婆属*Sterculia* L.

乔木或灌木。单叶互生，全缘，或具锯齿或掌状深裂。圆锥花序腋生，花单性或杂性；萼片5；无花瓣；雄花的花药聚生于雌雄蕊柄的顶端，包围退化雌蕊，呈球形；雌花的雌蕊柄很短，顶端有轮生的不育的花药和发育雌蕊；子房上位，5心皮，每心皮具2个或多个胚珠，花柱基部合生，柱头5，分离。蓇葖果革质或木质，成熟时开裂，内有种子1或多颗。

300种，分布于东、西两半球的热带和亚热带地区，主产于亚洲热带。我国23种，产于南部至西南部，盛产于云南。

分种检索表

1. 花序长，15～20cm，与叶片近等长 ·· 1. 苹婆 *S. nobilis*
1. 花序短，4～10cm，远不及叶片长 ·· 2. 假苹婆 *S. lanceolata*

(1) 苹婆（凤眼果、肥猪果、枇杷果、丹果、七姐果、富贵子）

Sterculia nobilis Smith

常绿乔木，高5～15m。叶长圆形或椭圆形，长8～25cm，宽5～15cm，全缘，两面无毛；叶柄长2～3.5cm；侧脉12对；托叶早落。圆锥花序长达20cm，顶生或腋生；花梗较花长；花萼乳白至淡红色，钟状，被短柔毛，长约1cm，5裂，裂片条状披针形，与萼筒近等长；雄花较多，雄蕊柄弯曲；雌花较少，略大，子房密被毛，花柱弯曲，柱头5浅裂。果鲜红色，长圆状卵形，长约5cm，具喙，厚革质；种子1～4，椭圆形，径约1.5cm，红褐色或黑褐色。

产于我国云南、广西、广东、海南、台湾、福建等地；广州和珠江三角洲一带多有栽培。印度、越南、印度尼西亚也有分布，且多为栽培。

苹婆树姿优美，叶大碧绿，花灯笼状，根系发达，生长快，耐瘠薄，可作行道树、风景树等。种子可煮食，味美。

苹婆　　　　　　　　　苹婆果实

(2) 假苹婆（鸡冠皮、山木棉、赛苹婆、鸡冠木、红郎伞）

Sterculia lanceolata Cav.

常绿小乔木，高10m；幼枝被毛。叶椭圆形、披针形或椭圆状披针形，长9～20cm，宽3.5～8cm，先端急尖，基部钝或近圆形，仅下面被疏生星状毛；叶柄长2.5～3.5cm；侧脉 9 ～10对。圆锥花序长4～10cm，多分枝，腋生；萼5深裂，裂片开展。菁葖果鲜红色，长卵形或长椭圆形，长5～7cm，径2～2.5cm，密被短柔毛；种子2～4，黑色。

产于我国云南、四川、贵州、广西、广东、海南等地，生于海拔500m以下石灰岩地区。南亚各国也有分布。

假苹婆树形优美、树冠整齐，夏季红色果实鲜艳迷人，有"万绿丛中一点红"之意境，是一种较好的夏季观果树种。种子可食，也可榨油，茎皮纤维丰富。

假苹婆花　　　　　　　假苹婆果实

假苹婆

2. 梧桐属 *Firmiana* Mars.

乔木或灌木。单叶互生，掌状2~5裂，或全缘。圆锥花序，有时为总状，顶生或腋生；花单性或杂性；萼片5深裂；无花瓣；雄花有花药10~15，集生于雌雄蕊柄的顶端呈头状；子房5室，每室有胚珠2或多个，花柱基部合生，柱头5，分离。蓇葖果，具柄，果皮膜质，成熟前沿腹缝线开裂呈叶状；种子着生于果皮的内缘，圆球形，种皮皱缩。

15种，分布于亚洲及非洲东部。我国3种，主产于华南和西南。

梧桐（青桐、桐麻、棕桐）

Firmiana platanifolia (L. f.) Mars.

落叶乔木，高达15m；树皮青绿色。叶心形，径达30cm，掌状3~7裂，裂片卵形，中裂片两侧与相邻裂片的一侧重叠，基部心形，基生脉7条；叶柄与叶片近等长。圆锥花序顶生，长约20~50cm；萼片条形，黄绿色，长约7~9mm，反曲，被毛；子房被毛。果皮开裂成叶状，匙形，长约6~11cm，宽1.5~2.5cm，网脉显著，外被短茸毛或近无毛；种子2~4颗，径约7mm。

产于我国云南、四川、贵州、广西、广东、香港、海南、台湾、福建、江西、湖南、湖北、浙江、江苏、安徽、山东、山西、陕西等地，生于海拔1300~2000m地带。日本也有分布。

梧桐树干端直，树皮光滑绿色，叶大而美丽，绿荫浓密，洁净可爱，对二氧化硫和氟化氢有较强抗性。很早就被植为庭院观赏树，适于草坪、庭院、宅前、坡地、湖畔孤植或丛植；在园林中与棕桐、竹等配植尤为和谐，且颇具我国民族风味。梧桐也可栽作行道树、工矿区绿化树种。

梧桐

梧桐果实

3. 可可树属 *Theobroma* L.

常绿乔木。单叶互生，全缘。花两性，小，整齐；单生或聚伞花序，常生于树干或粗枝上；萼5深裂；花瓣5，上部匙形，中部变窄，下部凹陷成盔状；雄蕊1～3一组，花丝基部合生成筒状；子房上位，无柄，5室，胚珠多数。核果，种子多数。

30种，分布于热带美洲。我国引入1种。

可可（可加树）

Theobroma cacao L.

乔木，高12m；嫩枝被柔毛。幼叶淡红色；叶卵状长椭圆形至倒卵状长椭圆形，长20～30cm，宽7～10cm，先端长渐尖，基部圆形或近心形，托叶条形，早落。聚伞花序；花梗长12mm；萼片粉红色，5枚，宿存；花瓣淡黄色；子房上位，5室，每室胚珠12～14。果椭圆形或长椭圆形，长15～20cm，径约7cm，表面有10条纵沟，淡绿色，后变为深黄色或近红色，果皮厚，肉质，每室有种子12～14；种子卵形。全年开花。

原产美洲中、南部。我国云南、广西、广东、海南、台湾有栽培。喜温热、湿润气候。

可可树形优美，四季常青，花果生长于树干和老枝上，果大型，红色或黄色，极具观赏价值。可可是著名的世界三大饮料之一，也是制巧克力的重要原料。

可可

可可花

三十七、木棉科Bombacaceae

落叶乔木；茎枝常具皮刺；主干基部常有板状根。单叶或掌状复叶，互生；托叶早落。花两性，大而美丽，单生或成圆锥花序；花萼杯状，具副萼，镊合状排列；花瓣5，覆瓦状排列；雄蕊5至多数，花丝合生成筒状或分离；子房上位，2~5室，每室胚珠2至多数，中轴胎座。蒴果，果皮内壁有长毛，开裂或不裂。

共20属，约150种，主产美洲热带。我国产1属2种，引入2属2种。

分属检索表

1. 树干具粗刺；种子小，长不到5mm ·················· 1. 木棉属Bombax
1. 树干无粗刺；种子大，长达25mm ·················· 2. 瓜栗属Pachira

1. 木棉属Bombax L.

落叶乔木；幼树干具粗刺。掌状复叶，小叶全缘，无毛。花单生，先叶开放；花萼革质，杯状，不规则分裂；花瓣5；雄蕊5体；花药肾形，多数；子房5室，每室胚珠多数，花柱比雄蕊长，柱头星状5裂。蒴果木质，室间5裂，果皮内壁有丝状长毛；种子小，黑色。

50种，主要分布于热带美洲，少数分布于亚洲热带、非洲和大洋洲。我国2种，产于南部及西南部。

木棉（攀枝花、斑芝棉、红棉、英雄树、红茉莉、莫连花、斑芒树）
Bombax malabaricum DC.

落叶大乔木，高达40m；树干粗大端直，大枝轮生，平展；幼树树干及枝条具圆锥形皮刺。掌状复叶互生，小叶5~7，卵状长椭圆形，长7~17cm，先端近尾尖，基部楔形，全缘，无毛，小叶柄长1.5~3.5cm，侧脉15~17对；托叶小。花红色，径约10cm，簇生枝端；花萼厚，杯状，长3~4.5cm，常5浅裂；花瓣5，肉质；雄蕊多数，合生成短管，排成3轮，最外轮集生为5束。蒴果长椭圆形，长10~15cm，木质，5瓣裂，内有绵毛；种子倒卵形，光滑。花期2~3月，先叶开放；果期6~7月。

产亚洲南部至大洋洲。我国云南、贵州、广西、广

木棉

木棉花

木棉果实

东等地南部均有分布，生于海拔1400～1700m以下干热河谷及稀疏草原或河谷季雨林中。

本种树形高大雄伟，树冠整齐，多呈伞形，早春先叶开花，如火如荼，十分红艳美丽。在华南各城市常栽作行道树、庭荫树及庭园观赏树。

2. 瓜栗属 *Pachira* Aubl.

乔木。叶互生，掌状复叶，小叶5～11，全缘。花单生叶腋，具梗；苞片2～3，花萼杯状；花瓣窄披针形或线形，白色或淡红色，外面常被茸毛；雄蕊基部合生成管，基部以上分离为多束，每束再分离为多数花丝，花药肾形；子房5室，每室具多数胚珠；蒴果木质或革质，室背开裂为5瓣，内面密被长绵毛，种子大型，无毛。

本属2种，产热带美洲。我国引入栽培2种。

瓜栗（发财树、马拉巴栗、美式花生）

Pachira macrocarpa (Cham. et Schlecht.) Walp.

常绿乔木，高4～5m。叶互生，掌状复叶；小叶5～11，长圆形至倒卵状长圆形，先端渐尖，基部楔形；叶柄长11～15cm。花单生枝顶叶腋；花梗长2cm；花萼杯状；花瓣淡黄绿色，窄披针形或线形，长达15cm，上半部反卷；雄蕊管连花丝长13～15cm；花丝下部淡黄色，向上变红色。蒴果近梨形，长9～10cm，木质，黄褐色，内面密被长绵毛，开裂，每室种子多数，种子大，长2～2.5cm。

瓜栗花

原产墨西哥至哥斯达黎加。我国云南、广东等地有栽培。

瓜栗株形美观，茎干叶片全年青翠，为著名的室内观叶植物；幼苗枝条柔软，耐修剪，可加工成各种艺术造型的桩景和盆景，也可在热区露地栽植为庭园绿化树及行道树。

瓜栗在20世纪60年代作为果树和木本油料植物从中美洲引入我国海南岛栽培，其种子含油量较高，炒食甚似花生仁，故有"美式花生"之称；到了80年代，台湾商人带来了人工编成三辫、五辫的瓜栗幼树，作为观赏，其造型新颖别致，又给它取了一个更富有吸引力的名字——发财树。

瓜栗果实

三十八、锦葵科Malvaceae

草本、灌木至乔木。叶互生，单叶或分裂，叶脉通常掌状，具托叶。花腋生或顶生，单生、簇生、聚伞花序至圆锥花序，花两性，辐射对称；萼片3～5，分离或合生；其下面附有总苞状的小苞片（又称副萼）3至多数；花瓣5，彼此分离，但与雄蕊管的基部合生；雄蕊多数，连合成雄蕊柱；子房上位，2至多室，由2～5枚或较多的心皮环绕中轴而成，花柱上部分枝或者为棒状，每室胚珠1至多枚，花柱与心皮同数或为其2倍。蒴果，稀浆果。

本科约有50属，约1000种，分布于热带至温带。我国有16属，81种和36变种或变型，产全国各地，以热带和亚热带地区种类较多。

分属检索表

1. 子房7～20室，蒴果裂成7～20果爿，成熟后与中轴分离 ·················· 1. 苘麻属Abutilon
1. 子房5室，蒴果裂成5果爿 ···································· 2. 木槿属Hibiscus

1. 苘麻属Abutilon Miller

草本或灌木。叶互生，全缘或分裂，叶脉掌状。花腋生或顶生，单生或圆锥花序状；无小苞片；花萼钟状或杯状；花冠钟状或轮状，花瓣5，黄色或红色，基部与雄蕊柱合生；雄蕊柱顶端具多数分离的花丝；子房7～20室，花柱分枝与心皮同数。蒴果裂成7～20果爿，成熟后与中轴分离。

约150种，分布于热带和亚热带地区。我国9种（包括引入栽培种）。

金铃花（圆锥苘麻）

Abutilon paniculatum Hand. -Mazz.

常绿灌木，高约1～3m。叶掌状3～5深裂，长5～10cm，宽5～13cm，裂片卵形，先端长尾尖，具不规则锯齿或粗齿，两面无毛或背面疏被星状柔毛；叶柄长3～9cm；托叶常早落。花萼钟形，长约2cm，裂片5，卵状披针形，密被星状柔毛；花冠钟形，橘黄色，具紫色条纹，长3～5cm，径约3cm；花瓣倒卵形，疏被柔毛；雄蕊柱长3～4cm，顶端集生多数褐色花药，子房被毛，10室，花柱分枝10。花期全年。

原产南美洲。我国云南、四川、贵州、福建、湖北、浙江、江苏、河北等地引种栽培。

本种花大色艳，四季常开，为较好的观赏植物。

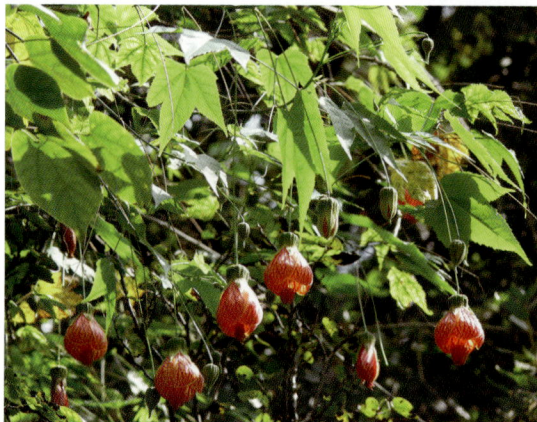

金铃花

2. 木槿属 *Hibiscus* Linn.

草本、灌木或乔木。叶互生，掌状分裂或不裂，叶脉掌状，具托叶。花两性，5数，花常单生叶腋；小苞片5或多数，分离或于基部合生；花萼钟状，稀杯状或管状，5齿裂，宿存；花瓣5，基部与雄蕊柱合生，雄蕊柱顶端平截或5齿裂，花药多数；子房5室，每室具胚珠3至多数，花柱5裂，柱头头状。蒴果裂成5果爿；种子肾形，被毛或为腺状乳突。

约200种，分布于热带和亚热带地区。我国24种和16变种或变型（包括引入栽培种）。

分种检索表

1. 花下垂，花梗无毛；雄蕊柱长，伸出花冠外 ·····················1. 朱槿 *H. rosa-sinensis*
1. 花直立，花梗被毛；雄蕊柱不伸出花冠外。
  2. 叶常5～7裂；花柱被毛 ···································2. 木芙蓉 *H. mutabilis*
  2. 叶3浅裂或不裂；花柱无毛 ·································3. 木槿 *H. syriacus*

---

(1) 朱槿（扶桑、佛桑、大红花、桑槿、状元红、赤槿）

Hibiscus rosa-sinensis Linn.

常绿灌木，高约1～3m；小枝圆柱形，疏被星状柔毛。叶阔卵形或狭卵形，长4～9cm，宽2～5cm，先端渐尖，基部圆形或楔形，边缘具粗齿或缺刻；叶柄长5～20mm，上面被长柔毛；托叶线形。花单生于上部叶腋，常下垂，花梗长3～7cm，疏被星状柔毛或近平滑无毛，近端有节；小苞片6～7，线形，长8～15mm，基部合生；萼钟形，长约2cm，被星状柔毛，裂片5；花冠漏斗形，径6～10cm，玫瑰红色、淡红色或淡黄色等；花瓣倒卵形，先端圆，外面疏被柔毛；雄蕊柱长4～8cm，平滑无毛；花柱分枝5。蒴果卵形，长约2.5cm，平滑无毛，有喙。花期全年。

我国云南、四川、贵州、广西、广东、台湾、福建、湖南、湖北等地栽培。

扶桑枝叶茂盛，花大色艳，四季常开，姹紫嫣红，在南方多散植于池畔、亭前、道旁和墙边，盆栽扶桑适用于客厅和入口处摆设，是亚洲地区园林绿化中重要的花木之一。我国栽培扶桑历史悠久，早在汉代的《山海经》中就有记载"汤谷上有扶桑"，晋代嵇含的《南方草木》中则记载"其花如木槿而颜色深红，称之为朱槿"等。扶桑的品种较多，根据花瓣可分为单瓣、复瓣；根据花色可分为粉红、黄、青、白等。

朱槿   朱槿花

(2) 木芙蓉（芙蓉花、酒醉芙蓉、地芙蓉、拒霜花、木莲、华木）

Hibiscus mutabilis Linn.

落叶灌木或小乔木，高2～5m；小枝、叶柄、花梗和花萼均密被星状毛及细绵毛。叶宽卵形至圆卵形或心形，径10～15cm，常5～7裂，裂片三角形，先端渐尖，具钝圆锯齿；主脉7～11条；叶柄长5～20cm；托叶常早落。花单生于枝端叶腋间，花梗长约5～8cm，近端具节；小苞片8，线形，长14～16mm；萼钟形，长2.5～3cm，裂片5，卵形，渐尖头，花初开时白色或淡红色，后变深红色，径约8cm，花瓣近圆形，径4～5cm；雄蕊柱长2.5～3cm，无毛；花柱分枝5。蒴果扁球形，直径约2.5cm，果爿5。花期8～10月。

原产我国湖南、云南、四川、贵州、广西、广东、台湾、福建、江西、湖南、湖北、浙江、江苏、安徽、河北、山东、辽宁、陕西等地有栽培。日本和东南亚各国也有栽培。

本种为久经栽培的园林观赏植物，秋季开花，花大色丽，其花色、花型随品种不同而有丰富的变化，是很好的观花树，常植于庭院、坡地、路边、林缘、建筑物前或作花篱等。

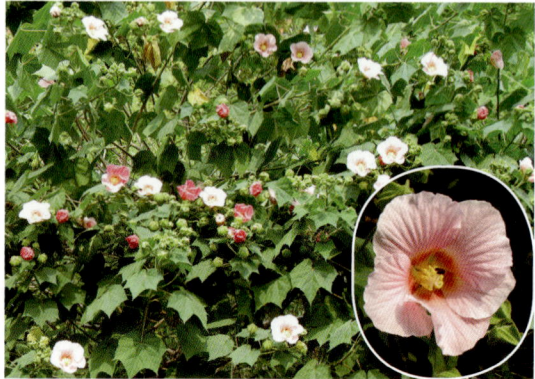

木芙蓉　　　　　　　木芙蓉花

(3) 木槿（木棉、荆条、朝开暮落花、喇叭花、篱障花、鸡肉花、白饭花）

Hibiscus syriacus Linn.

落叶灌木，高3～4m；小枝、花梗、花萼、花瓣外面及蒴果均密被黄色星状茸毛。叶菱形至三角状卵形，长3～10cm，宽2～4cm，具深浅不同的3裂或不裂，先端钝，基部楔形，边缘具不整齐齿缺；叶柄长5～25mm。花单生于枝端叶腋间，花梗长9～14mm；小苞片6～8，线形，长6～16mm；花萼钟形，长14～20mm，裂片5，三角形；花钟形，淡紫色，直径5～6cm；花瓣倒卵形，长3.5～4.5cm；雄蕊柱长约3cm；花柱枝无毛。蒴果卵圆形，直径约12mm。花期7～10月。

产于我国四川、贵州、广西、广东、海南、台湾、福建、江西、湖南、湖北、浙江、江苏、安徽、河南、河北、山东、山西、甘肃、陕西等地。喜光，耐半阴，喜温暖湿润气候，也颇耐寒，适应性较强，耐干旱及贫瘠土壤，但不耐积水。

木槿枝叶繁茂，花期长，花朵大而繁密，有不同花色、花型的变种、品种等，夏、秋开花，为园林中优良的观花灌木，宜丛植点缀于阶前、墙下、水边、池畔等，常用作花篱、绿篱、围篱及基础种植材料。木槿对二氧化硫和氯气的抗性较强，是工厂绿化的好植物。

木槿花

三十九、大戟科Euphorbiaceae

乔木、灌木或草本，稀为木质或草质藤本；常具乳汁。单叶，稀为复叶，常互生；有托叶。花单性，雌雄同株或异株，通常小而整齐，成聚伞、伞房、总状、圆锥花序或在大戟类中为特殊的杯状聚伞花序；花盘环状或分离为腺体状；雄蕊1至多数；子房上位，3（2、4）室，每室有胚珠1~2，中轴胎座。蒴果，稀浆果或核果；种子常具种阜。

约300属，5000余种，广布于全球，主产热带和亚热带地区。我国连引种栽培共约有70余属，460种，分布于全国各地，主产长江流域以南各地。

分属检索表

1. 三出复叶，稀5小叶。
　2. 小叶有锯齿，叶柄顶端无腺体；浆果 ·················· 1. 秋枫属Bischofia
　2. 小叶全缘，叶柄顶端有腺体；蒴果 ·················· 4. 橡胶树属Hevea
1. 单叶。
　3. 核果，果皮壳质 ·································· 2. 油桐属Vernicia
　3. 蒴果。
　　4. 花序不为聚伞花序。
　　　5. 种子常有蜡质的假种皮 ···················· 3. 乌桕属Sapium
　　　5. 种子无蜡质的假种皮 ···················· 5. 变叶木属Codiaeum
　　4. 杯状聚伞花序。
　　　6. 聚伞花序杯状；雄蕊1 ···················· 6. 大戟属Euphorbia
　　　6. 聚伞花序伞房状；雄蕊8~12 ·············· 7. 麻疯树属Jatropha

1. 秋枫属Bischofia Bl.

大乔木；有乳管，汁液红色或淡红色。叶互生，三出复叶，稀5小叶，叶缘具锯齿，具长柄；托叶早落。花小，单性异株，稀同株，组成腋生、下垂的圆锥或总状花序；雄花萼片镊合状排列，初时包围着雄蕊，后外弯，雄蕊5，分离，与萼片对生。雌花萼片覆瓦状排列，子房上位，3室，每室2胚珠。果浆果状，球形，不裂，外果皮肉质，内果皮坚纸质。

共2种（也有人认为是1种），产亚洲及大洋洲之热带及亚热带。我国均产。

分种检索表

1. 常绿乔木；小叶基部宽楔形或钝圆，叶缘锯齿较粗；圆锥花序 ········· 1. 秋枫B. javanica
1. 落叶乔木；小叶基部圆形或浅心形，叶缘锯齿较密；总状花序 ····· 2. 重阳木B. polycarpa

(1) 秋枫（重阳木、水蚬木、茄冬、万年青树、赤木、加当、秋风子、木梁木）

Bischofia javanica Bl.

常绿乔木，高达30m；树皮红褐色，光滑。三出复叶，总柄长8～20cm；小叶卵形至椭圆状卵形，长5～15cm，先端尖或短尾尖，基部宽楔形或钝圆，边缘具钝齿，两面光滑无毛。花小，雌雄异株，圆锥花序腋生。果浆果状，球形或近球形，径0.5～1.3cm，熟时红褐色。花期3～4月，果期9～10月。

产于我国云南、四川、贵州、广西、广东、香港、海南、台湾、福建、江西、湖南、湖北、浙江、江苏、安徽、河南、陕西等地，生于海拔800m以下的山地沟谷中。印度、东南亚、日本及澳大利亚有分布。

秋枫高大挺拔，树冠圆整，树姿优美，早春叶色亮绿鲜嫩，入秋变为红色，为优良的庭荫树和行道树。由于耐湿，可作堤岸绿化树种。在北方宜盆栽。木材较坚硬，质重，是良好的建筑用材。

秋枫

秋枫果实

(2) 重阳木（乌杨、茄冬树、红桐、水枧木）

Bischofia polycarpa (Lévl.) Airy Shaw

落叶乔木，高达15m。叶纸质，小叶卵形至椭圆状卵形，长5～11cm，先端突尖或突渐尖，基部圆形或浅心形，边缘具细钝齿，两面光滑无毛。花小，绿色，成总状花序，雌雄异株。果球形，径5～7mm，熟时红褐色。

产于我国四川、贵州、广西、广东、台湾、福建、江西、湖南、湖北、浙江、江苏、安徽、陕西等地，生于海拔50～1900m疏林或密林中。

本种枝叶茂密，树姿优美，早春嫩叶鲜绿光亮，入秋叶色转红，颇为美观。其根系发达，抗风力强，耐水湿，对二氧化硫也有一定抗性，宜作庭荫树及行道树，也可作堤岸绿化树种。在草坪、湖畔、溪边丛植点缀也很合适，可形成壮丽的秋景。

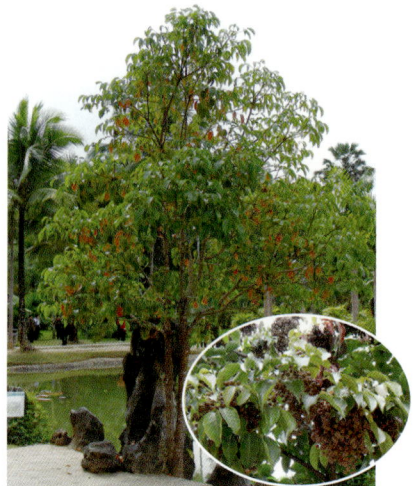

重阳木

重阳木果实

2. 油桐属 *Vernicia* Lour.

落叶乔木，嫩枝被短柔毛。叶互生，全缘或3～5裂；叶柄顶端具2腺体。花大，单性同株或异株，由聚伞花序组成伞房状圆锥花序；萼2～3裂；花瓣5，白色或基部略带红色；雄花有雄蕊8～20枚，花丝基部合生；雌花子房3～5（8）室，每室1胚珠，花柱2裂；子房被柔毛。核果近球形或卵形，顶端有喙，果皮壳质；种子无种阜。

3种，产亚洲南部及太平洋诸岛。我国产2种，分布于秦岭以南各地区。

分种检索表

1. 叶全缘或3浅裂，叶柄顶端腺体无柄，果皮平滑 ················ 1. 油桐 *V. fordii*
1. 叶全缘或2～5裂，叶柄顶端腺体具柄，杯状，果皮有皱纹 ········ 2. 木油桐 *V. montana*

（1）油桐（桐油树、三年桐、罂子桐、桐子树）

Vernicia fordii (Hemsl.) Airy Shaw

落叶小乔木，高可达10m。叶卵状圆形，长5～15cm，宽3～12cm，基部截形或心形，不裂或3浅裂，全缘，幼叶被锈色短柔毛，掌状脉5（～7）；叶柄长达12cm，顶端有2红色腺体，腺体扁平无柄。花大，白色略带红，单性，雌雄同株，排列于枝端成短圆锥花序；萼不规则2～3裂；花瓣5，白色，有淡红色脉纹，倒卵形；雄花有雄蕊8～20，花丝基部合生；雌花子房3～5室，每室1胚珠，花柱2裂。核果近球形，径3～6cm。

产于我国淮河以南，北至江苏、安徽、河南、陕西等地，西至四川中部海拔1000m以下，西南至云南、贵州海拔2000m以下，南至广西、广东均有栽培。越南也有分布。

油桐树冠圆整，叶大荫浓，花繁多且大而美丽，春季花先叶盛开，满树白花，似积雪压枝，可植为庭荫树。尤其片植或群植时，其景纯朴自然而壮观，是表现乡村景观的良好材料。油桐是我国重要特产经济树种，栽培历史悠久，种子榨油，即为桐油，是优质干性油，用以涂舟、车、器物及油布等，也是调配油漆和制人造橡胶、塑料、油墨等的重要原料。

油桐

油桐果实

(2) 木油桐（千年桐、山桐、木油树、五爪桐、高桐、邹桐、鸡麻桐、花桐）

Vernicia montana Lour.

本种与油桐 *V. fordii* 的区别为：叶全缘或2～5裂，叶柄顶端腺体具柄，杯状。花雌雄异株，稀同株。果皮有皱纹，具3(4)纵棱。

产于我国云南、四川、贵州、广西、广东、香港、海南、台湾、福建、江西、湖南、湖北、浙江等地，生于海拔1300m以下山地丘林地带。

木油桐喜温暖气候，耐寒性比油桐差，但抗病性强，寿命比油桐长，用途同油桐。春花雪白，树形高大，常植于公路两旁作行道树等。

木油桐

3. 乌桕属 *Sapium* P. Br.

灌木或乔木，有乳汁。叶互生，稀近对生，羽状脉，全缘；叶柄顶端有2腺体。花单性，同株或异株，总状花序或柔荑花序；雄花：花小，黄色或淡黄色；萼杯状，2～5浅裂；雄蕊2～3；花丝分离，无退化雌蕊；雌花：萼杯状，3浅裂至近深裂；子房2～3室，每室1胚珠；花柱3，分离或基部合生，柱头外卷。蒴果球形、梨形或三棱球形，稀浆果状，通常3室，室背开裂，中轴宿存；种子近球形，常有蜡质假种皮。

约120种，主产热带，以南美洲为最多。我国约产10种，分布于东南至西南部。

乌桕（乌桕木、腊子树、桕子树、木子树、乌果树、桕柳）

Sapium sebiferum (Linn.) Roxb.

乔木，高达15m。叶互生，纸质，菱状广卵形，长3～9cm，宽3～9cm，先端尾状，基部广楔形，全缘，两面均光滑无毛；中脉稍凸起，侧脉6～9对；叶柄细长，2.5～6cm，顶端有2腺体。花单性同株，总状花序顶生，长6～12cm，花小，黄绿色。蒴果3棱状球形，径约1～1.5cm，熟时黑色，3裂，果皮脱落；种子黑色，外被白色蜡质假种皮，固着于中轴上，经冬不落。

产于我国云南、四川、贵州、广西、广东、海南、台湾、福建、江西、浙江、安徽、甘肃、陕西等地，生于海拔600～2500m石灰岩山地疏林中。日本、越南及印度亦有分布，欧洲、美洲和非洲有栽培。

乌桕树冠整齐，叶形秀丽，入秋叶色红艳，灿烂如霞，绚丽迷人。根系发达，抗风力强，耐水湿，寿命长，植于水边、池畔、坡谷、草坪都很适宜，可栽作护堤树、庭荫树及行道树。乌桕是我国南方重要的工业油料树种。种子外被之蜡质称"桕蜡"，可提制"皮油"，供制高级香皂、蜡纸、蜡烛等用；种仁榨取的油称"桕油"或"青油"，供油漆、油墨等用。

乌桕

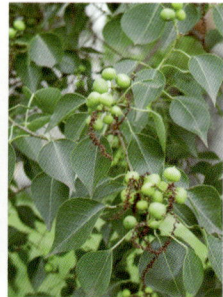
乌桕果实

4. 橡胶树属*Hevea* Aubl.

常绿大乔木；富含乳液。掌状复叶或三出复叶，互生或枝条顶部近对生；叶柄长，顶端有腺体；小叶全缘。花小，单性，雌雄同序，由多个聚伞花序组成圆锥花序，雌花生于聚伞花序的中央；无花瓣；花萼5裂；子房3室，每室1胚珠；柱头盘状，无花柱。雄花：雄蕊5～10，花丝合生成柱状。蒴果，3裂，具3个分果爿，外果皮近肉质，内果皮近木质；种子椭圆形，常有斑纹，无种阜。

约12种，主要分布于热带美洲。我国引入栽培1种。

橡胶树（巴西橡胶树、三叶橡胶、橡皮树）

Hevea brasiliensis (Willd. ex A. Juss.) Muell.-Arg.

常绿乔木，高30m，具白色胶乳。掌状复叶具3小叶，叶柄长达18cm，顶端有2（3～4）腺体；小叶椭圆形或倒卵形，长10～30cm，宽5～12cm。花序腋生，圆锥状；雄蕊10，2轮。蒴果椭圆形，长5cm，有三纵沟；种子椭圆形，长达3cm，黄褐色，有深色斑点和光泽。花期5～6月。

原产巴西，亚洲热带地区广泛栽培。我国云南、广西、广东、海南、台湾及福建等地引种作为重要的经济林种植。

橡胶树树体高大，树干端直，枝条伸展，可作适生区的庭园绿化树种。从橡胶树干上割取的乳液即为干胶，是目前天然橡胶的主要来源，橡胶可制轮胎、机器配件、绝缘材料、胶鞋、雨衣等4万种以上产品，为国防及民用工业重要原料。

橡胶树

橡胶树果实

橡胶树种子

5. 变叶木属*Codiaeum* A. Juss.

灌木或小乔木；具乳汁。叶互生，全缘，稀分裂；具叶柄；托叶小或缺。花单性，雌雄同株，稀异株，花序总状。雄花：数朵簇生于苞腋，花萼3～6裂，裂片覆瓦状排列；花瓣细小，5～6枚，稀缺；花盘分裂为5～15个离生腺体；雄蕊15～100枚；无退化雌蕊。雌花：单生苞腋，花萼5裂；无花瓣；花盘近全缘或分裂；子房3室，每室有1胚珠。蒴果；种子具种阜。

约15种，分布于东南亚及大洋洲北部。我国栽培1种。

变叶木（洒金榕）

Codiaeum variegatum (L.) A. Juss.

常绿灌木或小乔木。单叶互生，革质；叶形、大小及叶色因品种不同而有很大差异，有线形、披针形至椭圆形等，边缘全缘或分裂，波浪状或螺旋状扭曲，叶片上常具有白、紫、黄、红色的斑块或纹路。总状花序生于上部叶腋，雌雄同株异序。雄花：白色，萼片及花瓣均为5，雄蕊20~30。雌花：淡黄色，无花瓣；花盘环状；子房3室。蒴果近球形。

原产大洋洲、印度、马来西亚、太平洋群岛等热带地区，现广泛栽培于热带地区。我国华南地区多露地栽，北方多温室盆栽。

变叶木是自然界中颜色和形状变化最多的观叶树种，为室内重要观叶花卉，品种多，叶色叶形千姿百态。中型盆栽，陈设于厅堂、会议厅、宾馆酒楼等，小型盆栽也可置于卧室、书房的案头、茶几上等。在热带、亚热带地区可露地栽植。常见品种有：

①长叶型：叶片呈披针形，绿色叶片上有黄色斑纹。

②角叶型：叶片细长，叶片先端有一翘角。

③螺旋型：叶片波浪起伏，呈不规则扭曲与旋卷，叶铜绿色，中脉红色，叶上带黄色斑点。

④细叶型：叶带状，宽只及叶长的1/10，极细长，叶色深绿，上有黄色斑点。

⑤阔叶型：叶片卵形或倒卵形，浓绿色，具鲜黄色斑点。

变叶木花

变叶木

变叶木

变叶木花序

6. 大戟属 *Euphorbia* L.

一年生、二年生或多年生草本，灌木，或乔木；植物体具乳状液汁。叶常互生或对生，多全缘，稀具齿或分裂，常无叶柄。杯状聚伞花序，单生或组成复花序，每1杯状聚伞花序由生于同1个杯状种苞内的一朵位于中央的雌花和多朵位于周围的雄花组成；多生于枝顶或枝条上部；雄花无花被，雄蕊1；雌花常无花被，少数具退化且不明显的花被；子房3室，每室1胚珠。蒴果。

约2000种，是被子植物中大属之一，遍布世界各地，非洲和中南美洲较多。我国原产约66种，另有栽培和归化14种，南北均产，但以西南的横断山区和西北的干旱地区为多。

俏黄栌 （非洲黑姑娘、红叶乌桕、非洲红、非洲黑美人、紫锦木）

Euphorbia cotinifolia Linn.

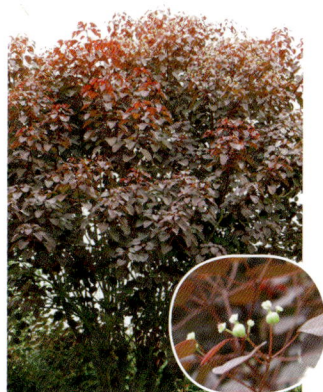

常绿灌木或乔木，高5～15m，具乳汁；小枝红色。叶常3枚轮生，叶片薄，宽卵圆形至广卵形，长3～11cm，宽约3～8cm，红色至紫红色，叶柄长2～9cm。花淡白色，杯状聚伞花序顶生。雄花：苞片丝状。雌花：花柄伸出总苞；子房3室，三棱状，纵沟明显。蒴果。

原产墨西哥和南美洲。我国华南及西南有引种栽培。

俏黄栌叶片终年紫红色，为近年来园林中常用的色叶树种，耐修剪，分枝力强，在园林中可修剪成各种造型。我国南方可露地栽植，北方多盆栽。

俏黄栌　　　　俏黄栌花

7. 麻疯树属 *Jatropha* L.

乔木、灌木、亚灌木或为具根状茎的多年生草本。叶互生，掌状或羽状分裂，稀不裂；托叶全缘，或分裂为刚毛状，或为有柄的腺体。花雌雄同株，稀异株，聚伞圆锥花序，顶生或腋生；花被覆瓦状排列，萼片5，基部多少连合；花瓣5；腺体5枚，离生或合生成环状花盘。雄花雄蕊8～12，稀更多；雌花子房2～3 (4) 室，每室有1胚珠。蒴果；种子具种阜。

约175种，主产于美洲热带、亚热带地区，少数产于非洲。我国常见栽培或野生的有3种。

麻疯树 （膏桐、羔桐、臭油桐、黄肿树、小桐子、假白榄、假花生、洋桐）

Jatropha curcas L.

落叶灌木或小乔木，高2～5m，具水状液汁，树皮平滑。叶纸质，近圆形至卵圆形，长7～18cm，宽6～16cm，顶端短尖，基部心形，全缘或3～5浅裂，掌状脉5～7；叶柄长6～18cm；托叶小。花序腋生，长6～10cm，苞片披针形，长4～8mm；雄花：萼片长约4mm，基部合生；花瓣长圆形，黄绿色，长约6mm，合生至中部，内面被毛；腺体近圆柱状；雄蕊10。雌花：子房3室。蒴果椭圆状或球形，长2.5～3cm，黄色；种子椭圆状，长1.5～2cm，黑色。花期4～5月，果期6～7月。

原产美洲热带，现广布于全球热带地区。我国云南、四川、贵州、广西、广东、海南、台湾、福建等地有栽培或少量为野生，生于海拔200～1600(2200)m。

本种叶浓密，树形美观，可孤植或丛植于庭院、河滨、池畔等地观赏，也可列植于草地边缘或作树篱。其耐干旱瘠薄，可作为先锋绿化树种应用。种子含油量高，有毒，为炼制生物柴油的良好原料，也可作其他工业或医药用，可大面积种植作能源林，是园林结合生产的好树种。

麻疯树花

麻疯树　　　　麻疯树果实

四十、山茶科Theaceae

乔木或灌木，多常绿。单叶互生，羽状脉；无托叶。花常为两性，单生或簇生。苞片2至多数，或与萼片同形而逐渐过渡；萼片5至多数，脱落或宿存，有时向花瓣过渡；花瓣5至多数；雄蕊多数，多轮，花丝分离或基部连生；子房上位，2~10室，每室2至多数胚珠，中轴胎座。蒴果、核果或浆果状；种子球形、多角形或扁平，有时具翅。

约36属，700余种，广布于热带及亚热带，亚洲热带地区最集中。我国产15属，约500种。

分属检索表

1. 花较大，径2~14cm；蒴果。
　2. 萼片常多于5，宿存或脱落，花瓣5~14；蒴果的中轴脱落；种子大，无翅 ············
　　··· 1. 山茶属Camellia
　2. 萼片5，宿存；花瓣5；蒴果具宿存中轴，种子小，有翅。
　　3. 蒴果球形，宿存萼片细小；种子周围有翅 ··············· 2. 木荷属Schima
　　3. 蒴果长筒形，萼片残存，种子上端有翅 ·············· 3. 大头茶属Gordonia
1. 花较小，径常小于2cm；果为浆果状。
　4. 花单生叶腋，两性或杂性。
　　5. 花杂性，子房上位 ····························· 4. 厚皮香属Ternstroemia
　　5. 花两性，子房半下位 ························· 5. 茶梨属Anneslea
　4. 花数朵腋生，单性 ································· 6. 柃木属Eurya

1. 山茶属Camellia L.

常绿乔木或灌木；芽鳞多数。叶革质，羽状脉，有锯齿；具短柄。花两性，单

分种检索表

1. 苞片与萼片相似，多于10，脱落；花大，径5~10 cm，无花梗。
　2. 子房无毛 ····································· 1. 山茶C. japonica
　2. 子房被毛。
　　3. 花丝连成短筒；花红色 ··················· 2. 云南山茶C. reticulata
　　3. 花丝离生；花白色至红色。
　　　4. 嫩枝略有毛；芽鳞有黄色长毛；花白色 ·········· 3. 油茶C. oleifera
　　　4. 嫩枝有粗毛；芽鳞表面有倒生柔毛；花白色至粉红色及玫瑰红色 ············
　　　·· 4. 茶梅C. sasanqua
1. 苞片与萼片分化明显，苞片宿存或脱落，萼片宿存；花小，径 2~5cm，具花梗或近无梗。
　5. 苞片5，宿存；花金黄色；花柱3，离生 ··············· 5. 金花茶C. chrysantha
　5. 苞片2，早落；花白色。
　　6. 灌木或小乔木，侧脉5~7对 ··················· 6. 茶C. sinensis
　　6. 乔木；侧脉8~9对 ······················· 7. 普洱茶C. assamica

生或数花簇生叶腋；苞片2~6，或更多；萼片5~6，或更多，分离或基部连合，或苞片与萼片逐渐过渡，组成苞被；花瓣5~14，白、红或黄色，基部稍联合；雄蕊多数，2~6轮，外轮花丝下部常连成短筒，内轮花丝分离；子房上位，3~5室，每室有2~5胚珠。蒴果上部3~5爿裂，果爿木质或栓质，中轴常脱落；种子大，球形或半球形，无翅。

约280种，主产东南亚亚热带地区，少数产亚洲热带山区。我国产240余种，分布于南部及西南部。

（1）山茶（曼陀罗树、晚山茶、耐冬、川茶、海石榴、红山茶、茶花）

Camellia japonica L.

灌木或乔木，高达9m；幼枝无毛。叶革质，卵形、倒卵形或椭圆形，长5~11cm，宽2.5~5cm，先端短钝或渐尖，基部楔形，上面深绿色，干后发亮，侧脉7~8对；叶柄无毛。花顶生或腋生，红色，无梗；苞片及萼片10，半圆形或圆形；花瓣5~7，近圆形，顶端微凹；花丝及子房均无毛。蒴果近球形，径3~5cm，3爿裂。种子椭圆形，有毛。

产于我国云南、广东、台湾、湖北、浙江、江苏等地。日本有分布。

山茶是我国传统的名花，有众多古树名木。其叶色翠绿而有光泽，四季常青，花大而美丽，观赏期长，可营造观赏专类园或在庭园中点景用。另外本种花期正值其他花较少的季节，因而更显其稀有珍贵。长江以南各地和北方小环境条件适宜者多进行露地栽培，可丛植或散植于庭园、花径、假山旁、草坪及树丛边缘。寒冷地区则宜温室盆栽。

本种在自然界的演化过程和长期的栽培历史中产生了3000多个品种，通常分为3大类，12个花型：

①单瓣类：花瓣1~2轮，5~7片，基部连生，多呈筒状，结实。有单瓣型。

②复瓣类：花瓣3~5轮，20~50片。分为4个花型，即复瓣型、五星型、荷花型、松球型。

③重瓣类：大部雄蕊瓣化，花瓣自然增加，花瓣数在50片以上。分为7个花型，即托桂型、菊花型、芙蓉型、皇冠型、绣球型、放射型、蔷薇型。

如想对山茶品种分类有更详细的了解，可参考有关山茶的研究专著等。

山茶

山茶花

山茶果实

（2）云南山茶（云南山茶花、滇山茶、南山茶、野花茶、大茶花）

Camellia reticulata Lindl.

灌木至乔木，高达15m；小枝灰色，无毛。叶革质，椭圆形或卵状披针形，长7～12cm，宽4～5.5cm，先端渐尖，基部钝圆或宽楔形，有细锐锯齿，上面深绿色，无光泽，网脉稍清晰，下面侧脉明显。花红色，顶生，径8～19cm，无柄；苞片及萼片10～11；花瓣5～7，倒卵圆形，最外一片似萼片；子房3室，被灰黄色绢毛。蒴果扁球形，径5.5cm，3片裂。花期11月下旬至翌年3月。

原产我国云南，生于海拔2000～2300m的松林或阔叶林中；广东、浙江、江苏等地有栽培，在北方各地盆栽。

云南山茶生长缓慢但寿命极长，在云南各地的古寺庙及庭园中常见古树。其花、形、色俱佳，花朵繁密如锦，每至花期，形成一片花海。自古以来，常孤植、群植或片植，植于房前屋后、居住小区，或布置庭园等，形成整体景观等。

由于本种观赏价值和经济价值极高，现已培育出300多个品种，在云南山茶的品种分类上，各家学者意见不一，常见有以下几种分法：

按花型分：①单瓣型：花瓣仅为一层。②复瓣型（半重瓣型）：花瓣2～3层。③蔷薇型：花瓣6～10层，外方者大，愈向内方者愈小，全花呈整齐的覆瓦状排列；雄蕊少，几乎全变为花瓣状。④秋牡丹型：外层花瓣宽平，内层为由雄蕊变成的细小而呈密簇状的花瓣。⑤攒心花型：雄蕊分为3～5～7组，散生于细碎的内层花瓣中，因此形成3心、5心和7心等品种。

按花色分：①桃红色：如'大桃红'等。②银红色：如'大银红'等。③艳红色：如'大理茶'等。④白色微带红晕：如'童子面'等。⑤红白相间：如'大玛瑙'等。

按花期分：①早花种：11月下旬开始开放。②中花种：1月上旬开始开放。③晚花种：2月中下旬开始开放。

按花瓣特征分：①曲瓣种：花瓣弯曲起伏，呈不规则状排列。②平瓣种：花瓣平坦，排列整齐。

云南山茶　　　　　　　　云南山茶花

（3）油茶（茶子树、白花茶、茶油树）

Camellia oleifera Abel

小乔木或灌木；幼枝被粗毛。叶革质，椭圆形或倒卵形，长5～7cm，宽2～4cm，边缘有锯齿；叶柄长4～7mm，被粗毛。花顶生或1～3朵腋生，无花梗，苞片及萼片约10，花后脱落；花瓣白色，5～7，顶端凹缺或2裂；雄蕊多数；子房密生白色丝状茸毛，3～5室。蒴果球形，径2～5cm。花期10～12月，果期9～10月。

产于我国云南、四川、贵州、广西、广东、福建、江西、湖南、湖北、浙江、江苏、安徽、河南、陕西等地，在自然界多生长于海拔500～800m山区及丘陵地带。

油茶叶光亮常绿，花色纯白，能形成素淡恬静的气氛，可在园林中丛植或作花篱用，也可在大面积的自然风景区中植作绿化背景，又为防火带的优良树种。种子可榨油，是重要的木本油料树种。

本种久经栽培，优良品种较多，如寒露子、霜降子、中降子、珍珠子、软枝油茶等。

油茶花

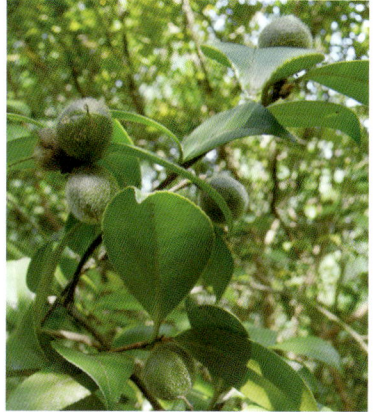

油茶果实

（4）茶梅（琉球短柱茶、粉红短柱茶、冬红山茶、茶梅花）

Camellia sasanqua Thunb.

灌木或小乔木；嫩枝被毛。叶薄革质，椭圆形、阔椭圆形至长圆状椭圆形，长3～6cm，宽2～3cm，先端短锐尖，边缘有齿，基部楔形或钝圆，叶面有光泽，脉上略有毛。花白色至粉红色及玫瑰红色，径3.5～7cm，略芳香，无柄；苞片及萼片6～7，被柔毛；花瓣6～7；子房密被白色毛。蒴果球形，直径2.5～3cm，略有毛，无宿存花萼，内有种子3粒。

产于我国长江以南及西南地区。日本有分布。

茶梅花繁叶茂，可作点缀草地灌木，或作基础种植及绿篱种植，开花时为花篱，落花后又为常绿绿篱，也可盆栽观赏。

本种品种达百余个，白花为常见花色，近年来培育的红花品种也不少，在园林绿化中越来越受到重视，常见的品种有：单瓣白茶梅、聚花茶梅、深粉茶梅、三色大花茶梅等。

茶梅

茶梅花

(5) 金花茶

Camellia chrysantha (Hu) Tuyama

小乔木或灌木，高2～3m。叶革质，长椭圆形至宽披针形，长11～17cm，宽2.5～5cm，先端尖尾状，基部楔形，叶面侧脉显著下凹；叶缘具细锯齿。花黄色至金黄色，花径7～8cm，1～3朵腋生；花梗长1～1.5cm；苞片革质，5枚，呈黄绿色，宿存；花瓣8～12枚，较厚；雄蕊多数；子房无毛，3～4室。蒴果扁三角状球形，横径4.5cm，纵径3.5cm，3片裂。花期11月至翌年3月。

产于我国广西南部，在自然界多生长于暖热地带海拔（75～3500m）山谷溪边常绿阔叶林中。越南北部有分布。

金花茶 　　　　金花茶花

金花茶株型紧凑，花黄色，鲜艳夺目，叶深绿光亮，多数种具蜡质光泽，晶莹可爱，花型有杯状、壶状、碗状和盘状等，形态多样，秀丽雅致，在山茶类群中，被誉为"茶族皇后"。观赏价值极高，可在庭园绿化中作观花灌木应用，或盆栽观赏。通常所说的"金花茶"是指茶属植物中开黄色花的种类的总称，如：小果金花茶 *C. chrysantha*（Hu）Tuyama var. *microcarpa* S. L. Mo et S. Z. Huang、大叶金花茶 *C. chrysantha*（Hu）Tuyama var. *macrophylla* S. L. Mo et S. L. Huang、凹脉金花茶 *C. impressinervis* Chang et Liang、显脉金花茶 *C. euphlebia* Merr. ex Sealy、云南显脉金花茶 *C. euphlebia* Merr. var. *yunnanensis* C. J. Wang et G. S. Fan、东兴金花茶 *C. tunghinensis* Chang、薄叶金花茶 *C. chrysanthoides* Chang等。

(6) 茶（茗、槚、荈）

Camellia sinensis (L.) O. Ktze.

丛生灌木，稀成乔木状。嫩枝被毛或无毛。叶革质，长圆形或椭圆形，长4～12cm，宽2～5cm，先端钝或渐尖，基部楔形，边缘具锯齿，侧脉5～7对；叶柄长3～8mm。花1～4朵腋生，白色。花梗长4～6mm，下弯；苞片2，早落；萼片5，宿存；花瓣5～9；子房密被白毛。蒴果扁球形，径约2.5cm，熟时3裂；种子棕褐色。花期10月，果至翌年10月末成熟。

茶花 　　　　茶果实

茶

产于我国云南、西藏、四川、贵州、广西、广东、海南、福建、江西、湖南、浙江、江苏、安徽、河南、陕西等地。日本、印度、尼泊尔、斯里兰卡，非洲均有引种栽培。

茶花色白而芳香，在园林中可作绿篱，或在自然风景区中种植成为可参与性的采茶景区。我国是世界主要产茶国家，有2000多年的栽培历史。茶树嫩叶经不同的加工方法可制成"绿茶""红茶""乌龙茶""铁观音"等。

(7) 普洱茶（野茶树）

Camellia assamica (Mast.) H. T. Chang

乔木，高达15m。幼枝被微毛。叶薄革质，长圆形或椭圆形，长4~14cm，宽3.5~7.5cm，先端尖，基部楔形，边缘有锯齿，侧脉8~9对；叶柄长5~10mm，被柔毛。花白色，径2.5~3cm；花梗长4~10mm；苞片2，早落；萼片5，宿存；花瓣6~7；子房被茸毛。蒴果扁三角状球形，径约2cm，熟时3片裂。种子棕褐色。

产于我国云南、四川及福建等地，生于海拔120~1500m常绿阔叶林中，野生普洱茶在云南有成片林地，也散见于亚热带常绿阔叶林中。缅甸有栽培。

普洱茶树体较高大，花白色、幽香，枝叶茂密，终年常绿，可在庭园中孤植、丛植观赏，

可作主景树种，也可作配景树种。其制作的茶叶品质优良，耐贮藏。

普洱茶

普洱茶果实

2. 木荷属 *Schima* Reinw. ex Bl.

常绿乔木。单叶，互生，革质，全缘或具锯齿。花两性，单生于叶腋或排成短总状花序；花具长梗；苞片2~7，早落；萼片5，边缘有纤毛，宿存；花瓣5，外侧一片风帽状，余4片卵圆形；雄蕊多数；子房5室，花柱1，通常顶端5裂，每室2~6胚珠。蒴果球形或扁球形，木质，室背5裂，中轴宿存；种子薄，扁平，肾形，周围具翅。

约30种，分布于亚洲热带和亚热带地区。我国21种，主产长江以南各地。

分种检索表

1. 萼片圆形，叶厚革质，下面被银白色蜡层及柔毛 ·················· 1. 银木荷 *S. argentea*

1. 萼片半圆形，叶薄革质，下面被灰色柔毛 ·················· 2. 红木荷 *S. wallichii*

(1) 银木荷（荷树、竹叶木荷）

Schima argentea Pritz. ex Diels

乔木，高达10m；幼枝被柔毛。叶厚革质，长圆形至长圆状披针形，长8～12cm，宽2～3.5cm，先端渐尖，基部楔形，下面被银白色蜡层及柔毛，或脱落无毛。花白色，数朵生于枝顶及叶腋，径3～4cm；花梗长1.5～2.5cm，被毛；苞片2，有毛；萼片圆形，被绢毛。蒴果扁球形，径约1.2～1.5cm，熟时5瓣裂，中轴宿存。

产于我国云南、四川、广西、广东、江西、湖南，生于海拔1000～2500m山地常绿阔叶林或针阔混交林中。

本种树冠浓荫，花芳香，可作庭荫树及风景林。由于叶片为厚革质，树皮厚，耐火烧，萌芽力又强，故可植作防火林带树种。银木荷是南方山地重要造林树种，其材质优良，是珍贵的木材之一。树皮及树叶可提取单宁供制革等工业用。

银木荷

银木荷花

(2) 红木荷（西南木荷、马叶子、峨眉木荷）

Schima wallichii (DC.) Choisy

常绿乔木，高达15m；芽、幼枝、叶均具黄灰色毛。叶薄革质，椭圆形，全缘，长10～17cm，宽5～7.5cm，先端尖，基部楔形，下面灰白色，被柔毛，叶柄长1.3～3cm。花簇生于枝端叶腋，白色，芳香；苞片2；萼片5，半圆形，长2～3mm，外面密被短丝毛，宿存。蒴果扁球形，木质，径约2cm，果柄较粗短；种子肾形、扁平、边缘有翅。

分布于我国云南、贵州、广西，生于海拔500～2700m的常绿阔叶林、杂木林或混交林中。印度、尼泊尔、中南半岛及印度尼西亚有分布。

红木荷树体高大，树冠浓荫，终年常绿，花芳香，可作园林香花树种。幼龄树耐阴，大树喜光，叶革质，抗火性强，也是优良的生物防火树种。红木荷为较好的木材资源和用材树种。

红木荷

红木荷花

红木荷果实

3. 大头茶属 *Gordonia* Ellis

常绿灌木或乔木；芽鳞少数。叶互生，革质，全缘或有锯齿。花两性，单生叶腋或集生枝端；苞片2~7，早落；萼片5，大小不等，向内渐大而类似花瓣，宿存或半宿存；花瓣5~6，最内部的最大，果期宿存；雄蕊多数，花药2室；子房3~5室，每室4~8胚珠。蒴果木质，室背3~8裂，中轴宿存；种子扁，顶端有翅。

40种，分布于亚洲热带至亚热带、美国南部。我国7种，产于长江以南至台湾。

分种检索表

1. 叶薄革质，狭倒卵形；子房5室；蒴果5裂 ·························· 1. 黄药大头茶 *G. chrysandra*
1. 叶厚革质，椭圆形；子房6~8室；蒴果6~8裂 ·················· 2. 天堂果 *G. tiantangensis*

(1) 黄药大头茶（大山皮、楠木树）

Gordonia chrysandra Cowan

小乔木，高达6m。叶薄革质，狭倒卵形，长5~12cm，宽2.5~4.5cm，先端钝或圆，基部楔形，侧脉不明显，叶缘具尖锯齿。花淡黄色，近无梗，径5~8cm，单生于枝顶叶腋；苞片6，早落；萼片5，近圆形；花瓣长2~2.5cm，外侧被柔毛。蒴果长3.5~4cm，5室，5裂。花期12月，果期2~3月。

产于我国云南、四川、贵州等地，生于海拔1000~2200m山地常绿阔叶林中。

黄药大头茶树姿优美，叶浓绿，花黄色、芳香，花期冬季，是良好的观花观叶树种，可用于庭院、公园、居住小区等绿化中，丛植或作行道树。

黄药大头茶

黄药大头茶花

(2) 天堂果

Gordonia tiantangensis L. L. Deng et G. S. Fan

乔木。叶厚革质，互生，椭圆形，边缘全缘或仅上部微具1~3不明显锯齿，基部楔形，顶端微凹（幼树叶先端尖），中脉在上面下凹，在下面凸起，两面无毛，上面深绿色，具光泽，下面灰绿色，侧脉两面均不明显。花单生，淡黄色；子房6~8室，密被茸毛，每室具6~9粒胚珠。蒴果木质，具短果柄，卵形或椭圆形，具明显6~8棱，果皮表面具明显的横向裂痕，种子斜卵形，具长翅。

产于我国云南，生于海拔1800~2200m的常绿阔叶林中。

天堂果因产于云南昌宁县的澜沧江自然保护区的天堂山而得名，树姿优美，四季常青，花淡黄色，具较高的观赏价值，在庭院中可孤植、群植或片植等用。

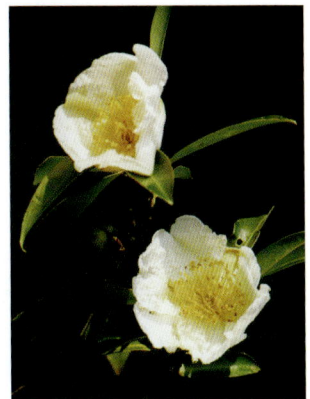
天堂果花

4. 厚皮香属 *Ternstroemia* Mutis ex Linn. f.

常绿乔木或灌木，全株无毛。单叶，革质，常集生于枝近顶端。花两性，稀杂性，常单生于叶腋或侧生于无叶的小枝上；苞片2，宿存；萼片5（7），基部稍连生，宿存；花瓣5，基部合生；雄蕊多数，排成2轮；子房上位，2~4（5）室，每室胚珠2（3~5），下垂。浆果，不开裂或有时干后呈不规则开裂；种子2至数粒。

约90种，主要分布于中美、南美、西南太平洋岛屿、非洲及亚洲泛热带及亚热带地区。我国14种，产于长江流域以南各地。

厚皮香（珠木树、猪血柴、水红树）

Ternstroemia gymnanthera (Wight et Arn.) Beddome

小乔木或灌木状，高2~10m；全株无毛。叶革质或薄革质，集生枝顶，呈假轮生状，椭圆形、椭圆状倒卵形或长圆状倒卵形，长5.5~9cm，宽2~3.5cm，先端短渐尖或短尖，基部楔形，常全缘，侧脉两面不明显；叶柄长7~15mm。花淡黄白色，常生于当年生无叶的枝上或叶腋；花梗长约1cm；萼片5，卵圆形；雄蕊约50，花药较花丝长；子房2室，每室2胚珠。浆果圆球形，成熟时紫红色，径7~10mm，花柱、苞片、萼片均宿存。花期7~8月。

产于我国云南、四川、贵州、广西、广东、福建、江西、湖南、湖北、浙江、安徽等地，在自然界多生于海拔700~3500m的酸性土山坡及林地。越南、柬埔寨、尼泊尔、不丹及印度有分布。

厚皮香树冠浑圆，枝叶繁茂，层次感强，叶色光亮、肥厚，入冬转绯红，是较优良的下木，适宜种植在林下、林缘等处，为基础栽植材料，也可配植于门庭两旁道路转角处。抗有害气体能力强，又是厂矿区的绿化树种。

厚皮香

厚皮香花

厚皮香果实

5. 茶梨属 *Anneslea* Wall.

常绿乔木或灌木。单叶，互生，革质，边缘有锯齿或全缘。花两性，单生于枝顶叶腋或簇生，或集生成假伞房花序；苞片2，宿存或早落；萼片5，革质，基部连合成杯状，宿存；花瓣5，基部连合；雄蕊多数；子房半下位，2～3室，稀5室，每室具胚珠多数，花柱先端3裂。果为浆果状，外果皮木质，顶上具宿存萼片。种子长圆形，具假种皮。

约6种，分布于亚洲东南部。我国2种，产于南岭至华南、西南地区，台湾，常散生于常绿阔叶林中。

茶梨（胖婆茶、红楣、安纳土树、猪头果）

Anneslea fragrans Wall.

乔木。叶厚革质，常聚生于小枝顶端，长圆状披针形或长圆状椭圆形，长8～15cm，宽3～5cm，先端锐尖，基部楔形或阔楔形，全缘或具疏浅锯齿，两面无毛，下面密被红褐色腺点，侧脉10～12对；叶柄长2～3cm。花乳白色，径1.5～3cm；苞片2，卵圆形，无毛，边缘具疏腺点；萼片5，阔卵形，无毛，淡红色；子房无毛，2～3室，每室胚珠多数。果圆球形或椭圆形，径2～3.5cm，上部冠以宿存萼片，宿存萼片厚革质。种子具红色假种皮。花期1～3月，果期7～8月。

产于南岭以南至华南、西南，生于海拔300～2500m的山地林中或林缘稍阴湿处。越南、缅甸、泰国、老挝、尼泊尔也有分布。

茶梨花乳白色，大而繁多，叶茂而光洁，果垂满枝头，树冠整齐，树姿优美，四季常青，花果季节十分美丽。可孤植于花坛、列植于路旁、丛植或群植于草坪中央。

茶梨

茶梨花

茶梨果实

6. 柃木属 *Eurya* Thunb.

常绿灌木或小乔木。冬芽裸露，或具2～3鳞片；嫩枝圆柱形或具2～4棱，常被柔毛。叶革质，互生，排成2列，常具锯齿。花较小，单性，雌雄异株，单生或数朵簇生于叶腋，具短梗。雄花：苞片2，萼片5，常宿存于果下；花瓣5，基部稍连合；雄蕊5～35，花丝线形，与花冠基部稍贴生或分离，具退化子房。雌花：无退化雄蕊；子房上位，2～5室，花柱2～5，分离或不同程度连合，果期宿存，每室胚珠多数。果为浆果状，卵球形。种子细小，每室4～60。

130种，分布于亚洲热带和亚热带地区、西南太平洋岛屿。我国81种，主产长江以南各地，部分种达秦岭以南。

岗柃（米碎木、蚂蚁木）

Eurya groffii Merr.

灌木或小乔木；幼枝无棱，圆柱形，密被黄色开展长柔毛。叶薄革质，披针形，长5～10cm，宽1.5～2.5cm，先端长渐尖，基部宽楔形或钝，边缘具细锯齿；叶柄长1～2mm，被柔毛。雄花：1～8腋生；萼片5，革质，卵形，外密被黄褐色短柔毛；花瓣5，白色，长圆形；雄蕊约20；退化子房无毛。雌花：1～8生于叶腋；萼片近卵状圆形，径约1.8mm，外面被柔毛，革质，内凹；花瓣5，倒卵形，长约2.5mm，宽约1.5mm；花梗长约1mm；子房3室，圆锥形。果球形，径3.5～4mm。种子圆肾形。

分布我国云南、四川、贵州、广西、广东、海南及福建等地，生于海拔300～2700m山坡林缘及山地灌丛中。越南北部也有分布。

岗柃枝叶茂密，入冬不落，秋季白色小花开满枝头，似繁星点点，可植于草坪一角、桥头、广场边缘、园路转角处、建筑周围等，与常绿树种、落叶树种配置皆宜。

岗柃

岗柃花

岗柃果实

四十一、杜鹃花科Ericaceae

常绿或落叶灌木，罕为小乔木或乔木。单叶，互生，少有轮生或对生；叶背有鳞片，或无；无托叶。花两性，辐射对称，或稍两侧对称，单生或簇生，常排成总状、穗状、伞形或圆锥花序；花萼宿存，4～5裂；花瓣合生，罕分离，坛状、钟状、漏斗状或高脚碟状；雄蕊为花冠裂片的2倍，罕同数或较多；花盘通常盘状；子房上位，4～5（6～20）室，每室胚珠1至多数，着生于中轴胎座上；花柱单生。蒴果、浆果或核果；种子细小。

约103属，3350余种，除沙漠地区外，广布于南、北半球温带及北半球亚寒带，少数属、种环北极或北极分布，也分布于热带高山，大洋洲种类极少。我国产15属，约800种。

分属检索表

1. 蒴果室间开裂；花大而鲜艳 ·································· 1. 杜鹃花属Rhododendron
1. 蒴果室背开裂；花小。
　2. 花药具芒；多为圆锥花序 ····························· 2. 马醉木属Pieris
　2. 花药无芒；多为总状花序 ····························· 3. 南烛属Lyonia

1. 杜鹃花属Rhododendron L.

常绿或落叶，灌木或乔木，有时矮小成垫状；无毛或有各式毛或被鳞片。叶互生，常全缘。花大而显著，常多朵组成顶生伞形花序式的总状花序，偶有单生或簇生；萼片小，5（6～10）裂，宿存；花冠钟形、漏斗状、稀管状、筒状或高脚碟状，裂片与萼片同数；雄蕊5～10枚，罕更多，花药背着，顶孔开裂；花盘厚；子房上位，5～10室或更多，每室具多数胚珠。蒴果，室间开裂，果瓣木质。

约960种，主要分布于东亚和东南亚。我国约产600余种，分布于全国，尤以云南、四川的种类为多。

分种检索表

1. 花生于枝顶；植物体无鳞片。
　2. 花2～6朵簇生枝顶，茎、叶、花及蒴果被扁平糙伏毛 ·············· 1. 杜鹃R. simsii
　2. 花成总状伞形花序。
　　3. 花序轴无腺体；花深红色 ························· 2. 马缨杜鹃R. delavayi
　　3. 花序轴具腺体；花白色、淡红色、乳黄色、淡蔷薇色。
　　　4. 叶长圆形或长圆状倒卵形；花冠漏斗状钟形 ········ 3. 大白花杜鹃R. decorum
　　　4. 叶披针形或倒披针形；花冠筒状钟形 ············ 4. 露珠杜鹃R. irroratum
1. 花簇生叶腋；植物体被鳞片 ························· 5. 爆仗花R. spinuliferum

(1) 杜鹃（映山红、照山红、野山红、红杜鹃、艳山红、艳山花、清明花、格桑花、金达莱、山踯躅、红踯躅、山石榴）

Rhododendron simsii Planch.

落叶灌木；分枝多，枝细而直，有亮棕色或褐色扁平糙伏毛。叶纸质，卵状椭圆形或椭圆状披针形，长3～5cm，叶表之糙伏毛较稀，叶背者较密。花2～6朵簇生枝端，蔷薇色、鲜红色或深红色，有紫斑；雄蕊10枚，花药紫色；萼片小，被毛；子房密被糙伏毛。蒴果卵形，密被糙伏毛。花期4～6月；果10月成熟。

产于我国云南、四川、贵州、广西、广东、台湾、福建、江西、湖南、湖北、浙江、江苏、安徽、河南、山东、陕西等地，生于海拔500～1200m灌丛或松林下。

杜鹃花繁色艳，在其自然分布比较集中的地区，春季红花尽染山野，故名"映山红"。在园林中丛植、群植、列植都很美观，尤其在较高大的树木群落边缘、草坪中、小径转角处成群、成片种植效果最佳，因其较耐热，不耐寒，故华北地区宜盆栽。

杜鹃

(2) 马缨杜鹃（马缨花、马鼻缨、牛血花、狗血花、红山茶、密桶花、麻力光、苍山杜鹃）

Rhododendron delavayi Franch.

常绿灌木或小乔木。叶革质，长圆状披针形或长圆状倒披针形，长7～16cm，宽2～5cm，先端急尖或钝，基部楔形或近圆形，侧脉14～18对，下面被灰白色至淡棕色厚绵毛，叶柄长1～2cm。顶生伞形花序，有花10～20；花序轴长1～2cm，密被淡棕色茸毛；花梗长约1cm，密被茸毛，有时混生少数腺体；花萼长约2mm，被茸毛和腺体，5齿裂；花冠钟形，深红色，长4～5cm，里面基部具5暗红色蜜腺囊；雄蕊10，不等长，长2～4cm；子房圆锥形，长4～7mm，密被淡黄至红棕色茸毛，花柱无毛，红色。蒴果长圆柱形，长约2cm，径约8mm，被红棕色茸毛。

产于我国云南、西藏、四川、贵州、广西等地，生于海拔1200～3200m常绿阔叶林或云南松林中。越南、泰国、缅甸及印度东北部也有分布。

马缨杜鹃伞形花序顶生，花冠钟形，深红色，宛如马头披带的红缨，故名"马缨花"。每当早春，马缨杜鹃与杜鹃花竞相开放于漫山遍野。马缨杜鹃是彝族人民最喜爱的花。

马缨杜鹃　　　　　马缨杜鹃花　　马缨杜鹃果实

(3) 大白花杜鹃（大白杜鹃）

Rhododendron decorum Franch.

常绿灌木至小乔木；幼枝绿色，被白粉。叶革质，长圆形或长圆状倒卵形，长5～15cm，宽3～5cm，先端钝或圆形，具凸尖头，基部楔形或钝，有时圆形或近心形，侧脉12～16对，下面粉绿色，无毛；叶柄长1.5～3cm，无毛。花序伞房状，有花8～10；序轴长2.5～4cm，疏生白色腺体；花萼杯状，长2～4mm，6～7裂；花冠漏斗状钟形，长3～5cm，白色或淡红色，里面基部被微柔毛，筒部上方有淡绿或粉红点，裂片6～8，长1.5～2cm，宽2～2.5cm，先端微凹；雄蕊12～16，不等长，长2～3.5cm；子房被白色腺体，花柱长3～4cm，密生腺体。蒴果长圆柱形，长达4cm，径约1.5cm，具腺体。花期4～7月，果期10～11月。

产于我国云南、西藏、四川及贵州等地，生于海拔1000～3300m灌丛中或林下。缅甸北部也有分布。

本种适宜在林缘、溪边、池畔及与岩石相配成丛、成片种植。因其树型较大，常绿，根桩奇特，可于疏林下与阔叶乔木配植。

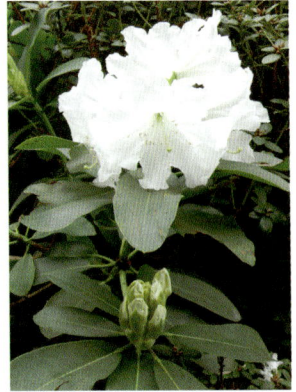

大白花杜鹃

(4) 露珠杜鹃

Rhododendron irroratum Franch.

常绿灌木或小乔木。单叶互生，革质，披针形或倒披针形，长6～12cm，宽2～3.5cm，两面无毛；叶柄长1～2cm。总状伞形花序，有花10～15；花序轴疏生红色腺体；花梗长1～2.5cm，密生红色腺体；花冠筒状钟形，长3～5cm，乳黄色、白色带粉红或淡蔷薇色，有深色斑点；子房圆锥形，与花柱均密生红色腺体。蒴果圆柱形，长2.5～3cm，径约8mm，被腺体。花期9～11月。

产于我国云南、西藏、四川、贵州，生于海拔1800～3300m的常绿阔叶林中，松林或杂木林中。

本种枝叶繁茂，花大而多，是较好的庭园观赏树，可用作下木或花篱、绿篱等。

露珠杜鹃

露珠杜鹃花序

（5）爆仗花（爆竹花、纸炮花、爆仗杜鹃、密通花）

Rhododendron spinuliferum Franch.

常绿灌木。叶散生，近革质，椭圆状倒披针形至倒披针形，长3～8cm，宽1.8～3.2cm，下面被疏长毛和鳞片；叶柄长3～6mm，有柔毛。花2～4朵簇生于花枝顶部的叶腋；花冠筒状，两端稍狭缩，赭红色，无毛，花冠筒长1.4～2.5cm，裂片5，卵形，直立；雄蕊10，稍长于花冠。蒴果矩圆形，长8～14mm，有密绵毛，花柱宿存。

产于我国云南、四川、贵州及广西等地，生于海拔1900～2500m的沟谷疏林下和灌丛中。

本种花冠筒状，红色，似鞭炮，故名"爆仗花"。花期较长，宜作庭园绿化及观花植物，可用于屋顶、墙体、围栏、花篱、造型等立体绿化。根、叶及花药用。

爆仗花

爆仗花果实

2. 马醉木属 *Pieris* D. Don

常绿灌木或小乔木。叶互生，或假轮生；具叶柄。圆锥花序或总状花序，顶生或腋生；花5数，花萼分离；花冠白色，坛状或筒形壶状，有5个短裂片；雄蕊10；子房上位，5室，每室具多数胚珠。蒴果近球形，室背开裂为5果瓣。种子小，多数。

7种，产东亚、北美东部及西印度群岛。我国3种。

美丽马醉木（闹狗花、红蜡烛、兴山马醉木、长芭马醉木）

Pieris formosa (Wall.) D. Don

灌木或小乔木。幼叶常红色；叶革质，长椭圆形至披针形，长4～15cm，宽2.5～3.5cm，先端短渐尖或锐尖，基部宽楔形，边缘有密而尖的锯齿；叶柄长约1cm，细瘦。圆锥花序顶生，长达15cm，花极多，花序轴有疏柔毛；花萼5裂，裂片卵状披针形；花冠长6～8mm，下垂，5浅裂，白色或带粉红；花柱长于雄蕊。果球形，径4～5mm。

产于我国云南、西藏、四川、贵州、广西、广东、福建、江西、湖南、湖北、浙江、安徽、甘肃、陕西等地，生于海拔800～2800m的常绿阔叶林下、松林或林缘灌丛中。尼泊尔、印度、不丹也有分布。

本种四季常绿，花美丽，可供观赏，但植物有毒，家畜误食其茎和叶会引起昏迷，不宜在儿童公园及公园入口等处使用。

美丽马醉木花序

美丽马醉木果实

3. 南烛属（珍珠花属）*Lyonia* Nutt.

常绿或落叶灌木，罕为小乔木。叶互生，常全缘。总状花序腋生；小苞片2；花萼4~8裂，裂片镊合状排列；花冠白色，筒状或坛状，4~8浅裂；雄蕊10（8、16）；子房上位，4~8室，每室有多数胚珠。蒴果近球形或卵形。种子小。

约35种，产于东亚和北美。我国5种，分布于长江以南各地。

南烛（乌饭草、珍珠花、米饭花、椭叶南烛）

Lyonia ovalifolia (Wall.) Drude

落叶灌木至小乔木。叶卵形至卵状椭圆形，长3~12cm，宽2~3.5cm，叶端短渐尖，叶基圆形，全缘，叶背脉上稍有毛。总状花序，长3~8cm，基部有数小叶；花梗长3~4mm，偏于下方；萼裂片长三角形，长约2mm；花冠白色、坛状，略有毛；子房有毛。蒴果扁球形，径约4mm。花期6月，果期10月。

分布于云南、西藏、四川、贵州、广西、广东、台湾、福建、江西、湖南、湖北、浙江、江苏、安徽等地。中南半岛、不丹、尼泊尔也有分布。

南烛花冠白色，坛状，排成总状花序，花偏向一侧，似一串串白色的珍珠挂在树上，可群植或作花灌木应用；南方民间用本种嫩枝及叶捣碎渍汁做饭，称为"乌饭"，久食之有强筋益气之功效；枝、叶可入药。本种有如下3个变种也可在风景园林中应用：

①缤木（小果南烛、白心木、小果珍珠花）*L. ovalifolia* var. *elliptica* (Sieb. et Zucc.) Hand. - Mazz. 落叶灌木或小乔木，高可达7m。叶卵状椭圆形，长5~10cm，宽2~3.5cm，叶端渐尖或短尖。蒴果较原种为小，径约3mm。

②狭叶南烛*L. ovalifolia* var. *lanceolata* (Wall.) Hand. - Mazz. 叶比原种狭长，为椭圆状披针形至长圆状披针形，长8~12cm，宽2.5~3cm；蒴果与原种大小相同。

③毛果南烛*L. ovalifolia* var. *hebecarpa*(Franch. ex Forb. et Hemsl.)Chun 蒴果密被柔毛。

南烛

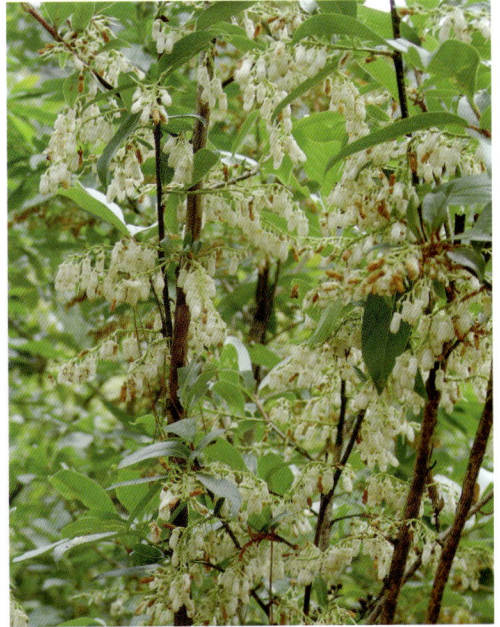

南烛花

四十二、藤黄科Guttiferae

乔木或灌木，稀草本，具黄色或白色胶液。单叶，全缘，对生或轮生，常无托叶。聚伞圆锥或伞房花序，稀单花；花两性、单性或杂性；萼片 (2) 4~5 (6)，覆瓦状排列或交互对生，内部的有时花瓣状；花瓣 (2) 4~5 (6)，离生，覆瓦状或卷旋状排列；雄蕊多数，离生或合生成 (1) 3~5 (10) 束；子房上位，1~12室，每室1至多数胚珠。蒴果、浆果或核果；种子1至多数。

约40属1000种，主要产热带，少数分布于温带。我国有8属87种，几遍全国各地。

分属检索表

1. 花单生；萼片和花瓣均为4枚；花丝离生 ⋯⋯⋯⋯⋯⋯⋯⋯⋯ 1. 铁力木属Mesua
1. 聚伞花序；萼片和花瓣通常为5枚；花丝常合生成束 ⋯⋯⋯⋯ 2. 金丝桃属Hypericum

1. 铁力木属Mesua Linn.

乔木。叶革质，常具透明腺点，侧脉多数，纤细。花两性，稀杂性，常单生叶腋；萼片和花瓣4，覆瓦状排列；雄蕊多数，花丝丝状，分离；子房2室，每室2直立胚珠，花柱长，柱头盾状。蒴果，果皮厚革质，成熟时2或4瓣裂；种子1~4。

约40余种，分布于亚洲热带地区，我国引种栽培1种。

铁力木（铁栗木、铁棱、埋波朗、喃木波朗、莫拉）

Mesua ferrea Linn.

常绿乔木，具板状根，高达30m；树皮薄，创伤处渗出带香气的白色树脂。叶革质，通常下垂，披针形或狭卵状披针形至线状披针形，长 (4) 6~12cm，宽1~4cm，顶端渐尖或长渐尖至尾尖，基部楔形；叶柄长0.5~0.8cm。花两性，1~2顶生或腋生，径3~5cm；花瓣4枚，白色，倒卵状楔形，长3~3.5cm；雄蕊极多数，分离，花丝丝状；子房圆锥形。蒴果卵球形或扁球形，成熟时长2.5~3.5cm，常2瓣裂，基部具增大成木质的萼片和多数残存的花丝。花期3~5月，果期8~10月。

原产印度、斯里兰卡、孟加拉国、泰国、中南半岛至马来半岛。我国云南、广西、广东等地零星栽培。

本种树干端直，树冠广卵形或伞形，嫩叶黄色带红，为优美的庭园观赏树，可作庭荫树、孤赏树、行道树，宜于广场、公园、居住小区等处配置。

本种结实丰富，种子含油量高达78.99%，是很好的工业油料。木材可供建筑、家具用。

铁力木

铁力木花

2. 金丝桃属 *Hypericum* Linn.

灌木或草本；具透明、暗淡、黑或红色腺体。叶对生，全缘，具柄或无柄。伞房状聚伞花序；花两性；萼片（4）5，等大或不等大，覆瓦状排列；花瓣（4）5，黄至金黄色，稀白色；雄蕊多数，花丝常合生成束；子房3～5室、中轴胎座，稀1室、侧膜胎座，每室胚珠多数。蒴果，室间开裂；种子小，通常两侧或一侧有龙骨状突起或翅。

约400余种，世界广布。我国约有55种8亚种，产于全国各地，但主要集中在西南。

分种检索表

1. 花瓣长为萼片的2.5～4.5倍，雄蕊每束有25～35枚，最长者长1.8～3.2cm，与花瓣几等长；侧脉4～6对 ·············· 1. 金丝桃 *H. monogynum*
1. 花瓣长为萼片的1.5～2.5倍，雄蕊每束有50～70枚，最长者长0.7～1.2cm，长约为花瓣的2/5～1/2；侧脉3对 ·············· 2. 金丝梅 *H. patulum*

（1）金丝桃（狗胡花、金线蝴蝶、过路黄、金丝海棠、金丝莲）

Hypericum monogynum Linn.

灌木，高0.5～1.3m，丛状或通常有疏生的开展枝条；茎红色，幼时具2（4）纵棱。叶对生，近无柄；叶倒披针形、椭圆形、长圆形或卵状三角形，长2～11.2cm，宽1～4.1cm，先端锐尖至圆形，基部楔形或圆形，上部叶有时平截至心形，侧脉4～6对。花序具1～15（～30）花；苞片小，早落；花径3～6.5cm，星状；花瓣金黄色至柠檬黄色，长约为萼片的2.5～4.5倍；雄蕊5束，每束有雄蕊25～35枚，最长者长1.8～3.2cm，与花瓣几等长。蒴果宽卵球形或近球形，长6～10mm，宽4～7mm。花期5～8月，果期8～9月。

产于我国四川、贵州、广西、广东、台湾、福建、江西、湖南、湖北、浙江、江苏、安徽、河南、河北、山东、陕西等地，生于海拔0～1500m的山坡、路旁或灌丛中。日本有引种。

本种花金黄色至柠檬黄色，美丽，宜配置于岩石园、路缘、林缘等处，也可盆栽观赏。果实及根供药用。

金丝桃

金丝桃花

（2）金丝梅（芒种花、云南连翘）

Hypericum patulum Thunb. ex Murray

灌木，高0.3~1.5（3）m，丛状。茎淡红至橙色，幼时具4纵棱或4棱形。叶具长0.5~2mm的柄；叶片披针形或长圆状披针形至卵形，长1.5~6cm，宽0.5~3cm，先端钝形至圆形，常具小突尖，基部狭或宽楔形至短渐狭，侧脉3对。花序具1~15花；花直径2.5~4cm，多少呈盉状；花瓣金黄色，长约为萼片1.5~2.5倍；雄蕊5束，每束有雄蕊约50~70枚，最长者长0.7~1.2cm，长约为花瓣的2/5~1/2。蒴果宽卵球形，长0.9~1.1cm，宽0.8~1cm。花期6~7月，果期8~10月。

金丝梅

金丝梅花

产于我国四川、贵州、广西、台湾、福建、江西、湖南、湖北、浙江、江苏、安徽、陕西等地，生于海拔300~2400m的山坡或山谷的疏林下、路旁或灌丛中。日本、非洲南部有归化，其他各国常有栽培。

本种株形浓密，花色金黄，为优美的观赏花木，宜配置于路缘、山石园、庭院一隅。根药用。

金丝梅果实

四十三、桃金娘科Myrtaceae

乔木或灌木。单叶对生或互生，全缘，具透明油腺点，无托叶。花两性或杂性；单生或排成花序；萼筒与子房合生，萼片4~5裂或更多；花瓣4~5，或缺，分离或连成帽状；雄蕊多数，生于花盘边缘，花丝分离或连成短筒或成束与花瓣对生，花丝细长；子房下位或半下位，1至多室，每室1至多数胚珠。浆果、蒴果、稀核果或坚果。

约100属3000种，主产热带美洲、热带亚洲、非洲及大洋洲。我国8属约65种，引入约6属50余种，主产南部至西南部。

分属检索表

1. 果为蒴果。
  2. 花萼与花冠合生成帽状，环裂成盖状脱落 ·········· 1. 桉属*Eucalyptus*
  2. 花萼与花冠在开花时分离 ·········· 2. 红千层属*Callistemon*
1. 果为浆果或核果状。
  3. 叶脉为离基3~5出脉 ·········· 4. 桃金娘属*Rhodomyrtus*
  3. 叶脉为羽状脉。
    4. 浆果；萼片分离，果时宿存 ·········· 5. 番石榴属*Psidium*
    4. 浆果或核果状；花蕾时萼片连合而闭合，开花时不规则开裂，果时宿存或脱落
    ·········· 3. 蒲桃属*Syzygium*

1. 桉属 *Eucalyptus* L' Hér.

乔木或灌木。叶多型，幼态叶与成熟叶异型，幼态叶多对生，成熟叶革质，互生，具柄，有透明油腺点，具边脉。花两性，单生或成伞形、伞房或圆锥花序，顶生或腋生；萼片与花瓣连合成一帽状花盖，开花时花盖横裂脱落；雄蕊多数，分离；子房3～6室，每室具多数胚珠。蒴果顶端3～6裂；种子多数，细小。

约600种，主产澳大利亚及其附近岛屿，现全球热带、亚热带地区广泛引种栽培。我国引入栽培近100种。

分种检索表

1. 树皮薄，光滑；片状脱落。
　2. 花大，直径可达4cm。
　　3. 花单生或2～3朵簇生叶腋，无梗或具短梗；蒴果半球形有四棱 ·············
　　·· 1. 蓝桉 E. globulus
　　3. 花3～7朵排成伞形花序，有花序梗；蒴果钟形或倒圆锥形，无棱 ·············
　　··· 2. 直杆蓝桉 E. maideni
　2. 花小，直径1～1.5cm，伞形花序；花蕾表面光滑。
　　4. 树皮光滑，枝叶有强烈柠檬香味；圆锥花序 ············· 3. 柠檬桉 E. citriodora
　　4. 树皮片状脱落 ·· 4. 赤桉 E. camaldulensis
1. 树皮厚，粗糙，有不规则槽纹，不脱落；伞形花序；蒴果大，卵状壶形，果瓣内藏
·· 5. 大叶桉 E. robusta

（1）蓝桉（灰杨柳、有加利、洋草果、玉树油树）

Eucalyptus globulus Labill.

乔木；树皮灰蓝色，片状剥落。叶异型，萌芽枝及幼苗的叶对生，蓝绿色，卵状矩圆形，长3～10cm，基部心形，有白粉，无叶柄；大树之叶互生，镰状披针形，长12～30cm，叶柄长2～4cm。花单生或2～3簇生叶腋，径达4cm，近无柄；萼筒具4纵脊和小瘤体，被白粉；花盖较萼筒短。蒴果半球形，径2～2.5cm。

原产澳大利亚。我国西南部及南部有栽培，主要见于云南、四川、广西、广东等地。

蓝桉是19世纪末（1896～1900年）我国最早引入的桉树种类，因为生长迅速而受群众欢迎，是四旁绿化的良好树种。树叶芳香，姿态秀丽，叶形似杨柳，故一般以"灰杨柳"称之。叶和小枝可提取芳香油，供药用。

蓝桉花　　　　　　　　　　　蓝桉叶

(2) 直杆蓝桉

Eucalyptus maideni F. v. Muell

本种与蓝桉的区别为：花3～7朵排成伞形花序，有花序梗；蒴果钟形或倒圆锥形，无棱，径1～1.2cm。

原产澳大利亚东南部；云南及四川有栽培。

本种树干通直，生长速度快，长势良好，宜作四旁绿化用或在适生地区作造林树种。花为蜜源，叶可提取桉油。

直杆蓝桉　　　　　　直杆蓝桉花

(3) 柠檬桉

Eucalyptus citriodora Hook. f.

常绿大乔木；树皮光滑，灰白色。幼态叶披针形，成熟叶狭披针形至宽披针形，长10～20cm，互生，具柄，有强烈柠檬香味。圆锥花序腋生，花直径1.5～2cm；萼帽状体较短，二层；雄蕊多数。蒴果卵状壶形，长宽均约10mm，果缘薄，果瓣3～4，深藏。

原产澳大利亚。我国四川、广西、广东、台湾、福建等地有栽培。

柠檬桉树干挺直，树体高大，树形开展，树皮光滑，色泽多变，一年两次开花，花期甚长，可作风景树和行道树种。因其叶会散发出强烈的柠檬香味而得名。叶可提芳香油，供药用。

柠檬桉　　　　　　柠檬桉果实

(4) 赤桉（桉木）

Eucalyptus camaldulensis Dehnh.

大乔木；树皮平滑，暗灰色，片状脱落，树干基部有宿存树皮；嫩枝圆柱形，略有棱，红色。叶狭披针形至披针形，宽1～2cm，稍弯曲，两面有黑腺点；叶柄长1.3～2cm。伞形花序有花5～8朵，总梗纤细；帽状体近先端急剧收缩，尖锐，长为萼筒1倍。果近球形，径约6mm。花期12～3月，果期3～4月。

赤桉花

赤桉　　　　　　赤桉果实

原产澳大利亚。我国云南、贵州、广西、广东、香港、台湾、福建等地均有栽培。

本种树干端直，叶疏而下垂，生长迅速，为良好的园林绿化及用材树种。

(5) 大叶桉（桉树、大叶玉树）

Eucalyptus robusta Smith

常绿乔木；树干挺直，树皮厚，粗糙，有不规则槽纹，不脱落。小枝淡红色，略下垂。叶革质，卵状长椭圆形至广披针形，长8～18cm，宽3～7.5cm，叶端渐尖或长尖，叶基圆形；侧脉多而细，与中脉近成直角；叶柄长1～2cm。花4～12朵，成伞形花序，总梗粗而扁，花径1.5～2cm。蒴果大，卵状壶形，径0.8～1cm。

原产澳洲沿海地区。我国云南、四川、贵州、广西、广东、台湾、福建、江西、湖南、浙江及陕西等地有栽培。

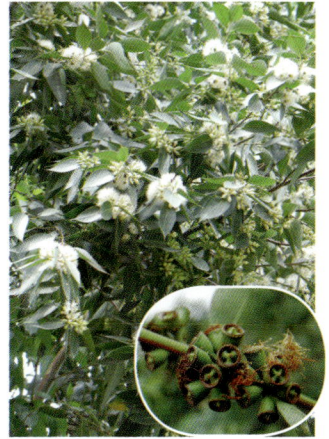

大叶桉花　　　大叶桉果实

大叶桉为热带树种，树干粗壮通直，叶疏而下垂，为世界最大的阔叶树种之一，与北美红杉相伯仲，树姿秀丽，有"林中仙女"之称，可作行道树、庭荫树、防护林等，是世界著名的速生树种。叶可药用。

2. 红千层属 *Callistemon* R. Br.

乔木或灌木。叶互生，有油腺点。花单生苞腋，再排成顶生的头状或穗状花序，花后花序轴继续生长；苞片脱落；花无梗，萼管卵形或钟形，基部与子房合生，裂片5，后脱落；花瓣5，圆形，脱落；雄蕊多数，红或黄色，分离或基部合生，长于花瓣数倍；子房下位，与萼筒合生，3～4室，每室有多数胚珠。蒴果包于萼管内，顶开裂。

约20种，产于大洋洲。我国引入约10种。

分种检索表

1. 灌木或小乔木；枝条及花序较短而直立 ┈┈┈┈┈┈┈┈┈ 1 红千层 *C. rigidus*
1. 乔木；枝条及花序柔软，长而下垂 ┈┈┈┈┈┈┈┈┈ 2 垂枝红千层 *C. viminalis*

(1) 红千层（红瓶刷、刷毛帧）

Callistemon rigidus R. Br.

常绿灌木或小乔木。叶互生，有油腺点，全缘，厚革质，线形或披针形。穗状花序，长约10cm，似瓶刷状，生于枝顶；花瓣5枚，绿色，圆形，脱落；雄蕊多数，长约2.5cm，鲜红色。蒴果半球形，直径7mm。

原产于大洋洲。我国云南、广西、广东、香港、海南、台湾、福建等地普遍栽培。

红千层　　　红千层果实

红千层为热带树种，因其穗状花序长约10cm，花丝较长，红色，似瓶刷，故又名"瓶刷"。红千层树冠圆球形，株形美观，小枝密集成丛，花形奇特，花期长，花量大，色彩鲜艳，火树红花，多用作园林风景树及行道树等。此种在南方适于种植于花坛中央、行道两侧和公园围篱及草坪处，北方可盆栽装饰于建筑物阳面正门两侧，也宜剪取作切花等。

(2) 垂枝红千层

Callistemon viminalis (Solander ex Gaertn.) G. Don ex Loudon

与红千层的区别：乔木，枝条及花序柔软，长而下垂。

原产于大洋洲。我国广东、香港、台湾、福建等地栽培作园林风景树及行道树。

垂枝红千层　　　　垂枝红千层花果实

3. 蒲桃属*Syzygium* Gaertn.

常绿乔木或灌木。叶对生，革质，具透明腺点，羽状脉，常有柄。花3至数朵组成聚伞花序，稀单生，或有时数个聚伞花序再组成圆锥花序，顶生或腋生；苞片小，早落；萼管倒圆锥形，有时棒状；萼片常4~5；花瓣4~5，稀更多，分离或连合成帽状，早落；雄蕊多数，分离，偶有基部稍联合；子房下位，2室，稀3室，每室有胚珠多颗。果为浆果或核果状，顶部有残存的环状萼檐。

约500多种，主要分布于亚洲热带地区，少数在大洋洲和非洲。我国原产和引种有72种，多见于云南、广西和广东等地。

洋蒲桃（金山蒲桃、莲雾、紫蒲桃、水蒲桃）

Syzygium samarangense (Bl.) Merr. et Perry

常绿乔木。叶对生，革质，椭圆形或长椭圆形，长10~20cm，侧脉至近边缘互相连结成边脉。聚伞花序顶生或腋生；花白色，花瓣圆形，逐片脱落；雄蕊多数。浆果梨形或倒锥形，果皮肉质，成熟时洋红色。

原产马来西亚及印度尼西亚。我国云南、广西、广东、海南、台湾及福建等地栽培。

洋蒲桃为热带果树，果实钟形，有乳白、青绿、粉红、深红色多种，具有浓厚玫瑰香气，有"香果"之美称，可生食或作蜜饯。它是湿润热带地区良好的果树、庭园绿化树和蜜源树，可植于平地和水边等。叶、花、种子药用。

洋蒲桃花　　　　洋蒲桃果实

洋蒲桃

4. 桃金娘属*Rhodomyrtus* (DC.) Reich.

灌木或乔木。叶对生，离基3出脉。花玫瑰红色，1~3朵生于腋生的花序柄上；萼钟状或球形，裂片5（4、6），革质；花瓣与萼片同数；雄蕊极多，分离，排成多列；子房下位，与萼管合生，1~3室，每室有胚珠数颗，2列，或于2列胚珠间出现假隔膜而成2~6室，有时假隔膜横列，将子房分隔为上下叠的多数假室。浆果卵状壶形或球形，顶冠以宿萼。

约18种，分布于热带亚洲和大洋洲。我国1种，产于华南各地。

桃金娘（山稔、岗稔、稔子、当梨、山乳）

Rhodomyrtus tomentosa (Ait.) Hassk.

常绿灌木，高1～2m。叶革质，椭圆形或倒卵形，长3～8cm，先端圆钝，常微凹入，上面初时有毛，后变无毛，下面有灰色茸毛，离基三出脉直达先端且相结合。花有长梗，常单生，紫红色，径2～4cm。果卵状壶形，长1.5～2cm，熟时紫黑色。

产于我国云南、贵州、广西、广东、香港、海南、台湾、福建、江西、湖南、浙江等地。南亚、东南亚及日本也有分布。

本种夏日花开，花大、色艳，花朵繁密，花期特长，边开花边结果，成熟果为紫黑色，可食，也可酿酒或制果酱，民间多药用，也是鸟类的天然食源。园林中用以布置草坪或坡地，不论孤植、群植或与其他花灌木配植，均很适宜。亦可盆栽观赏。

桃金娘

5. 番石榴属 *Psidium* L.

灌木或乔木；树皮光滑，嫩枝有毛。叶对生，羽状脉。花较大，单生或2～3排成聚伞花序；萼管钟形或梨形，裂片4～5，花前常闭合而呈不规则的分裂；花瓣白色，4～5；雄蕊多数，分离，排成多列，着生于花盘上，花药近基部着生，纵裂；子房下位，与萼管合生，4～5室或更多，每室有胚珠多颗。浆果球形或梨形，顶有宿存萼片，胎座肉质。种子多数，种皮坚硬。

约150种，分布于热带美洲，我国引入2种。

番石榴（拔仔、拔那、芭乐、拔子、鸡矢果）

Psidium guajava L.

常绿灌木或小乔木，高可达10m；嫩枝四棱形，有毛。叶革质，长圆形至椭圆形，长6～12cm，上面稍粗糙，下面被毛，中脉及侧脉均下陷。花白色，径约2.5cm。果球形、卵形或梨形，长3～8cm，果肉白色，黄色或淡红色。花每年开两次，第一次在4～5月开放，第二次在8～9月开放，果于花后经2～3个月成熟。

原产南美洲。我国华南各地栽培，常为野生种，生于荒地或低山丘陵上。

番石榴成年大树树冠如伞，枝叶茂密，可作庭园观赏树和庭荫树，常孤植或散植。果可食用；叶供药用。

番石榴花

番石榴

番石榴果实

四十四、石榴科（安石榴科）Punicaceae

灌木或小乔木。单叶对生，全缘，无托叶。花两性，整齐，1～5朵集生枝顶；萼筒革质而有色彩，端5～8裂，宿存；花瓣5～7；雄蕊多数，花药2室，背着；子房下位，多室，室上下叠，胚珠多数。浆果，外果皮革质。种子多数，外种皮肉质多汁，内种皮木质。

共1属2种，产地中海地区至亚洲中部；我国引入1种。

石榴属Punica L.

形态特征与科同。

石榴（安石榴、海榴、山力叶、丹若、若榴木）

Punica granatum L.

落叶灌木或小乔木；幼枝近圆形或四棱形，枝端通常呈刺状，光滑无毛。叶对生或簇生，倒卵形或长椭圆形，长2.5～6cm，宽1～1.8cm，先端渐尖或微凹，基部渐狭，全缘。花两性，1至数朵生于枝顶；花梗短，长2～3mm；花红色，质厚，顶端5～7裂，裂片三角状卵形；花瓣5～7，生于萼筒内，倒卵形，通常红色，少有白色；子房上部6室为侧膜胎座，下部3室为中轴胎座。浆果近球形，果皮厚，顶端有宿存花萼。种子多数，有肉质外种皮。

原产巴尔干半岛至伊朗及其邻近地区，现全世界的温带和热带都有种植。我国在汉代时张骞引入，黄河流域及其以南地区均有栽培。

石榴树姿优美，叶碧绿而有光泽，花色艳丽，花期较长，可分为果榴和花榴两大类，最宜成丛配植于茶室、剧场、游廊外围等，各地公园和风景区常种植。外种皮供食用；果皮、根皮药用。

石榴依据花的颜色以及重瓣或单瓣特征又可分为许多栽培品种，常见的有：

①白石榴'Albescens'：花白色，单瓣。

②黄石榴'Flavescens'：花黄色。

③玛瑙石榴'Legrellei'：花重瓣，有红色或黄白色条纹。

④重瓣白石榴'Multiplex'：花白色，重瓣。

⑤月季石榴'Nana'：矮小灌木，叶线形，花果均较小，花期长，连续不断，故又称"四季石榴"。

⑥墨石榴'Nigra'：枝细柔，叶狭小；果熟时呈紫黑色。

⑦重瓣红石榴'Pleniflora'：花红色，重瓣。

石榴花

石榴果实

四十五、冬青科Aquifoliaceae

乔木或灌木。单叶，通常互生；托叶小而早落，或无托叶。花小整齐，无花盘，单性或杂性异株，成腋生聚伞、伞形花序或簇生，稀单生；萼3~6裂，常宿存；花瓣4~5，雄蕊与花瓣同数且互生；子房上位，3至多室，每室具1~2胚珠。核果，具3~18核。

4属，400余种，广泛分布于温暖地区，而以中南美为分布中心。中国产1属，约204种，多分布于长江以南各地。

冬青属*Ilex* L.

乔木或灌木。单叶互生，通常有锯齿或刺状齿，稀全缘。花单性异株，稀杂性，成腋生聚伞、伞形或圆锥花序，稀单生；萼裂片、花瓣、雄蕊常为4，花瓣基部合生。核果球形，通常具4核；萼宿存。

390余种，分布于美洲、亚洲热带及温带地区。中国产204种。

分种检索表

1. 常绿灌木或小乔木；叶缘具硬刺锯齿或全缘；叶柄长4~8mm ········· 1. 枸骨*I. cornuta*
1. 落叶乔木；叶缘具浅锯齿；叶柄长15~32mm ····················· 2. 小果冬青*I. micrococca*

(1) 枸骨（鸟不宿、猫儿刺、狗骨刺、老虎刺、八角刺、老鼠树）

Ilex cornuta Lindl. ex Paxt.

常绿灌木，高2~4m；枝开展而密生。叶硬革质，矩圆形，长4~8cm，宽2~4cm，顶端扩大并有3枚尖硬大刺齿，中央一枚向背面弯，基部两侧各有1~2枚大刺齿，表面深绿而有光泽，背面淡绿色；叶有时全缘，基部圆形。花小，黄绿色，簇生于2年生枝叶腋。核果球形，鲜红色，径8~10mm，具4核。花期4~5月，果期9~10（11）月。

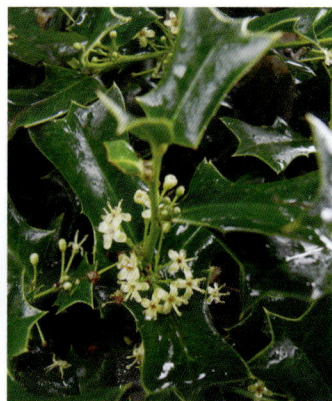

无刺枸骨　　　　　　　　　　枸骨果实　　　枸骨花

产于我国江西、湖南、湖北、浙江、江苏、安徽等地，多生于山坡谷地灌木丛中；现各地庭园常有栽培。朝鲜亦有分布。

枸骨枝叶稠密，叶形奇特，深绿光亮，入秋红果累累，经冬不凋，鲜艳美丽，是良好的观叶、观果树种。宜作基础种植及岩石园材料，也可孤植于花坛中心、对植于前庭、路口，或丛植于草坪边缘；同时又是很好的绿篱（兼有果篱、刺篱的效果）及盆栽材料，选其老桩制作盆景亦饶有风趣。此外，其抗有害气体能力强，可在工矿区绿化用。枝、叶、树皮及果可药用；种子油可制肥皂。

庭园中常见变种有无刺枸骨*I. cornuta* var. *fortunei* S. Y. Hu，品种有黄果枸骨*I. cornuta* 'Luteocarpa'，前者叶缘无刺齿，后者果暗黄色。

（2）小果冬青（细果冬青、球果冬青）

Ilex micrococca Maxim.

落叶乔木，高达20m；小枝粗壮，无毛。叶膜质或纸质，卵形、卵状椭圆形或卵状长圆形，长7～13cm，宽3～5cm；侧脉5～8对，网状脉明显；叶柄长1.5～3.2cm。伞房状2～3回聚伞花序单生于当年生枝的叶腋内；雄花花冠辐状，雄蕊与花瓣近等长互生；雌花退化雄蕊长为花瓣的1/2，子房圆锥状卵球形。核果球形，径5mm，宿存柱头厚盘状，熟时红色，具6～8核。

产于我国云南、四川、贵州、广西、广东、福建、台湾、海南、江西、湖北、安徽及浙江等地，生于海拔400～2300m山地林中。日本有分布。

小果冬青树姿优美，花细小，芳香；果熟时红色，密集，在庭园中可用作行道树、庭荫树等。根药用。

小果冬青

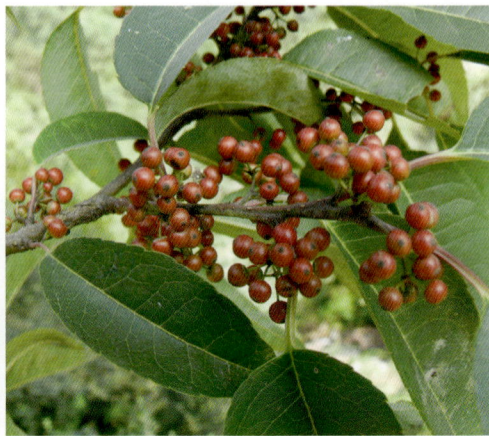

小果冬青果实

四十六、卫矛科Celastraceae

乔木、灌木或藤木。单叶，对生或互生，羽状脉。花整齐，两性，有时单性，多为聚伞花序，稀圆锥花序；花部通常4～5数；萼小，宿存；常具发达之花盘；雄蕊与花瓣同数且互生；子房上位，2～5室，每室1～2胚珠；花柱1。常为蒴果，或浆果、核果、翅果；种子常具假种皮。

约40属，430种，广布于热带、亚热带及温带各地。我国产12属，200余种，全国都有分布。

分属检索表

1. 蒴果；种子具假种皮；聚伞花序。
  2. 叶对生，稀互生；花两性；子房3～5室 ·················· 1. 卫矛属Euonymus
  2. 叶互生；花杂性；子房3室 ·················· 2. 南蛇藤属Celastrus
1. 翅果；种子无假种皮；圆锥花序顶生 ·················· 3. 雷公藤属Tripterygium

1. 卫矛属Euonymus L.

乔木或灌木，稀为藤木。叶对生，极少互生或轮生。花通常两性，成腋生聚伞或复聚伞花序；花各部4～5数，花丝短，雄蕊着生于肉质花盘边缘，子房3～5室，藏于花盘内。蒴果瓣裂，有角棱或翅，每室具1～2种子；种子具橘红色肉质假种皮。

共约200种，分布于北温带。我国约120种，分布于全国各地。

大叶黄杨（冬青卫矛、正木）

Euonymus japonicus Thunb.

常绿灌木或小乔木，高3～8m；小枝绿色，稍四棱形。叶革质而有光泽，椭圆形至倒卵形，长3～6cm，先端尖或钝，基部广楔形，边缘有细钝齿，两面无毛；叶柄长6～12mm。花绿白色，4数，5～12朵成密集聚伞花序，腋生枝条端部。蒴果近球形，

大叶黄杨

大叶黄杨花

大叶黄杨果实

径8～10mm，淡粉红色，熟时4瓣裂；假种皮橘红色。花期5～6月，果期9～10月。

原产日本南部。我国南北各地均有栽培，长江流域各地尤多。

本种枝叶茂密，四季常青，叶色亮绿，且有许多花叶、斑叶变种，是美丽的观叶树种。园林中常用作绿篱及背景种植材料，亦可丛植于草地边缘或列植于园路两旁；若加以修剪成形，更适于规则式对称配植；同时，亦是基础种植、街道绿化和工厂绿化的好材料。

栽培品种较多，常见品种如下：

①金边大叶黄杨'Aureo- marginatus'：叶缘金黄色。

②金心大叶黄杨'Aureo- variegatus'：叶中脉附近金黄色，有时叶柄及枝端也变为黄色。

③银边大叶黄杨'Albo- marginatus'：叶缘有窄白条边。

④银斑大叶黄杨'Latifolius Albo - marginatus'：叶阔椭圆形，银边甚宽。

⑤斑叶大叶黄杨'Viridi-variegatus'：叶较大，深绿色，有灰色和黄色斑。

2. 南蛇藤属 *Celastrus* L.

藤本；小枝具极明显的皮孔。叶互生，边缘有锯齿。花小，杂性，聚伞花序成圆锥状或总状；萼5裂；花瓣5，广展；花盘阔，凹陷；雄蕊5，着生于花盘边缘；子房2～4室，每室有胚珠2颗；柱头3裂。蒴果室背开裂为3果瓣，轴状胎座宿存；种子有红色的假种皮。

共约50种，分布于热带和亚热带。我国约产30种，全国都有分布，以西南最多。

南蛇藤（合欢花、南蛇风、黄果藤、慢性落霜红、大南蛇、香龙草、果山藤）

Celastrus orbiculatus Thunb.

落叶藤木，长达12m。叶近圆形或椭圆状倒卵形，长4～10cm，先端突短尖或钝尖，基部广楔形或近圆形，缘有钝齿。聚伞花序短总状，腋生，或在枝端成圆锥状

南蛇藤

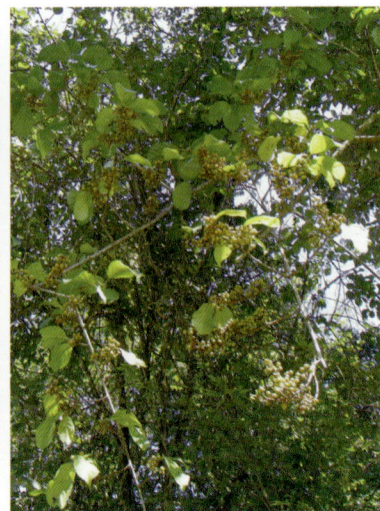
南蛇藤果实

花序与叶对生。蒴果近球形，鲜黄色，径0.8～1cm；种子白色，外包肉质红色假种皮。花期5月，果期9～10月。

产于我国四川、贵州、广西、广东、江西、湖南、湖北、浙江、江苏、安徽、河南、河北、山东、山西、辽宁、吉林、黑龙江、内蒙古、甘肃、陕西等地，垂直分布海拔可达2000m，常生于山地沟谷及林缘灌木丛中。朝鲜、日本也产。

本种入秋后叶色变红，鲜黄色果实开裂后露出鲜红色的假种皮，在园林绿地中应用颇具野趣，宜植于湖畔、溪边、坡地、林缘及假山、石隙等处，也可作为棚架绿化及地被植物材料。此外，果枝可作瓶插材料。根、茎、叶、果均可药用等。

3. 雷公藤属*Tripterygium* Hook. f.

落叶，攀援状灌木。叶大，互生，托叶早落。花小，杂性，排成顶生的圆锥花序；萼片5；花瓣5；雄蕊5，着生于花盘边缘；子房上位，三棱形，3室，每室有胚珠2颗。果为翅果，有3翅。

4种，分布于东亚。我国3种，产于西南、华南至东北。

昆明山海棠（六方藤、紫金藤、火把果）

Tripterygium hypoglaucum (Lévl.) Hutch.

藤状灌木，长2～5m；小枝有4～5棱。叶互生，薄革质，长圆状卵形、宽卵形或窄卵形，长6～11cm，宽3～7cm，边缘具浅疏锯齿，侧脉5～7对，无毛；叶柄长1～1.5cm，密生棕红色柔毛。圆锥状聚伞花序生于小枝上部，呈蝎尾状多次分枝，顶生者有花50朵以上，侧生者花较少；花绿色，径0.4～0.5cm；子房具3棱，花柱圆柱形，柱头膨大。翅果长圆形，红色。

产于我国云南、四川、贵州、广西、广东、福建、江西、湖南、湖北、浙江、安徽等地。

昆明山海棠翅果熟时红色，叶正面绿色，背面灰白色，随风翻转，红、白、绿三色不时变幻，具较高的观赏价值，宜攀援墙垣、山石，或作棚架植物等。根及植株有剧毒，可药用。

昆明山海棠

昆明山海棠果实及花

四十七、胡颓子科Elaeagnaceae

灌木或乔木，被银色或金褐色盾状鳞片或星状毛。单叶互生，稀对生或轮生，全缘，羽状脉，无托叶。花两性或单性，排成腋生花束或总状花序，稀单生；花萼筒状，顶端2～4裂，在子房顶部常缢缩，结果时变肉质；无花瓣；雄蕊4～8；子房上位，1心皮1室1胚珠。瘦果或坚果为增厚肉质的萼筒所包，呈核果状，成熟时红色或黄色。

3属，80余种，分布于亚洲、欧洲及北美洲。我国有2属，60种，全国均产。

分属检索表

1. 花两性，稀杂性，萼筒上部4裂 ·············· 1. 胡颓子属Elaeagnus
1. 花单性，雌雄异株，萼筒上部2裂 ·············· 2. 沙棘属Hippophae

1. 胡颓子属Elaeagnus L.

落叶或常绿灌木，直立或有时攀援状；有刺或无刺，全部密被银色或淡褐色盾状鳞片。叶互生。花常两性，稀杂性，常单生或簇生于叶腋；花萼管状或钟状，在子房上部收缩，裂片4；雄蕊4，花丝极短。坚果包藏于花后增大的肉质萼管内。

约45种，分布于东欧、亚洲和北美。我国40种。

分种检索表

1. 直立灌木，具棘刺；果实小，长1.2～1.4cm ·············· 1. 胡颓子E. pungens
1. 攀援灌木，无棘刺；果实大，长2.0～4.4 cm ·············· 2. 密花胡颓子E. conferta

（1）胡颓子（卢都子、羊奶子、阳青子、雀儿酥、甜棒子、牛奶子根、石滚子、三月枣）

Elaeagnus pungens Thunb.

常绿直立灌木，具棘刺。叶厚革质，椭圆形或矩圆形，长5～10cm，两端钝形或基部圆形，边缘微波状，表面绿色，有光泽，背面银白色，被褐色鳞片，侧脉7～9对；叶柄粗壮，锈褐色，长5～8mm。花银白色，下垂，被鳞片；花梗长3～5mm；花被圆筒形或漏斗形，长5.5～7mm，裂片三角形，内面被短柔毛。果

胡颓子

胡颓子花

胡颓子果实

椭圆形，长1.2～1.4cm，被锈色鳞片，成熟时红色。花期4～7月，果9～10月成熟。

产于我国四川、贵州、广西、广东、台湾、福建、江西、湖南、湖北、浙江、江苏、安徽、河南、陕西。日本也有分布。

胡颓子枝、叶被有白色鳞片，奇特秀丽，红色小果缀满枝头，十分雅致，宜配植于林缘道旁，也可修剪成球形等供庭园观赏，并有金边、镶边、金心等观叶品种。果食用和酿酒；果及根、叶供药用。花为良好蜜源植物。

(2) 密花胡颓子

Elaeagnus conferta Roxb.

常绿攀援灌木，无刺。叶纸质，椭圆形或阔椭圆形，长6～16cm，宽3～6cm，顶端钝尖或骤渐尖，基部圆形或楔形，叶缘微波状，上面幼时被银白色鳞片，下面密被银白色和散生淡褐色鳞片，侧脉5～7对；叶柄长0.8～1.0cm。花银白色，外面密被鳞片或鳞毛，多花簇生叶腋或在小枝上成伞形短总状花序；萼筒短小，坛状钟形，长3～4mm，在子房先端收缩。果实大，长椭圆形或矩圆形，长达2.0～4.4cm，直立，成熟时红色；果梗粗短。花期10～11月，果期翌年2～3月。

产于我国云南及广西，生于海拔50～1500m的热带密林中。中南半岛、印度尼西亚、印度、尼泊尔也有分布。

本种花、叶片和幼枝被银白色鳞片，果大，红色，观赏性强，可种植于庭院、桥头、岩石园、小花园等处观赏，也可制作成盆景观赏。其根系有根瘤，具有固氮的作用，生长迅速，也是改良土壤和保持水土的先锋树种。果实可鲜食或加工。

密花胡颓子

密花胡颓子果实

2. 沙棘属 *Hippophae* L.

落叶灌木或小乔木；具棘刺；幼枝密被鳞片或白色星状毛。单叶互生、对生或3叶轮生，线形或线状披针形，幼时两面被鳞片或星状柔毛，侧脉不明显。花单性异株，排成短总状花序生于枝腋内；雄花无柄；萼片2，大；雄蕊4；雌花具短柄；花萼管长椭圆形，包围着子房，顶有微小的裂片2；子房上位，1室，有直立的胚珠1颗；花柱丝状，有圆柱状的柱头。坚果为肉质的花萼管所包围，核果状。

5种5亚种，分布于亚洲和欧洲的温带地区。我国5种4亚种，分布于西北部、西南部。

云南沙棘

Hippophae rhamnoides Linn. subsp. *yunnanensis* Rousi

落叶小乔木；枝有刺。叶互生，线形或线状披针形，基部最宽，长2～6cm，叶先端尖或钝，叶背密被锈色鳞片；叶柄极短。花小，淡黄色，先叶开放。坚果近球形，长0.5～0.8cm，熟时橘黄色或橘红色；种子1，骨质。

产于我国云南、西藏、四川等地，生于海拔2200～3700m干涸河谷沙地、石砾地、山坡密林及高山草地。

云南沙棘萌蘖性强，生长迅速，耐修剪，枝叶繁茂而有刺，宜作绿篱用，又是极好的防风固沙、保持水土和改良土壤树种，在适生区可作绿化树。果可食用及药用。

云南沙棘　　　　　云南沙棘果实

四十八、鼠李科Rhamnaceae

乔木或灌木，稀藤本或草本；常有枝刺或托叶刺。单叶互生，稀对生；有托叶。花小，整齐，两性或杂性，成腋生聚伞圆锥花序，或簇生；萼4～5裂，裂片镊合状排列；花瓣4～5或无；雄蕊4～5，与花瓣对生，常为内卷之花瓣所包被；具内生花盘，子房上位或埋藏于花盘下，2～4室，每室1胚珠。核果、蒴果或翅状坚果。

约50属，600种，广布于温带至热带各地。我国产14属，129种，主要分布西南、华南地区。

分属检索表

1. 羽状脉。
2. 花无梗或几无梗，穗状花序或排成圆锥花序 ················ 1. 雀梅藤属Sageretia
2. 花有梗，聚伞花序 ················ 2. 鼠李属Rhamnus
1. 三出脉。
3. 常具托叶刺；果序轴不肥厚肉质化 ················ 3. 枣属Ziziphus
3. 无托叶刺；果序轴肥厚肉质化 ················ 4. 枳椇属Hovenia

---

1. 雀梅藤属Sageretia Brongn.

有刺或无刺攀缘灌木。单叶对生或近对生，羽状脉，边缘有细齿；托叶小，早落。花两性，5基数，常无梗或近无梗，穗状花序或排成圆锥花序；萼片三角形；花瓣匙形，顶端2裂；雄蕊与花瓣等长或略长于花瓣；花盘肉质，杯状；子房上位，基部与花盘合生，2～3室；浆果状核果，球形，基部为宿存萼筒所包。

约35种，分布于亚洲东南部及美洲北部。我国约产22种，分布于西南部。

雀梅藤（对节刺、雀梅、碎米子、酸铜子、酸色子）

Sageretia thea (Osbeck) Johnst.

落叶攀援灌木；小枝灰色或灰褐色，密生短柔毛，有刺状短枝。叶近对生，卵形或卵状椭圆形，长1～3（4）cm，宽0.8～1.5cm，先端有小尖头，基部近圆形至心形，边缘有细锯齿，表面无毛，背面稍有毛，或两面有柔毛，后脱落。圆锥花序密生短柔毛；花小，绿白色，无柄。核果近球形，熟时紫黑色。

产于我国云南、四川、广西、广东、台湾、福建、江西、湖南、湖北、浙江、江苏、安徽、河南、甘肃等地，生于海拔2100m以下丘陵、山地林下或灌丛中。

雀梅藤生长强健，藤蔓绕石攀岩，枝叶斜展横出，疏密有致，飘逸豪放，适于配置岩石园、假山等处，也适于垂直绿化、作绿篱等。其干形苍古奇特，耐修剪、易造型，又是制作盆景的好材料。嫩叶可代茶，果实酸甜可食。

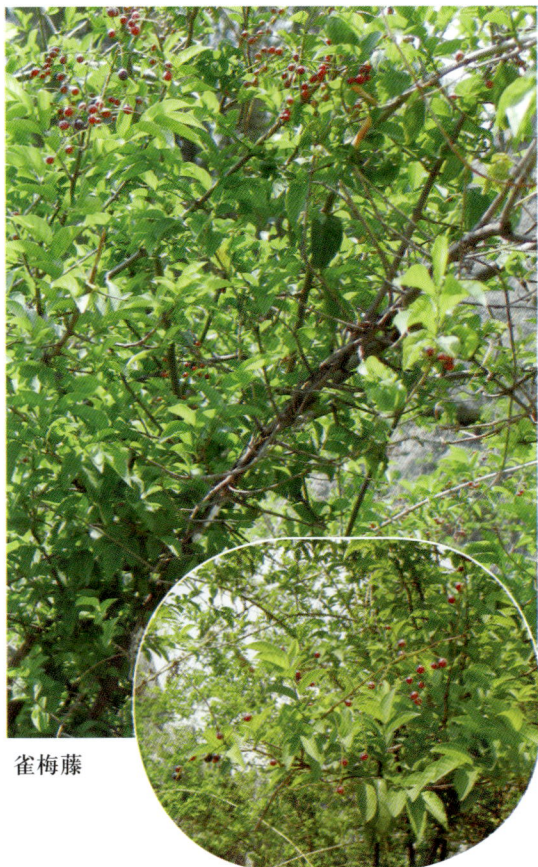

雀梅藤

雀梅藤果实

2. 鼠李属*Rhamnus* L.

灌木或乔木，无刺或小枝顶端变成刺。单叶互生，羽状脉，全缘或具齿；托叶小，早落。花小，两性，具花梗，或单性异株，稀杂性，单生或数朵簇生，或集成聚伞花序；花萼钟状，4～5裂；花瓣4～5或无；雄蕊4～5，为花瓣所包；花盘杯状；子房上位，2～4室，每室1胚珠，基部着生于花盘上。核果具2～4分核，每分核具1种子。

约200种，分布于温带至热带，主产东亚和北美西南部，少数分布于欧洲和非洲。我国57种，14变种。

薄叶鼠李（郊李子、白色木、白赤木）

Rhamnus leptophylla Schneid.

灌木或小乔木，高达5m；幼枝灰褐色，对生或近对生，顶端成针刺状。叶在长枝上近对生，在短枝上簇生，薄纸质，倒卵形、椭圆形或长椭圆形，长4～8cm，宽2～4cm，顶端短急尖，基部楔形，边缘有圆锯齿，侧脉3～5对，中脉在叶上面下陷；叶柄长0.8～1.5cm。花单性异株，4基数；花梗长0.4～0.6mm。核果球形，成熟后黑色，径0.7～0.9mm，有2核；种子宽倒卵形，背面有纵沟。

分布于我国云南、四川、贵州、广西、广东、福建、江西、湖南、湖北、浙江、安徽、河南、甘肃、陕西等地，生于海拔1700～2600m山坡、山谷、灌丛中或林缘。

本种枝叶茂密，叶青翠浓绿，可修剪作绿篱或供庭园观赏。

薄叶鼠李

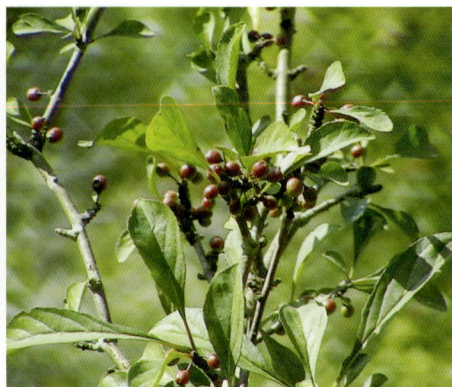

薄叶鼠李果实

3. 枣属 *Ziziphus* Mill.

灌木或乔木；枝常具刺。叶互生，有锯齿或全缘，基生三出脉，稀5出；托叶常变为刺状。花小，两性，淡黄绿色，聚伞圆锥花序腋生；5基数；萼片卵状三角形；花瓣匙形，稀缺；雄蕊与花瓣对生，等长；花盘5～10裂，肥厚肉质；子房球形，下部藏于花盘内。核果近球形或长圆形。

100种，分布于亚洲和美洲温带至热带地区。我国12种，主产西南和华南。

分种检索表

1. 落叶；叶下面无毛或仅脉被疏微毛；花瓣倒卵形；托叶刺长3cm ········ 1. 枣 Z. *jujuba*
1. 常绿；叶下面被黄或灰白色茸毛；花瓣长圆状匙形；托叶刺长不及6mm ················
·· 2. 滇刺枣 Z. *mauritiana*

(1) 枣（红枣、白蒲枣、刺枣、贯枣、老鼠屎）

Ziziphus jujuba Mill.

落叶小乔木，稀灌木，高达10m；具长枝、短枝和无芽小枝，呈之字形曲折；无芽小枝3～7簇生于短枝上，秋后脱落。叶卵形或长卵形，长3～7cm，宽2～3.5cm，基部3出脉；托叶刺二型，一为针刺，长达3cm，一为钩刺，长4～6mm。花单生或2～8朵集生成聚伞花序，腋生。果长圆形或卵圆形，长1.5～5cm，深红色，核两端尖锐。

产于我国云南、四川、贵州、广西、广东、福建、江西、湖南、湖北、浙江、江苏、安徽、河南、河北、山西、辽宁、吉林、新疆、甘肃、陕西等地，生于海拔1700m以下山区、丘陵或平原。各地有栽培，主产区在华北黄河流域。现亚洲其他地区、欧洲、美洲均有引种。

枣树生性强健，枝干劲拔，翠叶垂荫，果实累累。可孤植于小花坛中、列植于道路两侧、群植或丛植于花园和庭园中。果实可鲜食或加工成红枣、蜜枣等食品。果实、根可供药用。

枣花　　　　　　　　　　　枣果实

(2) 滇刺枣（酸枣、缅枣、毛叶枣、台湾青枣、印度枣、西西果、须徐果）

Ziziphus mauritiana Lam.

常绿乔木或灌木，高达15m；幼枝被黄灰色密茸毛，小枝被柔毛。叶卵形、长圆状椭圆形，稀近圆形，长2.5～6cm，先端圆，稀尖，基部近圆，具细齿，下面被黄或灰白色茸毛，基生3出脉；叶柄长0.5～1.3cm，被灰黄色密茸毛，托叶刺2。花数朵或十余朵集成腋生，二歧聚伞花序；花梗长2～4mm，被灰黄色茸毛；萼片卵状三角形，被毛；花瓣长圆状匙形，具爪；雄蕊与花瓣近等长。核果长圆形或球形，长1～1.2cm，径约1cm，橙色或红色，熟时黑色，萼筒宿存；果柄长5～8mm，被柔毛；中果皮木栓质，内果皮硬革质。花期8～11月，果期9～12月。

产于我国云南、贵州、四川、广西、广东、海南等地，生于海拔1800m以下山坡、丘陵、河边林内或灌丛中；福建和台湾有栽培。斯里兰卡、印度、阿富汗、越南、缅甸、马来西亚、印度尼西亚、澳大利亚及非洲有分布。

滇刺枣　　　　　　　　　滇刺枣果实

4. 枳椇属 *Hovenia* Thunb.

落叶乔木。叶互生，基生3出脉，具长柄；无托叶。花两性，聚伞花序，顶生或兼腋生；花5基数，花盘厚，肉质盘状；花序轴在结果时膨大，扭曲，肉质。核果球形，3室，每室1种子，种子坚硬。

3种，分布于我国、日本、朝鲜和印度。我国除东北、西北及台湾外，各地均产。

枳椇（拐枣、鸡爪梨、万字果、鸡爪树、金果梨）

Hovenia acerba Lindl.

乔木，高10～25m；小枝有白色皮孔。叶宽卵形、椭圆形或心形，长8～17cm，宽6～12cm，边缘常具整齐、浅而钝的细锯齿。聚伞圆锥花序；花径5～6.5mm，萼片无毛。核果近球形，径5～6.5mm，无毛；果序轴膨大。花期5～7月，果期8～10月。

产于我国云南、四川、贵州、广西、广东、福建、江西、湖南、湖北、浙江、江苏、安徽、河南、甘肃、陕西等地，生于海拔1200m以下旷地、山坡林缘或疏林中。南亚也有分布。

枳椇植株高大挺拔，树干端直，枝叶茂密，树冠开阔，树姿优美，可作庭荫树、行道树等。肉质膨大的果序轴可生食，民间常用来浸制"拐枣酒"。木材为建筑和细木工良好用材。

枳椇

枳椇花

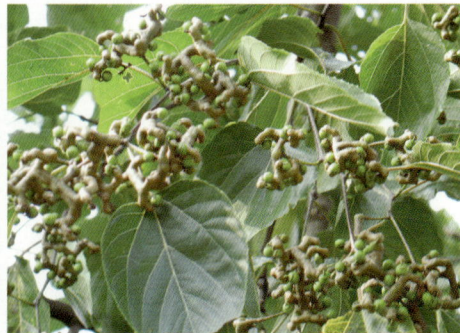

枳椇果实

四十九、葡萄科Vitaceae

攀援木质藤本，稀草质藤本，具卷须；或直立灌木，无卷须。单叶、羽状或掌状复叶，互生；托叶常小而脱落。花小，两性或杂性同株或异株，排列成伞房状多歧聚伞花序、复二歧聚伞花序或圆锥状多歧聚伞花序，4～5基数；萼呈碟形或浅杯状，萼片细小；花瓣与萼片同数；雄蕊与花瓣对生；子房上位，通常2室，每室有2颗胚珠，或多室而每室有1颗胚珠；浆果，有种子1至数颗。

本科有16属，约700余种，主要分布于热带和亚热带，少数种类分布于温带。我国有9属150余种，南北各地均产。

分属检索表

1. 花瓣分离，凋谢时不黏合，各自分离脱落 ························· 1. 爬山虎属Parthenocissus
1. 花瓣黏合，凋谢时呈帽状脱落，花序呈典型的聚伞圆锥花序 ············· 2. 葡萄属Vitis

1. 爬山虎属（地锦属、红葡萄属）*Parthenocissus* Planch.

木质藤本；卷须总状，多分枝，嫩时顶端膨大或细尖微卷曲而不膨大，遇附着物扩大成吸盘。叶为单叶、3小叶或掌状5小叶，互生。花5数，两性，组成圆锥状或伞房状疏散多歧聚伞花序；花瓣展开，各自分离脱落；雄蕊5；子房2室，每室有2个胚珠。浆果球形，有种子1～4颗；种子倒卵圆形，种脐在背面中部呈圆形。

约13种，分布于亚洲和北美。我国有10种，其中1种由北美引入栽培。

爬山虎（地锦、红葡萄藤、土鼓藤、趴墙虎）

Parthenocissus tricuspidata (Sieb. et Zucc.) Planch.

木质藤本；小枝圆柱形；卷须5～9分枝，相隔2节间断与叶对生；卷须顶端嫩时膨大呈圆球形，后遇附着物扩大成吸盘。叶为单叶，3浅裂或不裂，叶片通常倒卵圆形，长4.5～17cm，宽4～16cm，顶端裂片急尖，基部心形，边缘具粗锯齿；基出脉5；叶柄长4.5～17cm。花序着生在短枝上，基部分枝，形成多歧聚伞花序，长2.5～12.5cm；花瓣5，长椭圆形，高3.8～2.7mm；雄蕊5。浆果球形，径1～1.5cm，有种子1～3颗；种子倒卵圆形。花期5～8月，果期9～10月。

爬山虎　　　　　三叶地锦　　　　　五叶地锦

产于我国台湾、福建、浙江、江苏、安徽、河南、河北、山东、辽宁及吉林等地，生于海拔150～1200m的山坡崖壁或灌丛中。朝鲜、日本也有分布。

本种为著名的垂直绿化植物，枝叶茂密，分枝多而斜展，层层密布，入秋叶色变红，短期能收到良好绿化效果，夏季对墙面的降温效果显著。根可药用。

本属园林中常见的还有：三叶地锦（三叶爬山虎）*P. semicordata* (Wall.) Planch.、五叶地锦（五叶爬山虎）*P. quinquefolia* (Linn.) Planch.等种，区别见分种检索表。

分种检索表

1. 单叶，卷须嫩时顶端膨大呈圆球形 ················· 1. 爬山虎 *P. tricuspidata*
1. 掌状复叶，卷须嫩时顶端尖细而卷曲。
  2. 叶多为3小叶复叶，嫩芽绿色 ················· 2. 三叶地锦 *P. semicordata*
  2. 叶为5小叶掌状复叶，嫩芽红色或淡红色 ········· 3. 五叶地锦 *P. quinquefolia*

2. 葡萄属 *Vitis* L.

木质藤本，有卷须。叶为单叶、掌状或羽状复叶；有托叶，通常早落。花5数，通常杂性异株，稀两性，排成聚伞圆锥花序；萼呈碟状，萼片细小；花瓣凋谢时呈帽状黏合脱落；花盘明显，5裂；雄蕊与花瓣对生，在雌花中不发达；子房2室，每室有2颗胚珠。浆果，肉质，有种子2～4颗。种子倒卵圆形或倒卵状椭圆形，基部有短喙。

葡萄属有60余种，分布于世界温带或亚热带。我国约38种。

葡萄（蒲陶、草龙珠、赐紫樱桃、菩提子、山葫芦）

Vitis vinifera L.

木质藤本。卷须2叉分枝，与叶对生。叶宽卵圆形，3～5浅裂或中裂，长7～18cm，宽6～18cm，先端急尖，基部深心形，边缘具粗锯齿；基生脉5出；叶柄长4～9cm；托叶早落。圆锥花序，与叶对生，基部分枝发达，长10～20cm，花序梗长2～4cm；花萼浅碟形；花瓣5，呈帽状黏合脱落；雄蕊5，花丝丝状；花盘发达，5浅裂；雌蕊1，在雄花中完全退化，子房卵圆形，花柱短，柱头扩大。浆果球形或椭圆形，径1.5～2cm；种子倒卵状椭圆形。花期4～5月，果期8～9月。

原产亚洲西部，现世界各地栽培。我国各地均有栽培，是良好的园林棚架植物，既可观赏、遮荫，又可结合果实生产，在庭院、公园、疗养院及居民区内种植。

葡萄

葡萄花序

葡萄果实

五十、紫茉莉科Nyctaginaceae

草本或木本。单叶互生或对生，全缘；无托叶。花序聚伞状，或簇生；花两性，稀单性；苞片显著，呈萼状；单被花，常花瓣状，钟形、管形或高脚碟形；雄蕊3～30；子房上位，1室，1胚珠。瘦果。

共30属，约300余种，主产美洲热带。我国7属11种，主要分布于华南、西南地区。

叶子花属*Bougainvillea* Comm. ex Juss.

藤状灌木；枝具刺。叶互生，有柄。花常3朵聚生，外被3枚美丽的叶状苞片，花梗贴生于苞片中脉；花被管状，顶端5～6裂；雄蕊5～10，内藏，花丝基部连生；子房具柄。瘦果具5棱。

约18种，原产南美热带及亚热带。我国引入栽培2种。

分种检索表

1. 茎无毛或疏生柔毛，苞片长圆形或椭圆形，与花近等长，花被管疏被柔毛 ························
··· 1. 光叶子花*B. glabra*
1. 枝、叶密被毛；苞片椭圆状卵形，较花长，花被管密被柔毛 ····· 2. 叶子花*B. spectabilis*

---

(1) 光叶子花 (宝巾、簕杜鹃、小叶九重葛、三角花、紫三角、紫亚兰、三角梅)

Bougainvillea glabra Choisy

常绿藤状灌木；茎粗壮，分枝下垂，无毛或疏生柔毛，有长5～15mm的腋生直刺。叶纸质，卵形或卵状披针形，长5～10cm，宽3～6cm，上面无毛，下面微生柔毛；叶柄长1cm。花顶生，常3朵簇生于三个苞片内，花梗与苞片中脉贴；苞片叶状，暗红色或紫色，长圆形或椭圆形，纸质；花被管长1.5～2cm，淡绿色，疏生柔毛，有棱；雄蕊6～8。瘦果有5棱。

原产巴西。我国南方多栽培于庭院、公园，北方温室栽培，供观赏。花药用。

光叶子花树形纤巧，枝叶扶疏，花色艳丽，繁花似锦，花期长，既可作攀援植物，也可作树桩盆景，制成微型盆景、小型盆景、水旱盆景等，置于阳台、几案，十分雅致。

光叶子花

（2）叶子花（九重葛、三角梅、三角花、毛宝巾、肋杜鹃）

Bougainvillea spectabilis Willd.

本种与光叶子花的区别：枝、叶密被毛，苞片椭圆状卵形，较花长，花被管被柔毛。瘦果五棱形，常被宿存的苞片包围，很少结果。

原产热带美洲，现广植于热带各地。我国云南、广西、广东、台湾、福建等地均有栽培。

叶子花苞片为其观赏部位，经长期栽培和人工选育，苞片色彩丰富，有紫、红、黄、橙、白等色，花色鲜艳，花形独特，且花量大、花期长。花卉栽培中常修整成灌木及小乔木状，株高1～2m。在南方地区庭院栽植可用于花架、拱门或高墙覆盖，形成立体花卉，盛花时期形成一片艳丽。北方作为盆花主要供冬季观花，也用于布置夏、秋花坛，可作为节日花坛的中心花卉，此外，也可作切花用。

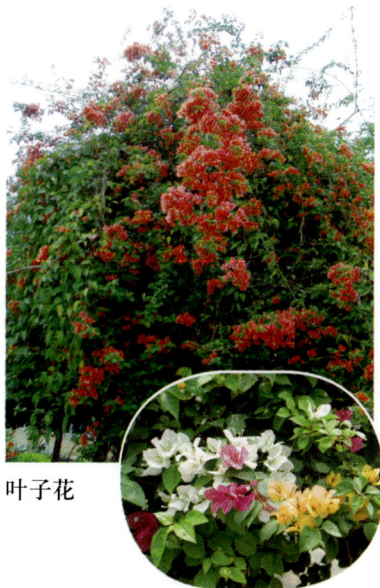

叶子花

五十一、紫金牛科Myrsinaceae

灌木、乔木或攀援灌木。单叶互生，稀对生或近轮生，通常具腺点或脉状腺条纹。花两性或杂性，辐射对称，花萼宿存，常具腺点；花冠常基部联合成筒，具腺点；雄蕊着生于花冠上，与花冠裂片同数且对生；子房上位，稀半下位或下位，1室，胚珠多数。核果或浆果，稀蒴果。

35属，1000余种，主要分布于南、北半球热带和亚热带地区，南非及新西兰亦有。我国6属，129种，主产长江流域以南各地。

分属检索表

1. 子房半下位或下位，种子多数，有棱角 ⋯⋯⋯⋯⋯⋯⋯⋯⋯ 1. 杜茎山属*Maesa*
1. 子房上位，种子1枚，常为球形或新月状圆柱形。
  2. 花两性，排成伞房、伞形或聚伞圆锥花序 ⋯⋯⋯⋯⋯⋯ 2. 紫金牛属*Ardisia*
  2. 花杂性，通常簇生 ⋯⋯⋯⋯⋯⋯⋯⋯⋯⋯⋯⋯⋯⋯ 3. 铁仔属*Myrsine*

1. 杜茎山属*Maesa* Forsk.

灌木、大灌木，稀小乔木。叶常具脉状腺条纹或腺点。总状花序或圆锥花序，腋生；苞片小，卵形或披针形；具花梗；花5数，两性或杂性；花萼漏斗形，宿存；花冠白色或浅黄色；子房半下位或下位，胚珠多数，着生于球形中央特立胎座上。浆果，球形或卵圆形，通常具坚脆的中果皮(干果)，顶端具宿存花柱或花柱基部，宿存萼包果一半以上，通常具脉状腺条纹或纵行肋纹。

约200种，主要分布于东半球热带地区。我国29种，1变种，分布于长江流域以南各地。

分种检索表

1. 花冠裂片与花冠筒等长；植株常被毛 ·················· 1. 鲫鱼胆 *M. goriarius*

1. 花冠裂片较花冠筒短；植株无毛 ·················· 2. 杜茎山 *M. japonica*

(1) 鲫鱼胆（空心花、冷饭果）

Maesa goriarius (Lour.) Merr.

小灌木，高1～3m；分枝多。叶片纸质或近坚纸质，广椭圆状卵形至椭圆形，顶端急尖或突尖，基部楔形，长7～11cm，宽3～5cm，边缘从中下部以上具粗锯齿，幼时两面被密长硬毛，侧脉7～9对，叶柄长0.7～1cm。总状或圆锥花序，腋生，长2～4cm；花冠白色，钟形，具脉状腺条纹；裂片与花冠管等长，广卵形，边缘具不整齐的微波状细齿。浆果球形，直径约3mm，无毛，具脉状腺条纹；宿存萼片达果2/3处，常冠以宿存花柱。花期3～4月，果期12月至翌年5月。

产于我国云南、四川、贵州、广西、广东、海南、福建、江西及湖南等地，生于海拔150～1350m的山坡、路边的疏林或灌丛中湿润的地方。越南、泰国亦有。

本种花白色而繁密，枝叶柔美，可于池畔、路缘、角隅等处丛植观赏；分枝多，萌芽力强，可修剪作绿篱。全株供药用。

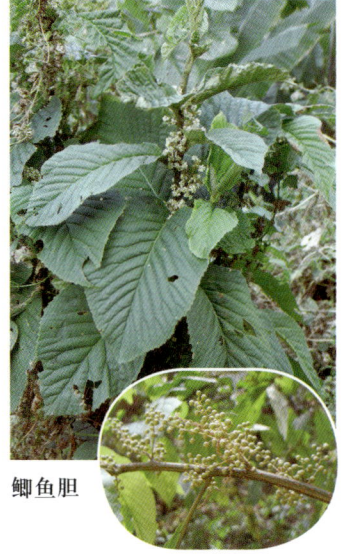

鲫鱼胆

鲫鱼胆果实

(2) 杜茎山（金砂根、白茅茶、白花茶、野胡椒、山桂花、水光钟）

Maesa japonica (Thunb.) Moritzi. ex Zoll.

灌木，直立，有时攀援，高1～5m；小枝无毛，具细条纹，疏生皮孔。叶片革质，有时较薄，椭圆形至披针状椭圆形，长5～15cm，宽2～5cm，几全缘或中部以上具疏锯齿，侧脉5～8对；叶柄长5～13mm。总状花序或圆锥花序；花梗长2～3mm；花萼长约2mm，卵形至近半圆形；花冠白色，长钟形，管长3.5～4mm，具明显的脉状腺条纹，裂片较花冠筒短。浆果球形，肉质，直径4～5mm，有时达6mm，具脉状腺条纹，宿存萼包果顶端，常冠以宿存花柱。花期1～3月，果期10月或5月。

产于我国云南、四川、贵州、广西、广东、台湾、福建、江西、湖南、湖北、浙江及安徽等地，生于海拔300～2000m的山坡或石灰山杂木林下阴处，或路旁灌木丛中。日本及越南北部亦有。

本种全株秃净，叶光亮浓绿，枝细柔，宜于疏林下、林缘等处配置，观赏价值较高的园艺品种颇多。果可食，微甜；全株供药用。

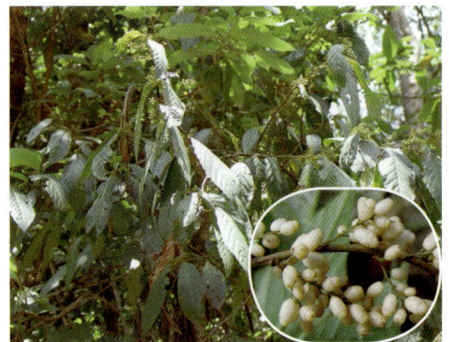

杜茎山

杜茎山果实

2. 紫金牛属 *Ardisia* Sw.

小乔木，灌木或亚灌木状。叶互生，稀对生或近轮生，通常具不透明腺点及边缘腺点。花两性，排成伞房、伞形或聚伞圆锥花序；花萼常5裂，基部常合生；花冠5裂，基部合生，常具腺点；雄蕊着生花冠基部或中部；子房上位，胚珠3～12或更多。浆果核果状，球形或扁球形，常红色，具腺点，花柱和花萼常宿存。

约300种，分布于热带美洲、太平洋群岛、亚洲及大洋洲。我国69种，主产长江流域以南。有些种的果可食，叶可作蔬菜；有些种可榨油或为中草药；也可供观赏。

分种检索表

1. 侧脉15～30对；花枝长30～50cm ⋯⋯⋯⋯⋯⋯⋯⋯⋯⋯ 1. 纽子果 A. virens
1. 侧脉12～18对；花枝长4～16cm ⋯⋯⋯⋯⋯⋯⋯⋯⋯⋯ 2. 朱砂根 A. crenata

(1) 纽子果（扣子果、大罗伞、圆齿紫金牛、绿叶紫金牛、黑星紫金牛）

Ardisia virens Kurz

常绿灌木，高1～3m。叶坚纸质，长圆状披针形或窄倒卵形，长9～17cm，宽3～5cm，边缘皱波状或细圆齿，齿间具边缘腺点，下面密被腺点，侧脉15～30对；叶柄长1～1.5cm。复伞房或伞形花序，着生于侧生花枝顶端，花枝长30～50cm；花梗无毛；萼片长圆状卵形至圆形，密被腺点；花瓣白色或淡黄色，后变粉红色，被腺点，无毛。核果球形，径0.7～1cm，红色，密被腺点。

产于我国云南、广西、海南、台湾等地，生于海拔300～2700m密林下。印度、缅甸、印度尼西亚也有分布。

纽子果树冠如伞状，庇护着叶下的果实，因而又名"大罗伞"。纽子果常生于灌木树下较潮湿的地方，四季常青，秋、冬红果串串，鲜红艳丽，圆滑晶莹，经久不落，甚美观，可观叶、观果等。

纽子果花序

纽子果果实

(2) 朱砂根（凉伞遮金珠、平地木、石膏子、珍珠伞、凤凰翔、大罗伞、郎伞树、龙山子、山豆根、八爪金龙、豹子眼睛果、）

Ardisia crenata Sims

灌木，高1～2m，稀达3m；茎粗壮，无毛。叶片革质或坚纸质，椭圆形、椭圆状披针形至倒披针形，长7～15cm，宽2～4cm，边缘具皱波状或波状齿，具明显的边缘腺点，两面无毛，有时背面具极小的鳞片，侧脉12～18对；叶柄长约1cm。伞形花序或聚伞花序，着生于侧生花枝顶端；花枝近顶端常具2～3片叶或更多，或无叶，长4～16cm；花梗长7～10mm，几无毛；花瓣白色，稀略带粉红色，盛开时反卷；子房卵球形，具腺点，胚珠5枚。果近球形，径6～8mm，鲜红色，具腺点。花期5～6月，果期10～12月，有时翌年2～4月。

产于我国云南、西藏、四川、贵州、广西、广东、香港、海南、福建、江西、湖南、湖北、浙江、江苏、安徽、河南及陕西等地，生于海拔90～2400m的疏林、密林下阴湿的灌木丛中。印度、缅甸经马来半岛、印度尼西亚至日本均有分布。

朱砂根

朱砂根果实

本种树姿优美，四季常青，秋冬红果串串，鲜红艳丽，圆滑晶莹，适宜于园林假山、岩石园中配置，也可盆栽观赏；果枝亦可瓶插观赏，栽培品种极多。本种为民间常用的中草药之一。果可食，亦可榨油，油可制肥皂。

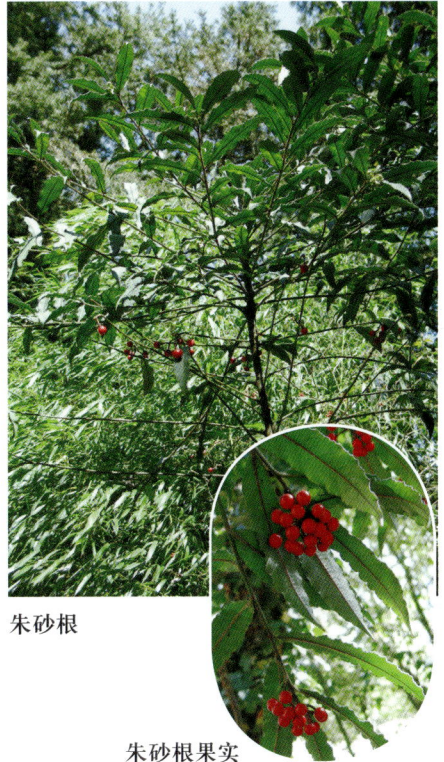

3. 铁仔属*Myrsine* Linn.

灌木或小乔木。叶通常具锯齿，稀全缘，无毛，有时具腺点；叶柄通常下延至小枝上，小枝具棱角。伞形花序或花簇生、腋生、侧生或生于无叶的老枝叶痕上；花4～5数，两性或杂性，长2～3mm；花萼近分离或连合1/2，具缘毛及腺点，宿存；花瓣分离，稀连合达全长的1/2，具缘毛及腺点；雄蕊着生于花瓣中部以下，与花瓣对生；子房卵形或近椭圆形。浆果核果状，球形或近卵形，内果皮坚脆，有种子1枚。

约5(～7)种，从亚速尔群岛经非洲、马达加斯加、阿拉伯、阿富汗、印度至我国中部均有分布。我国有4种，产于长江流域以南各地。

分种检索表

1. 叶长1～3cm，宽0.7～1cm；幼枝被微柔毛 ⋯⋯⋯⋯⋯⋯⋯⋯⋯ 1. 铁仔*M. africana*

1. 叶长5～9cm，宽2～3.5cm；幼枝无毛 ⋯⋯⋯⋯⋯⋯⋯⋯ 2. 针齿铁仔*M. semiserrata*

(1) 铁仔 (簸箕子、野茶、矮零子、豆瓣柴、碎米果、铁帚把、牙痛草、小铁子、炒米柴)

Myrsine africana Linn.

常绿灌木,高0.5~1m;小枝圆柱形,被锈色微柔毛,具棱角。叶片革质或坚纸质,椭圆状倒卵形、近圆形、长圆形或披针形,长1~2(3)cm,宽0.7~1cm,边缘常具刺尖锯齿,两面无毛,背面常具小腺点;叶柄短或几无,下延至小枝上。花簇生或近伞形花序,腋生;花梗长0.5~1.5mm;花4数;花冠在雌花中长为萼的2倍或略长,基部连合成管,管长为全长的1/2或更多;子房无毛。浆果核果状,球形,直径达5mm,红色变紫黑色,光亮。花期2~3月,有时5~6月,果期10~11月,有时2月或6月。

产于我国云南、西藏、四川、贵州、广西、台湾、湖北、湖南、甘肃、陕西等地,生于海拔1000~3600m的石山坡、荒坡疏林中或林缘、向阳干燥的地方。自亚速尔群岛经非洲、阿拉伯半岛至印度有分布。

本种株型矮小,生长缓慢,白花繁多,如抛撒在绿毯上的碎米粒,故名碎米果。可用于山石缝隙栽植,也可作矮篱,或配置于石阶转角;亦可盆栽观赏。枝、叶药用。

铁仔

铁仔果实

(2) 针齿铁仔 (齿叶铁仔)

Myrsine semiserrata Wall.

常绿小乔木,高3~7m;小枝无毛,圆柱形,常具棱角。叶片坚纸质至近革质,椭圆形至披针形,有时成菱形,长5~9(14)cm,宽2~3.5cm,边缘常于中部以上具刺状细锯齿,具疏腺点;叶柄长约5mm或略短。伞形花序或花簇生,腋生,有花3~7朵,花梗长约2mm;花4数,长约2mm,花萼基部连合成短管,长达全长的1/3或略短,萼片卵形或三角形至椭圆形,具腺点和缘毛;花冠白色至淡黄色,长约2mm,基部近连合或成短管,长通常为全长的1/3,裂片长椭圆形、长圆形或舌形,中部以上具明显的腺点,具缘毛;雄蕊与花冠等长或较长,子房卵形。浆果核果状,球形,直径5~7mm,红色变紫黑色,具密腺点。花期2~4月,果期10~12月。

产于我国云南、西藏、四川、贵州、广西、广东、湖南及湖北等地,生于海拔500~2700m的山坡疏、密林内或路旁、沟边、石灰岩山坡等阳处。印度、缅甸亦有。

本种枝叶秀丽,四季常青,可于假山、岩石园、滨河之畔配置,也可作疏林下或林缘灌木配置应用。

针齿铁仔　　　针齿铁仔果实

五十二、柿树科Ebenaceae

乔木或灌木。单叶，互生，稀对生，全缘；无托叶。花单性异株或杂性，单生或成聚伞花序，腋生；萼3~7裂，宿存，并于结果时增大；花冠3~7裂，早落；雄蕊离生或着生于花冠管基部，常为花冠裂片数的2~4倍，稀同数；子房上位，2至多室，每室1~2胚珠。浆果。

3属，500余种，分布于热带至温带。我国1属，57种，各地均产。

柿树属*Diospyros* L.

落叶乔木或灌木；枝无顶芽，侧芽具芽鳞2~3。叶互生。花单性异株或杂性；雄花常较雌花小，多为短聚伞花序，雄蕊4~16；雌花常单生，花冠钟形或壶形；花萼3~7裂，绿色，随果实成熟而增大，宿存。浆果肉质，具宿存花萼；种子大而扁。

500种，分布于温带、亚热带及热带地区。我国57种，6变种，各地均产，以西南、华南为多。

分种检索表

1. 幼枝密被褐色或棕色柔毛，果熟时橙黄或朱红色，径3~8 cm ·················· 1. 柿*D. kaki*
1. 幼枝疏生短柔毛；果蓝黑色，径1~1.5 cm ·················· 2. 君迁子*D. lotus*

(1) 柿（柿树、柿花、水柿、金柿、牛心柿、朱果、猴枣）

Diospyros kaki Thunb.

乔木，高达15m；幼枝密被褐色或棕色柔毛。叶质肥厚，椭圆状卵形至长圆形或倒卵形，长6~18cm，宽3~9cm，表面深绿色，有光泽，背面淡绿色，疏生褐色柔毛；叶柄长1~1.5cm，有毛。花黄白色，雌雄异株或同株；雄花每3朵集生或成短聚伞花序；雌花单生于叶腋；花萼4深裂，裂片三角形，无毛；子房8室。浆果卵圆形或扁球形，直径3~8cm，橘红色或橙黄色，有光泽。花期6月，果期9~10月。

原产我国长江流域，各地多有栽培。朝鲜、日本、东南亚、大洋洲、北非的阿尔及利亚、欧洲也有栽培。

本种树形优美，叶大，浓绿色而有光泽，秋季变红色，9月中旬以后，果实渐变橙黄或橙红色，极为美观，既适宜于城市绿化又适于山区自然风景点中配植，是极好的园林结合生产树种。

柿树为我国原产，栽培历史悠久，品种较多，从分布上来看，可分为南、北二型，主要品种有：磨盘柿(盖柿)、高桩柿、镜面柿、尖柿、鸡心黄及华南牛心柿等。

柿

柿果实

（2）君迁子（软枣、黑枣、牛奶柿）

Diospyros lotus L.

落叶乔木，高15m；幼枝疏生短柔毛。叶椭圆形至长圆状椭圆形，长6～12cm，宽3.5～5.5cm，上面密生柔毛，后脱落，下面近粉白色；叶柄长0.5～2.5cm。花单性，雌雄异株，簇生叶腋；花萼密生柔毛，3～4裂；子房8室。果球形或近球形，径1～1.5cm，蓝黑色，有白蜡层。花期4～5月，果期10～11月。

产于我国云南、西藏、四川、贵州、广西、广东、福建、江西、湖南、湖北、浙江、江苏、安徽、河南、山东、山西、甘肃及陕西等地，生于海拔500～2300m的山坡、山谷灌丛中或林缘。亚洲西部及欧洲南部也有分布；在地中海各国已有引种。

君迁子秋天叶变黄，叶脱落后，常有先黄后蓝黑的果实留于树上，有较高的观赏价值，宜植于庭园观赏。木材供制文具，家具等用。果实去涩生食或酿酒、制醋；种子药用。君迁子树还可作柿树的砧木。

君迁子　　　　　君迁子花

君迁子果实

五十三、芸香科Rutaceae

乔木或灌木，稀草本，富含挥发性芳香油，有刺或无刺。单叶或复叶，互生或对生，常具透明油腺点；无托叶。花两性或单性，稀杂性同株，常整齐，单生或成聚伞花序、圆锥花序；萼4～5裂，花瓣4～5，离生，稀下部合生；雄蕊常与花瓣同数或为其倍数；子房上位，稀半下位，心皮2～15，分离或合生，每室胚株1至多数。蓇葖果、柑果、蒴果、核果或翅果。

约150属，900种，主产热带和亚热带，少数至温带。我国28属，约150种。

分种检索表

1. 奇数羽状复叶。
　2. 叶互生，蓇葖果或浆果。
　　3. 枝有皮刺；小叶对生；蓇葖果 ………………………… 1. 花椒属*Zanthoxylum*
　　3. 枝无皮刺；小叶互生；浆果肉质 ………………………… 2. 九里香属*Murraya*
　2. 叶对生，浆果状核果 ………………………………………… 3. 黄檗属*Phellodendron*
1. 单身复叶，稀单叶，柑果。
　4. 子房7～15室，每室4～8胚珠，果较大 …………………… 4. 柑橘属*Citrus*
　4. 子房2～6室，每室2胚珠，果较小 ………………………… 5. 金橘属*Fortunella*

1. 花椒属 *Zanthoxylum* Linn.

小乔木或灌木，稀为藤本；茎枝具皮刺。奇数羽状复叶或3小叶，互生，有透明油腺点。花小，单性异株或杂性，聚伞花序、圆锥花序或簇生；萼(4)5裂，花瓣(4)5，稀无花瓣；雄蕊与花瓣同数或为其倍数；子房上位，2～5心皮，离生或基部合生，各具2个并生胚珠；聚合蓇葖果，外果皮红色或紫红色，被油腺点；每蓇葖具1(2)粒种子，种子黑色而有光泽。

约250种，广布于热带、亚热带，温带较少。我国约产45种，主产黄河流域以南地区。

分种检索表

1. 叶轴具窄翅；小叶5～13，常卵形或卵状椭圆形，侧脉两面显著 ……………………………………………………………………………… 1. 花椒 *Z. bungeanum*

1. 叶轴具较宽的翅；小叶3～9，常披针形或椭圆状披针形，侧脉不显著 …………………………………………………………………… 2. 竹叶花椒 *Z. armatum*

(1) 花椒（椒、檓、大椒、秦椒、蜀椒）

Zanthoxylum bungeanum Maxim.

落叶小乔木，高3～7m，茎干具增大的皮刺。奇数羽状复叶，叶轴具窄翅；小叶5～13，对生，无柄，纸质，卵形至卵状椭圆形，长1.5～7cm，宽1～3.5cm，两侧略不对称，边缘具细锯齿，齿间具油腺点；侧脉两面显著。聚伞圆锥花序顶生，长2～5cm；花被片4～8，1轮，黄绿色，大小近相等；子房上位，心皮2～4。蓇葖果熟时红色或紫红色，密生凸起腺点。花期4～5月，果期8～9月。

产于我国云南、西藏、四川、贵州、广西、江西、湖南、湖北、浙江、江苏、安徽、河南、河北、山东、山西、辽宁、青海、宁夏、甘肃及陕西等地，生于海拔3000m以下的山坡灌丛中。

花椒因枝干多刺、耐修剪，是作刺篱的好材料；其适应性强，也是荒山、荒滩造林、四旁绿化及庭园绿化结合经济生产的良好树种。果皮、种子为调味香料，并可入药。

花椒花枝

花椒

花椒果实

(2) 竹叶花椒（万花针、白总管、竹叶总管、山花椒、狗椒、野花椒、崖椒、秦椒、蜀椒）

Zanthoxylum armatum DC.

高3～5m的落叶小乔木；茎枝多锐刺，刺基部宽而扁，红褐色，小枝上的刺劲直，水平抽出，小叶背面中脉上常有小刺。叶轴具较宽的翅；小叶3～9(11)，对生，通常披针形或椭圆状披针形，长3～12cm，宽1～3cm，两端尖，侧脉不显著。花序近腋生或同时生于侧枝之顶，长2～5cm，有花约30朵以内；花被片6～8片，形状与大小几相同，长约1.5mm；雄花的雄蕊5～6枚；雌花有2～3个心皮。蓇葖果熟时紫红色，有少数微凸起的油点。种子径3～4mm，褐黑色。花期4～5月，果期8～10月。

产我国山东以南地区，南至海南，东南至台湾，西南至西藏东南部，见于低丘陵坡地至海拔2200m山地的多类生境，石灰岩山地亦常见。日本、朝鲜、越南、老挝、缅甸、印度、尼泊尔也有。

本种树姿优美，叶青翠，新生嫩枝紫红色，宜配置于岩石园、山间石涧；植株多刺，也可修剪作刺篱。果为调味香料。

竹叶花椒

竹叶花椒果实

2. 九里香属 *Murraya* Koenig ex Linn.

灌木或小乔木。叶互生，奇数羽状复叶。花排成腋生或顶生聚伞花序；萼极小，4～5深齿裂；花瓣4～5片，覆瓦状排列，散生半透明油腺点；雄蕊8～10，花药细小；子房2～5室，每室有胚珠1～2颗。浆果肉质，常含黏胶质物，有种子1～2粒。

约12种，分布于亚洲热带、亚热带及大洋洲东北部。我国9种，产于南部地区。

分种检索表

1. 小叶倒卵形或倒卵状椭圆形，先端圆钝或钝尖 ·················· 1. 九里香 *M. exotica*
1. 小叶卵形或卵状披针形，先端短尾尖 ·················· 2. 千里香 *M. paniculata*

(1) 九里香（千里香、石辣椒、九秋香、九树香、过山香、黄金桂、山黄皮、千只眼、石桂树）

Murraya exotica Linn.

常绿小乔木或灌木，高4~8m。奇数羽状复叶；小叶3~9，互生，小叶叶形变异大，由卵形至倒卵形至菱形，长1~6 cm，全缘，先端圆钝或钝尖。聚伞花序，腋生或顶生；花白色，芳香；花瓣5，长椭圆形，长1~1.5 cm，花时反折；雄蕊10，花丝白色。浆果橙黄色或红色，长0.8~1.2cm，果肉含胶液。花期4~8月，果期9~12月。

产于我国云南、贵州、广西、广东、海南、台湾、福建及湖南等地，常见于离海岸不远的平地、缓坡、小丘的灌丛中，喜生于沙质土向阳处。亚洲其他一些热带及亚热带地区也有分布。

九里香花期长，花瓣洁白，花香四溢，故有"九里香""千里香"之称；且花后果实累累，大小如豆，生者碧绿，熟者鲜红，花果均具有较高观赏价值。此外，九里香四季青翠，枝叶繁密，颇耐修剪，可种植于公园、广场、住宅小区、办公楼等地，并可修剪成方形、塔形、圆球形或杯形等形状，颇具观赏情趣。

九里香

九里香花

九里香果实

(2) 千里香（九里香、百里香、地椒、地姜、过山香、黄金桂、四季青、月橘、青木香）

Murraya paniculata (Linn.) Jack.

常绿小乔木，高8~10m。奇数羽状复叶；小叶3~5(7)，互生，卵形或卵状披针形，长3~9cm，全缘，先端短尾尖。聚伞花序，腋生或顶生；花白色，芳香；花瓣5，倒披针形或长椭圆形，长1~2cm，花时反折；雄蕊10，花丝白色。浆果橙黄色或红色，长1~2cm，果肉含胶液。花期4~8月，果期9~12月。

产于我国云南、贵州、广西、广东、海南、台湾、福建及湖南等地，生于海拔130~2000m的山地林中，石灰岩地区亦常见。菲律宾、印度尼西亚、斯里兰卡也有分布。

本种树冠浓郁，四季常青，花期香气远溢，亦有"九里香""千里香"之称；金秋红果累累，宜庭院栽培观赏，常孤植或群植，在居住小区及公园景观营造中也可应用。

千里香

千里香花

3. 黄檗属（黄柏属）*Phellodendron* Rupr.

落叶乔木；树皮木栓层发达，内皮黄色；无顶芽，侧芽为柄下芽。奇数羽状复叶，对生，小叶具锯齿。花小，单性，异株，聚伞圆锥花序顶生；萼片、花瓣、雄蕊及心皮均5数；子房5室，每室2胚珠。浆果状核果具胶液，蓝黑色。

约4种，主产于东亚。我国产2种、1变种。

川黄檗（小黄连树、黄皮树、灰皮树、黄柏皮、檗木）

Phellodendron chinense Schneid.

落叶乔木，高10~20m。奇数羽状复叶，对生，叶轴及叶柄较粗，被褐色柔毛；小叶7~15，叶基稍不对称，叶缘有细钝锯齿，齿间有透明油点，叶表光滑，叶背中脉基部有毛。花小，黄绿色，各部均为5数。核果椭圆形或近球形，径1~1.5cm，蓝黑色。

产于我国云南、四川、贵州、广西、广东、海南、福建、陕西等地，生于海拔600~2000m的山地林中。

本种树冠宽阔，秋季叶变黄，可植为庭荫树、景观树，可孤植、群植或片植，是很好的秋色叶树种，也是良好的蜜源植物。因其根系入土深，主根发达，抗风力强，可作防风树种。树皮即中药黄柏；内皮可作黄色染料等。

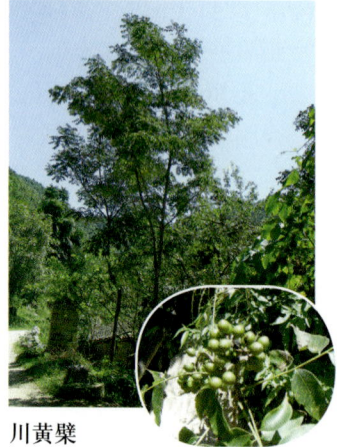
川黄檗

川黄檗果实

4. 柑橘属 *Citrus* Linn.

常绿乔木或灌木，常具刺；幼枝扁，具棱。单身复叶互生，叶柄具翅及关节，稀单叶，革质，具油腺点，叶缘具齿，稀全缘。花常两性，单生或簇生叶腋，或少花排成总状或聚伞花序；花萼杯状，3~5裂，宿存；花瓣4~5，白色或淡紫红色，芳香；雄蕊20~25，稀更多。子房7~15室，每室4~8胚珠。柑果较大，无毛，外果皮密生油点，油点又称为油胞，中果皮内层为网状桔落，内果皮具多个瓤囊，瓤囊内壁具半透明汁泡及种子。

约20种，原产亚洲东部及南部。现热带及亚热带地区广泛栽培。我国连引入栽培的约15种。

分种检索表

1. 单叶，叶柄无翅，叶柄顶端无关节 ···································· 1. 枸橼 *C. medica*
1. 单身复叶，叶柄具翅，叶柄顶端有关节。
  2. 果皮不易剥离，果心充实。
    3. 小枝有毛；果极大，径在10 cm以上 ···························· 2. 柚子 *C. maxima*
    3. 小枝无毛；果中等大小，径在10 cm以下。
      4. 果顶具乳头状突起；花蕾淡紫色；果极酸 ···················· 3. 柠檬 *C. limon*
      4. 果顶不具乳头状突起；花蕾白色 ···························· 4. 甜橙 *C. sinensis*
  2. 果皮易剥离，果心中空 ···································· 5. 柑橘 *C. reticulata*

(1) 枸橼（香橼、枸橼子、香圆、陈香圆、香泡树）

Citrus medica Linn.

常绿小乔木或灌木；枝刺长达4cm。单叶，稀兼有单身复叶，叶片矩圆形或倒卵状矩圆形，长8～16cm，宽3.5～6.5cm，边缘有锯齿；叶柄短，无翅。总状或圆锥花序腋生，花常两性，或雌蕊退化而成单性；雄花内面白色，外面淡紫色，雄蕊30枚以上；雌花子房上部渐狭，10～16室。柑果椭圆形、近球形或纺锤形，顶端常有宿存的花柱，熟时呈柠檬黄色，果皮粗厚而芳香。花期4～6月，果期8～11月。

产于我国云南、西藏、四川、贵州、广西、广东、海南、台湾、福建及浙江等地。越南、老挝、缅甸等国家也有分布。

枸橼花芳香宜人，果实金黄，是优良的观果树种。特别是变种佛手*C. medica* var. *sarcodactylis* (Noot.) Swingle 果形奇特，是盆栽观果的上佳树种。花、果均可入药。

枸橼花　　　　　枸橼果实　　　　　　　　　佛手花　佛手

(2) 柚子（文旦、雪柚、团圆果、抛、朱栾、雷柚、气柑）

Citrus maxima (Burm.) Merr.

常绿小乔木。幼枝、叶下面、花梗、花萼及子房均被柔毛，刺较大。叶宽卵形或椭圆形，连叶柄刺长8～20cm，宽4～8cm，叶缘有钝齿；叶柄具宽大倒心形之翼。花两性，白色，芳香，单生或簇生叶腋；萼片4～5浅裂；花瓣4～5；雄蕊20～30，花丝连生成数束。柑果球形、扁球形或梨形，径15～25cm，果皮平滑，淡黄色。春季开花，果9～10月成熟。

我国长江以南各地广泛栽培。印度、越南、缅甸等国家也有分布。

本种叶大荫浓，树形美观，果实硕大，花香扑鼻，是优良的庭园观果树种，可植于亭、堂、院落之隅。柚子为亚热带主要果树之一，品种较多。

柚子花

柚子　　　　　　　　柚子果实

（3）柠檬（洋柠檬、黎檬柠果、西柠檬、益母果）

Citrus limon (L.) Burm.f.

常绿小乔木。树冠圆头形，树姿较开张。枝具针刺。叶片长椭圆形或卵状长椭圆形，先端渐尖，基部楔形或阔楔形，长8～14cm，宽4～6cm，边缘具钝齿；叶柄短、翼叶不明显。单花腋生或数朵簇生；花蕾淡紫色，花萼浅杯状；花瓣长1.5～2cm。柑果椭圆形或倒卵形，径5cm以上，果皮黄色或淡绿色，有光泽，果顶具乳头状突起；果实密布含柠檬香气的油腺点。种子卵圆形。

原产马来西亚。现我国长江以南各地多有栽培。

柠檬具有周年开花习性，每年集中开放3～4次不等，果期硕果累累，果色金黄，香气宜人，可种植于庭院观赏，也可盆栽观赏。果皮含芦丁、柠檬素等黄酮类物质；花、叶及果皮富含芳香油，可蒸制柠檬油。果味极酸，具消食开胃之功效。

柠檬花

柠檬

柠檬果实

（4）甜橙（广柑、黄果、橙、广橘、新会橙）

Citrus sinensis (L.) Osb.

常绿小乔木；小枝无毛，枝具刺或无。叶椭圆形至卵形，长6～10cm，全缘或有不显著钝齿；叶柄具狭翼，宽0.2～0.5cm，柄端有关节。花白色，1至数朵簇生叶腋。果近球形，径5～10cm，橙黄色，果皮不易剥离，果瓣9～12，果心充实。花期3～5月，果期11～12月。

我国秦岭以南各地广泛栽培。欧洲、美洲及印度、缅甸、越南等国家均有栽培。

甜橙为著名水果之一，栽培品种较多，如：冰糖橙、脐橙、黄果、血橙等。甜橙枝叶茂密，树形美观，花香，果味美，是园林结合生产的好树种。

甜橙

甜橙叶

（5）柑橘（橘、柑橘）

Citrus reticulata Blanco

　　常绿小乔木或灌木，高约3m。小枝较细弱，无毛，通常有刺。叶椭圆形至椭圆状披针形，长4～8cm，宽2～3cm，叶端渐尖或钝，叶基楔形，全缘或有细钝齿；叶柄近无翼。花黄白色，单生或簇生叶腋。柑果扁球形，径5～7cm，橙黄色或橙红色；果皮薄易剥离，果心大而空。花期4～5月，果期9～12月。

　　我国秦岭、淮河以南地区广为栽培，为著名水果之一，约有2500年的栽培历史，其品种品系较多，如：碰柑、南丰蜜橘、福橘、蕉柑等。

　　柑橘花小而量大，春季花香溢园，果实成熟时橘红色、硕果累累、丹实似火，叶色浓绿、四季常青，适于庭园种植，是园林结合生产的良好树种，适于盆栽，是观叶、观果佳品。

柑橘

柑橘果实

5. 金橘属 *Fortunella* Swingle

　　常绿灌木或小乔木；幼枝绿色，稍扁，具棱，刺腋生或无刺。单身复叶，互生，叶柄翅极窄。花两性，单生或簇生叶腋；花萼4～5裂；花瓣通常5；雄蕊为花瓣的3～4倍，成束或分离；子房2～6室。柑果较小，径小于3cm，具短柄。

　　6种，分布于东亚，我国产5种，分布于华南和华东地区，现全国各地均有栽培，常作为室内观果植物。

金橘（罗浮、金柑、枣橘、长寿金柑、牛奶柑、公孙橘、夏橘、金枣、寿星柑、金蛋）

Fortunella margarita (Lour.) Swingle

　　常绿灌木，高可达3m。枝细，密生，具刺，栽培品种无刺。叶卵状披针形或长椭圆形，长5～11cm，表面深绿光亮；叶柄具狭翅。花白色，1～3朵腋生。柑果长圆形或长卵形，熟时金黄或橙红色。花期5～8月，果期10～12月。

　　产于我国广西、广东、台湾及福建等地，南方各地栽培。

　　金橘枝叶茂密，树姿秀雅，四季常青。夏季开花，花色玉白，香气远溢。果熟时金黄或橙红色，点缀于绿叶之中，可谓碧叶金丸，扶疏长荣，观赏价值极高，多作盆景观赏。

金橘

五十四、楝科Meliaceae

乔木或灌木，稀为草本。叶互生，稀对生，羽状复叶，稀单叶，无托叶。花两性或杂性异株，辐射对称；聚伞圆锥花序或总状花序；花萼小，4～6裂；花瓣4～6离生或基部合生；雄蕊常为花瓣数之2倍，花丝连合成筒状；具内生花盘或缺；子房上位，1～5室，每室胚珠1至多数。蒴果、核果或浆果。

50属，1400种，产热带和亚热带地区，少数产于温带。我国15属，约62种，多分布于长江以南各地。

分属检索表

1. 蒴果；种子具翅；雄蕊分离 ·· 1. 香椿属 *Toona*
1. 核果或浆果；种子无翅；雄蕊合生成管。
  2. 叶常为2～3回羽状复叶，小叶具锯齿，稀全缘；核果 ··········· 2. 楝属 *Melia*
  2. 叶为1回羽状复叶；小叶通常全缘；浆果。
    3. 雄蕊花丝合生至中部以上，花药生于雄蕊管内面 ··········· 3. 米仔兰属 *Aglaia*
    3. 雄蕊花丝仅基部合生，花药生于花丝尖齿间 ·········· 4. 浆果楝属 *Cipadessa*

1. 香椿属 *Toona* Roem.

落叶乔木；芽有鳞片。羽状复叶，互生；小叶全缘，稀疏锯齿。花小，两性，聚伞圆锥花序。花萼短，管状，5齿裂；花瓣5，离生；雄蕊5，分离，着生于肉质的花盘上；花盘短柱状，具5棱，肉质；子房5室，每室有胚珠8～12颗。蒴果木质或革质，5瓣裂。种子一端或两端具翅。

共约15种，产亚洲及澳大利亚。我国产4种，分布于南部、西南部至华北各地。

分种检索表

1. 叶具有特殊香气；雄蕊10，其中5枚退化；种子上端具翅 ·········· 1. 香椿 *T. sinensis*
1. 叶无特殊香气；雄蕊5，全发育；种子两端均具翅 ·········· 2. 红椿 *T. ciliata*

(1) 香椿（椿、春阳树、春甜树、椿芽、毛椿、山椿、虎目树、虎眼、大眼桐）

Toona sinensis (A. Juss.) Roem.

落叶乔木，高达25m；幼枝具柔毛。偶数羽状复叶，长25～50cm，有特殊香气；小叶10～22，对生，长圆形或长圆状披针形，长8～15cm，无毛或仅下面脉腋被毛。聚伞圆锥花序顶生；花芳香；花萼短小；花瓣白色，卵状长圆形；雄蕊10，5枚退化，5枚发育；花盘无毛，近念珠状。蒴果卵圆形，长1.5～2.5cm。种子椭圆形，上端具膜质长翅。花期5～6月，果期8月。

产于我国云南、西藏、四川、贵州、广西、广东、江西、湖南、湖北、浙江、江苏、安徽、河南、河北、辽宁、甘肃及陕西等地，生于海拔1500～2500m以下山区及平原。印度、缅甸等国家也有分布。

香椿为我国人民熟知和喜爱的特产树种，栽培历史悠久。是华北、华中与西南的低山、丘陵及平原地区的重要用材及四旁绿化树种。枝叶茂密，树干耸直，树冠庞大，嫩叶红艳，是良好的庭荫树及行道树。在庭前、院落、草坪、斜坡、水畔均可配植。对有害气体抗性较强，亦可作为工矿区绿化树种。嫩叶可作蔬菜食用，有较高的营养价值，是重要的木本蔬菜之一。

香椿花序

香椿　　　　香椿芽　　　香椿果实

(2) 红椿（双翅香椿、赤昨工、红楝子）

Toona ciliata Roem.

常绿乔木，高达30m。幼枝被柔毛。偶数羽状复叶，长25～40cm；小叶14～16，对生，长圆形或长圆状披针形，长8～15cm，上面仅脉腋被毛，先端尾尖，基部两侧不对称。圆锥花序顶生；雄蕊5，全育；花盘与子房等长，被粗毛。蒴果椭圆形，长2～3.5cm。种子扁平，两端有膜质长翅。花期4～6月，果期10～12月。

分布于我国云南、西藏、四川、广西、广东、福建、湖南及安徽等地，多生于海拔500～2400m的沟谷林中和山坡林中。印度、中南半岛、印度尼西亚等地也有分布。

红椿分布虽较广，但多为零星分布，由于采伐过度，资源消耗过大，种群日益减少，已被列为珍稀濒危保护树种。由于红椿的木材花纹美丽，质地坚韧，被誉为中国"桃花心木"，作为用材林，现已有大量栽培，因其树形优美，可作适生地区的庭园绿化树。

红椿花及幼果

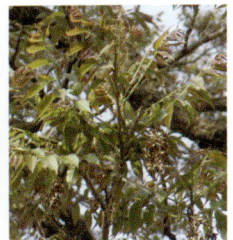

红椿　　　　红椿果实

2. 楝属*Melia* Linn.

乔木或灌木。2～3回羽状复叶，互生。花两性，白色或紫色，排成腋生、分枝的圆锥花序；花萼5～6深裂；花瓣5～6，离生，旋转排列；雄蕊合生成管，管顶10～12齿裂，花药10～12，生于裂片间的内面；花盘环状；子房3～6室，每室有胚珠2颗。核果。

约3种，产东半球热带及亚热带地区。我国产2种，分布于东南至西南部。

分种检索表

1. 小叶边缘具钝锯齿；花序与叶近等长；果长1～2cm ·············· 1. 楝 *M. azedarach*
1. 小叶全缘或具不明显钝齿；花序为叶长的1/2；果长3cm ·············· 2. 川楝 *M. toosendan*

（1）楝（苦楝、楝树、紫花树、森树）

Melia azedarach L.

落叶乔木。2～3回奇数羽状复叶，长20～50cm，幼时有星状毛；小叶卵形至椭圆形，长3～7cm，宽2～3.5cm，边缘具钝齿，有时微裂。圆锥花序与叶近等长或较短；花萼5裂，裂片披针形，被短柔毛和星状毛；花瓣5，淡紫色，倒披针形，被短柔毛；雄蕊10；子房5～6室。核果近球形，径1.5～2cm，淡黄色，4～5室，每室有1种子。花期4～5月，果期10月。

产于我国云南、西藏、四川、贵州、广西、广东、海南、福建、江西、湖南、湖北、浙江、江苏、安徽、河南、河北、山东、山西、甘肃及陕西等地，生于低海拔旷野、路边或疏林中。印度、巴基斯坦及缅甸等国家亦产。

楝树是华北南部至华南、西南低山、平原地区，特别是江南地区的重要四旁绿化及速生用材树种。树形优美，叶形秀丽，淡紫色花朵盛开于春夏之交，颇为美丽，果淡黄色，凌冬不凋，加之耐烟尘、抗二氧化硫，因此也是良好的城市及工矿区绿化树种，宜作庭荫树及行道树。在草坪中孤植、丛植，或配植于池边、路旁、坡地都很合适。

楝

楝果实

(2) 川楝（金铃子、川楝子、川楝实、唐苦楝）

Melia toosendan Sieb. et Zucc.

落叶乔木，高达25m。小枝幼时被褐色星状鳞片。2回羽状复叶，叶具长柄，连柄长常在45cm以上，被细柔毛；一回羽片具小叶3～5，对生；小叶膜质，全缘或具不明显钝齿，椭圆状披针形，先端长渐尖，长4～10cm，宽2～4.5cm。圆锥花序聚生于小枝顶部，长约为叶的1/2，花淡紫色或白色，密集；萼片椭圆形至披针形，两面被柔毛；花瓣匙形，长1～1.3cm；子房近球形，6～8室。核果大，成熟时淡黄色，椭圆状球形，长2.5～4cm，径2～3cm；果皮薄，核6～8。花期3～4(7)月，果期8～11月。

分布于我国云南、四川、贵州、广西、湖南、湖北、河南及甘肃等地，生于土壤湿润、肥沃的杂木林和疏林内。日本、越南、老挝、泰国也有。

本种栽培历史悠久，生长迅速，既是优良用材和四旁绿化树种，又具有多种用途，木材可供家具、造纸等用，果实、根皮或树皮、叶、花可供药用。

 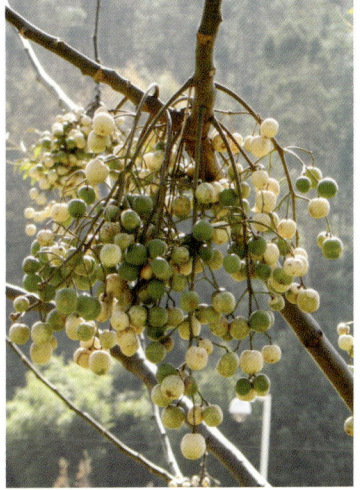

川楝　　　　　　　　　　　　　　　　　川楝果实

3. 米仔兰属 *Aglaia* Lour.

乔木或灌木，各部常覆以小鳞片。叶互生，羽状复叶或3小叶，稀单叶；小叶全缘。花杂性异株，小，近球形，排成腋生圆锥花序；花萼4～5齿裂或深裂；花瓣3～5，凹陷，短，花蕾时覆瓦状排列；雄蕊管球形、壶形、钟形或卵形，顶5齿裂或全缘，花药5～6(10)；子房1～2室，每室有胚珠1～2。浆果，不开裂，有种子1～2。

约200余种，主产印度、马来西亚和大洋洲。我国约产10种，分布于华南、西南等地。

米仔兰（鱼子兰、碎米兰、珠兰、树兰、米兰、兰花米、山胡椒）

Aglaia odorata Lour.

常绿灌木，茎多分枝，幼枝常被星状柔毛或锈色鳞片。叶互生，奇数羽状复叶，长5～12cm，叶轴具窄翅；小叶3～5，对生，薄革质，倒卵状椭圆形至狭椭圆状披针形，长2～8cm，顶端1片较长。圆锥花序，花黄色，极香；花萼裂片5，圆形；花瓣5，矩圆形至近圆形，黄色；子房1～2室，密被黄色粗毛。浆果卵形或近球形，长1～1.2cm，疏被星状鳞片。种子具肉质假种皮。

产于我国广西、广东及海南，生于低海拔山地疏林内或灌丛中。云南、四川、贵州、福建等地有栽培。

米仔兰是深受群众喜爱的花木，枝叶繁密常青，花香馥郁，花期特长。华南庭园习见栽培观赏，长江流域及其以北各大城市常盆栽观赏，温室越冬，除布置庭园及室内观赏外，花可用以熏茶和提炼香精。木材黄色，致密，可供雕刻、家具等用。

米仔兰　　　　　　　米仔兰果实

4. 浆果楝属 *Cipadessa* Bl.

灌木或乔木。叶为奇数羽状复叶，互生或近对生，无托叶，通常具小叶3～6对。花组成腋生的圆锥花序；花小，近球形，两性，5基数；花萼浅杯状，5齿裂；花瓣5，长椭圆形，彼此分离，广展，芽时镊合状排列；雄蕊10，花丝基部或下端结合成浅杯状的雄蕊管，上端分离；子房5(1～3)室，球形，每室有并生的胚珠2。核果，稍肉质，球形而具5棱，5室，内含5核，每核内有种子1～2。

约4～5种，分布于马达加斯加、印度、马来半岛等地。我国产2种，分布于西南各地。

灰毛浆果楝

Cipadessa cinerascens (Pellegr.) Hand. -Mazz.

灌木或小乔木，通常高2～6m；嫩枝灰褐色，有棱，被黄色柔毛。叶连柄长20～30cm，叶轴和叶柄圆柱形，被黄色柔毛；小叶通常4～6对，对生，纸质，卵形至卵状长圆形，长5～10cm，宽3～5cm，下部的远较顶端的为小，两面均被紧贴的灰黄色柔毛。圆锥花序腋生，长10～15cm，分枝伞房花序式，与总轴均被黄色柔毛；花直径3～4mm，具短梗，长1.5～2mm；花瓣白色至黄色；核果球形，直径约5mm，熟后紫黑色。花期4～10月，果期8～12月。

灰毛浆果楝果实

产于我国云南、四川、贵州、广西等地，多生长在山地疏林或灌木林中。越南亦有分布。

本种树冠开展，羽叶淡雅，细果如珠，可与其他树种一起配置于风景林、疗养胜地；植株多毛，滞尘能力强，可作工矿区绿化隔离带。根、叶药用。

五十五、无患子科Sapindaceae

乔木或灌木，稀为藤本。叶常互生，羽状复叶，稀掌状复叶或单叶；多不具托叶。聚伞圆锥花序；花小，单性，稀两性或杂性，辐射对称或两侧对称。萼片4～6；花瓣4～6；花盘肉质；雄蕊5～10；子房上位，多为3室，每室具1～2或更多胚珠；常为中轴胎座。蒴果、核果、浆果或荔果。

约150属，2000种，产热带、亚热带，少数产温带。我国产25属，56种，主产长江以南各地。

分属检索表

1. 果不开裂，核果状或荔果。
  2. 核果具肉质果皮，种子无假种皮 ·················· 1. 无患子属Sapindus
  2. 荔果，种子具假种皮。
    3. 小叶表面侧脉明显；有花瓣，果皮近平滑，黄褐色 ·········· 2. 龙眼属Dimocarpus
    3. 小叶表面侧脉不明显，无花瓣；果皮外具小瘤状突起，红色或暗红色 ···············
    ·· 3. 荔枝属Litchi
1. 蒴果，室背开裂。
  4. 单叶，稀复叶；萼片4；果有翅 ·········· 4. 车桑子属Dodonaea
  4. 复叶，萼片5；果无翅。
    5. 一或二回奇数羽状复叶；果膨胀 ·········· 5. 栾树属Koelreuteria
    5. 三小叶复叶，果不膨胀 ·········· 6. 茶条木属Delavaya

1. 无患子属Sapindus Linn.

乔木或灌木。偶数羽状复叶，互生；小叶全缘。花单性异株，极小，辐射对称，聚伞圆锥花序顶生或在小枝顶部丛生；萼片和花瓣4～5；花盘环状，肉质；雄蕊8～10；子房3室，通常仅1室发育，每室有胚珠1。核果，具未发育的子房残基，果皮革质。种子球形，黑色，无假种皮；种脐线形。

约13种，分布于美洲、大洋洲和亚洲温暖地区。我国产4种，分布于长江流域及其以南地区。

分种检索表

1. 花辐射对称；花瓣5，有长爪，内面基部有2个耳状小鳞片；花盘碟状 ···············
·· 1. 无患子S. mukorossi
1. 花两侧对称；花瓣4，无爪，内面基部有1个大型鳞片；花盘半月状 ···············
·· 2. 皮哨子S. delavayi

(1) 无患子（皮皂子、木患子、洗手果、肥珠子、油患子、黄目树、目浪树、油罗树）

Sapindus mukorossi Gaertn.

　　落叶乔木，高10～15m；小枝密生皮孔。偶数羽状复叶；小叶5～8对，对生或近对生，卵状披针形至长椭圆形，长6～13cm，宽2～4cm，顶端渐尖，基部宽楔形，全缘。圆锥花序顶生，主轴和分枝有茸毛；花小，开放时直径3～4mm；萼片和花瓣各5。核果球形，径2～2.5cm，熟时淡黄色，具未发育的子房残基。种子球形，黑色，坚硬。花期5～6月，果期10月。

　　产于我国云南、四川、贵州、广西、广东、香港、海南、台湾、福建、江西、湖南、湖北、浙江、江苏、安徽、河南及陕西等地，为低山、丘陵及石灰岩山地习见树种，垂直分布在西南地区可高达2000m左右。越南、老挝、印度、日本亦产。

无患子

　　本种树形高大，树冠广展，绿荫稠密，秋叶金黄，宜作庭荫树及行道树。孤植、丛植在草坪、路旁或建筑物附近都很合适。若与其他秋色叶树种及常绿树种配植，更可为营造秋景增色。深根性，抗风力强；生长尚快，寿命长，对二氧化硫抗性较强，也是防风林及工矿区优良绿化树种。果肉含皂素，可代肥皂使用；根及果入药；种子榨油可作润滑油用。木材黄白色，较脆硬，可供农具、家具、木梳、箱板等用。

无患子果实

(2) 皮哨子（川滇无患子、打冷冷、菩提子）

Sapindus delavayi (Franch.) Radlk.

　　落叶乔木，高达10m；小枝圆柱状，被微柔毛。羽状复叶长达35cm，有小叶4～7对；小叶对生或互生，纸质，卵形至长圆形，长6～12cm，宽2.5～5.5cm，基部明显偏斜；小叶柄长4～7mm。圆锥花序长达16cm，花黄白色；花梗长约2mm，被黄色茸毛；萼片5，花瓣4(稀5)，子房倒卵形，无毛，花柱短，不分裂。核果球形，径约2cm，具未发育的子房残基；种子与果同形，黑色。花期6～7月，果期8～10月。

　　产于我国云南、四川、贵州、湖北及陕西等地，生于海拔1200～2600m的林缘或疏林中。

皮哨子

皮哨子果实

　　皮哨子树形高大，树冠广展，秋叶金黄，为良好的庭院绿化树种，常于庭园、寺院、房前屋后栽植。

2. 龙眼属*Dimocarpus* Lour.

乔木。偶数羽状复叶，互生；小叶对生或近对生，全缘。花单性，雌雄同株；萼片5；花瓣5或1～4；雄蕊8；子房2～3裂，2～3室，每室1胚珠。荔果(果皮革质，种子具肉质、半透明、多汁的假种皮)球形；果皮黄褐色，幼时具瘤状突起，老则近于平滑。种子近球形，具种脐。

约20种，产亚洲热带。我国产4种，分布南部及西南部。

龙眼（桂圆、益智、圆眼、羊眼果树）

Dimocarpus longan Lour.

常绿乔木；具板根。小枝被微柔毛。小叶通常4～5对，长圆状椭圆形或长圆状披针形，长6～15cm，宽2.5～5cm，叶脉两面明显。花序和萼片密生星状毛。荔果近球形，径1.2～2.5cm，通常黄褐色，外具微凸的小瘤状体。种子球形，黑褐色，全被肉质假种皮所包。花期4～5月，果期7～8月。

产于我国云南、四川、广西、广东、台湾、福建等地。中南半岛也有。

龙眼枝叶茂密，常年翠绿，宜作庭园和"四旁"绿化树种。其是华南地区的重要果树，栽培品种甚多。种子外之假种皮味甜可食，果核、根、叶及花均可入药。木材供舟、车、器具等用。

龙眼　　　　　　　　　　　　　　　　龙眼果实　　龙眼花

3. 荔枝属*Litchi* Sonn.

乔木。偶数羽状复叶，互生。花单性同株；聚伞圆锥花序；杯状萼4～5裂；无花瓣；雄蕊6～8；子房2室，每室1胚珠。荔果熟时常为红色，果皮具明显的瘤状突起。种子具白色、肉质、半透明、多汁的假种皮。

2种，菲律宾1种，我国1种。

荔枝（离枝、大荔、丹荔）

Litchi chinensis Sonn.

常绿乔木；小枝褐色，密生白色皮孔。小叶2～3(4)对，薄革质或革质，披针形或卵状披针形，长6～15cm，宽2～4cm，全缘，无毛，下面粉绿色，侧脉纤细，上面不明显。花序顶生，萼片被金黄色短茸毛；子房密生小瘤体和硬毛。果熟时暗红色至红色。种子紫红色、褐色或紫色，有光泽。花期春季，果期夏季。

产于我国云南、广西、广东及福建等地，四川、台湾有栽培。亚洲东南部、非洲、美洲有引种栽培。

本种树冠广阔，枝叶茂密；果期串串硕果，十分诱人，宜庭园种植，亦是优良的蜜源植物。荔枝是华南重要果树，品种很多，果鲜食，或制成果干、罐头等；木材供造舟、车、家具等用；根及果核可供药用。

荔枝花序

荔枝果实

4. 车桑子属*Dodonaea* Miller

乔木或灌木。单叶或羽状复叶，互生。花单性，雌雄异株，辐射对称，单生叶腋或组成顶生和腋生的总状花序、伞房花序或圆锥花序；萼片(3～)4(～7)；无花瓣；子房椭圆形、倒心形，通常2或3室，每室具胚珠2。蒴果翅果状，有时无翅或仅顶部有角；种子每室1或2。

约50余种，主产澳大利亚及其附近的岛屿。我国1种。

车桑子（坡柳、明油子、铁扫把、明子柴）

Dodonaea viscosa (Linn.) Jacq.

灌木或小乔木，高1～3m或更高；小枝扁，有狭翅或棱角，覆有胶状黏液。单叶，纸质，形状和大小变异很大，线形、线状匙形、线状披针形、倒披针形或长圆形，长5～12cm，宽0.5～4cm，侧脉多而密，纤细。花序顶生或在小枝上部腋生，比叶短，密花，主轴和分枝均有棱角；萼片4，披针形或长椭圆形，长约3mm，顶端钝；雄蕊7或8；子房椭圆形，2或3室。蒴果倒心形或扁球形，熟时红色，具2～3翅，连翅宽1.8～2.5cm。花期秋末，果期冬末春初。

分布于我国云南、四川、广西、广东、海南、台湾及福建等地，常生于干旱山坡、旷地或海边的沙土上。世界热带和亚热带地区也有分布。

本种耐干旱，萌芽力强，根系发达，是一种良好的固沙保土树种，在适生区可作庭院绿化用。

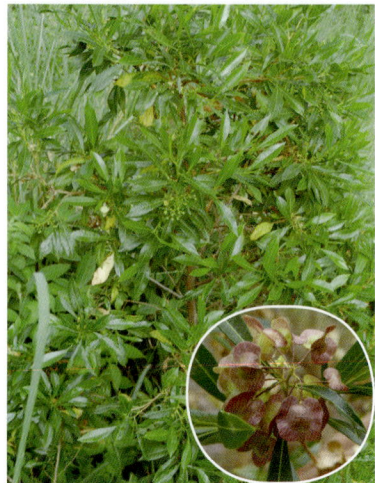

车桑子　　车桑子果实

5. 栾树属 *Koelreuteria* Laxm.

落叶乔木。一回或二回羽状复叶，互生；小叶常有锯齿或分裂，稀全缘。聚伞圆锥花序，花杂性，两侧对称，萼(4)5深裂；花瓣4(5)，披针形，内面基部具2深裂小鳞片；子房3室，每室2胚珠。蒴果膨胀，中空，具3棱，膜质，成熟时3瓣开裂。种子球形，黑色。

4种，分布于我国、日本、斐济。我国产3种，主产长江以南地区。

分种检索表

1. 一回或不完全二回羽状复叶；小叶边缘具粗锯齿，近基部常有深缺裂；蒴果圆锥形，先端渐尖 ·················· 1. 栾树 *K. paniculata*
1. 二回羽状复叶；小叶边缘有细锯齿或全缘；蒴果椭圆形 ·························· 2. 复羽叶栾树 *K. bipinnata*

(1) 栾树（摇钱树、灯笼果、木栏芽、木栾、栾华、乌拉、乌拉胶、石栾树、黑叶树）

Koelreuteria paniculata Laxm.

落叶乔木，高15m。小枝具疣点，与叶轴、叶柄均被柔毛或无毛。叶集生当年生枝上，一回或不完全二回羽状复叶，或偶有二回羽状复叶，长50cm；小叶(7)11~18，纸质，卵形至卵状披针形，长5~10cm，边缘具不规则粗锯齿，近基部缺裂。圆锥花序，长25~35cm，开展，密生微柔毛，花黄色，径1.6~2cm。蒴果圆锥形，具3棱，长4~6cm，先端渐尖，果瓣卵形。花期6~8月，果期9~10月。

产于我国四川、贵州、福建、江西、湖南、湖北、江苏、安徽、河南、河北、山东、山西、辽宁、青海、甘肃及陕西等地。多见于石灰岩山地、山谷及平原。世界各地有栽培。

本种复叶浓荫，秋叶鲜黄，适应性强，耐寒耐旱，宜作庭荫树、行道树及园林景观树，也可用作防护林、水土保持及荒山绿化树种，栾树对粉尘、二氧化硫等有害气体抗性较强，也是工业区绿化的好树种。木材供板材、器具等用。

栾树

栾树果实

(2) 复羽叶栾树 (摇钱树、灯笼果)

Koelreuteria bipinnata Franch.

落叶乔木，高20m；枝具疣点。二回羽状复叶，长45~70cm，羽片5~10对，每羽片有小叶5~17；小叶斜卵形，长3.5~7cm，宽2~3.5cm，边缘有小锯齿，下面密被柔毛，叶轴和叶柄被短柔毛。大型圆锥花序，长40~65cm，开展，花瓣长6~9mm，有爪。果椭圆形或近球形，具3棱，淡紫红色，长4~7cm，先端钝或圆，果瓣椭圆形到近圆形，膜质，有网纹。种子球形，径6mm。花期7~9月，果期8~10月。

产于我国云南、四川、贵州、广西、广东、江西、湖南、湖北、浙江、江苏、安徽、河南及陕西等地，生于海拔400~2500m。喜光，速生，常生于石灰岩山地。

本种树形端正，枝叶茂密而秀丽，春季嫩叶多为红色，入秋叶色变黄；夏季开花，蒴果大，秋果呈红色，十分美丽，宜作庭荫树、行道树及园景树，也可用作防护林、水土保持及荒山绿化树种。

复羽叶栾树

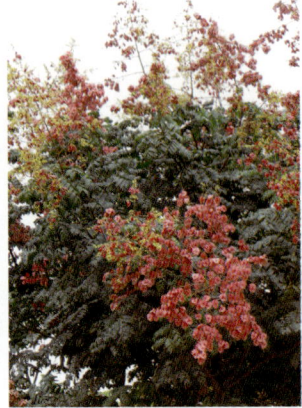

复羽叶栾树果实

6. 茶条木属 *Delavaya* Franch.

灌木或小乔木。掌状复叶，互生，无托叶；小叶3片。聚伞圆锥花序顶生或腋生，单生或2~3个簇生；苞片和小苞片均小；花单性，雌雄异株；萼片5，覆瓦状排列，外面2片较小，宿存；花瓣5，比萼长，有爪，内面基部有一2裂的鳞片；花盘下部短柱状，上部杯状，有膜质、波状皱褶的边缘；雄花的雄蕊8枚；雌花子房具短柄；子房近球形，2室或有时3室；胚珠每室2颗。蒴果倒心形，2或3裂，果瓣倒卵形或近球形。

单种属，产于我国云南和广西等地，生于海拔500~2000m处的密林中，有时亦见于灌丛中。越南北部也有分布。

茶条木 (黑枪杆、滇木瓜、米香树、鸡腰子果、打油果、三麻子果、檔果、米椿树)

Delavaya toxocarpa Franch.

种的特征及分布同属。

本种树冠浓密，树姿优美，宜配置于林下、林缘、角隅、滨河湖畔，孤植、丛植、片植均可。种子油供制肥皂等用。

茶条木

茶条木果实

五十六、漆树科Anacardiaceae

乔木或灌木。叶互生，稀对生，单叶或羽状复叶；常无托叶。花单性或两性，辐射对称，排成圆锥花序或总状花序；萼3～5裂；花瓣3～5，稀缺；花盘环状；雄蕊10～15，稀更多；子房上位，1～5室，每室有胚珠1；核果。

60属，600余种，分布于全球热带、亚热带地区。我国产16属，54种。

分属检索表

1. 单叶。
  2. 核果肾形，基部具肉质果托 ⋯⋯⋯⋯⋯⋯⋯⋯⋯⋯⋯ 1. 腰果属Anacardium
  2. 果实基部无果托。
    3. 常绿乔木；叶长椭圆形至披针形；果序上无多数不育花之伸长花梗；核果大 ⋯⋯⋯⋯⋯⋯⋯⋯⋯⋯⋯⋯⋯⋯⋯⋯⋯⋯⋯⋯⋯⋯⋯ 2. 杧果属Mangifera
    3. 落叶灌木或小乔木；叶倒卵形至卵形；果序上有多数不育花之伸长花梗；核果小 ⋯⋯⋯⋯⋯⋯⋯⋯⋯⋯⋯⋯⋯⋯⋯⋯⋯⋯⋯⋯⋯⋯ 4. 黄栌属Cotinus
1. 羽状复叶，稀掌状3小叶。
  4. 有花瓣，奇数羽状复叶或掌状3小叶。
    5. 子房5室 ⋯⋯⋯⋯⋯⋯⋯⋯⋯⋯⋯⋯⋯⋯ 3. 南酸枣属Choerospondias
    5. 子房1室。
      6. 圆锥花序顶生；中果皮不为蜡质，与内果皮分离 ⋯⋯⋯⋯ 5. 盐肤木属Rhus
      6. 圆锥花序腋生；中果皮蜡质，与内果皮连合 ⋯⋯⋯⋯ 6. 漆属Toxicodendron
  4. 无花瓣，偶数羽状复叶 ⋯⋯⋯⋯⋯⋯⋯⋯⋯⋯⋯⋯⋯ 7. 黄连木属Pistacia

1. 腰果属Anacardium L.

常绿灌木或乔木。单叶，互生，全缘。圆锥花序顶生，呈伞房状；花小，杂性或雌雄异株；萼5深裂；花瓣5，覆瓦状排列；雄蕊8～10，不等长，通常仅1枚发育；子房1室，1胚珠，花柱常侧生。核果肾形，侧向扁压，着生于膨大肉质的果托上。种子肾形，直立。

约15种，分布于热带美洲。我国引入栽培1种。

腰果（鸡腰果、介寿果、槚如树）

Anacardium occidentale (L.) Rottboell

常绿小乔木，高5～10m，具乳汁；小枝黄褐色。叶革质，倒卵形，长8～14cm，宽6～8.5cm，先端圆形、平截或微凹，基部宽楔形，两面无毛，叶脉两面凸起。花序长10～20cm，密生锈色微柔毛；花黄色，萼片及花瓣外被锈色微柔毛；花丝基部多少合生；子房倒卵形，无毛。核果肾形，长2～2.5cm，径1.5cm，基部有肉质梨形或陀螺

腰果花   腰果   腰果果实

形的果托，果托长3～7cm，径4～5cm，熟时紫红色。种子肾形，长1.5～2cm。

原产热带美洲，现全球热带广为栽培。我国云南、广西、广东、海南、台湾、福建等地引种栽培，适生于低海拔干热河谷地区。

腰果叶大浓绿，果形奇特，树姿优美，栽培观赏颇具情趣。腰果在国际市场上与扁桃、胡桃、榛子一起，并列为世界四大干果。果仁可炒食，亦可供制巧克力；果托生食或制蜜饯等；木材耐腐，供造船等用。

2. 杧果属 *Mangifera* L.

常绿乔木。单叶互生，全缘，具柄。圆锥花序顶生；花小，杂性，花梗具节；萼片及花瓣4～5，覆瓦状排列；雄蕊5或倍之，花丝分离或基部与花盘合生，通常仅1枚发育；子房无柄，偏斜，1室，1胚珠。核果，中果皮肉质或纤维质，果核木质。种子大，两侧扁。

约50种，分布于热带亚洲。我国5种，主产于华南至西南。

杧果（芒果、檬果、漭果、闷果、蜜望、望果、庵波罗果、抹猛果）

Mangifera indica L.

常绿乔木，高20m。叶薄革质，互生，常集生枝顶，长圆形或长圆状披针形，长12～30cm，宽3.5～6.5cm，先端渐尖，基部楔形或近圆形，边缘呈波状，无毛，侧脉20～25对，明显；叶柄长2～5cm，基部膨大。花序长20～35cm，花多密集，被灰黄色柔毛，花小，黄色或淡黄色。核果长卵形或椭圆形，压扁，长5～10cm，熟时黄色。花期春季，果期5～6月。

产于我国云南、广西、广东、海南、台湾及福建等地，生于海拔200～1350m的河谷及林中。印度、孟加拉国、中南半岛和马来西亚也有分布。

杧果植株高大，树冠浓荫，嫩叶颜色丰富而美丽，果形别致，宜作庭园绿化和道路绿化树种。为热带著名水果之一，国内外广泛栽培，多优良品种，果形，大小，果肉厚度及品质均有差异。

杧果花序

杧果果实

3. 南酸枣属 *Choerospondias* Brutt et Hill

落叶乔木。奇数羽状复叶，互生，常集生枝顶；小叶7～13，对生，全缘（幼树及萌发枝上的小叶具锯齿），窄长卵形或长圆状披针形。花单性或杂性异株，雄花或假两性花组成圆锥花序，雌花单生上部叶腋；花萼5裂；花瓣5；雄蕊10；花盘10裂；子房5室，每室1胚珠。核果卵圆形或长圆形，长2.5～3cm，熟时黄色，果核顶端具5个萌发孔。

1种，分布于我国云南、贵州、广西、广东、福建、江西、湖南、湖北、浙江及安徽等地，生于海拔300～2200m的山区。印度、中南半岛和东亚也有分布。

南酸枣（山枣、酸枣、五眼果、货郎果、连麻树、鼻涕果、山桉果、花心木、棉麻树）

Choerospondias axillaris (Roxb.) Burtt et Hill

形态特征同属。花期4月，果期8～9月。

本种因果核顶端具5个萌发孔，又名"五眼果"。喜光，萌芽力强，生长迅速，主干通直，枝叶繁茂，花、叶、果均可供观赏，适宜用作行道树及风景林等。果可食用和酿酒。

南酸枣叶　　　　南酸枣果实

4. 黄栌属 *Cotinus* (Tourn.) Mill.

落叶灌木或小乔木。单叶互生。花杂性，成顶生圆锥花序；花梗纤细，多数不孕花花后花梗伸长，被毛；萼片、花瓣、雄蕊各为5；心皮3，子房偏斜，1室，1胚珠，花柱3。核果扁肾形；果序上有许多羽毛状不育花之伸长花梗。

约5种，间断分布于南欧、亚洲东部及北美温带地区。我国产2种3变种，除东北外，各地均产。

（1）黄栌（红叶树、烟树、栌木、红叶）

Cotinus coggygria Scop. var. *cinerea* Engl.

落叶灌木或小乔木，高达5～8m；树冠圆形；树皮暗灰褐色。小枝紫褐色，被蜡粉。单叶互生，通常倒卵形，长3～8cm，先端圆或微凹，全缘，两面或下面被灰色柔毛，侧脉顶端常2叉状；叶柄细长，1～4cm。花小，杂性，黄绿色；成顶生圆锥花序。果序长5～20cm，具多数宿存的羽毛状细长花梗；核果肾形，径3～4mm。花期4～5月，果期6～7月。

产于我国云南、四川、贵州、河南、河北、山东、甘肃及陕西等地，生于海拔600～2000m山坡或沟谷灌丛中。南欧、叙利亚、伊朗、巴基斯坦及印度北部也有分布。

黄栌深秋满树通红，艳丽无比，北京称"香山红叶"，是北方秋季重要的观叶树种。花后久留不落的不孕花的花梗呈粉红色羽毛状，在枝头形成似云似雾的梦幻般景观。木材鲜黄，可作家具、器具及建筑装饰、雕刻用材。枝叶可入药。

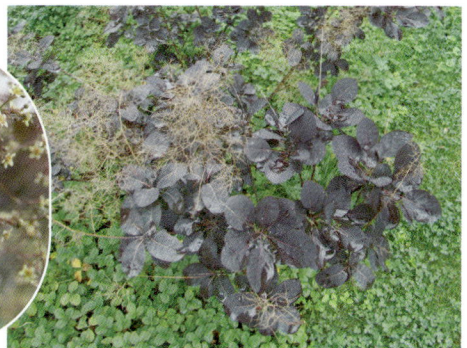

黄栌　　　　　　　　　　　黄栌花　　黄栌果实

5. 盐肤木属 *Rhus* (Tourn.) L.

落叶灌木或乔木。叶互生，奇数羽状复叶、3小叶或单叶。花小，杂性或单性异株，排成顶生聚伞圆锥花序或复穗状花序；花萼5裂，裂片覆瓦状排列，宿存；花瓣5，覆瓦状排列；雄蕊5，着生在花盘基部，子房1室，1胚珠，花柱3，基部多少合生。核果近球形，略压扁，被腺毛或柔毛，成熟时红色，外果皮与中果皮连合，果核骨质。

约250种，分布于亚热带和暖温带，我国有6种。

盐肤木（五倍子树、五倍柴、山梧桐、角倍、肤杨树、五倍子、乌桃叶、乌盐泡、乌酸桃、红叶桃、盐树根、土椿树、酸酱头、盐酸白）

Rhus chinensis Mill.

落叶小乔木或灌木，高2～10m。奇数羽状复叶有小叶7～13，叶轴具宽的叶状翅，小叶自下而上逐渐增大，卵形或椭圆状卵形或长圆形，无柄，长6～12cm，宽3～7cm，先端急尖，基部圆形，顶生小叶基部楔形，边缘具粗锯齿或圆齿。圆锥花序宽大，花白色，子房卵形，长约1mm，密被白色微柔毛，花柱3，柱头头状。核果球形，略压扁，径4～5mm，被具节柔毛和腺毛，成熟时红色，果核径3～4mm。花期8～9月，果期10月。

产于我国云南、四川、重庆、贵州、广西、广东、海南、台湾、福建、江西、湖南、湖北、浙江、江苏、安徽、河南、河北、山东、山西、辽宁、甘肃及陕西等地，生于海拔170～2700m的向阳山坡、沟谷、溪边的疏林或灌丛中。日本、印度、中南半岛、马来西亚、印度尼西亚等国也有分布。

本种为五倍子蚜虫寄主植物，在幼枝和叶上形成虫瘿，即五倍子，富含鞣质，在医药、塑料和墨水等工业上应用广泛。

盐肤木生长迅速，树形优美，秋叶黄红，在园林绿化中，可作为观叶、观果的树种。

盐肤木

盐肤木花

盐肤木果实

6. 漆属Toxicodendron (Tourn.) Mill.

落叶乔木或灌木，极少为木质藤本；具白色乳汁，干后变黑，有臭气。叶互生，奇数羽状复叶稀3小叶复叶；小叶对生。聚伞圆锥花序或聚伞总状花序，腋生；花小，杂性或单性异株；萼5裂；花瓣5，雌花花瓣较小；雄蕊5，着生于花盘外面基部；花盘环状、盘状或杯状，浅裂；子房1室，1胚珠，花柱3，基部合生。核果近球形或侧向压扁，外果皮常有光泽，中果皮白色，蜡质，与内果皮连合。

约20种，分布于东亚至北美至中美。我国16种，主产于长江以南各地。

漆树（漆、干漆、大木漆、小木漆、山漆、楂苜、瞎妮子）

Toxicodendron vernicifluum (Stokes) F. A. Barkl.

落叶乔木，高12m。复叶长15～30cm；叶柄长7～10cm，被微柔毛，基部膨大；小叶9～13，薄纸质，卵形或卵状椭圆形，长6～13cm，宽3～6cm，先端渐尖，基部偏斜，全缘，下面沿脉被黄色柔毛，侧脉10～15对。圆锥花序长15～30cm，被灰黄色微柔毛。核果黄色，径7～8mm，无毛，具光泽。花期5～6月，果期7～10月。

产于我国云南、西藏、四川、重庆、贵州、广西、广东、福建、江西、湖南、湖北、浙江、江苏、安徽、河南、河北、山西、辽宁、甘肃及陕西等地，生于海拔800～3000m阳坡、林中，在产区广为栽培。印度、朝鲜和日本也有分布。

漆树秋天叶变红，可作景观树栽种，但由于漆树的乳液含漆酚，人体接触易引起过敏，不宜作行道树等。漆树有2000多年的栽培历史。生漆是天然树脂涂料，素有"涂料之王"的美誉。

漆树

漆树果实

7. 黄连木属Pistacia L.

乔木或灌木，常绿或落叶。偶数羽状复叶，互生，稀3小叶复叶、奇数羽状复叶或单叶；小叶全缘。总状或圆锥花序腋生；花小，无花瓣，雌雄异株；雄蕊3～5；子房1室1胚珠，柱头3裂。核果球形。种子压扁状。

10种，分布于地中海沿岸、中亚和北美等地区。我国2种，引入1种。

分种检索表

1. 落叶乔木；叶轴无翅；小叶先端渐尖或长渐尖 ⋯⋯⋯⋯⋯⋯⋯⋯ 1. 黄连木*P. chinensis*

1. 常绿乔木；叶轴有窄翅；小叶先端微凹，具芒刺状硬尖头 ⋯⋯ 2. 清香木*P. weinmannifolia*

(1) 黄连木（楷木、黄楝树、药树、药木、黄华、石连、黄木连、木蓼树、鸡冠木、木黄连、黄儿茶、黄连茶、田苗树、烂心木）

Pistacia chinensis Bunge

落叶乔木，高达30m；树冠近圆球形。偶数羽状复叶，小叶5～7对，披针形或卵状披针形，长5～9cm，先端渐尖，基部偏斜，全缘。花单性，雌雄异株，圆锥花序，雄花序淡绿色，雌花序紫红色。核果径约6mm，初为黄白色，后变红色至蓝紫色。花期3～4月，先叶开放；果期9～11月。

产于我国云南、西藏、四川、重庆、贵州、广西、广东、海南、台湾、福建、江西、湖南、湖北、浙江、江苏、安徽、河南、河北、山东、甘肃及陕西等地，常散生于低山丘陵及平原。

黄连木树冠浑圆，枝叶繁茂而秀丽，早春嫩叶红色，入秋叶又变成深红或橙黄色，红色的雌花序也极美观，是城市及风景区的优良绿化树种，宜作庭荫树、行道树及山林风景树，也常作"四旁"绿化及低山区造林树种。在园林中植于草坪、坡地、山谷或植于山石、亭阁之旁皆宜。因其木材色黄而味苦，故名"黄连木"或"黄连树"。

黄连木

黄连木叶

黄连木果实

(2) 清香木（细叶楷木、香叶子、紫柚木、青香树、对节皮、昆明乌木、香叶树、紫叶）

Pistacia weinmannifolia J. Poiss. ex Franch.

常绿小乔木，高8m。偶数羽状复叶，小叶4～9对，叶轴具狭翅，上面具槽，被灰色茸毛；小叶革质，长圆形或倒卵状长圆形，长1.3～3.5cm，宽0.8～2.0cm，先端圆或微凹。花叶同放，花小，紫红色。核果球形，径约5mm，成熟时红色。

清香木

清香木花序

产于我国云南、西藏、四川、贵州及广西等地，生于海拔580～2700m的石山灌丛中或干热河谷地带。

清香木树形美观，春天新枝生长时，叶呈红色，秋天红果累累，配上繁茂的绿叶，更是不可多得的春色秋果观赏树，且本种适生于石灰岩地区，可作假山等处的造景树。气味清香，具有多种食、药用功能，开发前景广阔。叶可提芳香油，民间常研粉作香等。

五十七、槭树科Aceraceae

乔木或灌木；冬芽具芽鳞或裸露。叶对生，具柄，无托叶，单叶，全缘或掌状分裂，或羽状复叶。花单性或两性，排成伞房、伞形、圆锥或总状花序，花辐射对称，4～5数，稀无花瓣；花盘肉质，环状或分裂，或无花盘；雄蕊4～10，通常8；子房上位，2室，每室有胚珠2颗，花柱2。小坚果具翅。

2属，约200余种，主产北半球温带地区。中国产2属，约140余种。

分属检索表

1. 果实周围具圆翅；羽状复叶，小叶7～15，冬芽裸露 ·············· 1. 金钱槭属Dipteronia

1. 果实仅1侧具长翅；单叶、3小叶复叶、羽状复叶，复叶有小叶3～7，冬芽有芽鳞 ······ ··· 2. 槭树属Acer

1. 金钱槭属Dipteronia Oliv.

落叶乔木。裸芽小，卵圆形。奇数羽状复叶，小叶具锯齿。花杂性，雄花与两性花同株；圆锥花序，直立，顶生或腋生；萼片5；花瓣5；花盘盘状，微凹缺；雄蕊8，生花盘内侧，子房不育；两性花具扁形子房，2室。果实为扁球形小坚果，2枚，周围具圆形翅。

2种，为我国特有，主产于西部至西南部。

分种检索表

1. 圆锥花序无毛；果实较小，坚果连同圆形的翅直径1.7～2.5cm；奇数羽状复叶长20～40cm，有小叶7～13枚 ·· 1. 金钱槭D. sinensis

1. 圆锥花序具很密的黄绿色短柔毛；果实较大，坚果连同圆形的翅直径4.5～6cm；奇数羽状复叶长30～40cm，有小叶9～15枚 ·························· 2. 云南金钱槭D. dyerana

(1) 金钱槭（双轮果）

Dipteronia sinensis Oliv.

落叶乔木，高10m。奇数羽状复叶，长20～40cm，小叶7～13，纸质，长圆状卵形或长圆状披针形，长7～10cm，宽2～4cm，先端锐尖，基部圆形。圆锥花序直立，无毛，长15～30cm。翅果连圆翅径1.7～2.5cm，幼时紫色，被长硬毛，熟时淡黄色，无毛。花期4月，果期8～9月。

产于我国四川、贵州、湖北、湖南、河南、甘肃及陕西等地，生于海拔900～2000m的林缘或疏林中。

本种树形优美，叶、果秀丽，入秋叶色变为红色或黄色，翅果圆形，入夏绿叶红果，如一串串铜钱，宜作山地及庭园绿化树种，与其他秋色叶树种或常绿树配植，彼此衬托掩映，可增加秋景色彩之美。也可用作庭荫树、行道树或防护林。

(2) 云南金钱槭（飞天子、辣子树）

Dipteronia dyerana Henry

落叶小乔木，高5～10m。奇数羽状复叶，长25～40cm；小叶9～13(15)，纸质，卵状披针形，长6～13cm，宽2～4cm，先端渐尖至尾尖，基部钝圆，偏斜，边缘具稀疏粗锯齿，两面沿中脉及侧脉密被黄绿色细毛。圆锥花序顶生，长15～25cm，被黄绿色细毛；花瓣白色。果连圆翅径4.5～6cm。花期4月，果期8～9月。

分布于我国云南及贵州，生长于海拔1800～2500m的疏林中。

因其黄褐色圆形翅酷似金钱而得名。树姿优美，果形奇特，供观赏。种子富含油脂，可榨油供食用及工业用。

云南金钱槭花

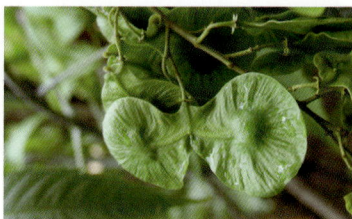

云南金钱槭

云南金钱槭果实

2. 槭树属 *Acer* L.

乔木或灌木，落叶或常绿。冬芽具多数芽鳞。叶对生，单叶稀羽状复叶。雄花与两性花同株，或异株，稀单性，雌雄异株。子房2室，坚果成熟时由中间分裂为二，各具一果翅，特称为双翅果。

共200余种，分布于亚洲、非洲和美洲。我国产140余种。

分种检索表

1. 单叶。
　2. 叶3～9裂。
　　3. 叶纸质，冬季脱落。
　　　4. 叶5～9裂，裂片深达叶长度之1/2～1/3。
　　　　5. 叶掌状5裂，裂片三角状卵形；小枝浅黄色；花黄绿色；翅果果核扁平 ………………………………………………………… 1. 元宝枫 *A. truncatum*
　　　　5. 叶掌状5～9裂，通常7裂，裂片长圆状披针形；小枝紫色；花紫色；翅果果核球形 ……………………………………………… 2. 鸡爪槭 *A. palmatum*
　　　4. 叶具3裂片，裂片深达叶长的1/4 ……………… 3. 三角槭 *A. buergerianum*
　　3. 叶革质，常绿，常3裂 ……………………………………… 4. 金沙槭 *A. paxii*
　2. 叶不裂，叶缘具不整齐的钝锯齿 …………………………… 5. 青榨槭 *A. davidii*
1. 羽状复叶，小叶3～7(9)，叶背沿脉或脉腋有毛 ………… 6. 复叶槭 *A. negundo*

(1) 元宝枫（元宝树、平基槭、色树、元宝槭、五脚树、槭）

Acer truncatum Bunge

落叶小乔木，高达10m；树冠伞形或倒广卵形。小枝浅黄色。叶掌状5(7)裂，长5～12cm，裂片三角状卵形，先端渐尖，叶基通常截形，两面无毛；叶柄细长，长3～13cm。花黄绿色，径约1cm，成顶生伞房花序。翅果扁平，两翅展开约成钝角，翅较宽，其长度等于或略长于果核。花期4月，叶前或稍前于叶开放；果期8～10月。

产于四川、江苏、安徽、河南、河北、山东、山西、辽宁、吉林、黑龙江、内蒙古、甘肃、宁夏及陕西等地，生于海拔500～1800m林中。

本种因其翅果形状很像中国古代"金锭"而得名。元宝枫树冠浓荫，树姿优美，叶形秀丽，嫩叶红色，入秋后，叶片变色，红绿相映，甚为美观，是营造风景林的主要树种。

元宝枫

元宝枫叶

(2) 鸡爪槭（青枫、雅枫、鸡爪枫、槭树）

Acer palmatum Thunb.

落叶小乔木；小枝细瘦；当年生枝条紫色或淡紫色。叶纸质，近圆形，宽7～10cm，基部心形或近心形，掌状分裂5～9，通常7裂，裂片长圆状卵形或披针形，先端锐尖，裂片深达叶片直径的1/2或1/3；叶柄长4～6cm。花紫色，伞房花序。翅果幼时紫红色，熟时淡棕黄色；翅果连翅长2～2.5cm，展开成钝角，果核球形。花期3～5月，果期7～10月。

产于我国四川、贵州、福建、江西、湖南、湖北、浙江、江苏、安徽、河南及山东等地，生于海拔200～1200m的林缘或疏林中。朝鲜、日本也有分布。

鸡爪槭为珍贵的观叶树种，叶形美观，色艳如花，灿烂如霞，为优良的观叶树种，无论栽植何处，无不引人入胜。可植于溪边、池畔、路隅、墙垣之旁，制成盆景或盆栽用于室内美化也极雅致，久经栽培，变种和变型较多。

鸡爪槭

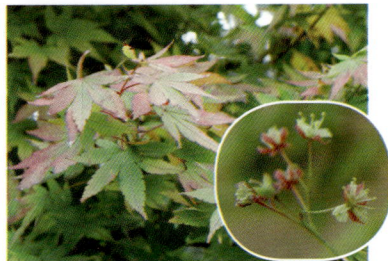

鸡爪槭叶　　　　　鸡爪槭花

(3) 三角槭（三角枫、丫枫、鸡枫）

Acer buergerianum Miq.

落叶乔木，高5～10m；小枝细。叶纸质，椭圆形或倒卵形，长6～10cm，基部近圆形或楔形，顶端通常3浅裂，稀全缘，中央裂片三角状卵形，裂片全缘，下面被白粉，沿脉较密；叶基脉3条；叶柄长2.5～5cm。伞房花序顶生，被柔毛。翅果，连同翅长2～2.5cm，张开成锐角或近直角，小坚果凸起。

产于我国广东、福建、江西、湖北、湖南、浙江、江苏、安徽、河南、山东、甘肃及陕西等地，生于海拔300～1000m的阔叶林中。云南有栽培。日本也有分布。

本种春夏季树冠荫浓，树姿优雅，干皮美丽，春季花色黄绿，入秋叶变红，季相变化明显，颇为美观，是良好的园林绿化树种和观叶树种。可作庭荫树、风景树、行道树、护岸树，亦可作盆景。此外，其较耐修剪，也可修剪成绿篱、绿墙等。

三角槭

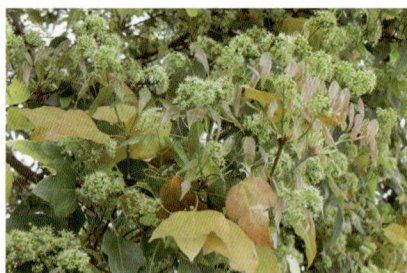

三角槭花序

(4) 金沙槭（金江槭、金河槭、川滇三角枫、川滇三角槭）

Acer paxii Franch.

常绿乔木，高15m；小枝无毛。叶革质或厚革质，长7～11cm，宽4～6cm，不裂或3裂，全缘或微波状，下面淡绿色，被白粉，基脉3出；叶柄长3～5cm。翅果连翅长3cm，展开成钝角或近水平。花期3月，果期8月。

产于我国云南、四川等地，生于海拔1500～2500m的疏林中。

本种树冠大，秋叶红色，可营造风景林，及作庭荫树。

金沙槭

金沙槭果实

(5) 青榨槭（青虾蟆、大卫槭）

Acer davidii Franch.

落叶乔木，高20m；嫩枝紫绿色或绿褐色。叶纸质，长圆状卵形或近于长圆形，长6～14cm，宽4～9cm，先端尾尖，基部近心形或圆形，边缘具不整齐钝齿，侧脉11～12对；叶柄长2～8cm。总状花序下垂，花黄绿色。翅果幼时紫色，熟时黄褐色，连翅长2.5～3cm，展开成钝角或近水平。花期4月，果期9月。

产于我国云南、西藏、四川、贵州、广东、福建、江西、湖南、湖北、浙江、江苏、安徽、河南、河北、山东、山西等地，生于海拔500～1500m的阔叶林中。

青榨槭因树皮绿色似青蛙皮而得名，1～2年生枝条银白色，成龄树树皮为竹绿或蛙绿色，并纵向配有墨绿色条纹。树干端直，树形自然开张，树态苍劲挺拔，枝繁叶茂，具有较高绿化和观赏价值，是城市、风景区等各种园林绿地的优美绿化树种。

青榨槭　　　　　　　　青榨槭花　青榨槭果实

(6) 复叶槭（羽叶槭、梣叶槭、美国槭、白蜡槭、糖槭）

Acer negundo L.

落叶乔木，高达20m。小枝绿色，无毛。奇数羽状复叶，对生；小叶3～7(9)，卵形至长椭圆状披针形，叶缘有不规则缺刻，顶生小叶常3浅裂。花单性异株，雄花序伞房状，雌花序总状。果翅狭长，张开成锐角或直角。花期4月，果期9月。

原产北美。我国江西、江苏、浙江、湖北、河南、河北、山东、辽宁、内蒙古、新疆、甘肃等地引种栽培。

复叶槭枝叶茂密，入秋叶呈金黄色，用作庭荫树及行道树等，在东北及华北等地生长较好。

复叶槭　　　　　　　　　　　复叶槭叶

五十八、七叶树科Hippocastanaceae

乔木，稀灌木。掌状复叶，对生；无托叶。花杂性同株，不整齐，成顶生圆锥花序。萼4~5裂；花瓣4~5；雄蕊5~9；雌蕊由3心皮合成，子房上位，3室，每室2胚珠；具花盘。蒴果1~3室，平滑或有刺，常室背开裂。种子球形，种脐大，淡白色。

2属，约30余种，分布于亚洲、欧洲及美洲。我国产1属，约10种。

七叶树属Aesculus L.

落叶乔木；具肥大的冬芽，为数对鳞片所覆盖。叶为掌状复叶，对生；小叶5~9枚，常有锯齿。花杂性，排成顶生、大型圆锥花序；萼钟形或筒状，4~5裂，大小不等；花瓣4~5；雄蕊5~9；子房3室，每室有胚珠2。蒴果，有大的种子1~3。

约30种，产北美、东南亚及欧洲东南部。我国约产10种，引入栽培2种。

分种检索表

1. 蒴果较大，直径6~7cm；小叶柄长0.4~0.7cm；蒴果扁球形或倒卵形；种脐约占种子的1/2以上 ·························· 1. 云南七叶树A. wangii
1. 蒴果较小，直径3~3.5cm；小叶柄长1.5~2.5cm，蒴果卵圆形或近梨形，顶端有短尖头；种脐约占种子的1/3以下 ·························· 2. 天师栗A. wilsonii

（1）云南七叶树（娑罗树）

Aesculus wangii Hu

落叶乔木，高15~20m。掌状复叶，叶柄长11~17cm；小叶5~7，柄长0.4~0.7cm，纸质，椭圆状披针形至椭圆状倒披针形，长12~19cm，先端长渐尖，基部楔形，边缘具细锯齿；圆锥花序顶生，长30~40cm，被疏柔毛；花白色，直径1cm，花梗长3~5mm；萼片4；花瓣4，倒匙形，长1.2~1.4cm；子房密被褐色茸毛，3室，每室有胚珠2，花柱微弯。蒴果梨形或扁球形，直径6~7.5cm，果壳薄，具瘤状突起，成熟时暗褐色，常3裂；种子近球形，直径6cm，栗褐色，种脐大，占种子的1/2以上。

分布于云南东南部。生于海拔900~1800m的石灰岩山地阔叶林中。

本种树冠圆伞形，花大叶美，是极好的行道树和庭园树种。可布置在草坪、边坡、湖畔、园路等处，既可孤植也可群植，或与常绿树和阔叶树混种。生长快，干形直，可作石灰岩山地的造林树种。

云南七叶树　　云南七叶树花

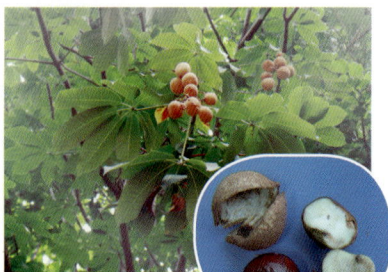
云南七叶树果实

种子

(2) 天师栗（猴板栗、七叶树、七叶枫树、梭椤树、娑罗果、娑果子）

Aesculus wilsonii Rehd.

落叶乔木。掌状复叶，叶柄长10～15cm；小叶 5～7，柄长1.5～2.5cm，长圆状倒卵形、长圆形或长圆状倒披针形，长10～25cm，下面密生灰色茸毛或长柔毛。花序大，长20～30cm，宽10～12cm。果黄褐色，卵圆形或近梨形，长3～4cm，顶端有短尖头。种子近球形，径3～3.5cm，种脐淡白色，约占种子的1/3以下。花期4～5月，果期9～12月。

产于我国云南、四川、贵州、广东、江西、湖南、湖北、河南等地；生于海拔1000～1500m的山地林中或林缘。

本种树形美观，冠如华盖，开花时硕大的白色花序又似一盏华丽的烛台，蔚为奇观，在风景区和小庭院中可作行道树或骨干景观树。果药用。

天师栗

五十九、木犀科Oleaceae

乔木、灌木或木质藤本。叶对生，稀互生或轮生，单叶或复叶，无托叶。花辐射对称，两性，稀单性或杂性，常组成顶生或腋生的圆锥花序或聚伞花序，稀簇生或单生；花萼4(～12)裂或顶部近截平；花冠4(～12)裂，有时缺；雄蕊2(3～5)，花药2室；子房上位，2心皮，2室，每室具胚珠2(4～10)。翅果、核果、蒴果或浆果。

约28属，400余种，广布热带和温带地区。我国产11属，178种，南北均有分布。

分属检索表

1. 翅果或蒴果。
　2. 翅果，翅在果实顶端伸出；通常为奇数羽状复叶 ················· 1. 白蜡树属*Fraxinus*
　2. 蒴果；种子有翅。
　　3. 花冠裂片明显长于花管；枝中空或具片状髓 ················· 2. 连翘属*Forsythia*
　　3. 花冠裂片明显短于花管或近等长；枝实心 ················· 3. 丁香属*Syringa*
1. 核果或浆果。
　4. 核果。
　　5. 花序多腋生，稀顶生，果长1cm以上。
　　　6. 花冠裂片在花蕾时呈覆瓦状排列；花多簇生 ················· 4. 木犀属*Osmanthus*
　　　6. 花冠裂片在花蕾时呈镊合状排列；圆锥花序 ················· 5. 流苏树属*Chionanthus*
　　5. 花序顶生，稀腋生，浆果状核果 ················· 6. 女贞属*Ligustrum*
　4. 浆果，双生或其中1枚不育而成单生 ················· 7. 素馨属*Jasminum*

1. 白蜡树属（梣属）*Fraxinus* L.

落叶乔木，稀灌木；冬芽褐色或黑色。奇数羽状复叶，对生；小叶常具齿。花小，杂性或单性，雌雄异株，组成圆锥花序；萼小，4裂或缺；花冠缺或存在，通常深裂，裂片2～4；雄蕊2；子房2室，每室2胚珠。翅果，翅在果顶伸长；种子单生，扁平，长圆形。

约70种，主要分布于温带地区。我国产20余种，各地均有分布。

分种检索表

1. 花无花冠；小叶5～9枚，翅果倒披针形 ·············· 1. 白蜡树 *F. chinensis*
1. 花有花冠；小叶9～15枚，翅果扁平匙形 ·············· 2. 白枪杆 *F. malacophylla*

（1）白蜡树（梣、青榔木、白荆树、白蜡、尖叶梣）

Fraxinus chinensis Roxb.

落叶乔木，树冠卵圆形，小枝光滑无毛。小叶5～9枚，通常7枚，卵圆形或卵状披针形，长3～10cm，先端渐尖，基部狭，不对称，缘有齿，表面无毛，背面沿脉有短柔毛。圆锥花序侧生或顶生于当年生枝上，大而疏松；花萼钟状；无花冠。翅果倒披针形，长3～4cm。花期3～5月，果10月成熟。

产于我国云南、四川、贵州、广西、广东、香港、福建、江西、湖南、湖北、江苏、安徽、河南、河北、山东、山西、辽宁、吉林、宁夏、甘肃和陕西，生于海拔800～3000m山地林中。越南及朝鲜有分布。

白蜡树形体端正，树干通直，枝叶繁茂而鲜绿，秋叶橙黄，是优良的行道树和遮荫树；其耐水湿，抗烟尘，对二氧化硫等有害气体抗性较强，可用于湖岸绿化和工矿区绿化。材质优良，枝可编筐，枝、叶可放养白蜡虫，制取白蜡，是我国重要的经济树种之一。

另有变种大叶白蜡树*F. chinensis* var. *rhynchophylla* (Hance) Hemsl.，又名花曲柳，小叶通常5枚，宽卵形或倒卵形，顶生小叶特宽大，锯齿钝粗或近全缘。

白蜡树

白蜡树果实

(2) 白枪杆

Fraxinus malacophylla Hemsl.

落叶乔木，高达10m。小枝四棱形。奇数羽状复叶对生；小叶9～15枚，披针形至长椭圆形，长3～15cm，宽1.5～5cm，先端钝或急尖，基部斜楔形，全缘，两面密生细茸毛；总叶柄密被白色细茸毛，总叶柄与小叶柄之间有明显的狭翼。花绿白色，集成大圆锥花序，花序密被茸毛；花萼钟形，4浅裂，密被须状毛；花瓣4；雄蕊2；子房2室，被细软毛。翅果扁平匙形，疏生短毛，长3.5～4cm，顶端具长翼。花期5月，果期10～11月。

白枪杆

产于我国云南、贵州和广西，生于海拔500～1500m的石灰岩山地林中。日本、菲律宾、印度尼西亚、孟加拉国和印度也有分布。

本种是石灰岩地区良好的绿化树种，可作庭荫树、行道树等。根皮可药用。

白枪杆花　　　　白枪杆果实

2. 连翘属 *Forsythia* Vahl

直立或蔓性落叶灌木。枝中空或具片状髓。叶对生，单叶，稀3裂至三出复叶；具叶柄。花两性，1至数朵生于叶腋，先叶开放；花萼深4裂，多少宿存；花冠黄色，钟状，深4裂，裂片披针形、长圆形至宽卵形，较花冠管长，花蕾时呈覆瓦状排列；雄蕊2枚，着生于花冠管基部；子房2室，每室具下垂胚珠多枚。果为蒴果，2室，室间开裂，每室具种子多枚；种子一侧具翅。

约11种，除1种产欧洲东南部外，其余均产亚洲东部。我国6种。

金钟花（黄连翘、迎春条、细叶连翘）

Forsythia viridissima Lindl.

落叶灌木。小枝具片状髓。单叶长椭圆形或披针形，长3.5～15cm，宽1.5～4cm，先端锐尖，基部楔形，上半部具不规则锐齿或粗齿，两面无毛；叶柄长0.6～1.2cm，无毛。花1～3(4)朵生于叶腋，先叶开放；花冠黄色，裂片窄长圆形，长1.2～2cm，宽6～10mm。蒴果卵球形或宽卵球形，长1～1.5cm，先端喙状渐尖。花期3～4月，果期7～10月。

产我国云南、贵州、福建、江西、湖南、湖北、浙江、江苏、安徽及陕西等地，生于海拔300～2600m山地、溪边或灌丛中。各地均有栽培。

本种枝叶秀丽，花多色艳，先叶绽放，满树金黄，宜丛植于庭园角隅、草坪、房前屋后；茎丛生，萌蘖力强，可作绿篱、花篱。果实药用。

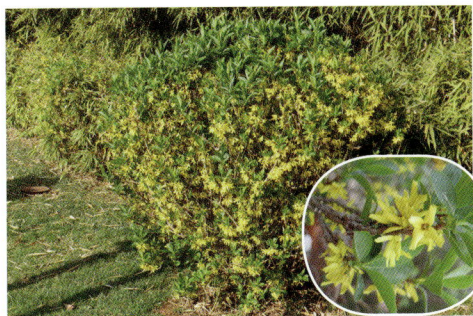

金钟花　　　　　　　花

3. 丁香属 *Syringa* Linn.

落叶灌木或小乔木。小枝近圆柱形或带四棱形，髓心充实。叶对生，单叶，稀复叶，全缘，稀分裂；具叶柄。花两性，聚伞花序排列成圆锥花序，顶生或腋生。花萼钟状，具4齿或为不规则齿裂，或近平截，宿存；花冠漏斗状、高脚碟状或近辐状；裂片4枚，短于花管或近等长，花蕾时呈镊合状排列；雄蕊2枚，着生于花冠管喉部至花冠管中部；子房2室，每室具下垂胚珠2枚。蒴果2室，室间开裂；种子扁平，具翅。

约19种，我国16种。

暴马丁香（暴马子、荷花丁香）

Syringa reticulata (Blume) Hara var. *amurensis* (Rupr.) Pringle

落叶小乔木，高可达10m；小枝无毛。叶厚纸质，宽卵圆形、卵形至椭圆状卵形，长2～13cm，宽1～6cm；叶柄长1～3cm。圆锥花序由侧芽抽生，长10～20(27)cm，宽8～20cm；花梗长0～2mm；萼长约2mm；花冠白色，呈辐状，长4～5mm，花冠管长0.8～1.5mm，裂片卵形，长2～3mm，先端锐尖；蒴果长椭圆形，长1～2cm。花期6～7月，果期8～10月。

产于我国黑龙江、吉林、辽宁等地；生于海拔100～1200m的山坡灌丛或林边、草地、沟边，或针阔混交林中。前苏联和朝鲜也有分布。

暴马丁香枝叶繁茂、花色淡雅而清香，庭园广为栽培供观赏。花可提制芳香油。

暴马丁香

暴马丁香花序

4. 木犀属 *Osmanthus* Lour.

常绿灌木或小乔木。冬芽具2芽鳞。单叶对生，全缘或有锯齿，具短柄。花两性或单性，在叶腋簇生或成短的总状花序；花萼4齿裂；花冠筒短，裂片4，覆瓦状排列；雄蕊2(4)，着生于花冠筒上部；子房2室。核果。

约40种，分布于亚洲东南部及北美洲。我国约25种，产长江流域以南各地。

桂花（木犀、岩桂、九里香、金粟）

Osmanthus fragrans (Thunb.) Lour.

常绿灌木至小乔木，高可达12m；小枝无毛。芽叠生。叶卵状披针形或椭圆形，长5～15cm，先端渐尖，基部楔形，全缘或上半部有细锯齿。花簇生叶腋或聚伞状；花小，黄白色，浓香。核果椭圆形，紫黑色。花期9～10月。

原产我国南部，各地广泛栽培。

桂花是我国十大名花之一，树冠卵圆形，枝叶浓绿，亭亭玉立，姿态优美，开花时节，芳香四溢，在我国有2000多年的栽培历史，品种较多，常依据花色、花期、

桂花

花

果实

植株分枝的高矮等分为：丹桂、金桂、银桂及四季桂四个品系，每个品系包括许多品种，如想要对桂花品种分类有更加详细的了解，可参考有关桂花的研究专著等。

5. 流苏树属*Chionanthus* L.

落叶灌木或乔木。叶对生，全缘。花两性，或单性雌雄异株，组成顶生的聚伞状圆锥花序；萼4裂；花冠白色，4深裂几达基部，裂片线状匙形；雄蕊2，藏于花冠管内或稍伸出；子房上位，2室，花柱短，柱头凹缺或近2裂，每室胚珠2颗。核果卵形或椭圆形，有种子1颗。

2种，1种产北美，1种产日本和我国西南、东南至北部。

流苏（茶叶树、牛筋子、乌金子、炭栗树、晚皮树、铁黄荆、糯米花、密花、四月雪、油公子、白花菜）

Chionanthus retusus Lindl. et Paxt.

落叶乔木。叶对生，革质，矩圆形、椭圆形、卵形或倒卵形，长3～10cm。聚伞圆锥花序顶生；花单性，白色，雌雄异株。核果椭圆状，长10～15mm，黑色。花期3～6月。

产于我国云南、四川、台湾、福建、江西、湖南、湖北、浙江、江苏、河南、河北、山东、辽宁及陕西，生于海拔3000m以下的林内或灌丛中，各地均有栽培。

流苏树高大优美，枝叶茂盛，初夏满树白花，如覆霜盖雪，清丽宜人，宜植于建筑物四周，或公园中池畔和道旁，也可选取老桩进行盆栽，制作桩景，还可作为桂花的砧木。

流苏果实

流苏

流苏花序

6. 女贞属 *Ligustrum* L.

灌木或乔木。单叶，对生，全缘。聚伞状圆锥花序，顶生；花两性；花萼钟状，4裂；花冠白色，裂片4；雄蕊2，着生于花冠筒上；子房2室，每室2胚珠。浆果状核果。

约50种，分布于亚洲、澳大利亚、欧洲。我国产30余种，多分布于长江以南及西南。

分种检索表

1. 小枝、叶柄、花序无毛，叶长6～17 cm ⋯⋯⋯⋯⋯⋯⋯⋯⋯⋯⋯⋯ 1. 女贞 *L. lucidum*
1. 小枝、叶柄被短柔毛，叶长1～7 cm
  2. 花无梗，叶背无毛 ⋯⋯⋯⋯⋯⋯⋯⋯⋯⋯⋯⋯⋯⋯ 2. 小叶女贞 *L. quihoui*
  2. 花具花梗，叶背中脉有毛 ⋯⋯⋯⋯⋯⋯⋯⋯⋯⋯⋯⋯⋯ 3. 小蜡 *L. sinense*

(1) 女贞（冬青、蜡树、女桢、桢木、将军树）

Ligustrum lucidum Ait.

常绿乔木，高达10m；树皮灰色，平滑。枝开展，无毛，具皮孔。叶革质，宽卵形至卵状披针形，长6～17cm，顶端尖，基部圆形或阔楔形，全缘，无毛。圆锥花序顶生，长10～20cm，花白色，花冠裂片与花冠筒近等长。浆果状核果长圆形，蓝黑色。花期5～7月，果期9～11月。

分布于我国云南、西藏、四川、贵州、广西、广东、香港、福建、江西、湖南、湖北、浙江、江苏、安徽、河南和甘肃等地，生于海拔2900m以下林中。朝鲜、日本也有分布。

女贞叶浓绿光亮，终年常绿，姿态优美，对二氧化硫、氯气、氟化氢等抗性强，可作风景树、庭荫树及工矿区绿化树种。女贞结果量大，果实还是一些鸟类的食物，是营造鸟语花香生态园林的重要树种。生长快，萌芽力强，耐修剪，亦可作绿篱、绿墙等。此外，还可以用作嫁接桂花的砧木。果、树皮、根、叶入药；木材可为细木工用材。

女贞　　　　　　　女贞果序

(2) 小叶女贞（小叶蜡树、栋青、小白蜡树）

Ligustrum quihoui Carr.

半常绿灌木，小枝条具细短柔毛。单叶对生，薄革质，椭圆形至卵状椭圆形，长1～5cm，光滑无毛，全缘，边缘略向外反卷；叶柄有短柔毛。圆锥花序；花白色，芳香，无梗，花冠4裂，裂片镊合状排列，花冠裂片与筒部等长，花药常超出花冠裂片。浆果状核果，宽椭圆形，熟时紫黑色。花期7～8月，果期11～12月。

产于我国云南、四川、贵州、湖南、湖北、江苏、河南、河北、山东、山西、陕西等地，生于海拔2500m以下山坡、沟边、路边或河边灌丛中。

小叶女贞枝叶紧密，圆整，常用作绿篱，林缘灌木。花芳香，可在夏秋之际观花，也可作砧木嫁接桂花、丁香等。

小叶女贞

小叶女贞花

小叶女贞果实

（3）小蜡（山指甲、水黄杨、黄心柳、千张树、小叶女贞、山雪子、青皮树、土茶叶）

Ligustrum sinense Lour.

落叶灌木或小乔木。小枝密被短柔毛。叶薄革质，椭圆形或长椭圆形，长2～7cm，幼时两面被短柔毛，老叶沿中脉被毛。圆锥花序顶生或腋生；花梗长1～3mm。浆果状核果球形，径约4mm。花期5～6月，果期7～9月。

产于我国云南、四川、贵州、广西、广东、香港、海南、台湾、福建、江西、湖南、湖北、浙江、江苏、安徽和河南等地，生于海拔200～2600m的山坡、山谷、溪旁、河旁、路边的密林或混交林中。越南也有分布。

本种枝叶紧密、圆整，庭院中适于花槽栽植，作绿篱、地被，修剪成型等，单植、列植、群植均美观。种子油供制皂；枝、叶药用。

小蜡花

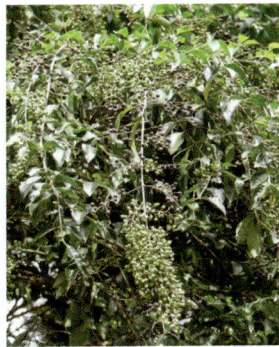
小蜡果实

7. 素馨属 *Jasminum* Linn.

小乔木，直立或攀援状灌木。叶对生或互生，稀轮生，单叶，三出复叶或为奇数羽状复叶；叶柄有时具关节，无托叶。花两性，聚伞花序组成圆锥状、总状、伞房状或头状复花序；花萼钟状、杯状或漏斗状；花冠高脚碟状或漏斗状，裂片4～12枚，花蕾时呈覆瓦状排列，栽培种常为重瓣；雄蕊2枚，着生于花冠管近中部；子房2室。浆果双生或其中1个不育而单生。

约200余种，分布于非洲、亚洲、澳大利亚以及太平洋南部诸岛屿；南美洲仅1种。我国约47种，分布于秦岭山脉以南各地。

分种检索表

1. 小枝四棱形；3小叶复叶 ·················· 1. 云南黄素馨 *J. mesnyi*
1. 小枝圆柱形或稍压扁状，无窄翅；单叶 ·················· 2. 茉莉花 *J. sambac*

(1) 云南黄素馨（迎春柳、云南黄馨、野迎春、金梅花、阳春柳、迎春柳花、金腰带、金玲花）

Jasminum mesnyi Hance

常绿攀援状灌木，高达3m；幼枝四棱形。叶对生，三出复叶，顶生小叶片较大，长3～5cm，宽1～2cm，具柄，侧生小叶片长2～3cm，宽0.7～1.1cm，无柄。花单生叶腋，花萼钟状，绿色，裂片5～8，披针形，长4～6mm，宽1.5～2.5mm，先端尖；花冠黄色，径1.5～2.5cm，花冠管长1～1.2cm，裂片6，有时为重瓣，倒卵状椭圆形，长1.2～1.5cm，有黄红色脉纹。花期2～4月，果期3～5月。

产于我国云南、四川、贵州，生于海拔1300～2100m的山坡林缘、灌丛或路边。各地普遍栽培。

云南黄素馨终年碧绿，早春开花，花期长达3个月，枝长而柔弱，常俯垂2～3m或攀援，常植于墙垣、路缘、屋基、堤岸、岩边、台地、阶前边缘等处。

云南黄素馨　　云南黄素馨花

(2) 茉莉花（茉莉、抹历、玉麝）

Jasminum sambac (L.) Ait.

直立或攀援灌木，高达3m；小枝圆柱形或稍压扁状，有时中空。单叶，对生，纸质，圆形、椭圆形、卵状椭圆形或倒卵形，长4～12.5cm，宽2～7.5cm，两端圆或钝，基部有时微心形，侧脉4～6对；叶柄长2～6mm，被短柔毛，具关节。聚伞花序顶生，有花3(1～5)朵；花序梗长1～4.5cm；苞片长4～8mm；花梗长0.3～2cm；花极芳香；花萼裂片线形，长5～7mm；花冠白色，花冠管长0.7～1.5cm，裂片长圆形至近圆形，宽5～9mm，先端圆或钝。果球形，径约1cm，紫黑色。花期5～8月，果期7～9月。

原产印度。我国南方和世界各地广泛栽培。

本种叶色翠绿，花色洁白，花香浓郁，花期长达3个月，庭院种植，清香四溢，宜数株丛植，也可盆栽观赏。茉莉花为著名的花茶原料及重要的香精原料；花、叶药用。

茉莉花

六十、夹竹桃科Apocynaceae

乔木、灌木或藤本，稀草本，具乳汁或水液。叶对生或轮生，稀互生。花两性，辐射对称，单生或组成聚伞花序；花萼(4)5裂；花冠高脚碟状、漏斗状、钟状或坛状，稀辐状，裂片(4)5，覆瓦状排列，基部边缘向左或向右覆盖，稀镊合状排列，花冠喉部常有副花冠；雄蕊(4)5，着生于花冠筒内壁上，花丝分离；花盘通常存在；子房上位，稀半下位，1～2室，合生或离生。浆果、蒴果、核果或蓇葖果；种子具冠毛或无毛。

约155属，2000种，分布于全世界热带、亚热带地区，少数产温带。我国44属，145种，主产于长江以南各地。

分属检索表

1. 叶对生或轮生。
　2. 叶轮生。
　　3. 蓇葖果 ·· 1. 夹竹桃属Nerium
　　3. 蒴果 ·· 4. 黄蝉属Allemanda
　2. 叶对生，木质藤本 ·································· 5. 络石属Trachelospermum
1. 叶互生。
　4. 核果 ·· 2. 黄花夹竹桃属Thevetia
　4. 蓇葖果 ·· 3. 鸡蛋花属Plumeria

1. 夹竹桃属Nerium L.

常绿小乔木或灌木状，高达6m，具水液。叶轮生，稀对生，窄椭圆状披针形，长5～21cm，宽1～3.5cm，革质，侧脉密集而平行。聚伞花序伞房状，顶生；花萼裂片5；花冠漏斗状，裂片向右覆盖，紫红、粉红、橙红、黄或白色，单瓣或重瓣，喉部具5枚阔鳞片状副花冠裂片，裂片顶端撕裂；雄蕊5，着生于花冠筒中部以上；心皮2，离生。蓇葖果2，离生。种子长圆形，顶端具冠毛。

单种属。原产于伊朗、印度及尼泊尔，现广植于热带及亚热带地区，我国各地有栽培，南方为多，北方地区在温室越冬。

夹竹桃（柳叶桃、红花夹竹桃、柳叶桃树、杨桃、叫出冬、杨桃梅、枸那）

Nerium indicum Mill.

特征及分布同属。

夹竹桃叶形如柳，花如桃花，姿态优美。花期长，自初夏至中秋，常植于公园、庭院、街头、绿地等处；也是极好的背景树种；性强健、耐烟尘、抗污染，是工矿区等生长条件较差地区绿化的好树种。茎皮纤维为优良混纺原料；叶及茎皮有剧毒，可药用。

夹竹桃

夹竹桃花

2. 黄花夹竹桃属 *Thevetia* L.

灌木或小乔木，具乳汁。叶互生。聚伞花序顶生或腋生，花萼5深裂，内面基部具腺鳞；花冠漏斗状，喉部具被毛的鳞片5枚；雄蕊5，着生于花冠筒的喉部；无花盘；子房2室。核果。

约8种，产于热带非洲和热带美洲，现全世界热带及亚热带地区均有栽培。我国栽培2种。

黄花夹竹桃（黄夹竹桃、断肠草、黄花状元竹、酒杯花、柳木子）
Thevetia peruviana (Pers.) K. Schum.

常绿灌木或小乔木，高2～5m。叶互生，线形或狭披针形，长10～15cm，宽0.5～1.2cm，光亮无毛，边缘稍反卷，无柄。聚伞花序顶生；花萼5深裂；花冠黄色，漏斗状，裂片5；雄蕊5，着生于花冠喉部；子房2室，柱头盘状，花盘黄绿色，5浅裂。核果扁三角状球形，直径3～4cm，熟时浅黄色，内有种子3～4粒。种子两面凸起，坚硬。花期6～12月，果期11月至翌年2月。

原产中南美洲。我国云南、广西、广东、台湾、福建、江苏及河北等地有栽培，在路旁、池边、山坡、疏林下，土壤较湿润肥沃的地方生长较好。

本种树形美观，分枝多，叶茂密，叶色翠绿，花大色艳，花期长，适于园林绿地中栽植，孤植、丛植或植为绿篱均可。全株有毒，叶、果入药。

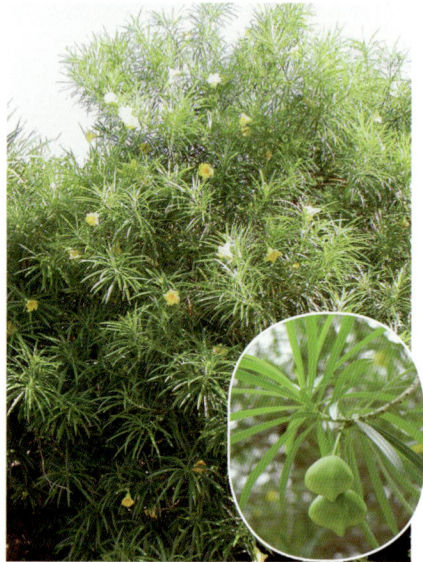

黄花夹竹桃　　　　黄花夹竹桃果实

3. 鸡蛋花属 *Plumeria* L.

小乔木，枝条粗壮，肉质，具乳汁，叶痕明显。叶互生，大型，具长叶柄，侧脉先端在叶缘连成边脉。聚伞花序顶生；花萼小，5深裂；花冠漏斗状，花冠筒圆筒形，喉部无鳞片，裂片5，左旋；雄蕊着生于花冠筒的基部，花丝短；无花盘；子房由2枚离生心皮组成。蓇葖果2，叉开，长圆形或线形；种子具翅。

约7种，原产美洲热带地区，现广植于亚洲热带及亚热带地区。我国华南、西南等地引种栽培5种。

鸡蛋花（缅栀子、蛋黄花、大季花、鸭脚木）
Plumeria rubra Linn. 'Acutifolia'

落叶灌木至小乔木，高3～7m，枝粗壮，肉质，有乳汁。叶聚生于小枝的顶部，椭圆形或长圆形，长20～40cm，宽达7cm，先端渐尖；侧脉羽状，近边缘处连结成边脉。聚伞花序顶生，花大，芳香；萼小，5裂；花冠漏斗状，有5个旋卷排列的裂片，花冠白色，内面中下部黄色，长5～6cm；雄蕊5，着生于冠管基部；子房上位，

鸡蛋花　　　　　　红鸡蛋花　　　　　　钝叶鸡蛋花　　　　　　花

钝叶鸡蛋花叶

心皮2，分离。蓇葖果长圆形。

　　原产墨西哥及中美洲，现广植于亚洲热带及亚热带地区。我国云南、广西、广东、海南及福建有栽培，长江流域及其以北地区常温室盆栽。

　　本种花瓣中上部白色，内面基部为黄色，故名之。夏季开花，清香优雅，在南方落叶后，光秃的树干弯曲自然，其状甚美。适合于庭院、草地中种植，在北方地区适于温室种植或盆栽。花香，可提香料，或晒干后制饮料，还可供药用。

　　鸡蛋花属Plumeria近缘种中常见栽培的有：红鸡蛋花（P. rubra），又称红花缅栀；钝叶鸡蛋花（P. obtusa），又称钝头缅栀等。其特征见如下检索表。

分种检索表

1. 叶椭圆形或长圆形，先端渐尖，花冠白色或红色。
　　2. 花冠白色 ·· 1. 鸡蛋花P. rubra 'Acutifolia'
　　2. 花冠红色 ·· 2. 红鸡蛋花P. rubra
1. 叶倒长卵形，先端圆或突尖，花冠白色 ·············· 3. 钝叶鸡蛋花P. obtusa

4. 黄蝉属Allemanda L.

　　直立或藤状灌木。叶对生或轮生。花大，伞房花序顶生或近顶生；花萼5深裂；花冠钟状或漏斗状，喉部有被毛的鳞片；花药与花柱分离；花盘杯状，全缘或5裂；子房1室，具两个侧膜胎座，有胚珠多颗。蒴果球形，被刺，2瓣裂。种子多数。

　　约15种，分布于热带美洲。我国引入栽培3种，供观赏。

软枝黄蝉（黄莺）

Allemanda cathartica Linn.

　　常绿藤状灌木，具乳汁。叶3～5枚轮生，椭圆形或倒披针状矩圆形，长6～15cm，宽4～5cm；叶柄长约5mm。花冠黄色，漏斗状，长7～14cm，花冠筒长4～8cm，下部圆筒形，上部钟状，冠檐径9～14cm，花冠裂片平截，倒卵形或圆形。蒴果近球形，长约3～7cm，刺长达1cm。花期春夏。

软枝黄蝉　　　　　软枝黄蝉花　　黄蝉　　　　　　　　　紫蝉

紫蝉果实

原产南美洲；我国南方各地有栽培。

软枝黄蝉花蕾的形状和颜色如即将羽化之蝉蛹，花色鲜黄，枝条柔软下垂，故名"软枝黄蝉"。花大而美丽，花期长，栽培容易，现作为观赏植物在世界各地广泛栽培，适于公园、绿地、阶前、池畔、路旁等处群植或作花篱；校园、公园及游乐区等场所也较常见。北方盆栽。

本属常见栽培种还有：灌木状的黄蝉 *A . neriifolia* 及开紫红色花的紫蝉 *A. violacea* 等种。

5. 络石属 *Trachelospermum* Lem.

木质藤本。叶对生。花排成顶生或腋生的聚伞花序；萼小，5裂，里面有鳞片5～10；花冠高脚碟状，管圆柱状，喉部无鳞片，裂片左向旋转排列；雄蕊着生于花冠管的中部以上膨大处，花丝短，花药连合，围绕着柱头；花盘环状，截平或5裂；心皮2，离生，有胚珠多颗，花柱丝状。蓇葖果2，长柱形或纺锤形。种子线形，被白色绢毛。

约15种，主产亚洲，北美洲1种。我国6种，主产长江以南各地。

贵州络石

Trachelospermum bodinieri (Lévl.) Woods. ex Rehd.

常绿藤本，植物体有乳汁。单叶，对生，椭圆形，长6～8.5cm，宽3～3.5cm，先端短尖，基部楔形，中脉两面凸起，侧脉每边约13条，两面扁平、无毛；叶柄长约7mm，无毛。蓇葖果2，圆柱形；种子顶端被白色绢毛。花期5月。

贵州络石

我国贵州和四川有分布，生于山地林中。云南等地有栽培。

贵州络石四季常青，花白色，有香味，耐阴性强，是大型优美攀援植物，常用于垂直绿化，于棚架、篱垣、花亭、花廊或树上攀援，或点缀山石、陡壁无不相宜，也可作为地被材料。全株入药，花可熏茶。

贵州络石花

贵州络石果实

六十一、茜草科Rubiaceae

乔木、灌木或草本，有时攀援状。单叶对生或轮生；托叶生于叶柄间或叶柄内。花两性，稀单性或杂性，常辐射对称，单生或成各式花序，多聚伞花序；萼筒与子房合生，花冠漏斗状、高脚碟状、筒状、钟状或壶状；花冠常4～6裂；雄蕊与花冠裂片同数且互生，着生于花冠筒内壁；子房下位，(1)2室，每室有胚珠1至多颗。核果、浆果或蒴果。

约637属，10700种，广布热带和亚热带地区，少数至北温带。我国98属，约676种（包括引种）。

分属检索表

1. 花萼裂片正常，无花瓣状裂片。
  2. 花冠裂片镊合状排列，核果 ⋯⋯⋯⋯⋯⋯⋯⋯⋯⋯ 1. 六月雪属Serissa
  2. 花冠裂片旋转状或覆瓦状排列。
    3. 花冠裂片旋转状排列；浆果。
      4. 子房每室2至多个胚珠 ⋯⋯⋯⋯⋯⋯⋯⋯⋯ 2. 栀子属Gardenia
      4. 子房每室1胚珠 ⋯⋯⋯⋯⋯⋯⋯⋯⋯⋯⋯⋯ 3. 咖啡属Coffea
    3. 花冠裂片覆瓦状排列，蒴果 ⋯⋯⋯⋯⋯⋯⋯⋯ 4. 滇丁香属Luculia
1. 花萼裂片相等或不相等，常有1至5枚扩大成具柄的花瓣状裂片 ⋯⋯⋯⋯⋯⋯⋯⋯⋯⋯⋯⋯⋯⋯⋯⋯⋯⋯⋯⋯⋯⋯⋯⋯⋯⋯⋯ 5. 玉叶金花属Mussaenda

1. 六月雪属Serissa Comm. ex A. L. Jussieu

常绿小灌木，分枝多，枝叶及花揉碎有臭味。叶小，对生，近无柄，托叶与叶柄合成鞘状，宿存。花腋生或顶生，单生或簇生；萼筒倒圆锥形，4～6裂，宿存；花冠白色，漏斗状；裂片4～6，镊合状排列，喉部有毛；雄蕊4～6，着生于花冠筒上；花盘大；子房2室，每室具1胚珠。核果近球形。

2种，分布于我国、日本及印度。

六月雪（白骨马、满天星）

Serissa japonica (Thunb.) Thunb.

丛生小灌木，高达90cm，分枝繁多。叶革质，卵形至倒披针形，长6～22mm，宽3～6mm，全缘，无毛。花单生或数朵簇生；花冠白色或淡粉紫色。核果小，球形。花期5～7月。

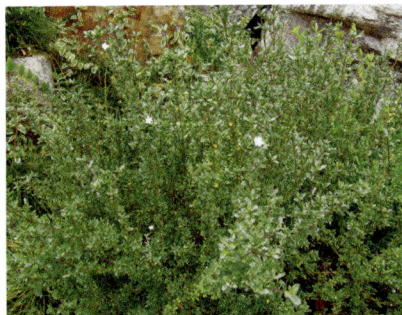

六月雪

产于我国云南、四川、贵州、广西、广东、香港、福建、江西、湖南、湖北、浙江、江苏、安徽、河南等地，生于溪边或丘陵的杂木林内。日本、越南也有分布。

六月雪株形纤巧，夏日盛花，宛如白雪满树，玲珑清雅，萌芽力、萌蘖力均强，耐修剪，适宜作花坛、花境、花篱和下木，也是制作盆景的好材料。全株入药。

常见变种及栽培变型有：

①金边六月雪 *S. japonica* var. *aureo-marginata* Hort：叶缘金黄色。

②重瓣六月雪 *S. japonica* var. *pleniflora* Nakai：花重瓣，白色。

③荫木 *S. japonica* var. *crassiramea* Makino：较原种矮小，叶质厚，层层密集；花单瓣，白色带紫晕。

④重瓣荫木 *S. japonica* var. *crassiramea* f. *plena* Makino et Nemoto：枝叶似荫木，花重瓣。

2. 栀子属 *Gardenia* Ellis

灌木或乔木。叶对生或轮生；托叶膜质、鞘状，生于叶柄内侧。花单生，稀排成伞房花序；萼筒卵形或倒圆锥形，萼裂片宿存；花冠高脚碟状或筒状，裂片5～11，旋转状排列；雄蕊5～11，着生于花冠管喉部，内藏；花盘环状或圆锥状；子房1室，胚珠多数。浆果革质或肉质，常有棱。

约250种，分布于热带和亚热带地区。我国5种。

栀子（黄栀子、山栀、白蟾花、水横枝、黄果子、黄叶下、山黄枝、水栀子、山黄栀）

Gardenia jasminoides Ellis

常绿灌木，枝常丛生。叶对生或3叶轮生，革质，长圆状披针形、倒卵状长圆形、倒卵形或椭圆形，长3～25cm，两面无毛，上面光亮。花芳香，单生枝顶或叶腋；萼筒倒圆锥形或卵形，5～8裂；花冠高脚碟状，冠筒长3～5cm，裂片5～8，白色或淡黄色。浆果卵形，具翅状纵棱5～9，顶端有宿存萼片。花期6～8月。

产于我国云南、四川、贵州、广西、广东、香港、海南、台湾、福建、江西、湖南、湖北、浙江、江苏、安徽、河南等地，生于海拔1500m以下旷野、丘陵、山谷、山坡、溪边灌丛中或林内。日本也有分布。

栀子叶色亮绿，四季常青，花大洁白，芳香馥郁，有一定耐阴性，抗二氧化硫能力较强，萌蘖力、萌芽力强，耐修剪，故为良好的绿化、美化、香化的材料，丛植或配置于林缘、庭前、院隅、路旁，植作花篱也极适宜，作盆花、切花或盆景都十分相宜，也可用于厂矿区绿化。花含挥发油，可提制浸膏，作调香剂；果实可作黄色染料；根、花、果入药。

栀子花

栀子果实

庭院中常见变型、变种有：

①大花栀子 *G. jasminoides* f. *grandiflora* Makino：花大而重瓣，径7～10cm。

②水栀子 *G. jasminoides* var. *radicana* Makino：又名雀舌栀子，植株较小，枝常平展葡地，叶小而狭长，花也较小。

栀子

3. 咖啡属 *Coffea* L.

灌木或乔木。叶对生，稀3片轮生；托叶宽阔，生叶柄间，宿存。花单生、簇生或排成聚伞花序，腋生；萼管短，顶部截平或4~6齿裂，里面常有腺体，宿存；花冠漏斗形或高脚碟状，裂片4~8，开展，螺旋状排列，喉部有时有毛；雄蕊4~8，生于花冠管喉部或之下，花丝短或无；花盘肿胀；子房2室，每室1胚珠，柱头2裂。浆果；种子2，角质。

约90多种，分布于亚洲热带地区和非洲。我国引入栽培约5种。

咖啡（小果咖啡）

Coffea arabica L.

常绿灌木或乔木，基部通常多分枝，节膨大。叶薄革质，卵状披针形或披针形，长7~15cm，宽3.5~5cm，先端长渐尖，基部楔形或略钝，全缘或浅波状，两面无毛，中脉两面凸起；叶柄长8~15mm；托叶宽三角形，顶端突尖。花白色，芳香，花冠顶部常5裂。浆果宽椭圆形，长1~1.5cm，径1~1.2cm；种子有纵槽。

原产埃塞俄比亚或阿拉伯。我国云南、四川、贵州、广西、广东、海南、台湾及福建等地有栽培。

咖啡为著名的三大饮料树种之一，果成熟时鲜红诱人，在适生区也可作庭园绿化；幼苗耐阴，枝叶秀丽，可盆栽观赏。种子药用。

其他常见种类有大粒咖啡 *C. liberica* Bull. ex Hien和中粒咖啡 *C. canephora* Pierre ex Froehn.，区别见检索表。

咖啡花

咖啡

中粒咖啡

大粒咖啡果实

中粒咖啡果实

分种检索表

1. 叶短小，通常长不超过14cm，宽不超过5cm ·············· 1. 咖啡 *C. arabica*

1. 叶大型，通常长15~30cm，宽6~12cm。

  2. 叶片下面脉腋内具小窝孔，窝孔内常具短丛毛；果椭圆形，长1.9~2.1cm，直径1.5~1.7cm ·············· 2. 大粒咖啡 *C. liberica*

  2. 叶片下面脉腋内无小窝孔或小窝孔无毛，果卵状球形，长宽近相等，1~1.2cm ·············· 3. 中粒咖啡 *C. canephora*

4. 滇丁香属*Luculia* Sweet

灌木或乔木。叶对生；托叶生于叶柄间，脱落。花美丽，红色或白色，芳香，具短花梗，组成顶生、多花、伞房状聚伞花序或圆锥花序；小苞片脱落；萼管陀螺形，裂片5，近叶状，脱落；花冠高脚碟状，冠管伸长，喉部稍膨大，裂片5，开展，覆瓦状排列，在每一裂片的内面基部有2个片状附属物或无；雄蕊5，着生于花冠管上；花盘环状；子房下位，2室，柱头2裂，每室胚珠多数。蒴果2室，室间开裂为2果爿；种子多数，微小，有翅，具齿。

约5种，分布于亚洲南部至东南部。我国有3种、1变种，产于云南、贵州、广西、西藏等地。

滇丁香（香滇丁香）

Luculia pinciana Hook.

灌木或乔木，高2～10m，多分枝。叶纸质，长圆形、长圆状披针形或广椭圆形，长5～22cm，宽2～8cm，全缘；侧脉9～14对；叶柄长1～3.5cm；托叶三角形，长约1cm，脱落。伞房状的聚伞花序顶生；花芳香；花梗长约5mm，无毛；萼裂片近叶状，披针形；花冠红色，稀白色，高脚碟状；雄蕊着生于花冠管喉部；子房2室。蒴果近圆筒形或倒卵状长圆形，有棱，长1.5～2.5cm，直径0.5～1cm；种子多数，两端具翅，连翅长约4mm。花、果期3～11月。

产于我国云南、西藏、贵州及广西等地，生于海拔600～3000m处的山坡、山谷溪边的林中或灌丛中。印度、尼泊尔、缅甸、越南等国家也有分布。

本种树形优美，花序大而色艳，芳香，且花期较长，园林应用较为广泛，适宜配置于疏林下、林缘、草坪、池畔、溪边等处；花枝长，可作切花。根、花、果药用。

滇丁香　　　　　　　　　　滇丁香花　滇丁香果实

5. 玉叶金花属 *Mussaenda* L.

灌木或亚灌木，攀援或直立。叶对生或轮生；托叶生于叶柄间，常脱落。顶生伞房状聚伞花序；萼管倒圆锥状或陀螺形，萼裂片5，有些花的萼裂片1片(稀更多)扩大为白色、粉红或红色具长柄的花瓣状；花冠漏斗状、高脚碟状，花冠管长，顶部5裂，裂片镊合状排列；雄蕊5，着生于花冠管喉部或中部；花盘环形或肿胀；子房2室，胚珠多数。浆果肉质，球形或椭圆形，顶部有环纹或宿存的萼裂片，种子多数。

约120种，分布于亚洲热带和亚热带地区、非洲和太平洋诸岛。我国有31种，引入栽培5种。

分种检索表

1. 叶状花萼裂片白色 ························· 1. 多脉玉叶金花 *M. multinervis*
1. 叶状花萼裂片粉红色 ························· 2. 粉叶金花 *M. hybrida* 'Alicis'

(1) 多脉玉叶金花

Mussaenda multinervis C. Y. Wu ex H. Wan

灌木，高2～3m。叶对生，膜质，广椭圆形或广卵形，长13～22cm，顶端短尖，基部狭窄；侧脉11～12对；叶柄长3cm；托叶卵状披针形，长1.3cm，顶端渐尖。聚伞花序顶生，具总花梗；苞片膜质，披针形；花萼筒坛状，长3mm，裂片披针形，一些花的1枚裂片扩大成叶状，白色，卵形，长3～4cm；花冠黄色。浆果肉质，球形，径5～10mm。花期5月。

产于我国云南，生于丛林中。

多脉玉叶金花树形舒展，四季常绿，花期绵长，是极具发展潜力的优良庭园树种。

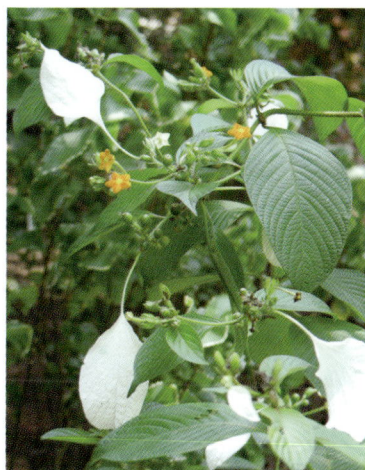

多脉玉叶金花

(2) 粉叶金花 (粉萼花、粉纸扇)

Mussaenda hybrida 'Alicis'

落叶灌木；小枝红褐色，四棱形。叶对生，椭圆状心形，长5～8cm，宽3～8cm，先端急尖。顶生伞房状聚伞花序；花萼裂片5，其中3～5枚裂片扩大成叶状，粉红色；花冠橙黄色，冠管长达2.5cm。浆果肉质，近球形。

原产菲律宾。我国热带地区引种栽培。

粉叶金花因其花萼膨大呈花瓣状，又称"粉萼花"；其花色典雅，花形雅致，盛花时满树浮香，是优秀的观赏树木。适于大型盆栽或深大花槽栽植，修剪整形。可在庭院、校园或公园孤植、列植、群植或添景美化等。

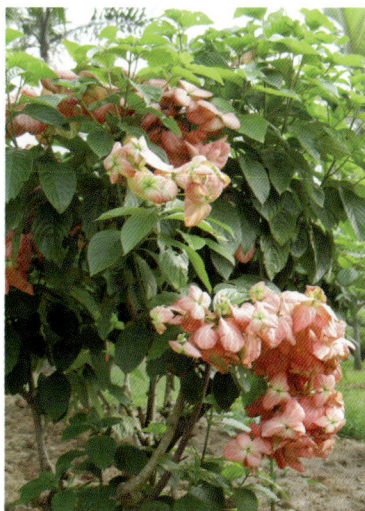

粉叶金花

六十二、紫葳科Bignoniaceae

乔木、灌木或木质藤本，稀草本；常具卷须、吸盘或气根。单叶或复叶，对生稀轮生、互生。花两性，多少两侧对称；聚伞、总状或圆锥花序，顶生或腋生，稀老茎生花；花萼钟状或筒状，平截或具齿；花冠合瓣，钟状或漏斗状，常二唇形，5裂；雄蕊5，常1枚或3枚退化；有花盘；子房上位，(1)2(4)室，中轴胎座或侧膜胎座，胚珠多数。蒴果，开裂，稀肉质不裂；种子扁平，常有翅或毛。

约120属650种，多分布于热带、亚热带地区，少数分布于温带。我国17属，约35种，引入栽培约10属15种。

分属检索表

1. 蒴果室间开裂。
  2. 一回羽状复叶，木质藤本 ································· 1. 炮仗藤属Pyrostegia
  2. 二至三回羽状复叶，乔木 ································· 2. 木蝴蝶属Oroxylum
1. 蒴果室背开裂。
  3. 单叶，能育雄蕊2枚；种子两端有束毛 ················· 3. 梓树属Catalpa
  3. 羽状复叶或掌状复叶，能育雄蕊4；种子具膜质透明翅。
    4. 花萼钟状，果外无毛。
    5. 蒴果细长圆形 ································· 4. 火焰树属Spathodea
    5. 蒴果扁卵圆形 ································· 5. 蓝花楹属Jacaranda
    4. 花萼佛焰苞状，果外被褐色茸毛，似猫尾状 ··········· 6. 猫尾木属Markhamia

1. 炮仗藤属Pyrostegia Presl

攀援木质藤本。叶对生；小叶2～3枚，顶生小叶常变为3叉的丝状卷须。圆锥花序，顶生，密集成簇。花萼钟状，平截或具5齿；花冠筒状，橙红色，略弯曲，裂片5，镊合状排列，花期反折；雄蕊4枚，2强；子房上位，线形，有胚珠多颗。蒴果线形，室间开裂。种子在隔膜边缘1～3列，成覆瓦状排列，具翅。

约5种，产南美洲。我国引入栽培1种。

炮仗花（黄鳝藤、金珊瑚）

Pyrostegia venusta (Ker.-Gawl.) Miers

藤本，具有3叉丝状卷须。叶对生；小叶2～3枚，卵形，顶端渐尖，基部近圆形，长4～10cm，宽3～5cm。圆锥花序着生于侧枝的顶端，长约10～12cm。花萼钟状，有5小齿；花冠筒状，内面中部有一毛环，基部收缩，橙红色，裂片5，长椭圆形；雄蕊着生于花冠筒中部；子房圆柱形，密被细柔毛。果瓣革质，舟状，内有种子多列，种子具翅，薄膜质。

原产巴西，在热带亚洲已广泛作为庭园藤

炮仗花

架植物栽培。我国云南、广西、广东、海南、台湾、福建等地均有栽培。

本种枝叶清秀，红花盛艳，累累成串，状如鞭炮，颇具"喜庆"之意，故有炮仗花之称。可植于庭园建筑物的四周，或攀援于凉棚、花架、山石、墙垣等。

2. 木蝴蝶属 *Oroxylum* Vent.

小乔木。叶对生，二至三回羽状复叶，大型，着生于茎的近顶端，小叶全缘。顶生总状花序，直立。花萼大，紫色，肉质，宽钟状，顶端近平截；花冠大，紫红色，钟状，檐部微二唇形，裂片5；雄蕊4，微2强，生于花冠管中部。蒴果长圆形，木质，扁平，2瓣裂，隔膜木质扁平；种子多列，极薄，扁圆形，周围具白色透明的膜质翅。

约2种，分布于我国、越南、老挝、泰国、缅甸、印度、马来西亚、斯里兰卡。我国产1种。

木蝴蝶（千张纸、破故纸、毛鸦船、王蝴蝶、土黄柏、兜铃、龙船花、朝筒、牛脚筒）

Oroxylum indicum (L.) Kurz

直立小乔木，高6～10m。大型奇数2～3(4)回羽状复叶，着生于茎干近顶端，长60～130cm；小叶三角状卵形，长5～13cm，宽3～10cm。总状聚伞花序顶生，粗壮，长40～150cm；花梗长3～7cm；花大、紫红色；花萼钟状，紫色，膜质，果期近木质，长2.2～4.5cm，宽2～3cm，光滑，顶端平截；花冠肉质，长3～9cm，基部粗1～1.5cm，口部直径5.5～8cm；檐部下唇3裂，上唇2裂，裂片微反折，花冠在傍晚开放，有恶臭。蒴果木质，常悬垂于树梢，长40～120cm，宽5～9cm，厚约1cm，2瓣开裂，果瓣具有中肋，边缘肋状凸起；种子多数，圆形，连翅长6～7cm，宽3.5～4cm。

产于我国云南、四川、贵州、广西、广东、台湾、福建，生于海拔500～900m热带及亚热带低丘河谷密林，以及公路边丛林中，常单株生长。在越南、老挝、泰国、柬埔寨、缅甸、印度、马来西亚、菲律宾、印度尼西亚(爪哇)也有分布。

本种因种子周围具薄如纸的翅，故有"千张纸"之称。叶大荫浓，常作为室内观叶植物种植；花大色艳，果长而大，似船也似剑，也可植于庭院、公园等地观赏，在生境良好之地可大量种植，营造成风景林。其种子、树皮入药。

木蝴蝶

木蝴蝶叶

果实

种子

3. 梓树属 *Catalpa* L.

落叶乔木。单叶对生，稀轮生，叶背脉腋常具腺斑。花大，呈顶生伞房状、总状花序或圆锥花序；花萼二唇形或不规则开裂；花冠钟状；发育雄蕊2，内藏，着生于花冠筒基部；子房2室。蒴果长圆柱形；种子多数，两端具长毛。

约13种，产亚洲东部及美洲。我国4种及1变型，引入3种。

分种检索表

1. 圆锥花序，花冠淡黄色，叶脉5～7出 ·············· 1. 梓树 *C. ovata*
1. 伞房状总状花序，叶脉3出。
  2. 花冠淡紫色或淡红色，叶常为卵形 ·············· 2. 滇楸 *C. fargesii* f. *duclouxii*
  2. 花冠白色或淡红色，叶常为三角状卵形 ·············· 3. 黄金树 *C. speciosa*

(1) 梓树（黄花楸、木角豆、大叶梧桐、梓、花楸、河楸、臭梧桐、水桐楸、木王）

Catalpa ovata G. Don

乔木，高达15m，树冠伞形。叶广卵形或近圆形，先端突尖或渐尖，基部心形或近圆形，通常3～5浅裂，上面有灰色短柔毛，下面脉上有疏毛，叶脉掌状5～7出。圆锥花序顶生；花冠淡黄色，内面有黄色条纹及紫色斑纹。蒴果细长如筷，长20～30cm；种子具毛。花期5月，果期10月。

产于我国云南、四川、贵州、福建、江西、湖南、湖北、安徽、河南、河北、山东、山西、辽宁、甘肃、陕西等地，以黄河中下游为分布中心，多生于海拔1900～2500m的村庄附近及公路边。日本也有分布。

梓树树冠宽大，树姿优美，叶片浓密，春夏黄花满树，秋冬细果实如箸，可作行道树、庭荫树及村旁、宅旁绿化树种。对氯气、二氧化硫和烟尘的抗性强，又是良好的环保树种，可营建生态风景林。古人在房前屋后种植桑树、梓树，"桑梓"意即故乡。材质轻软，可供家具及乐器等用。

梓树花

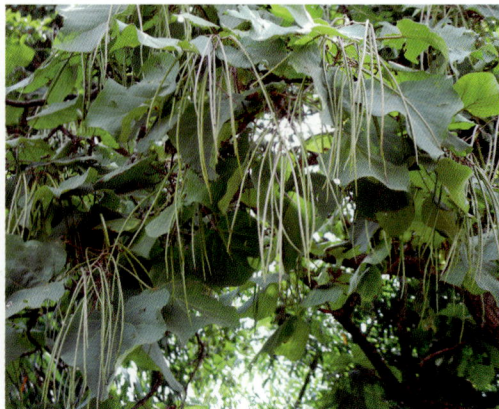

梓树果实

（2）滇楸（紫楸、楸木、紫花楸、光灰楸）

Catalpa fargesii Bureau f. *duclouxii* (Dode) Gilmour

乔木，高达25m。叶、花序均光滑无毛。叶卵形，厚纸质，长13～20cm，宽10～13cm，先端渐尖，基部圆形至微心形，侧脉4～5对，基部3出脉，全缘；叶柄长3～10cm。顶生伞房状总状花序，7～15花；花冠淡红色或淡紫色；子房卵形。蒴果圆柱形，细长下垂，长达80cm，果皮革质，2裂。花期3～5月，果期6～11月。

产于我国云南、四川、贵州、湖南、湖北，栽植于村庄公路附近。

滇楸树姿挺拔，干直荫浓，花冠紫白相间，二唇形，艳丽悦目，具有较高的观赏价值。又因其材质优良，是极好的室内装饰、建筑、家具、器具、造船、雕刻、乐器等优良用材，所以被称之为"才貌双全"的树种。

滇楸花

滇楸

滇楸果实

（3）黄金树（白花梓树）

Catalpa speciosa (Warder ex Barney) Engelmann

乔木，高达10m；树冠伞状。叶卵心形或卵状长圆形，长15～16cm，先端长渐尖，基部截形至浅心形；叶柄长10～15cm。圆锥花序顶生；花冠白色，内有2黄色条纹及紫色细斑点，长4～5cm，口部径4～6cm。蒴果圆柱形，长30～55cm，径1～2cm。花期5～6月，果期8～10月。

原产美国中部至东部。我国云南、广西、广东、浙江、江苏、安徽、河南、河北、山东、山西、陕西及新疆等地有栽培。

本种树干通直，树冠伞状，叶荫浓郁，花大优美，对二氧化硫、氯气等有害气体抗性强，可作庭院观赏、行道树及厂矿区绿化树种。

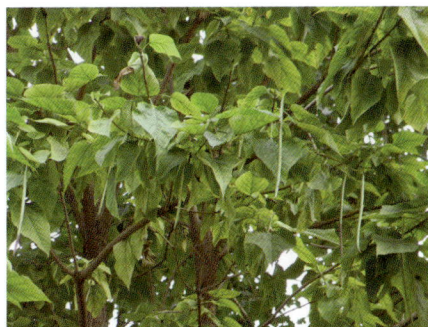

黄金树果实

4. 火焰树属 *Spathodea* Beauv.

常绿乔木。奇数羽状复叶大型，对生。伞房状总状花序顶生，密集。花萼大，佛焰苞状；花冠阔钟状，橘红色，基部缢缩为细筒状，裂片5，不等大，阔卵形，具纵皱褶；雄蕊4，2强，着生于花冠筒上；子房狭卵球形，2室。蒴果，细长圆形，室背开裂；种子多数，具膜质翅。

约20种，主产热带非洲、巴西，印度、澳大利亚也有分布。我国引入栽培1种。

火焰树（喷泉树、火烧花、火焰木、苞萼木）

Spathodea campanulata Beauv.

乔木，高10m。奇数羽状复叶，对生，连叶柄长达45cm；小叶9～17枚，叶片椭圆形至倒卵形，长5～9.5cm，宽3.5～5cm，顶端渐尖，基部圆形，全缘，背面脉上被柔毛，基部具2～3枚腺体；叶柄短，被微柔毛。花密集；花序轴长约12cm，被褐色微柔毛；花萼佛焰苞状，外面被短茸毛，长5～6cm，宽2～2.5cm；花冠一侧膨大，檐部近钟状，直径约5～6cm，长5～10cm，橘红色，具紫红色斑点，内面有突起条纹，裂片5，阔卵形，不等大，具纵褶纹，长3cm，宽3～4cm，外面橘红色，内面橘黄色。蒴果黑褐色，长15～25cm，宽3.5cm。种子周围具翅，近圆形，径1.7～2.4cm。花期4～5月。

原产非洲，现广泛栽培于印度、斯里兰卡。我国云南、广东、台湾、福建等地均有栽培。树冠荫浓，树形优美，叶翠绿如玉，花红似火焰，开花时节，万绿丛中朵朵红花，甚为漂亮和谐，是美丽的观赏树种，常作荫庇树或行道树，也适宜公园、社区、旅游区等地种植。

火焰树

火焰树花

5. 蓝花楹属 *Jacaranda* Juss.

乔木或灌木。叶互生或对生，2回羽状复叶，稀为1回羽状复叶；小叶多数，小。花蓝色或青紫色，组成顶生或腋生的圆锥花序。花萼小，截平形或5齿裂，萼齿三角形；花冠漏斗状，檐部略呈2唇形，裂片5，外面密被细柔毛；雄蕊4，2强，退化雄蕊棒状；花盘厚，垫状；子房上位，2室，胚珠多数，每室1～2列。蒴果木质，扁卵圆形，迟裂；种子扁平，周围具透明翅。

约50种，分布于热带美洲。我国引入栽培2种。为美丽的庭园观赏树。

蓝花楹（巴西红木、蕨树）

Jacaranda mimosifolia D. Don

落叶乔木，高达15m。叶对生，2回羽状复叶，羽片通常在16对以上，每1羽片有小叶16～24对；小叶椭圆状披针形至椭圆状菱形，长6～12mm，宽2～7mm，顶端急尖，基部楔形，全缘。花蓝色，花序长达30cm，直径约18cm。花萼筒状，长宽约5mm，萼齿5；花冠筒细长，蓝色，下部微弯，上部膨大，长约18cm，花冠裂片圆形；子房圆柱形，无毛。蒴果木质，扁卵圆形，长宽均约5cm，中部较厚，四周逐渐变薄，不平展。花期5～6月。

原产巴西、玻利维亚、阿根廷。我国云南南部、广西、广东、海南、福建等地有栽培。木材黄白色至灰色，质软而轻，纹理通直，加工容易，可作家具用材。

本种枝叶浓密秀丽，细腻飘逸，可孤植、丛植于公园、小区游园、庭院等处，也可对植于大门前或园路入口处等。南方多种植于庭园，或作行道树。北方多做温室盆栽。

蓝花楹

蓝花楹花

蓝花楹种子

6. 猫尾木属 *Markhamia* Seem. ex Baill.

乔木。叶对生，为奇数1回羽状复叶。花大，黄色或黄白色，由数朵花排成顶生总状聚伞花序。花萼芽时封闭，开花时一边开裂至基部而成佛焰苞状，外面密被灰褐色棉毛；花冠筒钟状，裂片5，近相等，圆形，厚而具皱纹；雄蕊4(5)，2强，两两成对。蒴果长柱形，外面被灰黄褐色茸毛，似猫尾状，隔膜木质，扁，中间有1中肋凸起；种子长椭圆形，每室2列，薄膜质，两端具白色透明膜质阔翅。

约12种，分布于非洲和热带亚洲。我国产2种及2变种。

猫尾木（猫尾）

Markhamia stipulata (Wall.) Seem. ex Schum

常绿乔木，高达15m；幼枝、幼叶及花序轴密被黄褐色柔毛。奇数羽状复叶，长30~50cm；小叶7~11，无柄，长椭圆形或卵形，长12~29cm，顶端渐尖，基部阔楔形至近圆形，偏斜，全缘，侧脉8~10对，顶生小叶柄长1~2cm；托叶缺，但常有退化的单叶生于叶柄基部而极似托叶。花大，直径10~14cm。花萼长约5cm，与花序轴均密被褐色茸毛。花冠黄色，长约10cm，冠筒红褐色，口部直径10~15cm，花冠筒基部直径1.5~2cm。蒴果长30~60cm，宽达4cm，厚约1cm，悬垂，密被褐黄色茸毛。种子长椭圆形，极薄，连翅长约5.5~6.5cm，宽约1.2cm。花期10~11月，果期4~6月。

产于我国云南、广西、广东、海南等地，生于海拔200~1000m疏林边。泰国、老挝及越南也有分布。

本种树冠浓郁，花大而美丽，蒴果形态奇异，酷似巨型猫尾，可作庭园观赏树种；木材适作梁、柱、门、窗、家具等用材。

猫尾木

猫尾木花

猫尾木果实

六十三、马鞭草科Verbenaceae

灌木或乔木，稀藤本或草本。单叶或复叶；对生，稀轮生或互生；无托叶。花序顶生或腋生，多为聚伞、总状、穗状、伞房状聚伞或圆锥花序；花两性，两侧对称，稀辐射对称；花萼宿存，杯状、钟状或筒状；花冠筒圆柱形，二唇形或4～5裂；雄蕊(2～) 4 (5～6)，着生于花冠筒的上部或基部；子房上位，通常由2心皮组成，2～4 (～8)室。核果或蒴果。

约90属，3000余种，主要分布于热带、亚热带地区，少数延至温带。我国20属，182种，引种栽培2属。各地均有分布，主产于长江以南各地。

分属检索表

1. 花萼在结果时显著增大
  2. 总状、穗状或圆锥花序 ·· 1.假连翘属Duranta
  2. 聚伞花序或由聚伞花序组成复花序 ···················· 2.大青属Clerodendrum
1. 花萼在结果时不增大。
  3. 单叶，花辐射对称 ·· 3.紫珠属Callicarpa
  3. 掌状复叶，花两侧对称 ·· 4.牡荆属Vitex

1. 假连翘属*Duranta* L.

有刺或无刺灌木。单叶对生或轮生，全缘或具锯齿。花序总状、穗状或圆锥状，顶生或腋生；苞片小；花萼筒顶端具5齿，果时增大，宿存；花冠筒圆柱形，顶端5裂；雄蕊4，内藏，2长2短；子房8室，每室1胚珠，花柱短。核果为宿萼包被，中果皮肉质。

约36种，分布于美洲及中美洲热带。我国引入1种。

假连翘 (莲荞、番仔刺、洋刺、花墙刺、篱笆树、金露花、甘露花)

Duranta repens L.

常绿灌木，高约1.5～3m。枝常拱形下垂，具皮刺。叶对生，稀轮生，卵形或卵状椭圆形，长2～6.5cm，全缘或中部以上有锯齿。总状花序顶生或腋生；花萼管状，被毛；花冠蓝色或淡蓝紫色，微被毛；子房无毛。核果球形，无毛，有光泽，熟时红黄色，有增大花萼包围。花果期5～10月。

假连翘花

假连翘果实

原产热带美洲。我国南方各地均有栽培，且归化为野生状态。

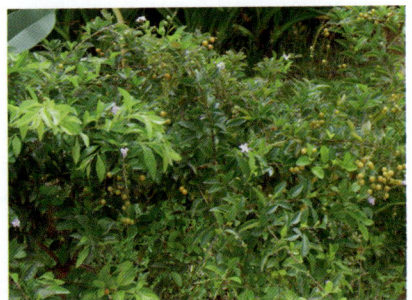

假连翘

假连翘枝细柔伸展，花蓝紫清雅，且终年开花不断，入秋果实金黄，如串串金珠，是极佳的观花、观果植物。宜作花篱、绿篱或色块栽培，也适宜盆栽，布置厅堂、会场或作吊盆观果，也可应用于公园、庭院中丛植观赏。

2. 大青属 *Clerodendrum* Linn.

灌木或小乔木，稀攀援状藤本或草本；幼枝四棱形至近圆柱形。单叶对生，稀3～5叶轮生，全缘、波状或具锯齿，稀浅裂至掌状分裂。聚伞花序或由聚伞花序组成疏展或紧密的伞房状或圆锥状花序，或近头状，顶生稀腋生；花萼有色泽，钟状或杯状，顶端近平截或具5(6)钝齿深裂，花后多少增大，宿存，全部或部分包被果实；花冠高脚杯状或漏斗状，顶端5(6)裂；雄蕊4(5～6)，着生花冠管上部；子房4室，每室有1胚珠。浆果状核果，具4分核，或因发育不全而为1～3分核；种子长圆形。

约400种，分布于热带和亚热带，少数分布于温带，主产东半球。我国34种14变种，主产西南及华南。

分种检索表

1. 小枝圆形；叶背面无盾状腺体 ·················· 1. 海州常山 *C. trichotomum*
1. 小枝四棱形；叶背面有盾状腺体 ·················· 2. 赪桐 *C. japonicum*

(1) 海州常山（臭梧桐、泡火桐、臭梧、追骨风、后庭花、香楸）
Clerodendrum trichotomum Thunb.

灌木或小乔木，高1.5～10m；小枝圆形。叶片纸质，卵形、卵状椭圆形或三角状卵形，长5～16cm，宽2～13cm，侧脉3～5对，全缘或有时边缘具波状齿；叶柄长2～8cm。伞房状聚伞花序顶生或腋生，花序长8～18cm，花序梗长3～6cm；花萼蕾时绿白色，后紫红色，基部合生，中部略膨大，有5棱脊，顶端5深裂，裂片三角状披针形或卵形；花冠白色或粉红色，芳香，冠筒长约2cm，裂片长椭圆形，长0.5～1cm。核果近球形，径6～8mm，包藏于增大的宿萼内，成熟时外果皮蓝紫色。花果期6～11月。

产于我国云南、四川、贵州、台湾、福建、江西、湖南、湖北、浙江、江苏、安徽、河南、河北、山东、山西、辽宁、甘肃、陕西等地，生于海拔2400m以下的山坡灌丛中。朝鲜、日本以南至菲律宾北部也有分布。

本种花果美丽，花形奇特，花期长，花后有鲜红的宿存萼片，是美丽的观花观果树种，适于堤岸、悬崖、石隙及林下等处配置应用。根、茎、花、叶均可入药。

海州常山

海州常山花

(2) 赪桐（百日红、贞桐花、状元花、荷苞花、红花倒血莲）

Clerodendrum japonicum (Thunb.) Sweet

赪桐

灌木，高达4m；小枝四棱形。叶卵形，长8～35cm，宽6～27cm，顶端尖或渐尖，基部心形，边缘有疏短尖齿；叶柄长0.5～15(～27)cm，具较密的黄褐色短柔毛。圆锥状二歧聚伞花序，长15～34cm，宽13～35cm；花萼红色，疏被柔毛及盾形腺体；花冠红色，稀白色，花冠管长1.7～2.2cm，裂片长圆形，长1～1.5cm；雄蕊长约达花冠管的3倍。核果近球形，绿色或蓝黑色，径0.7～1cm，宿萼反折呈星状。花果期5～11月。

产于我国云南、四川、贵州、广西、广东、海南、台湾、福建、江西、湖南、浙江、江苏、河南等地，生于海拔1200m以下平原、山谷、溪边及疏林中。印度、不丹、中南半岛、马来西亚及日本等地也有分布。

本种花朵鲜艳、美丽，花果期长，为庭园优良的观赏花木，也可盆栽观赏。全株药用。

赪桐花

3. 紫珠属 *Callicarpa* L.

灌木，稀乔木或藤本；嫩枝有星状毛或粗糠状短柔毛。叶对生，偶有3叶轮生，边缘有锯齿，稀全缘。聚伞花序腋生，花小，整齐；花萼杯状或钟状，顶端4齿裂至截形，宿存，果时不增大；花冠4裂；雄蕊4，花丝伸出花冠筒外或与花冠筒近等长；子房4室。核果浆果状，球形，呈4分核。

约140余种，主要分布于热带、亚热带亚洲及大洋洲，少数产热带美洲及非洲。我国48种。

分种检索表

1. 灌木，叶缘具细锯齿 ………………………………………………………… 1. 紫珠 *C. bodinieri*

1. 乔木，叶全缘 …………………………………………………………………… 2. 木紫珠 *C. arborea*

(1) 紫珠（珍珠枫、漆大伯、大叶鸦鹊饭、白木姜、爆竹紫）

Callicarpa bodinieri Lévl.

常绿灌木，高1～2m；小枝、叶柄及花序被星状毛。叶卵状长椭圆形或椭圆形，长7～18cm，先端渐尖或尾尖，基部楔形，具细锯齿，上面被短柔毛，下面被星状柔毛，两面被红色腺点；叶柄长0.5～1cm。花序4～5歧分枝，花序梗长约1cm。花萼齿钝三角形；花冠紫红色，被星状柔毛。核果球形，紫色。花期5～6月，果期7～11月。

产于我国云南、四川、贵州、广西、广东、湖南、湖北、浙江、江苏、安徽及河南，生于海拔200～2300m山谷山坡林中或林缘灌丛中。日本、越南也有分布。

紫珠植株矮小，枝条柔细，入秋紫果累累，经冬不落，色美而有光泽，状如玛瑙，为庭园中美丽的观果灌木，多用于基础栽植，也可于草坪边缘、假山旁、常绿树前栽植，效果均佳；果枝常作切花。根、叶入药。

紫珠

紫珠果实

(2) 木紫珠（南洋紫珠、马踏皮、白叶子树、豆豉树、冬瓜渡）

Callicarpa arborea Roxb.

常绿乔木，高达8m。小枝、叶柄及花序被黄褐色粉质分枝毛。叶长椭圆形或椭圆形，长13～37cm，先端渐尖，基部楔形或宽楔形，全缘，下面密被黄褐色星状毛，侧脉8～10对；叶柄粗，长3～6(9)cm。花序6～8歧分枝。花萼杯状，密被白色星状毛；花冠紫或淡紫色，被星状柔毛。核果球形，紫褐色。花期5～7月；果期8～12月。

产于我国云南、西藏、广西，生于海拔150～1600m的阳坡或灌丛中。尼泊尔、印度及东南亚有分布。

本种叶大荫浓，花果均可观赏；植株多毛，滞尘能力强，可作工矿区绿化隔离带用。

木紫珠

木紫珠花

4. 牡荆属 *Vitex* L.

灌木或小乔木。小枝常四棱形。叶对生,掌状复叶,小叶3～8,稀单叶。圆锥状聚伞花序;苞片小。花萼钟状或管状,顶端平截或有5小齿,有时略为二唇形,宿存;花冠二唇形,上唇2裂,下唇3裂;雄蕊4(5);子房2～4室,每室1～2胚珠。核果,外包宿萼。

约250种,主要分布于热带和温带地区。我国14种,7变种,3变型,主产长江以南,少数种类分布于西南和华北等地。

黄荆(五指枫、五指柑、土常山、黄荆条、埔姜仔、埔姜)

Vitex negundo L.

落叶灌木或小乔木,高可达5m;小枝四棱形,密生灰白色茸毛。掌状复叶,小叶5,稀3枚,卵状长椭圆形至披针形,全缘或疏生浅齿,背面密生灰白色细茸毛。圆锥状聚伞花序顶生,长10～27cm;花萼钟状,顶端5裂齿;花冠淡紫色,外面有茸毛,端5裂,二唇形。核果球形,黑色。花期4～6月,果期7～10月。

主产长江以南各地,分布于全国各地。非洲东部经马达加斯加、亚洲东南部及南北玻利维亚有分布。

黄荆,叶秀丽、花清雅,是装点风景区的极好材料,植于山坡、路旁,可增添无限生机;也是树桩盆景的优良材料。枝、叶、种子入药,花含蜜汁,是极好的蜜源植物,枝编筐。

常见变种有:

①牡荆 *V. negundo* var. *cannabifolia*:小叶边缘有多数锯齿,表面绿色,背面淡绿色,无毛或稍有毛。分布华东各地及华北、中南至西南各地。

②荆条 *V. negundo* var. *heterophylla*:小叶边缘有缺刻状锯齿、浅裂至深裂。我国东北、华北、西北、华东及西南各地均有分布。

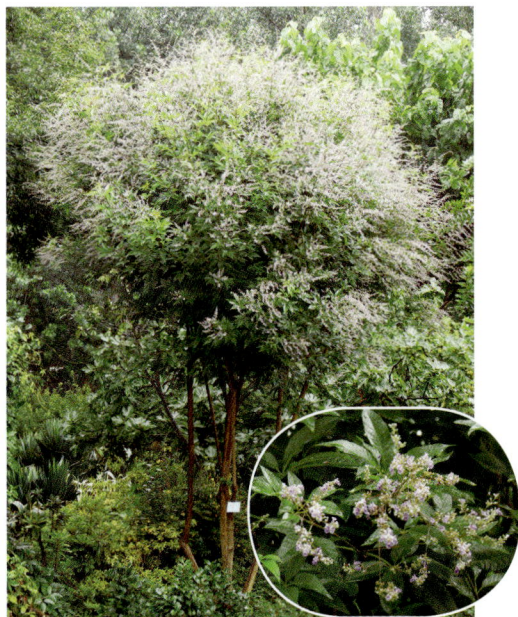

黄荆　　　　　　　　黄荆花序　　　　牡荆　　　　　　　　牡荆花序

六十四、小檗科Berberidaceae

草本或灌木。叶互生，稀对生和基生，单叶或复叶。花两性，辐射对称，单生或排成总状花序；萼片6～9，2～3轮，离生；花瓣6，常具蜜腺；雄蕊与花瓣同数且与其对生，稀更多，花药瓣裂或纵裂；子房上位，1心皮1室，有胚珠1至多颗。浆果或蒴果。

17属(广义)，约650种，主产北温带和亚热带高山地区。我国11属320种，各地均有分布。

分属检索表

1.单叶或1回羽状复叶，花药瓣裂，卷裂。
  2.单叶，枝常具刺 ·· 1.小檗属Berberis
  2.一回羽状复叶，枝常无刺 ······························ 2.十大功劳属Mahonia
1.叶为二至三回羽状复叶；花药纵裂 ··················· 3.南天竹属Nandina

1.小檗属Berberis L.

灌木或小乔木；木材和内皮层黄色；枝常具刺，单生或三叉状。单叶，互生，或在短枝上簇生，叶片与叶柄接连处有节。花黄色，单生、簇生或为其他各式花序；萼片6，2轮排列，下有小苞片2～3；花瓣6，花药瓣裂，卷裂。浆果，种子1至数颗。

约500种，广布于亚、欧、美及非洲。我国约有200种，多分布于西部及西南部。

分种检索表

1.叶全缘；花1～5朵簇生
  2.叶绿色 ······································· 1.小檗B. thunbergii
  2.叶深紫色 ·························· 2.紫叶小檗B. thunbergii 'Atropurpurea'
1.叶缘有齿；花(8)10～20朵簇生 ················· 3.粉叶小檗B. pruinosa

(1) 小檗（日本小檗、子檗、山石榴、目木要、极檗、童氏小檗）

Berberis thunbergii DC.

落叶灌木，高2～3m。小枝常红褐色，有沟槽；刺单生，稀三叉状。叶倒卵形或匙形，长0.5～2cm，全缘，表面暗绿色，背面灰绿色。花浅黄色，1～5朵成簇生状伞形花序。浆果椭圆形，长约1cm，熟时亮红色。花期5月，果期9月。

原产日本及我国，各大城市有栽培。

本种枝细密而有刺，春季开小黄花，入秋则叶色变红，果熟后亦红艳美丽，是良好的观果、观叶和刺篱材料。此外，亦可盆栽观赏或剪取果枝瓶插供室内装饰用。根、茎、叶均可入药，根、茎的木质部中含多种生物碱，其小檗碱可制黄连素，有杀菌消炎之效；茎皮可作黄色染料。

小檗花

(2) 紫叶小檗（红叶小檗）

Berberis thunbergii 'Atropurpurea'

落叶灌木，高2～3m；幼枝紫红色，老枝灰褐色或紫褐色，有槽，具刺。叶全缘，紫红色，菱形或倒卵形，在短枝上簇生。花单生或2～5朵成短总状花序，黄色，下垂，花瓣边缘有红色纹晕。浆果红色，宿存。花期4月，果熟期9～10月。

紫叶小檗为小檗*Berberis thunbergii*的栽培品种，叶常年紫红色，春天成串的金黄色小花挂满枝条，秋季亮红色的果实美丽动人，是叶、花、果俱美的观赏花木，适宜在园林中作花篱或在园路角隅丛植、大型花坛镶边或剪成球形作对称状配植，或点缀在岩石间、池畔，也可制作盆景。

紫叶小檗　　　　　　　紫叶小檗果实

(3) 粉叶小檗（大黄连刺、三颗针、石妹刺、宽叶鸡脚黄连）

Berberis pruinosa Franch.

灌木，高1～2m。枝棕灰色或棕黄色，密被黑色小疣点；刺三叉状，粗壮，长2～3cm，腹部具沟。叶硬革质，椭圆形、倒卵形或披针形，长2～6cm，宽1～2.5cm，顶端钝尖或短渐尖，基部楔形，边缘微外卷，通常具1～6刺齿，偶有全缘，上面光亮，侧脉微突起，下面有白粉，侧脉不明显；近无柄。花(8)10～20朵簇生；花瓣倒卵形，长约7mm，宽约4～5mm，顶端深锐裂，基部窄，两侧各具1枚卵形腺体；雄蕊长6mm。浆果椭圆形或近球形，长6～7mm，径4～5mm，顶端无花柱，被白粉，外果皮质硬，具2粒种子。花期3～4月，果期6～8月。

产于云南、西藏、贵州、广西等地。

粉叶小檗是优良的观叶、观花、观果、观形树种。园林中常将其组成色带或丛植于花坛边缘，还可作绿篱，耐修剪，枝叶稠密而富棘针，不易受人为毁坏，是居民区绿化的好材料。

粉叶小檗　　　　　　　粉叶小檗花

2. 十大功劳属 *Mahonia* Nuttall

常绿灌木。枝上无针刺。一回奇数羽状复叶，互生，小叶缘具刺齿，无柄。总状花序数条簇生，花黄色；萼片9，3轮；花瓣6，2轮；雄蕊6；胚珠少数。浆果暗蓝色，外被白粉。

本属约100种，产亚洲和美洲。我国约40种，主要分布于西南地区。

分种检索表

1. 小叶7～11，宽0.7～1.5cm，边缘有针齿6～13对 ····················· 1. 十大功劳 *M. fortunei*
1. 小叶7～17，宽2～4.5cm，边缘有针齿2～5对 ····················· 2. 阔叶十大功劳 *M. bealei*

（1）十大功劳（狭叶十大功劳、黄天竹）

Mahonia fortunei (Lindl.) Fedde

常绿灌木，高达2m。叶互生，一回羽状复叶，叶长15～30cm；小叶7～11，革质，狭披针形，长5～12cm，宽0.7～1.5cm，侧生小叶几等长，顶生小叶最大，均无柄，顶端急尖或略渐尖，基部狭楔形，边缘有6～13刺状锐齿。总状花序直立，4～8个簇生；花黄色；花梗长1～4mm。浆果圆形或长圆形，长4～5mm，蓝黑色，有白粉。花期9～10月，果期11～12月。

产于四川、贵州、广西、江西、湖北及浙江等地，生于海拔350～2000m山坡沟谷、林中、灌丛中、路边或河边。

十大功劳枝干挺直，叶形奇异，黄花成簇，十分典雅。常植于庭院、林缘及草地边缘，可点缀于假山上或岩隙、溪边，或作绿篱及基础种植，也可盆栽。根、茎可入药。

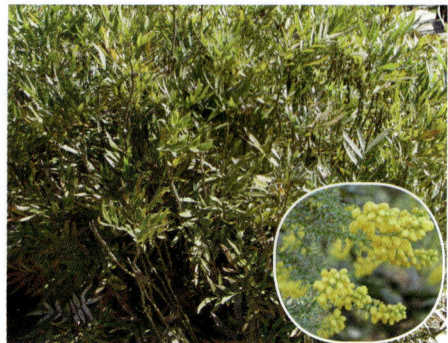

十大功劳 十大功劳花

（2）阔叶十大功劳（土黄柏、土黄连、八角刺、刺黄柏、黄天竹）

Mahonia bealei (Fort.) Carr.

常绿灌木，树高可达4m，全株无毛，枝丛生直立。奇数羽状复叶，互生；小叶7～17，硬革质，卵形或卵状椭圆形，长4～12cm，宽2.5～4.5cm，叶缘反卷，每边有大刺齿2～5枚，侧生小叶基部歪斜，表面深绿色有光泽，背面黄绿色。花黄色，有香气，总状花序直立，长

阔叶十大功劳花序 阔叶十大功劳果序

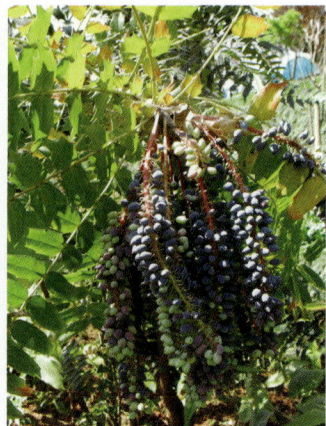

5～10cm，6～9个簇生枝顶。浆果卵形，长约10mm，直径约6mm，蓝黑色，被白粉。花期11月至翌年3月，果期4～8月。

主要分布于四川、福建、江西、湖南、湖北、浙江、安徽、河南、陕西等地，多野生于山谷林下或灌丛中。

阔叶十大功劳四季常绿，树形雅致，枝叶奇特，花色秀丽，可用作园林绿化和室内盆栽观赏。

3. 南天竹属 *Nandina* Thunb.

常绿灌木。叶互生，二至三回羽状复叶，叶轴具关节；小叶全缘。花小，白色，为顶生圆锥花序；花具小苞片；萼片和花瓣多数；雄蕊6，离生；子房1室，有胚珠2颗。浆果，成熟时红色。

本属仅1种，产于我国及日本。

南天竹(天竺)
Nandina domestica Thunb.

常绿灌木，高可达2m。茎直立，少分枝，幼枝常为红色。叶互生，常集生于茎顶端，革质，二至三回羽状复叶，各级羽状叶均为对生，末级的小羽叶片有小叶3～5片；小叶椭圆状披针形，长3～10cm，先端渐尖，基部楔形，全缘，有光泽，深绿色；冬季常变红色。圆锥花序顶生，长20～35cm；花白色；萼片多轮，每轮3片；花瓣6，舟状披针形；雄蕊6枚；子房1室，有2胚珠。浆果球形，成熟时鲜红色，偶有黄色。种子2，扁圆形。花期4～6月，果期7～11月。

原产我国及日本。四川、湖北、江西、浙江、江苏、安徽、河北、山东、陕西等地均有分布，生于海拔1200m以下沟旁、路边或灌丛中。

南天竹茎干丛生，枝叶扶疏，秋冬叶色变红，更有累累红果，经久不落，实为赏叶观果佳品。长江流域及其以南地区可露地栽培，宜丛植于庭院房前，草地边缘或园路转角处。北方寒地多盆栽观赏。又可剪取枝叶和果序瓶插，供室内装饰用。根、叶、果可药用。

另有变型：白果南天竹 *Nandina domestica* f. *alba* (Clarke) Rehd.，果白色。

南天竹花序

南天竹

南天竹果序

六十五、千屈菜科Lythraceae

草本，灌木或乔木。叶对生，稀互生或轮生，全缘；托叶小或缺。花两性，常辐射对称，稀左右对称，单生或簇生，或组成穗状、总状、圆锥或聚伞花序；花萼管状或钟状，宿存，3～6(16)裂，镊合状排列，裂片间常有附属体；花瓣与花萼裂片同数，着生于萼筒边缘，稀无花瓣；雄蕊少数至多数，着生于萼管上；子房上位，2～6室，每室具多数胚珠。蒴果。种子多数，有翅或无翅。

约25属，550种，广布于全世界，主产于热带和亚热带地区。我国有11属，48种，广布于各地。

分属检索表

1. 草本或亚灌木；萼筒基部有距；蒴果侧裂 ·············· 1. 萼距花属Cuphea
1. 乔木或灌木；萼筒基部无距；蒴果室背开裂。
  2. 叶片下面有黑色小腺点，种子无翅 ·············· 2. 虾子花属Woodfordia
  2. 叶片下面无黑色小腺点，种子顶端具翅 ·············· 3. 紫薇属Lagerstroemia

1. 萼距花属Cuphea Adans. ex P. Br.

草本或灌木，全株多数具有黏质的腺毛。叶对生或轮生，稀互生。花左右对称，单生或组成总状花序，生于叶柄之间，稀腋生或腋外生；小苞片2枚；萼筒延长而呈花冠状，有颜色，有棱12条，基部有距或驼背状凸起，口部偏斜，有6齿或6裂片，具同数的附属体；花瓣6，不相等，稀只有2枚或缺；雄蕊11，稀9、6或4枚，不等长；子房上位，基部具腺体，具不等的2室，每室有3至多数胚珠。蒴果长椭圆形，包藏于萼管内，侧裂。

本属约300种，原产美洲和夏威夷群岛。我国引种栽培7种。

萼距花

Cuphea hookeriana Walp.

灌木或亚灌木状，高30～70cm，直立，分枝细，密被短柔毛。叶薄革质，披针形或卵状披针形，稀矩圆形，顶部的线状披针形，长2～4cm，宽5～15mm，顶端长渐尖，基部圆形至阔楔形，下延至叶柄，叶柄长约1mm。花单生于叶柄之间或近腋生；花梗纤细，花萼基部上方具短距；花瓣6，矩圆形，深紫色，波状，具爪；雄蕊11(12)，其中5～6枚较长，突出萼筒之外，花丝被茸毛；子房矩圆形。

原产墨西哥。我国各地有引种。

本种枝繁叶茂，叶色浓绿，四季

萼距花

常青，且具有光泽，花美丽而周年开花不断，易成形，耐修剪，广泛应用于园林绿化中，适于庭园石块旁、草坪边缘、园路两侧等地作矮绿篱；在空间开阔的地方宜群植、丛植或列植，也可栽培在乔木下，或与常绿灌木或其他花卉配置均能形成优美景观；亦可作地被栽植，可阻挡杂草的蔓延和滋生，还可作盆栽观赏等。

2. 虾子花属 *Woodfordia* Salisb.

灌木。叶对生，近无柄，全缘，下面有黑色腺点。花组成短聚伞状圆锥花序，腋生；花6(5)数；萼长圆筒状，稍弯曲，近基部紧缢状，口部偏斜，裂片短，附属体微小；花瓣小而狭，着生于萼筒的顶部；雄蕊12，着生于萼筒中部以下；子房长椭圆形，2室，胚珠多数。蒴果椭圆形，包藏于萼筒内，室背开裂；种子多数，狭楔状倒卵形，平滑。

本属仅2种，1种产埃塞俄比亚，1种产我国和越南、缅甸、印度、斯里兰卡、印度尼西亚、马达加斯加。

虾子花（吴福花、红蜂蜜花）

Woodfordia fruticosa (Linn.) Kurz

灌木，高3～5m，分枝长而披散；幼枝有短柔毛，后脱落。叶对生，近革质，披针形或卵状披针形，长3～14cm，宽1～4cm，顶端渐尖，基部圆形或心形；上面通常无毛，下面被灰白色短柔毛，且具黑色腺点，有时全部无毛；无柄或近无柄。1～15花组成短聚伞状圆锥花序，长约3cm，被短柔毛；花梗长3～5mm，萼筒花瓶状，鲜红色，长9～15mm，裂片矩圆状卵形，长约2mm；花瓣小而薄，淡黄色，线状披针形，与花萼裂片等长，稀超过；雄蕊12，突出萼外；子房矩圆形，2室，花柱细长，超过雄蕊。蒴果膜质，线状长椭圆形，长约7mm，开裂成2果瓣，种子甚小，卵状或圆锥形，红棕色。花期当年春季至翌年春季。

产于我国云南、贵州、广西及广东，常生于山坡路旁。越南、缅甸、印度、斯里兰卡、印度尼西亚及马达加斯加也有分布。

本种枝叶婆娑，花繁多，红色的细长花萼如虾身，纤细的雄蕊和雌蕊伸出花萼外似虾的触角，开花季节如群虾戏水，甚为壮观、美丽，可栽于庭院、公园等观赏。全株含鞣质，可提制栲胶。

虾子花

虾子花花序

3. 紫薇属 *Lagerstroemia* L.

乔木或灌木。叶对生或在小枝上部互生，全缘，叶柄短；托叶小而早落。花两性，整齐，顶生或腋生圆锥花序，花梗在小苞片着生处具关节；花萼陀螺形或半球形，5~9裂；花瓣常6，有长爪，边缘波状或有皱纹；雄蕊6至多数，花丝细长；子房3~6室，柱头头状。蒴果木质，室背开裂，花萼宿存；种子顶端有翅。

约55种，分布于亚洲东部、东南部、南部的热带、亚热带地区。我国原产16种，引入栽培2种，多数产于长江以南。

分种检索表

1. 雄蕊4~60，其中5~6枚花丝较粗长；花瓣长1.2~2cm；蒴果较小，径不超过1cm ·· 1. 紫薇 *L. indica*
1. 雄蕊常100枚以上，近等长；花瓣长2.5~3.5cm；蒴果大，径达2cm ·· 2. 大花紫薇 *L. speciosa*

(1) 紫薇（无皮树、满堂红、百日红、怕痒树、猴刺脱、痒痒树、紫金花、西洋水杨梅）

Lagerstroemia indica Linn.

落叶灌木或小乔木，高达7m；树皮光滑；幼枝4棱，稍成翅状。叶互生或对生，近无柄，椭圆形、倒卵形或长椭圆形，顶端尖或钝，基部阔楔形或圆形，光滑无毛或沿主脉上有毛。圆锥花序顶生，长4~20cm；花萼6裂，裂片卵形，外面平滑无棱；花瓣6，长1.2~2cm，红色或粉红色，边缘皱缩，基部有爪；雄蕊4~60，外侧的6枚花丝较长。蒴果椭圆状球形，长9~13mm，宽8~11mm。花期6~9月，果期6~9月。

原产朝鲜、日本、越南、菲律宾、澳大利亚。我国云南、四川、贵州、广西、广东、香港、海南、台湾、福建、江西、湖南、湖北、浙江、江苏、安徽、河南、河北、山东、山西、吉林、宁夏、甘肃及陕西均有分布和栽培。

紫薇树形优美，树皮光滑，花色艳丽，花朵繁密，花期长，为庭园中夏、秋季花期较长的观赏植物，适合于庭院、道路和公园栽植，也常用来制作盆景和切花观赏。对二氧化硫、氟化氢、氯气等有害气体抗性强，也是厂矿区的良好绿化树种。木材可作农具、家具、建筑等用；树皮、叶及花药用。

紫薇　　　　　　　　　　紫薇果实

(2) 大花紫薇（大果紫薇、v、大叶紫薇、百日红）

Lagerstroemia speciosa (L.) Pers.

大乔木，树皮灰色，光滑。叶对生，革质，长圆状椭圆形，先端钝或短尖，两面均无毛。圆锥花序顶生；花冠大，紫或紫红色；花瓣6枚，长2.5～3.5cm；雄蕊极多，100枚以上。蒴果圆球形，径约2.5cm，成熟时颜色转为暗褐，自裂成六片。花期5～7月，果期10～11月。

大花紫薇花

大花紫薇果实

原产于印度、斯里兰卡、大洋洲、马来西亚、越南、菲律宾。我国云南、广西、广东、香港、海南、台湾、福建等地引种栽培。

本种枝叶茂盛，花色艳丽，为高级园景树、行道树、遮荫树，适于各式庭园、校园、公园、游乐区、庙宇等，可孤植、列植或群植，均十分美丽。

大花紫薇

六十六、玄参科Scrophulariaceae

草本、灌木、稀乔木。单叶，互生、对生，或轮生；无托叶。花两性，总状、穗状或聚伞圆锥花序；花多为两侧对称；萼4～5裂，宿存；花冠4～5裂，常二唇形；雄蕊通常4枚，2长2短；子房上位，通常2室，胚珠多数，中轴胎座。蒴果，稀浆果；种子细小，多数。

约200属，4500种，广布全球各地。中国约产61属，680余种，南北各地均有分布，尤以西南部最多。

1. 泡桐属*Paulownia* Sieb. et Zucc.

落叶乔木，在热带为常绿。单叶对生，大而有长柄，生长旺盛的新枝上有时3枚轮生，全缘、波状或3～5浅裂。花3～5朵成聚伞花序，由多数聚伞花序排成顶生圆锥花序；花萼钟形，5裂；花冠漏斗状钟形或管状漏斗形，檐部二唇形，紫色或白色；二强雄蕊；子房2室，柱头2裂。蒴果，果皮木质化或较薄。

7种，我国均产，其中白花泡桐分布到越南和老挝，有些种类在世界各大洲许多国家引种栽培。

分种检索表

1. 花冠紫色，漏斗状钟形；花萼裂至中部或过中部；叶表被长毛，背面密被白分枝状柔毛 ·· 1.毛泡桐*P. tomentosa*

1. 花冠乳白色至淡紫色，管状漏斗形；花萼浅裂为萼的1/4～1/3；叶表面无毛，背面疏被白色星状柔毛 ·· 2.白花泡桐*P. fortunei*

（1）毛泡桐（紫花泡桐、绒毛泡桐、桐）

Paulownia tomentosa (Thunb.) Steud.

乔木，高达20m，树冠宽大，伞形，小枝幼时常具黏质短腺毛。叶心形，长达40cm，全缘或波状浅裂，表面被稀疏长毛，背面密被具长柄的白色分枝毛。花蕾近圆形，密被黄色毛；花萼外面被茸毛，先端裂至中部或过中部；花冠紫色，漏斗状钟形，长5～7.5cm。蒴果卵圆形，长3～4cm，宿萼不反卷。花期4～5月，果期8～9月。

产于我国湖北、河南、山西、甘肃及陕西，广西、江西、湖北、浙江、江苏、安徽、河北、山东及辽宁等地常栽培，生于海拔达1800m山地。日本、朝鲜、欧洲及北美洲有引种栽培。

毛泡桐树干端直，树冠宽大，叶大荫浓，花大而美，宜作行道树、庭荫树；也是重要的速生用材树种。对二氧化硫、氯气、氟化氢、硝酸雾的抗性均强，为工矿区理想绿化树种。木材为胶合板、箱板、乐器、模型等之良材。叶、花、种子均可入药，又是良好的饲料和肥料。

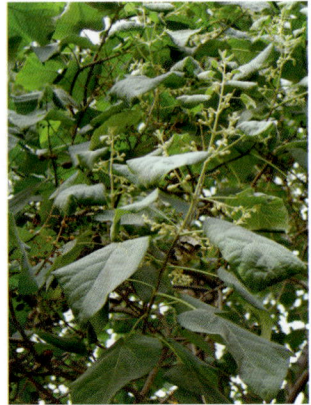

毛泡桐果实

（2）白花泡桐（桐木、泡桐、大果泡桐、泡通）

Paulownia fortunei (Seem.) Hemsl.

乔木，高达20m，树冠圆锥形。小枝粗壮，初有毛，后渐脱落。叶心形，长达20cm，先端渐尖，全缘，稀浅裂，基部心形，表面无毛，背面被白色星状茸毛。花蕾倒卵状椭圆形；花萼倒圆锥状钟形，浅裂约为花萼的1/4～1/3，毛脱落；花冠管状漏斗形，乳白色至微带紫色，内具紫色斑点及黄色条纹。蒴果椭圆形，长6～11cm。花期3～4月，果期9～10月。

产于我国云南、四川、贵州、广东、广西、台湾、福建、江西、湖南、湖北、浙江、江苏、安徽等地，东部在海拔120～240m，西南至2000m；山东、河南及陕西均有引种栽培。越南、老挝也有分布。

本种树姿优美，主干通直，冠大荫浓，花先叶开放，色彩绚丽，春天繁花似锦，夏日绿树成荫。可孤植、群植或片植，可作庭荫树、行道树、风景树，抗有害气体能力强，滞尘效果好，也适于厂矿区绿化。生长快，成材早，材质好，繁殖容易，用途广，经济价值高。

白花泡桐　　　　白花泡桐果实　　　　白花泡桐花

单子叶植物纲Monocotyledoneae

种子的胚具1片子叶。植物多为草本，稀木本。茎中维管束星散排列，无形成层，不能次生加粗。叶具平行脉或弧形脉。花部通常为3的基数。多成须根系。69科，约50000种。我国约47科，4000多种。

六十七、棕榈科Palmaceae (Palmae)

常绿乔木或灌木；茎单生或丛生，直立或攀援，实心。叶常聚生茎端，攀援种类则散生枝上，常羽状或掌状分裂，大型；叶柄基部常扩大成具纤维的叶鞘。花小、单性、两性或杂性，组成圆锥状肉穗花序或肉穗花序，萼片、花瓣各3枚，分离或合生，镊合状或覆瓦状排列；雄蕊多6枚，罕3枚，有时多数；雌蕊具3心皮，子房上位，多1~3室，心皮3枚，分离或仅基部合生，每室胚珠1枚。浆果、核果或坚果。

198属，约2670种。我国有16属，85种。

棕榈科是一个泛热带分布科，其分布范围自北美洲西南和东南端至中美洲和南美洲、非洲、欧亚大陆南端至印度、缅甸、中南半岛、马来西亚、印度尼西亚至大洋洲和太平洋群岛。

分属检索表

1. 叶掌状分裂。
  2. 叶裂至中部以下，叶柄无刺或有锯齿；花单性。
    3. 丛生灌木，茎粗3cm以下，叶裂片，顶端通常阔而有数个细尖齿，胚乳均匀 …………………………………………………………………… 1. 棕竹属Rhapis
    3. 乔木，茎粗15cm以上，叶裂顶端通常尖而且2浅裂，胚乳嚼烂状 …………………………………………………………………… 3. 棕榈属Trachycarpus
  2. 叶裂至中上部，叶柄两侧有刺；花两性 ………………… 2. 蒲葵属Livistona
1. 叶1回或2~3回羽状分裂。
  4. 叶裂片菱形，边缘具不整齐的啮蚀状齿 ………………… 4. 鱼尾葵属Caryota
  4. 叶裂片条形、条状披针形、长方形或椭圆形。
    5. 叶轴上近基部的裂片退化成为针状刺。
      6. 叶裂片芽时内向折叠；雌雄异株，花序长而扁平 ………… 5. 刺葵属Phoenix
      6. 叶裂片芽时外向折叠；雌雄同株，花序短而圆 ………… 9. 油棕属Elaeis
    5. 叶轴无刺。
      7. 叶裂片基部外向折叠明显。
        8. 果较大，径15cm以上，内果皮有3个萌发孔 ………… 6. 椰子属Cocos
        8. 果较小，径1cm以下，内果皮无萌发孔 … 7. 散尾葵属Chrysalidocarpus
      7. 叶裂片基部外向折叠不明显 ………………………… 8. 槟榔属Areca

1. 棕竹属 *Rhapis* L. f. ex Ait.

丛生灌木；茎直立，上部常为纤维状叶鞘包围。叶聚生茎顶，叶片扇形，折叠状，掌状深裂几达基部；裂片2至多数，叶脉显著，叶柄纤细。花单性，雌雄异株，无梗，组成松散、分枝的肉穗花序；花萼和花冠3齿裂；心皮离生，每心皮1胚珠。浆果球形或卵形，稍肉质。

15种，分布于亚洲东部及东南部。我国约7种。

棕竹（观音竹、筋头竹、胡散竹）
Rhapis excelsa (Thunb.) Henry ex Rehd.

常绿丛生灌木，高1～3m；杆细，圆柱形，有节，下部覆满网状纤维叶鞘，不分枝。叶集生顶端，掌状深裂，叶片有不规则锯齿；叶柄扁平，细长，茎部为纤维所包，无刺。肉穗花序腋生于叶丛中，花小，单性，淡黄色，被毛，雌雄异株。浆果，球形，白色。花期4～5月，果期10月。

产于东南部及西南部，广东较多，生于山地疏林中。日本也有。

本种株型矮小，分蘖力强，枝叶繁密，园林中常植于庭院、窗前、路旁等半阴处，也是室内装饰的良好观叶盆栽植物，适宜配置廊隅、厅堂、会议室等。

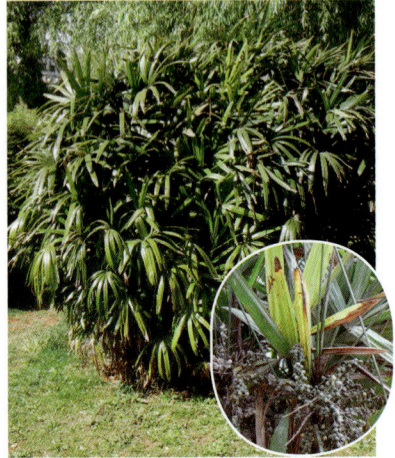

棕竹　　　　棕竹果序

2. 蒲葵属 *Livistona* R. Br.

乔木状或大乔木。茎直立，有环状叶痕。叶近圆形、扇状折叠，掌状分裂至叶片中部附近；裂片多条形，顶端2裂；叶柄长，腹面平，背面圆凸，两侧具大而显著的骨质齿刺；叶鞘纤维棕色，网状。花两性，生于延长、疏散的圆锥状肉穗花序上；花序生叶丛中；佛焰苞管状，多数，包被花梗。核果1～3枚，球形至卵状椭圆形；种子1枚。

约30种，分布于亚洲及大洋洲的热带地区。我国约4种。

蒲葵（葵树、扇叶葵）
Livistona chinensis (Jacq.) R. Br.

常绿乔木，高达20m；单干直立生长，茎干粗壮，表面由少量棕皮和叶鞘包被，老茎的中部较粗，两端渐细。叶大型，掌状多裂，裂片长约叶的1/2，下部联合呈扇状，先端下垂，每裂又分成两细裂，每个裂片具叶脉2条；叶柄粗壮，长约1m，截面呈三菱状，两侧边缘具明显的倒刺。肉穗花序腋生，多分枝而疏散，长约1m，小花黄色，花冠3裂。核果椭圆形，果肉柔软多汁，成熟后为蓝黑色，外被蜡质。花期3～5月，果期9～10月。

蒲葵　　　　蒲葵果实

原产于我国南部亚热带地区，在我国广东、福建栽培极为普遍。印度和印度支那也有分布。

本种树冠似伞，叶大如扇，树姿优美，对氯气和二氧化硫等有害气体抗性强，可列植、群植，作行道树、风景树及工矿区绿化等，还可盆栽作观叶植物。蒲葵嫩叶制葵扇，老叶制蓑衣、船篷和屋盖。叶脉可制牙签，树干可作梁柱。果实及根、叶均可药用。

3. 棕榈属 *Trachycarpus* H.Wendl.

乔木或灌木。茎干直立，具环状叶痕，多单生而不分枝。单叶簇生于干端，近圆形或肾形，掌状深裂，裂片狭长，多数，顶端浅2裂；叶柄上面近平，下面半圆，两侧具细齿。圆锥状肉穗花序粗大而多分枝；佛焰苞多数，革质，压扁状，被茸毛；花杂性或单性，雌雄同株或异株。核果1~3，球形、长圆形、肾形。

10种，以我国西南、华南、华中、华东和喜马拉雅地区(包括印度、尼泊尔等国家)及日本为其分布中心。我国约产6种。本属植物抗寒性较强，为棕榈科分布区的最北界限。

棕榈（棕树、山棕）

Trachycarpus fortunei (Hook.) H.Wendl.

常绿乔木，高达15m；无主根，须根密集；干圆柱形，直立，不分枝，干有残存不脱落的老叶柄基部，并被暗棕色的叶鞘纤维包裹。叶大，簇生于树干顶端，掌状分裂成多数狭长的裂片，裂片坚硬，顶端浅二裂；叶柄长。花单性，雌雄异株，淡黄色，肉穗花序排列成圆锥花序状。核果肾形，初为青色，熟时黑褐色。花期5月，果期11~12月。

原产我国，北起陕西南部，南到云南、广西和广东，西达西藏边界，东至上海和浙江。日本、印度、缅甸也有。

棕榈树干挺拔，叶形如扇，清姿优雅。宜对植、列植于庭前路边和建筑物旁，或高低错落地群植于池边与庭园，颇具热带风光韵味。

棕榈花

棕榈

棕榈果实

4. 鱼尾葵属 *Caryota* L.

灌木、小乔木至大乔木；茎单生或丛生，有环状叶痕。叶大，聚生茎顶，2～3回羽状全裂；裂片菱形、楔形或披针形，阔或狭，顶端极偏斜而有不规则啮齿状缺刻，状如鱼尾；叶鞘纤维质。肉穗花序生于叶腋内，下垂，分枝多而呈圆锥花序式；花单性，雌雄同株。浆果球形，种子1～2颗，胚乳嚼烂状。

约12种，分布于亚洲热带地区至澳大利亚东北部。中国有4种，产云南南部、广西、广东等地。

分种检索表

1. 茎绿色，表面被白色毡状茸毛，雄花与花瓣不被脱落性的黑褐色的毡状茸毛 …………………………………………………………… 1. 鱼尾葵 *C. ochlandra*
1. 茎黑褐色，表面无白色毡状茸毛，雄花与花瓣被脱落性的黑褐色的毡状茸毛 …………………………………………………………… 2. 董棕 *C. urens*

(1) 鱼尾葵（青棕、假桄榔、孔雀椰子、果株、面木）

Caryota ochlandra Hance

常绿乔木，高达20m；茎绿色，直立，粗壮，不分枝。2回羽状复叶聚生茎顶，形大，先端下垂；羽片每边18～20枚，半菱形而似鱼尾，顶端1枚扇形，边缘有不规则的齿缺。肉穗花序生于叶腋，长达3m，悬垂；花3朵聚生，黄色。浆果球形，淡红色。花期7月，果期10月。

产于我国云南、广西、广东、福建等地，生石灰岩山地及低海拔林中。越南、老挝也有分布。

鱼尾葵植株秀丽，叶形奇异，姿态飘逸，是优良的观叶植物，宜盆栽作室内装饰。在适生区广泛作为庭园绿化树、行道树、庭荫树等。

鱼尾葵果实　　鱼尾葵

(2) 董棕（酒假桄榔、果榜）

Caryota urens Linn.

乔木，高达25m；茎黑褐色，膨大或不膨大成花瓶状，具明显的环状叶痕。叶长5～7m，宽3～5m；羽片宽楔形或狭的斜楔形，长25～29cm，宽5～20cm；叶鞘边缘具网状的棕黑色纤维。佛焰苞长30～45cm；花序长1.5～2.5m，具多数、密集的穗状分枝花序，长1～1.8m；花序梗圆柱形，粗壮，径5～7.5cm，雄花花萼与花瓣被脱落性黑褐色毡状茸毛，雄蕊多数；雌花与雄花相似。果实球形至扁球形，径1.5～2.4cm，成熟时红色；种子1～2颗，近球形或半球形。花期6～10月，果期5～10月。

产于我国云南、广西等地，生于海拔370～1500 (2450) m的石灰岩山地或沟谷林中。印度、斯里兰卡、缅甸至中南半岛亦有分布。

本种植株高大挺拔，展开的成熟叶片如孔雀开屏之尾羽，甚为壮观。可丛植、列植于湖滨、河畔、园路两侧等。

董棕　　　　董棕果实

5. 刺葵属 *Phoenix* L.

灌木或乔木；茎单生或丛生。叶1回羽状全裂；裂片条状披针形至条形，最下部的常退化为坚硬的针状刺。肉穗花序生于叶丛中，直立，结果时下垂；佛焰苞鞘状，革质或软革质；花单性，雌雄异株；心皮3，离生。浆果长圆形，种子1颗，腹面有槽纹。

约17种，分布于亚洲和非洲的热带和亚热带地区。我国2种。

海枣（枣椰子、伊拉克枣、波斯枣、无漏子、番枣、海棕、仙枣）

Phoenix dactylifera L.

常绿乔木，高达10m以上，胸径40cm。叶簇生于干顶，长可达5m，裂片条状披针形，端渐尖，缘有极细微之波状齿，叶互生，在叶轴两侧呈V字形上翘，叶绿或灰绿色，基部裂片退化成坚硬锐刺，叶柄长70cm左右。花单性，雌雄异株。果长圆形，浅橙黄色；种子1颗，长圆形。花期3～4月，果期9～10月。

原产伊拉克、非洲撒哈拉沙漠及印度西部。我国云南、广西、广东、福建有栽培。

本种树体雄伟壮观，可植于草地、园路两侧，孤植、丛植、列植均宜，景观十分美丽，也是装饰室内外景观的大型盆栽材料，在室内布置，应放于光线充足处。果实可食。

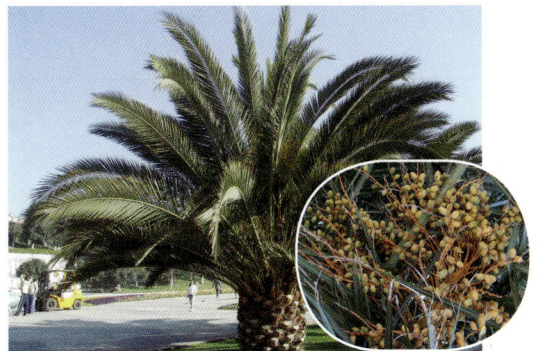

海枣　　　　海枣果实

6. 椰子属*Cocos* L.

大乔木，单干，直立，无刺；干上有明显的环状叶痕及叶鞘残基。叶甚长，羽状全裂，簇生干顶；裂片多数；叶柄无刺。肉穗花序生于叶丛中，圆锥花序式，多分枝；总苞厚革质至木质，1至多枚。花单性同株，同序。坚果极大，倒卵形或近球形，长约15～25cm；外果皮薄，革质，中果皮松厚，系纤维层，内果皮骨质而坚硬，即椰壳，近基部有萌发孔3；种子多1颗，与内果皮黏着，胚乳大（即椰肉），坚实成一层衬着内果皮，一大空腔内贮存丰富的浆汁，即椰子水。

1种，广布于热带海岸。我国产于云南、广西、广东、海南、台湾、福建等地。东南亚国家有栽培。

椰子（椰树、可可椰子）

Cocos nucifera L.

种的特征及分布同属。

本种树姿优美，是热带地区绿化、美化环境的重要树种，可在庭园、窗前、屋周及草坪种植。椰汁、椰肉可食用。树干可作家具、桥桩等建筑材料等。

椰子   椰子果实

7. 散尾葵属*Chrysalidocarpus* H. Wendl.

丛生灌木，茎具环状叶痕。叶羽状全裂，羽片线形或披针形；叶柄和叶轴上部有槽，常被鳞片或蜡。穗状花序生于叶束下，分枝达3～4级；花单性同株；花在小穗的近基部为2雌1雄3朵聚生，近顶部为单生或对生的雄花。果陀螺形或倒卵形，外果皮光滑，中果皮具网状纤维。

约20种，产马达加斯加。中国引入栽培1种。

散尾葵（黄椰子）

Chrysalidocarpus lutescens H. Wendl.

常绿丛生灌木，高达8m；茎干光滑，黄绿色。叶长40～150cm，叶面亮绿色，表面被蜡质白粉；

散尾葵   散尾葵花

羽片40～60对，披针形，长35～50cm，左右两侧不对称。花序生于叶鞘之下，长约80cm；花小，卵球形，金黄色，着生于小穗轴上。果陀螺形，径8～10mm，成熟时紫黑色。

原产马达加斯加。我国云南、广西、广东、海南、台湾及福建等地栽培。

散尾葵枝叶细长而略下垂，株形婆娑优美，较耐阴，是著名的热带观叶植物，适合于盆栽供室内摆设或在适生区的庭院中丛植供观赏。

8. 槟榔属 *Areca* L.

乔木或丛生灌木，具环状叶痕。叶簇生茎顶，羽状全裂；叶柄无刺。花序生于叶丛之下，分枝多；佛焰苞早落；花单性，雌雄同序；雄花多，生于花序上部，雄蕊3或6；雌花少而大，生于花序下部；子房1室，柱头3；胚珠1，基生，直立。核果小，径不及6cm；果肉纤维质；种子1，胚乳嚼烂状。

54种，分布于亚洲热带和澳大利亚北部。我国1种，产于云南南部、广东南部、海南、台湾。

槟榔（榔玉、宾门、橄榄子、青仔、大白槟、槟榔子）

Areca catechu L.

茎直立，乔木状；有明显的环状叶痕。叶簇生于茎顶，长1.3～2m，羽状全裂；裂片狭长披针形，长30～60cm。肉穗花序生于叶丛之下，多分枝，排成圆锥花序式，长25～35cm，上部着生雄花，下部着生雌花。果长椭圆形，长3～5cm，橙红色，中果皮厚，纤维质。

原产马来西亚。我国云南、广东、海南及台湾等地有栽培。

槟榔树姿优美，在适生区可作庭园绿化树。槟榔的种子有"橄榄子""宾门"等多种称谓，自古以来就是我国东南沿海各地居民迎宾敬客、款待亲朋的佳果，因古时敬称贵客为"宾"、为"郎"，所以又有"槟榔"的美誉。

槟榔

槟榔果实

9. 油棕属 *Elaeis* Jacq.

直立乔木；干单生。叶极大，簇生于茎顶，羽状全裂，裂片线状披针形，叶轴下部的羽片退化为针刺。花单性，雌雄同株；花序腋生，分枝短而密，总花梗短；雄花序由几个呈指状排列的穗状花序组成，其上密生雄花，小穗轴突起呈尖头状，萼片3，离生，长圆形或披针形，花瓣3，长圆形；雄蕊6，花丝基部合生成坛状，顶端分离；雌花序近头状，萼片及花瓣各3，卵形或卵状长圆形，柱头3枚，子房3室。果卵状或倒卵状，外果皮光滑，中果皮厚，肉质，具纤维，内果皮骨质，坚硬；有种子1～3颗。

2种，产热带非洲和南美洲。我国引入栽培1种。

油棕（油椰子）

Elaeis guineensis Jacq.

常绿直立乔木，高达10m以上。叶长3～4.5m，羽片外向折叠，线状披针形，长70～80cm，宽2～4cm，下部的羽片退化成针刺状；叶柄宽。花雌雄同株异序，雄花序由多个指状的穗状花序组成，穗状花序长7～12cm，直径1cm；雄花萼片与花瓣长圆形，长4mm，宽1mm；雌花序近头状，密集，长20～30cm，苞片大，长2cm，顶端的刺长7～30cm，雌花萼片与花瓣卵形或卵状长圆形，长5mm，宽2.5mm；子房长约8mm。果实卵球形或倒卵球形，长4～5cm，径3cm，熟时橙红色；种子近球形或卵球形。花期6月，果期9月。

产非洲热带地区。我国云南、广西、海南、台湾和福建等地均有引种栽培。

本种植株高大雄伟，叶大荫浓，是热带地区优良的行道树、观赏树种和经济树种。

油棕

油棕果实

六十八、露兜树科Pandanaceae

灌木或乔木，有时攀援状；干有支柱根。叶狭长，3～4列或螺旋排列而聚生于枝顶，中脉和边缘有刺；花小，单性异株，组成腋生或顶生的穗状花序、头状花序、总状花序或圆锥花序而为叶状的佛焰苞所包围；花被缺；雄花：雄蕊多数，花丝分离或合生；雌花：无退化雄蕊或有很小的退化雄蕊与子房基部合生；子房上位，分离或与邻近的黏合，1室，胚珠1至多颗；果为卵球形或圆柱状的聚花果，由多数有角的核果组成或为浆果状。

全世界共3属，约800种，分布于东半球热带地区。我国有2属，10种，产南部至台湾。

露兜树属Pandanus L. f.

乔木或灌木，或草本，茎分枝或不分枝，常具气生根。叶无柄，狭长，常聚生于枝顶，边缘及中脉上，常有刺，基部鞘状。花单性，雌雄异株；花序为穗状、总状或头状花序或排成圆锥花序状；叶状苞片常具颜色；雄花：雄蕊着生于穗轴上或簇生于柱状体的顶端，花药基着；雌花：无退化雄蕊，心皮多数，分离或连生成束，子房上位，1室，1胚珠。果为球形或卵形的聚合果，由多数木质的核果所组成；宿存柱头成头状、齿状或刺状等；种子卵形，成纺锤状。

约600种，分布于东半球热带地区。我国约8种，产东南沿海至西南部。

露兜树（露兜、林投、野菠萝、林茶）

Pandanus tectorius Sol.

小乔木；通常具气根。叶聚生于主干或分枝顶端，革质，带状，长1～2.5m，宽3～5cm，边缘和下面中脉上有锐齿。雄花密集，有强烈香气，雄蕊10枚以上。雌花心皮多数，分离。聚合果卵状球形或扁球形，悬垂，长25～30cm，径达20cm，约由50～80小核果组成，成熟时暗红色。

产于我国云南、贵州、广西、广东、台湾、福建及海南等地，生于海边沙地或引种作绿篱。亚洲其他热带地区也有。

露兜树是热带海岸地带性特色树种之一，支柱根和果奇特，叶秀丽，颇具观赏价值；雌株的花序椭圆形，聚合果卵状球形或扁球形悬垂，外观似菠萝，所以有"野菠萝"之称。有时也生长于被认为具有热带气候特点的山地。根、果和叶供药用。嫩芽可作蔬菜。

露兜树根　　　　　　露兜树果实

六十九、禾本科Gramineae(Poaceae)

草本，稀木本，茎通常中空，节部明显，有横隔。单叶，互生，叶鞘抱茎，一侧开口；叶片条形或带形，中脉发达，侧脉与中脉平行。小花两性或单性，称为小穗，小穗单生或再组成总状或圆锥状复花序；小穗基部具2至数枚颖片，小花具1外稃和1内稃，花被退化成鳞被，或称浆片；雄蕊1～6，通常3；子房上位，花柱通常2裂，柱头呈羽毛状。颖果，少数为坚果或浆果。

约700属，10000多种，广布于世界各地。我国约225属，1200多种，全国均产。

本科经济价值很高，包括有主要粮食作物及经济竹类，大都富含纤维，可作造纸或编织原料，有些可作牧草、药材、绿化或为固堤保土植物。

本科分为竹亚科和禾亚科。

竹亚科Bambusoideae

木本，乔木状或灌木状，稀攀援藤本。叶具短柄，与叶鞘相连接处有一关节。地下茎称竹鞭，有4个类型：A合轴丛生；B合轴散生；C单轴散生；D复轴混生。地下茎的节间近实心，须根生于节上；出土的芽称为竹笋，外被笋箨，成长后称为秆箨，箨鞘发达，有时具有箨舌或箨耳；地上茎称竹秆，竹秆在节上有箨环，箨环之上为秆环，二环之间称节内，其上生芽，长大为枝，分枝情况常为分属的根据。小穗有小花1至多朵；花常两性，鳞被3；雄蕊3或6枚；花柱2～3裂。颖果，少数为浆果。

91属，广布于东南亚、南美及非洲，均为热带及亚热带季风区域。我国有20多属，近300种。

分属检索表

1. 地下茎单轴型或复轴型。
  2. 地下茎单轴型，每节有2分枝 ……………………… 1. 刚竹属*Phyllostachys*
  2. 地下茎复轴型，每节有3分枝 ……………………… 4. 筇竹属*Qiongzhuea*
1. 地下茎合轴型。
  3. 秆柄较长，延伸，有限花序，小穗具柄 …………… 2. 箭竹属*Sinarundinaria*
  3. 秆柄极短，不延伸，竹秆密集丛生；无限花序密集，小穗无柄 ……………
  …………………………………………………………… 3. 簕竹属*Bambusa*

---

1. 刚竹属*Phyllostachys* Sieb. et Zucc.

乔木或灌木状；地下茎单轴型，秆散生，圆筒形，分枝一侧有沟槽，每节有2分枝。秆箨革质，早落。叶披针形或长披针形，有小横脉。花序圆锥状、复穗状或头状，由多数小穗组成，小穗外被叶状佛焰苞；颖片1～3；雄蕊6。颖果。

约50种，大都分布于东亚，我国约产40余种，主要分布在黄河流域以南至南岭以北。

分种检索表

1. 老秆全部绿色。
　2. 秆下部诸节间不短缩，也不肿胀。
　　3. 秆环不隆起，新秆密被细柔毛和白粉 ·················· 1. 毛竹 *P. pubescens*
　　3. 秆环与箨环均隆起；新秆无毛和白粉 ·················· 2. 桂竹 *P. bambusoides*
　2. 秆中下部节间畸形，短缩，肿胀 ······················ 4. 罗汉竹 *P. aurea*
1. 老秆不为绿色。
　4. 老秆全部紫黑色 ······································ 3. 紫竹 *P. nigra*
　4. 秆及枝呈金黄色，有的秆节间常具1～2条甚狭长之纵长绿色环 ··········
　　··· 5. 金竹 *P. sulphurea*

(1) 毛竹（楠竹、孟宗竹、茅竹、猫头竹、狸头竹、苗竹、苗衣竹、猫儿竹）

Phyllostachys pubescens Mazel ex H. de Lehaie

大型竹，秆高达20m以上，径18cm，节间短，壁厚，新秆密被白粉和细柔毛，分枝以下仅箨环微隆起，秆环不明显，箨环被一圈脱落性毛。秆箨密生棕褐色毛及黑褐色斑点；箨耳小，肩毛发达；箨舌宽短，弓形，两侧下延；箨叶绿色，长三角形至披针形。叶片相对较细小，长4～11cm，宽0.5～1.2cm。笋期3～4月，花期5～8月。

分布于秦岭汉水流域以南各地，是我国面积较大、分布较广的经济竹种。

毛竹高大挺拔，其竹竿、竹笋及竹林整体景观都有较高的观赏效果。一般在山谷间或大面积园林地上栽植，或以毛竹组成纯林，或与针叶树或阔叶树营成混交林相，景色清幽宜人。大片栽植具有防风及各种环保功能。

毛竹

毛竹笋

毛竹秆

（2）桂竹（金竹、斑竹、刚竹、五月竹、台竹、鬼角竹、龙丝竹、石竹、湘妃竹）

Phyllostachys bambusoides Sieb. et Zucc.

秆高10～20m，中部最长节间长达40cm；新秆、老秆均为深绿色，无白粉，无毛，分枝以下秆环箨环均隆起。秆箨密被近黑色的斑点，疏生直立硬毛，两侧或一侧有箨耳；箨耳较小，有弯曲的长繸毛；箨叶舌状，橘红色而有绿色边带，平直或微皱，下垂。每枝有5～6叶，有叶耳和长繸毛，后渐脱落；叶长7～15cm。宽1.3～2.3cm。笋期4～6月。

产于我国河南、山西、陕西以南至华中、华东、西南及华南北部。日本、欧美各国有引种。

本种适生范围广，抗性较强，多生于山坡下部和平地土层深厚肥沃的地方。竹秆粗大通直，在园林中常栽培作观赏竹，常成片种植，在适生区也可用于造林。材质坚韧，可供建筑、家具等用。

园林中常见变型有斑竹 *P. bambusoides* f. *tanakae* Makino ex Tsuboi：竹秆和分枝上有紫褐色斑块或斑点，通常栽植于庭园观赏，秆加工成工艺品等。

（3）紫竹（黑竹、乌竹、水竹子、乌竹仔）

Phyllostachys nigra (Lodd. ex Lindl.) Munro

秆高3～6m，新秆淡绿色，密被白粉和刚毛，一年后秆渐变为紫黑色，无毛，秆环与箨环均隆起，节上常具2分枝，节间具沟槽。笋淡红褐色或绿色；箨鞘短于节间，密被淡褐色毛，无斑点；箨耳发达，长圆形，紫黑色，繸毛长，弯曲；箨舌紫色，先端微波状缺刻，两侧有纤毛，中间无毛；箨叶三角形或三角状披针形。每小枝2～3叶，叶片披针形，长4～10cm，宽1～1.5cm，质地较薄，下面基部有细毛；叶耳不明显。笋期4月下旬。

产于我国黄河流域至长江流域，国内外多引种栽培。

本种秆色奇特，姿态优美，具极高的观赏价值，在园林中常作观赏竹应用，植于假山、白色墙壁等处。又可制作乐器及精美工艺品。竹笋鲜美可食。

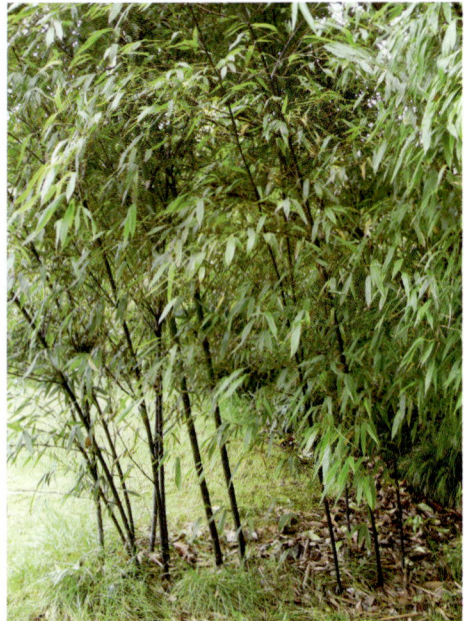

紫竹秆

(4) 罗汉竹（人面竹）

Phyllostachys aurea Carr. ex A. et C. Riv.

秆高5~8m，径2~3cm；近基部或中部以下数节常呈畸形缩短，节间肿胀或缢缩，节有时歪斜，中部正常节间长15~20cm；秆箨淡褐色，微带红色，边缘常枯焦，无毛，仅基底部有细毛，疏被褐色小斑点或小斑块；无箨耳和繸毛；箨叶带状披针形或披针形，长6~12cm，宽1~1.8cm。笋期4月。

产于我国陕西和河南以南，华中、华东，南至华南南部，西至四川、贵州等地，生于海拔700m以下山地。

本种株型奇特，美观雅致，抗寒性强，耐干旱瘠薄，适应性广，在适生区常作观赏竹栽培；竹秆可作手杖及工艺品等用。

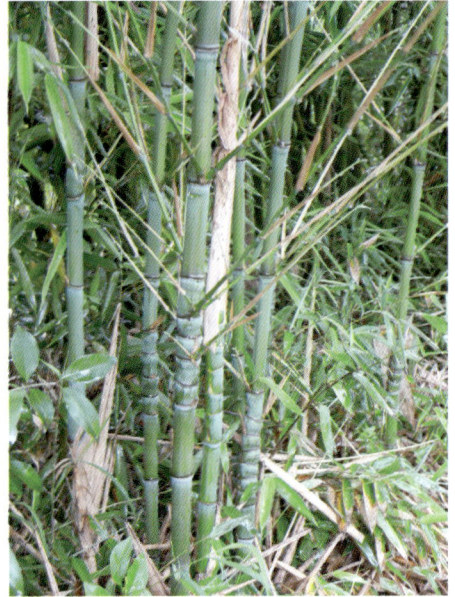

罗汉竹

(5) 金竹

Phyllostachys sulphurea (Carr.) A. et C. Riv.

秆高7~8m，径3~4cm；中部节间长20~30cm；新秆金黄色，节间具绿色纵条纹。箨环隆起，分枝以下秆环不明显；秆节间正常，不短缩。秆箨底色为黄绿色或淡褐色，无毛，被褐色或紫色斑点，有绿色脉纹；无箨耳和繸毛；箨叶带状披针形，有橘红色边带，平直，下垂。每小枝2~6叶，有叶耳和长繸毛，宿存或部分脱落；叶长6~16cm，宽1~2.2cm。笋期4月下旬至5月上旬。

产于我国江西、浙江、江苏、安徽、河南等地。美国引种栽培，

本种竹秆金黄色且具绿色纵条纹，颇为美观，十分别致，常作观赏竹栽培，在园林景观配置中多有应用。

金竹

金竹秆

2. 箭竹属 *Sinarundinaria* Nakai

直立状灌木或小乔木状。地下茎合轴型，秆柄常延伸，形成假鞭；竹秆在地面上散生或丛生，直立，分枝3～7。节间圆筒形，中空，稀实心。圆锥花序；小穗具柄，含数小花；颖片2，外稃有时具芒；雄蕊3。颖果。

90种，分布于东亚。我国70多种，主产西部至西南山地。

箭竹（山竹）

Sinarundinaria nitida (Mitford) Nakai

秆高3m，深紫色，每节分枝3至多数。新秆具白粉，箨环显著突出。秆箨无箨耳，密被棕色刺毛；小枝具叶2～4，叶鞘常紫色，具脱落性淡黄色毛。笋期5月中、下旬。

分布于云南、四川、江西、河北、陕西等地，为高山区野生竹种，生于海拔1000～3000m的山坡林缘。

本种适应性强。耐寒冷，耐干旱瘠薄土壤，在避风、空气湿润的山谷生长茂密，有时也生于乔木林冠下。秆供编制筐篮等用具及棚架用。

本属常见的种类有：南岭箭竹 *S. basihirsuta*、冷箭竹 *S. fangiana* 等。

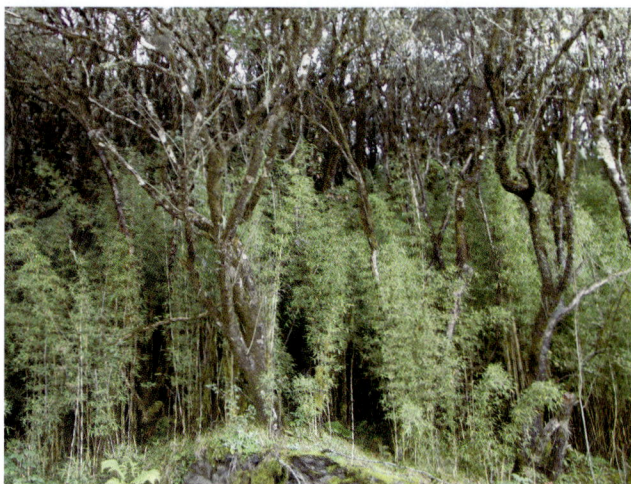

箭竹

3. 簕竹属 *Bambusa* Retz. corr. Schreber

灌木状竹类。地下茎为合轴型；竹秆在地面上丛生，直立，分枝3～7。箨叶直立、宽大；箨耳显著；箨鞘迟落。花序密集，大型，为具叶或无叶的假圆锥花序；小穗簇生，有小花3～多朵；颖1～4；雄蕊6。颖果。

100种，分布于东亚、中亚、马来西亚及大洋洲等地。我国约60多种，主产华南至西南。

分种检索表

1. 植株之秆2型，除正常秆外，尚有畸形肿胀的秆 ·················· 1. 佛肚竹 *B. ventricosa*
1. 植株之秆仅1型，即仅有正常的秆
　2. 秆之节间绿色，无条纹 ·················· 3. 孝顺竹 *B. multiplex*
　2. 秆的节间黄色，有显著的绿色条纹 ·················· 2. 黄金间碧玉竹 *B. vulgaris* var. *striata*

（1）佛肚竹（佛竹、密节竹）

Bambusa ventricosa McClure

秆丛生，异型。高与粗因栽培条件而有
变化。秆无毛，幼秆深绿色，稍被白粉；秆有
两种：正常秆高，节间长，圆筒形；畸形秆矮
而粗，节间短。箨鞘无毛，初时深绿色，老后
变成橘红色；箨耳发达，圆形或倒卵形至镰刀
形；箨舌极短；箨叶卵状披针形，生于秆基部
的直立，上部的稍外反，脱落。每小枝具叶
7～13枚，叶片卵状披针形至长圆状披针形，长
12～21cm，背面被柔毛。

产于我国广西、广东等地；云南等地有栽
培。亚洲的马来西亚及美洲也有。

佛肚竹植株低矮秀雅，节间膨大，状如佛
肚，枝叶四季常青，是盆栽和制作盆景的极好

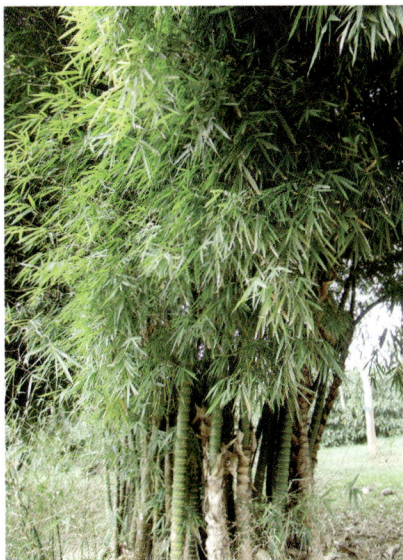

佛肚竹

材料，也是著名的庭园观赏竹种。适于庭院、公园、水滨等处种植，与假山、崖石
等配置，更显优雅。

（2）黄金间碧玉竹（黄金竹、挂绿竹、花竹、黄皮刚竹、黄皮绿筋竹）

Bambusa vulgaris var. *striata* Gamble

大型丛生竹。秆高6～15m，径4～6cm，鲜
黄色，间以绿色纵条纹。箨鞘草黄色，具细条
纹，背部密间棕色短硬毛，毛易脱落；箨耳近
等大；箨舌较短，边缘具细齿或条裂；箨叶直
立，卵状三角形或三角形，腹面脉上密被短硬
毛。叶披针形或线状披针形，长9～22cm，两面
无毛。

产于我国云南、四川、贵州、广西、广
东、福建等地。缅甸、泰国、越南等国家也有
分布。

黄金间碧玉竹大劲直，风姿独特，颇为壮
观，加之秆、枝、叶黄绿条纹相间，宜植于庭
园内池旁、亭际、窗前或叠石之间，或于绿地
内成丛栽植，以供观赏。

黄金间碧玉竹

（3）孝顺竹（凤凰竹）

Bambusa multiplex (Lour.) Raeuschel ex J. A. et J. H. Schult.

中小型竹类，地下茎合轴型，秆丛生，节具多枚分枝，秆高2～7m，径5～22cm，绿色，幼时有白粉和小刺毛。箨鞘背面无毛，顶端圆拱，约与箨叶基部等宽；箨耳微小或仅有少数纤毛；箨舌短，长约1mm，全缘或细齿裂；箨叶直立，长三角形。叶长4～14cm，宽6～12mm。

产长江中下游至华南、西南及台湾。东南亚、日本、印度及欧、美洲也有栽培。

孝顺竹丛形秀美，竹杆弯曲下垂，叶密集，婆娑可爱，庭园中常植于池旁或作境界，均适宜。列植于庭园入口，甬道两侧，倍觉宜人。

孝顺竹

孝顺竹花

4. 筇竹属*Qiongzhuea* Hsueh et Yi

中小型竹类。地下茎复轴混生型。秆直立；各节常3分枝，节间圆筒形或基部数节略呈方形，在有分枝一侧的节间略扁平，常具2纵脊和3沟槽，秆下部节间实心或近实心；秆环不隆起乃至极度隆起而呈一圆脊，且在脊处有环痕，容易自环痕脆断。箨鞘早落，稀宿存；箨耳缺。叶片披针形至狭披针形，小横脉清晰。果呈坚果状，果皮厚，革质。

本属8种1变型，均为我国特产。

筇竹（罗汉竹、宝塔竹、算盘竹）

Qiongzhuea tumidinoda Hsueh et Yi

灌木状，地下茎复轴型。秆高达6m，径1～3cm；节间圆筒形；分枝一侧扁平，节间长15～25cm或更长；秆环极为隆起而呈1显著圆脊，状如2盘相扣合，中有环形缝线之关节；箨环具箨鞘残留物，幼时被棕色刺毛；笋箨紫红色或绿色；秆箨早落；无箨耳；箨舌高1～1.3mm，圆弧形，具密生小纤毛。枝条常3枚生于一节。叶片狭披针形，长5～14cm，宽6～12mm。笋期4月。

产于云南、四川、贵州等地，生于海拔1200～2200m山地的常绿阔叶林下。

筇竹为我国西南地区特有竹种，竹秆光滑无毛，秆环极度隆起呈一圆脊，状如二盘相结合，故有"罗汉竹""宝塔竹""算盘竹"等之称；具有较高的观赏价值和工艺价值，可植于庭院、公园、旅游景点、山坡等地，尤其适宜半荫蔽的乔木园地或水沟、池塘边种植；也是制作手杖、竹工艺品和庭院绿化之佳品。

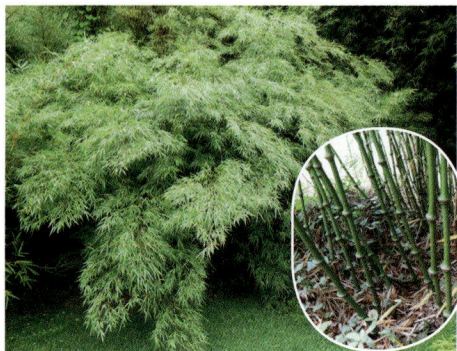

筇竹

筇竹秆

参考文献

1. 中国科学院《中国植物志》编委会.中国植物志（各卷册）[M].北京：科学出版社，1974-2000

2. 郑万均，《中国树木志》编辑委员会.中国树木志（1-4卷）[M].北京：中国林业出版社，1983，1985，1997，2004

3. 中国科学院植物研究所.中国高等植物图鉴（各卷册）[M].北京：科学出版社，1972-1983

4. 中国科学院昆明植物研究所.云南植物志（各卷册）[M].北京：科学出版社，1977-2006

5. 傅立国，等.中国高等植物（各卷册）[M].青岛：青岛出版社，1999-2005

6. 中国科学院昆明植物研究所.云南种子植物名录（上、下册）[M].昆明：云南人民出版社，1984

7. 侯宽昭.中国种子植物科属词典[M].北京：科学出版社，1991

8.《汉拉英中国木本植物名录》编委会.汉拉英中国木本植物名录[M].北京：中国林业出版社，2003

9. 包志毅主译.世界园林乔灌木[M].北京：中国林业出版社，2004

10. 朱家枏，等.拉汉英种子植物名称（第2版）[M].北京：科学出版社，2001

11. 黎存志，等.香港植物名录2001[M].香港特别行政区政府渔农自然护理署，2002

12. 陈植.观赏树木学[M].北京：中国林业出版社，1984

13. 卓丽环，陈龙清.园林树木学[M].北京：中国农业出版社，2004

14. 祈承经，汤庚国.树木学：南方本（第二版）[M].北京：中国林业出版社，2005

15. 庄雪影.园林树木学（华南本）[M].广州：华南理工大学出版社，2006

16.《树木学（南方本）》编写委员会.树木学(南方本)[M].北京：中国林业出版社，1994

17. 陈有民.园林树木学[M].北京：中国林业出版社，1990

18. 姚庆渭.树木学[M].北京：中国林业出版社，1958

19. 北京林学院.树木学[M].北京：中国林业出版社，1980

20. 王伏雄，胡玉熹.植物学名词解释：形态结构分册[M].北京：科学出版社，1982

21. 贺善安.中国珍稀植物[M].上海：上海科学技术出版社，1998

22. 徐永椿.云南树木图志（上、中、下）[M].昆明：云南科技出版社，1988

23. 邓莉兰.常见树木（南方本）[M].北京：中国林业出版社，2007

24. 邓莉兰.园林植物识别与应用实习教程 [M].北京：中国林业出版社，2009

中文名索引

拉丁名索引